Aircraft Airframe
항공기 기체 I

이형진 · 한용희 지음

BM (주)도서출판 **성안당**

■ 도서 A/S 안내

성안당에서 발행하는 모든 도서는 저자와 출판사, 그리고 독자가 함께 만들어 나갑니다.

좋은 책을 펴내기 위해 많은 노력을 기울이고 있으나 혹시라도 내용상의 오류나 오탈자 등이 발견되면 "좋은 책은 나라의 보배"로서 우리 모두가 함께 만들어 간다는 마음으로 연락주시기 바랍니다. 수정 보완하여 더 나은 책이 되도록 최선을 다하겠습니다.

성안당은 늘 독자 여러분들의 소중한 의견을 기다리고 있습니다. 좋은 의견을 보내주시는 분께는 성안당 쇼핑몰의 포인트(3,000포인트)를 적립해 드립니다.

잘못 만들어진 책이나 부록이 파손된 경우에는 교환해 드립니다.

도서 문의 e-mail : hjinlee8@hanmail.net, fuselage@hanmail.net

본서 기획자 e-mail : coh@cyber.co.kr(최옥현)

홈페이지 : http://www.cyber.co.kr   전화 : 031) 950-6300

P R E F A C E

머리말

국내 항공산업은 해외여행 수요 증가 등의 영향으로 지속적으로 성장하고 있으며, 항공기술 또한 매우 빠르게 발전하고 있다. 항공기 기체의 대부분을 구성하고 있던 알루미늄 계열 금속은 가볍고 강한 첨단 복합소재로 대체되고 있으며, 아날로그 방식의 기계적 장치로 작동되었던 항공기시스템은 항공전자 기술의 발전과 함께 디지털 기술을 적용하면서 항공기가 다양한 기능을 가지고 안전하게 비행할 수 있게 되었다.

국내 항공산업의 성장과 항공기술의 발전 및 항공종사자에 대한 수요 증가에 발맞추어 국내의 많은 대학교와 전문대학교 및 항공직업전문학교에서 항공종사자(조종사, 정비사, 관제사 등)를 양성하기 위한 교육과정을 설립하여 운영하고 있는 실정이다. 그에 따라 항공분야에 진출을 희망하는 사람들이 새로운 항공기술을 체계적으로 습득하기 위한 교재가 필요하게 되었다. 따라서 본 교재는 국토교통부에서 발간한 항공정비사 표준교재 중 『항공기 기체』와 『항공정비 일반』의 내용을 충실하게 반영하였으며, 항공기 기체분야에 필수적으로 필요한 부분을 추가하였다.

항공기에서 기체계통은 매우 큰 비중을 차지하고 있다. 공기 중을 3차원으로 비행하는 항공기는 기체의 형상에 따라 항공역학적 특성이 결정되며, 기체의 골격을 이루는 기체구조는 항공기가 안전하게 비행하기 위한 중요한 분야이다. 이렇게 중요하고 많은 부분을 담당하는 항공기 기체계통에 대하여 항공기 기체 제1권과 제2권으로 구분하여 항공기 기체의 전 계통에 대한 교육내용을 체계적으로 기술하였다

항공기 기체 제1권에서는
　제1편 항공기 구조(구조일반, 동체, 날개, 꼬리날개와 비행조종계통 및 착륙장치)
　제2편 항공기 시스템(연료계통, 객실환경제어계통, 제빙·제우계통 및 항공기 유압계통)
　제3편 기체구조의 강도(비행상태와 하중, 중량과 평형, 부재와 강도, 강도와 안정성 및 구조시험)

항공기 기체 제2권에서는

제1편 항공기 재료(금속재료, 비금속재료, 하드웨어 및 첨단 복합재료)

제2편 기체 기본작업(유체라인과 피팅 및 용접작업)

제3편 기체 정비(수리)작업(항공기 취급과 점검, 기체수리 및 표면처리)

등에 대하여 수록하였다.

이 교재가 항공기술 분야에 입문하고자 하는 여러분에게 항공기 기체 관련지식의 습득과 항공종사자 자격증명 취득에 좋은 지침서가 되기를 바란다.

끝으로 이 교재를 함께 집필하여 주신 한용희 교수님, 그리고 교재의 출간을 허락하여 주신 성안당출판사 이종춘 회장님과 항상 최고의 교재를 출간하기 위하여 최선을 다하시는 직원 여러분에게 진심으로 감사를 드린다.

"본 저작물은 국토교통부에서 2016년 작성하여 공공누리 제1유형으로 개방한 항공정비사 표준교재 "항공정비 일반", "항공기 기체"를 이용하였습니다."

CONTENTS

차례

PART 01 항공기 구조

C O N T E N T S

PART 02 항공기 시스템

C O N T E N T S

C O N T E N T S

Aircraft Airframe

PART 01

항공기 구조

CHAPTER 1

기체 구조 일반
Airframe Structure General

항공기(aircraft)는 용도와 종류 및 형식 등에 따라 그 형태가 매우 다양하다. 공기보다 가벼운 기체의 부력을 이용하여 비행하는 기구(balloon)와 비행선(airship) 그리고 날개에서 발생하는 양력을 이용하여 비행하는 공기보다 무거운 항공기인 활공기(glider), 비행기(airplane), 회전날개항공기(rotary wing aircraft) 등으로 분류된다.

1-1 항공기 구성(Aircraft Composition)

항공기는 기체(airframe), 동력장치(power plant), 장비(equipment), 전자장치(avionic system) 등으로 구성되어 있다. 그림 1-1에서는 항공기 기체, 동력장치, 장비 및 전자장치를 보여주고 있다.

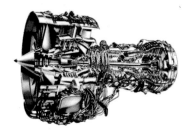

▲ 그림 1-1 항공기계통 분류

항공기 기체는 동력장치와 장비계통을 제외한 항공기의 모든 부분을 포함하며, 항공기에서 그 범위가 가장 넓다. 기체의 구성은 동체(fuselage), 날개(wing) 및 꼬리 날개(tail wing)로 이루어져 있으며, 기관을 감싸고 있는 나셀(nacelle)과 파일론(pylon), 그 밖의 외부 장치인 비행조종장치(flight control system)와 착륙장치(landing gear system), 그리고 내부장치인 연료장치(fuel system) 등으로 구성되어 있다.

항공기 동력장치는 항공기에 추진력을 제공하는 장치로 왕복기관(reciprocating engine)과 가스터빈기관(gas turbine engine)이 사용된다.

항공기 장비는 전자장치(avionic system)를 제외한 항공기의 모든 계통으로, 전기계통(electrical system), 계기계통(instrument system), 유압계통(hydraulic system), 화재 방지계통(fire protection system), 객실 환경제어계통(cabin environmental control system), 제빙 및 제우계통(ice and rain protection system) 및 그 밖의 비상계통 등을 들 수 있다.

항공기 전자장치로는 전자계통(electronic system), 통신 · 항법계통(communication and navigation system) 및 자동비행 시스템(autopilot systems) 등을 들 수 있다.

1-2 기체 구성(Airframe Composition)

그림 1-2에서와 같이 항공기의 몸체인 동체(fuselage)는 승무원, 승객 및 화물 등을 수용하는 공간이며, 날개, 꼬리날개, 착륙장치 및 기관 등이 부착되는 부분이기도 하다. 이러한 동체는 화물 탑재가 용이하도록 공간을 마련할 수 있어야 하며, 그 형상은 항공기의 사용 목적과 속도에 따라 다소 차이가 있을 수 있다. 그러나 충분한 공간과 충분한 강도 및 강성을 지니고, 공기 저항을 최소화할 수 있는 기하학적 모양을 유지하여야 한다.

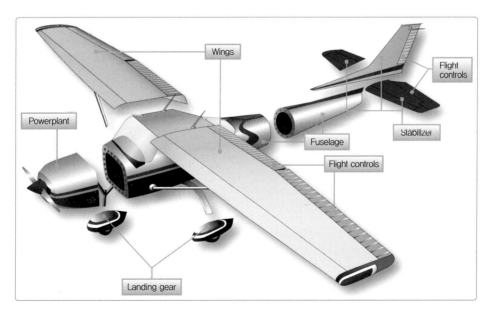

▲ 그림 1-2 항공기 기체 주요 구성

날개(wing)는 공기와의 상대 운동에 의하여 양력을 발생시키는 역할을 한다. 그리고 항공기의 운동에 여러 가지 서로 다른 역할을 하는 플랩(flap) 등의 고양력 장치(high lift device), 비행 조종(flight control)을 위한 도움날개(aileron) 및 필요할 때에 항력이 발생되도록 하는 스피드 브레이크(speed brake)나 스포일러(spoiler) 등이 부착되며, 동력장치나 착륙장치 등이 부착되기도 한다. 또, 날개의 공간은 연료 탱크로 이용되며, 각종 조종 케이블(control cable)과 유압장치들이 배열되기도 한다. 이러한 날개는 구조적으로 공기력과 항공기의 운동에 의한 하중을 감당할 수 있고, 동력장치 및 착륙장치 등의 부착으로 인한 하중은 물론, 각종 고양력 장치나 도움날개 등이 제 기능을 발휘할 수 있는 충분한 강도(strength)와 강성(stiffness)을 지닐 수 있도록 제작되어야 한다.

꼬리날개(tail wing)는 동체의 꼬리 부분(empennage)에 위치하며, 항공기의 조종성과 안정성을 제공하는 구조물이다. 이 꼬리날개에는 수평 안정판(horizontal stabilizer)과 수직 안정판(vertical stabilizer)이 있으며, 승강키(elevator) 및 방향키(rudder)가 부착되어 있다. 꼬리날개는 비행 중에 항공기의 조종을 위하여 조종면(control surface)이 작동하므로, 고속에서 높은 공기력을 담당할 수 있는 충분한 강도와 강성을 지닐 수 있어야 한다.

그 밖의 중요한 항공기 기체 구조의 하나인 기관 마운트(engine mount)는 기관을 기체에 장착하는 지지부로서, 기관에서 발생한 추력을 기체에 전달하는 역할을 하며, 기관과 기관의 작동에 관련된 모든 장치는 유선형의 나셀(nacelle)에 의하여 보호되어 있다.

비행조종계통(flight control system)은 비행 중 항공기를 조종하고, 정해진 항로를 따라 안전하게 비행하도록 하는 장치로서, 조종간(control wheel), 각종 조종면(control surface) 및 조종력 전달장치 등으로 구성되어 있다.

착륙장치(landing gear)는 지상에서 항공기를 지지하고, 지상 활주 및 착륙시에 충격 하중을 흡수하는 장치로서, 타이어(tire), 바퀴(wheel), 완충장치(shock strut), 제동장치(brake system), 조향장치(wheel steering system) 및 각종 작동 기구 등으로 구성되어 있다. 이러한 항공기 착륙장치는 각 서보 시스템(servo system)의 구성과 장착성, 작동성 및 그 성능 등이 관련 계통과 적절히 조합되어, 항공기 외부 형상에 대해 최적한 상태의 착륙장치가 채택되어야 한다.

1-3 기체 구조 기능(Airframe Structure Function)

항공기 기체 구조는 목적지까지 안전하게 비행할 수 있도록 비행 중 항공기에 작용하는 하중에 견딜 수 있도록 제작되어야 할 뿐만 아니라, 경제적인 운항을 위해서는 기체구조 무게가 가벼워야 한다. 기체 구조의 무게가 가벼워지면 그만큼 더 많은 화물이나 승객을 수용할 수 있다. 또, 전체 무게가 줄어듦으로써 경제적인 동력장치의 장착이 가능하고, 연료소모가 감소하는 등 실제로 경제적으로 항공기를 운영할 수 있다. 따라서 항공기를 설계하고 제작하는 사람들은 항공기 기체의 무게를 줄이는 연구를 꾸준히 수행해 왔으며, 현재는 첨단 복합 소재를 개발하여 안전하고 가벼운 항공기를 만들고 있다. 또한, 항공기는 승객과 승무원 및 화물을 수용할 수 있는 공간이 필요하므로 공간 마련이 용이한 구조 형식으로 만들어지고, 비행 중 모든 하중을 감당하면서 예기치 않은 불의의 하중 상태에서도 그 목적을 달성할 수 있는 안전한 구조 형식을 채택하고 있다.

초기 항공기의 기체 구조부재는 주로 목재 또는 강(steel)으로 제작하였으나 경금속이 개발되면서 대부분의 항공기는 알루미늄 합금(aluminium alloy)으로 제작하고 있다. 그러나 복합재료(composite materials) 제작기술의 발전으로 가볍고 강한 강도를 갖는 탄소섬유(carbon fiber)와 같은 복합재료로 제작하는 항공기가 증가하는 추세이다. 복합재료 기술의 발전으로 알루미늄(aluminum)으로부터 탄소섬유와 기타 강한, 경량재료(lightweight material)로의 변화가 시작되었다. 새로운 재료는 항공기의 다양한 구성품(component)에 대한 특정 성능 요구조건을 만족시키기 위해 연구되었다. 현재 제작되는 대부분의 항공기 기체구조물(airframe structure)은 50% 이상 첨단복합재료(advanced composite)로 구성되어 있다. "Very Light Jet(VLJ)"라는 용어는 기체 대부분을 복합신소재(advanced composite material)로 제작되는 새로운 세대의 제트항공기를 일컫는다. 알루미늄 항공기 구조는 오래전 목재와 합판을 사용한 항공기 구조(construction)의 방법(method)과 재료(material)가 그랬듯이 구식(obsolete)으로 취급될 날이 올 수도 있다.

그림 1-3에서와 같이, 외피는 대부분 리벳(rivet)으로 기체구조에 부착하는데, 어느 부분에서는 볼트(bolt), 스크루(screw), 파스너(fastener) 또는 일부분에서 용접으로 부착하기도 하며, 최신 복합재료로 제작하는 항공기는 접착제와 함께 특별한 접합기술이 사용되고 있다.

(a) 저속 경항공기 외피   (b) 초음속 전투기 외피

▲ 그림 1-3 리벳으로 제작된 항공기 외피

1-4 기체 구조 응력(Airframe Structural Stress)

항공기 구조는 하중을 전달시키고 응력에 견디도록 설계되어 있다. 날개와 동체(fuselage), 날개보(wing spar), 리브(rib), 그리고 금속 피팅(fitting)은 그 금속들이 가지는 물리적 특성을 반드시

고려하여야 한다. 항공기의 모든 부품은 그 부분에 가해지는 하중에 대해서 견딜 수 있도록 설계가 이루어져야 한다. 이러한 하중을 결정하는 과정을 응력해석이라고 부른다. 비록 설계를 계획하는 것이 항공정비사의 임무는 아니라고 할지라도 부적절한 수리를 통해서 원래의 설계에 변화를 주는 것을 방지하기 위해서 응력에 대해서 이해하고 응용한다는 것은 대단히 중요한 일인 것이다. "응력(stress)"이라는 단어는 때로는 "변형(strain)"이라는 말로서 대체되어 사용되기도 한다. 외부하중 또는 외력은 응력을 일으킨다. 응력은 형상변화를 반대하는 재료의 내부 저항력 또는 대응하는 힘이다. 재료의 형상변화 정도가 변형이다.

항공기에 적용되는 다섯 가지의 주요 응력은 다음과 같다.

① 인장응력(tension stress)
② 압축응력(compression stress)
③ 비틀림응력(torsion stress)
④ 전단응력(shear stress)
⑤ 굽힘응력(bending stress)

그림 1-4의 ①과 같이, 인장은 물체를 잡아당겨 분리시키려고 하는 힘에 저항하는 응력이다. 기관은 항공기를 앞쪽으로 끌어가려고 하지만, 공기력은 항공기를 뒤쪽으로 잡아당기려고 한다. 이 결과가 항공기를 서로 잡아당겨 늘이려고 하는데 이것이 바로 인장이다. 일반적으로 재료의 인장강도는 psi로 측정되며, 이것은 그 재료를 잡아당겨 분리시키려고 하는 힘, 즉 하중을 그 재료의 단면적으로 나누어서 계산한다.

그림 1-4의 ②와 같이, 압축이란 물체를 부수려고 하는 힘에 저항하려고 물체 내부에서 생기는 응력을 말한다. 압축강도도 역시 psi로 측정한다. 압축은 항공기 부품을 줄어들게 하거나 쭈그러뜨리려고 하는 응력이다.

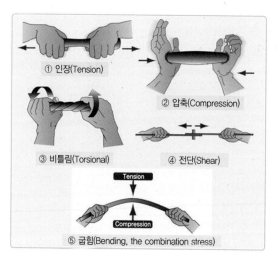

① 인장(Tension)
② 압축(Compression)
③ 비틀림(Torsional)
④ 전단(Shear)
⑤ 굽힘(Bending, the combination stress)

▲ 그림 1-4 항공기 구조 부재에 작용하는 주요 응력

그림 1-4의 ③과 같이, 비틀림이란 비틀기를 일으키는 응력이다. 항공기가 앞쪽으로 향하고 있는 동안, 프로펠러(propeller)를 장착한 항공기는 비행 중 기체를 한쪽 방향으로 비틀어지게 하고, 항공기의 다른 성분은 항공기를 정상 방향으로 유지하려고 한다. 이렇게 해서 비틀림이 발생하는 것이다. 어느 재료의 비틀림 강도는 비틀기 또는 토크(torque)에 대한 재료의 저항력이다.

전단은 재료의 한쪽 층이 인접해 있는 다른 쪽 층 위쪽으로 미끄러짐에 의해서 생기는 힘에 저항하려고 하는 응력이다. 그림 1-4의 ④와 같이, 인장이 작용하는 부분이 2개의 리벳에 의해서 결합되면 리벳은 전단되려는 힘을 받는다. 일반적으로, 어느 재료에 있어서 전단강도는 그 재료의 인장강도 또는 압축강도에 비해서 같거나 또는 적다. 항공기의 부품 중 특히 스크루, 볼트, 그리고 리벳 등은 전단되려는 힘을 받는 물체이다.

그림 1-4의 ⑤와 같이, 굽힘 응력은 압축과 인장이 결합된 것으로서 봉은 굽어진 부분의 안쪽으로 압축되고 그리고 굽어진 부분의 바깥쪽은 인장력이 작용한다.

항공기가 비행 중에 부과되는 외부하중에 저항하는 강도 또는 저항력은 모든 구조부재에서 매우 중요하게 고려하여야 할 사항이다.

기관덮개(engine cowling), 페어링(fairing), 그리고 유사한 부품은 큰 강도의 하중이 작용하지 않는다. 그러나 이들 부품은 항력을 감소시키거나 또는 공기역학 필요조건에 부응하기 위해 유선형으로 제작하여야 한다.

1-5 1차 구조와 2차 구조(Primary Structure and Secondary Structure)

항공기 기체 구조의 형식은 다양하게 분류하지만 일반적으로 하중 담당 정도에 따라 1차 구조와 2차 구조로 나눈다. 또, 구조 부재의 하중 담당 형태에 따라 트러스 구조(truss structure)와 응력외피구조(stress skin structure)로 나눈다.

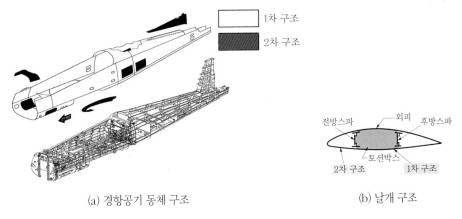

(a) 경항공기 동체 구조　　　　(b) 날개 구조

▲ 그림 1-5 항공기 동체와 날개의 1차 및 2차 구조

그림 1-5에서와 같이, 1차 구조는 항공기 기체의 중요한 하중을 담당하는 구조 부분으로, 동체의 벌크헤드(bulkhead), 세로대(longeron), 프레임(frame), 스트링거(stringer), 그리고 날개의 날개보(wing spar), 리브(rib), 외피(skin) 등이 이에 속하며, 비행 중 이 부분의 파손은 심각한 결과를 가져오게 하는 구조 부분이다.

2차 구조는 비교적 적은 하중을 담당하는 구조 부분으로, 이 부분의 파손은 즉시 사고가 일어나기보다는 적절한 조치와 뒤처리 여하에 따라 사고를 방지할 수 있는 구조 부분이다. 2개의 날개보를 가지는 날개의 앞전 부분이 2차 구조에 속하며, 이 부분의 파손은 항공 역학적인 성능 저하를 초래하지만, 곧바로 사고와 연결되지는 않는다. 그리고 객실의 선반이나 문고리 및 칸막이 등은 구조 부재로 취급하지 않는다.

1-6 항공기 구조 설계 방식(Aircraft Structure Design Criteria)

❶ 안전수명 구조(Safe Life Structure)

안전수명 구조 설계 방식은 1970년대 이전에 설계, 제작된 항공기에 적용되었으며, 안전수명(비행시간 또는 횟수)을 정해놓고 그 수명 동안에는 피로균열이 발생하지 않게 충분한 강도를 가지도록 설계, 제작하는 구조 형식이다.

이 방식은 제작 초기에 손상이 없다고 가정(no initial flaw)하여 항공기를 운영하며, 항공기의 구조의 건전성을 보장하기 위하여 제작시에 안전계수(safety factor)를 적용한다. 그림 1-6과 같이, 만약 평균수명이 4만 시간이었다면 안전계수 "4"를 적용하여 안전수명시간을 1만 시간으로 정하고, 정해진 수명 도달 시 도태시키는 방식이다.

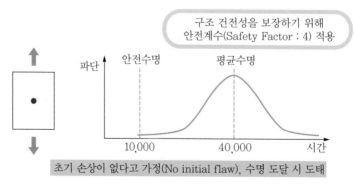

▲ 그림 1-6 안전수명 구조(safe life structure) 설계 방식

그림 1-7은 1969년에 발생한 미 공군 F-111 항공기 피로파괴 부분을 보여주고 있다. F-111 항공기의 제작 시 구조시험에 의한 평균 파괴수명이 1만 6천 시간이었으며, 안전계수 "4"를 적용하여

안전수명을 4천 시간으로 결정하고 운영 중, 비행시간 104시간 도달 시 비행사고가 발생하였다. 사고조사 결과 피로를 정량적으로 해석하여 안전수명을 결정하는 과정 등에서 발생하는 오류 등으로 밝혀지면서 항공기 설계방식은 손상허용설계 방식 등으로 발전하였다.

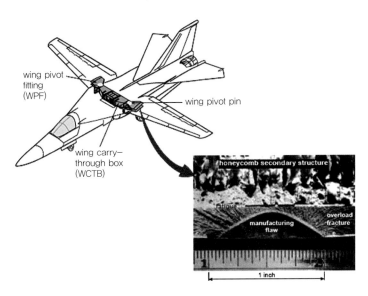

▲ 그림 1-7 F-111 항공기 날개 장착부의 피로파괴

2 페일세이프 구조(Failsafe Structure)

항공기 구조설계 방법 가운데 한 방식인 페일세이프 구조가 있다. 이 구조는 기체의 어떤 특정한 구조물의 요소가 일정 수명 동안 손상이 발생하지 않도록 각 구조물의 필요 강도를 결정하여 설계한다. 그리고 항공기는 비행 중 구조 역학적 사고가 발생하면 예외 없이 대형 사고를 초래하게 된다. 따라서 항공기 구조는 파손의 징후가 나타날 때부터 파괴에 이르기까지 시간적 여유를 주어 비상조치를 취힐 수 있도록 해야 한다. 그러므로 항공기 기체는 여러 개의 구조 요소로 결합되어, 하나의 구조 요소가 파괴되더라도 나머지 구조 요소가 그 기능을 담당해 줄 수 있는 페일세이프 구조 형식이 항공기 기체에 채택되고 있다. 페일세이프 구조는 그 구조의 일부가 피로로 파괴되거나 파손되더라도, 나머지 구조가 작용하는 하중에 견딜 수 있도록 함으로써 치명적인 파괴나 과도한 변형을 방지할 수 있도록 설계되어 있다.

이 구조 형식의 종류에는 다경로 하중 구조(redundant structure), 이중 구조(double structure), 대치 구조(back-up structure) 및 하중 경감 구조(load dropping structure) 등이 있다.

다경로 하중 구조는 그림 1-8의 (a)와 같이, 여러 개의 부재를 통하여 하중이 전달되도록 하는 구조로서, 어느 하나의 부재의 손상이 다른 부재에 영향을 끼치지 않고, 비록 한 부재가 파손되더라도

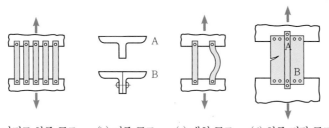

(a) 다경로 하중 구조   (b) 이중 구조   (c) 대치 구조   (d) 하중 경감 구조

▲ 그림 1-8 페일세이프 구조의 종류

요구하는 하중을 다른 부재가 담당할 수 있도록 되어 있다.

이중 구조는 그림 1-8 (b)와 같이, 하나의 몸체형으로 된 A형 대신에 B와 같이 2개의 작은 부재에 의하여 하나의 몸체를 이루게 함으로써 동일한 강도를 가지게 하며, 어느 부분의 손상이 부재 전체의 파손에 이르는 것을 예방할 수 있도록 하는 구조 형식이다.

대치 구조는 그림 1-8의 (c)와 같이 부재가 파손되었을 때를 대비하여 예비적인 대치 부재를 삽입시켜 구조의 안전성을 도모하고자 하는 구조 형식이다. 동시에, 이 예비 부재는 안전성을 유지하기도 하지만, 다른 기능을 동시에 수행할 수 있도록 설계되는 경우가 많다.

하중 경감 구조는 그림 1-8의 (d)와 같이, 하중의 전달을 부재 A 및 B에 의하여 동시에 전달되도록 하는 구조 형식이다. 부재 B가 파손되기 시작하면서 큰 변형이 일어나게 되면 부재의 강성이 떨어지게 된다. 이 때, 아직 강성이 떨어지지 않은 나머지 부재에 많은 하중이 이동되어 전달되게 함으로써, 파괴가 시작된 부재의 완전 파단이나 파괴를 방지할 수 있도록 설계된 구조 형식이다.

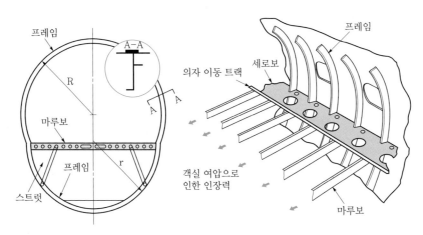

▲ 그림 1-9 동체 구조에서의 페일세이프 구조(마루보-바닥보)

그림 1-9에서는 동체 구조에서의 페일세이프 구조의 예를 나타낸 것이다. 그림에서 보는 바와 같이, 동체에 있는 모든 프레임이 수평 방향의 바닥보(floor beam)에 부착되어 있다. 이 마루보가 객

실의 여압 하중(pressure loads)에 견딜 수 있도록 하고, 이들 하중을 분산시키기 위한 부가적 장치로 세로보(longitudinal beam)를 동체의 길이 방향으로 마련하여 하중 전달 경로를 분산시킨다.

❸ 손상 허용 설계(Damage Tolerance Design)

손상 허용 설계의 개념은 페일세이프 구조를 더욱 발전시킨 새로운 방식으로, 1972년 미 공군에서 군용기에 적용된 항공기 설계방식이다. 이 개념은, 그림 1-10에서 보는 바와 같이, 눈에 보이지 않는 손상이 기체 제작 시부터 성장하고 있다고 가정하고, 항공기의 비행횟수가 증가함에 따라 기체구조는 균열의 성장과 함께 잔류강도가 제한하중 이하로 저하되어 구조결함을 놓칠 경우까지도 생각하여 검사주기를 설정한 항공기 운영방식이다.

항공기를 장시간 운용할 때 발생할 수 있는 구조 부재의 피로 균열이나 혹은 제작 동안의 부재 결함이 어떤 크기에 도달하기 전까지는 발견될 수가 없기 때문에, 그 결함이 발견되기까지 구조의 안전에 문제가 생기지 않도록 보충하기 위한 것으로 균열의 성장속도와 잔류강도를 확실하게 추정해야 가능하며, 파괴역학(fracture mechanics)의 진보로 가능하게 되었다.

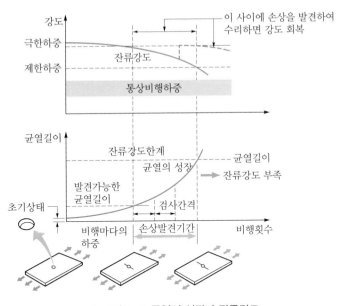

▲ 그림 1-10 균열의 성장과 잔류강도

따라서 이 설계는 구조의 정비 방식과 같은 개념이다. 이 설계 기준에 일치하고 있는지를 증명하기 위해서는, 피로 시험 중에 발생한 균열이 어떤 점검 방법으로 언제 발견할 수 있는지, 또 어느 크기까지 안전한지를 확인한 다음에 정비 방식도 결정한다. 이 때, 보통의 운용 및 정비 작업 중에 발생한 구조 부재의 손상, 부식 등이 피로수명에 미치는 영향을 고려하도록 되어 있다.

동체 Fuselage

동체는 항공기의 주 구조물(main structure) 또는 본체(body)이다. 동체는 승무원(flight crew), 승객(passenger), 화물(cargo), 액세서리(accessory) 그리고 다른 장비(equipment)를 적재하기 위한 공간을 제공한다. 단발항공기(single-engine aircraft)는 동력장치를 동체 내부에 적재하기도 한다. 다발항공기(multi-engine aircraft)는 동력장치가 동체 내부 또는 동체외부에 부착되거나, 날개구조물(wing structure)에 장착하기도 한다. 동체 구조의 일반적인 형식에는 트러스 구조(truss structure)와 응력외피 구조(stress skin structure)의 두 가지가 있다.

2-1 트러스 구조(Truss Structure)

트러스 구조는 1903년 첫 비행에 성공한 라이트 형제가 사용한 날개 구조로 유명하다. 막대를 삼각형으로 연결하고 이를 계속 반복해 힘을 지탱하는 구조형식을 말한다. 우리가 흔히 산에서 볼 수 있는 송전탑의 골격을 생각하면 쉽게 알 수 있다.

목재나 강판으로 트러스를 구성하고, 그 위에 천 또는 얇은 합판이나 금속판을 외피로 입힌 구조의 트러스 구조에서는 항공기에 작용하는 모든 하중을 이 구조의 뼈대를 이루고 있는 트러스가 담당하며, 외피는 항공 역학적 외형을 유지하여 양력 및 항력 등의 공기력을 발생시킨다.

이 구조는 초기의 항공기에 많이 사용되었으며 지금도 초경량 항공기에 일부 사용되고 있다. 트러스 구조는 설계가 쉽고, 제작 또한 쉬운 장점이 있다. 하지만 구조재가 내부 공간을 가로지르므로 내부 공간을 활용하기 어려워 여객기나 화물 수송용 항공기 등 공간을 필요로 하는 항공기에는 부적합한 구조이다. 뿐만 아니라 힘을 효과적으로 분산시키기 위해서는 직선구조를 택할 수밖에 없어 외형을 매끄럽게 제작하기도 어렵다. 이러한 이유로 최근에는 초경량 항공기를 제외하고는 거의 사용하지 않는다.

트러스 구조형 동체는 프랫 트러스(pratt truss) 구조형 동체와 워렌 트러스(warren truss) 구조형 동체가 있다. 프랫 트러스 구조형 동체는 그림 2-1의 (a)와 같이, 세로대와 수직 웨브 및 수평 웨브의 대각선 사이에 보강선을 설치함으로써 강도를 유지하도록 한 동체이다. 워렌 트러스 구조형 동체는 그림 2-1의 (b)와 같이, 강재 튜브의 접합점을 용접함으로써 웨브나 보강선의 설치가 필요 없는 구조이며, 많은 트러스 구조형 동체에 이용되고 있다. 이 형식의 동체를 가능한 한 유선형으로 하기 위하여 삼각형의 접합 구조를 적절히 이용하며, 강관은 용접성이 양호한 저탄소강이나 니켈-크롬-몰리브덴강 등이 주로 사용되고 있다.

(a) 프랫 트러스(pratt truss) 구조

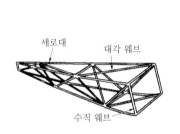

(b) 워렌 트러스(warren truss) 구조

▲ 그림 2-1 트러스 구조형 동체

2-2 응력외피 구조(Stress Skin Structure)

항공기의 구조 부재뿐만 아니라 외피도 굽힘 및 전단응력에 대한 강도를 갖게 하는 구조이며, 구조 무게에 비해서 강도가 큰 이점이 있다.

모노코크(monocoque) 구조와 세미모노코크(semi-monocoque) 구조로 나누어진다.

1 모노코크 구조(Monocoque Structure)

모노코크 구조는 단일선체(single shell)에 정형재(former)와 벌크헤드(bulkhead) 등에 의해서 동체 형태가 이루어지며, 대부분의 하중을 외피가 담당하도록 설계되어 있다. 따라서 외피의 두께가 두꺼워져 항공기 무게가 무겁게 되므로 항공기 동체 구조 형태로는 부적합하여 사용하지 않는 것이 좋으나 어쩔 수 없이 사용할 경우 허니콤 샌드위치(honeycomb sandwich) 구조를 사용하는 것이 바람직하다. 하지만 최근에는 강성이 높은 복합재료의 개발로 이전보다는 이용 범위가 넓어지고 있다.

그림 2-2와 같이, 실제의 모노코크 구조에 있어서는 정형재, 프레임 어셈블리(frame assembly), 그리고 벌크헤드 등으로 동체를 구성한다. 이들의 구조 부재 중에서 가장 큰 하중을 담당하는 부재는 집중하중을 담당할 수 있도록 간격을 두고 배치되어지며, 날개, 동력장치, 그리고 안정판과 같은 다른 구성품을 부착하기 위한 피팅(fitting)이 필요한 부분에 배치되어 있다.

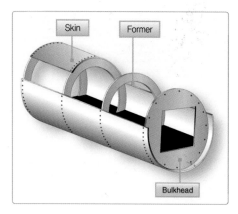
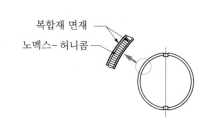

▲ 그림 2-2 **모노코크 동체 구조**

2 세미모노코크 구조(Semi-Monocoque Structure)

모노코크 구조의 강도/무게 문제점을 극복하기 위해 세미모노코크 구조가 개발되었으며 또한 모노코크에서 사용되는 프레임어셈블리, 벌크헤드 그리고 정형재로 구성되어 있다. 그러나 그림 2-3에서 보여지는 바와 같이, 추가적으로 외피는 세로대(longeron)라고 부르는 세로부재에 의해 보강되어있다. 세로대는 보통 여러 개의 구조부재를 가로질러 연장된다. 그리고 1차 굽힘하중(primary bending load)을 지지해 주는 외피를 보조해 준다. 그들은 일반적으로 하나로 된 부재이거나 각 부재를 조립한(built-up) 구조 중의 한 방법으로 알루미늄으로 제작된다.

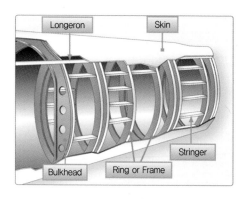

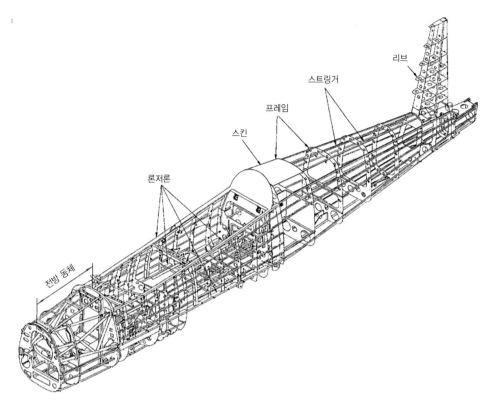

▲ 그림 2-3 세미모노코크 동체 구조

스트링거(stringer)는 세미모노코크 동체에서 세로 부재로 사용된다. 일반적으로 대단히 많은 수가 부착되며 세로대보다 무게가 더 가볍다. 그림 2-4에서와 같이, 세로대와 스트링거는 여러 가지의 형상으로 제작되는데, 보통 한 조각의 알루미늄 사출성형(extrusion) 또는 성형알루미늄(formed aluminum)으로 제작된다.

(a) 굽힘 성형　　　　　　　　　　(b) 압출

▲ 그림 2-4 세로대 및 스트링거의 단면

스트링거는 어느 정도의 단단함은 갖고 있지만 주로 외피의 형상에 맞도록 부착하기 위하여 사용된다. 그림 2-5에서와 같이, 세로대와 스트링거 사이에 다른 결합 부재가 사용될 수 있다. 일부분에서 웹부재(web member)가 추가적으로 수직 또는 대각선으로 장착되기도 한다. 각 제작사마다 구조 부재의 명칭을 서로 다르게 명명하는 데 주의하여야 한다. 예를 들어, 제작사마다 링, 프레임, 그리고 정형재 사이에 약간의 차이가 있다. 같은 역할을 하는 수직부재인 링을 어떤 제작사는 링이라 명명하고 다른 제작사는 프레임이라고 부르기도 한다. 이를 구분하기 위해서는 항공기별 제작사 사

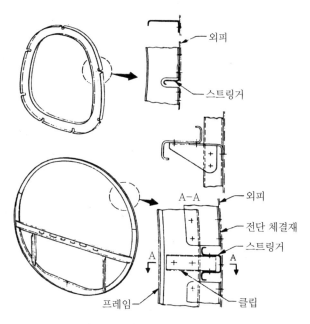

외피

스트링거

A-A

외피

전단 체결재

스트링거

A   A

프레임   클립

▲ 그림 2-5 프레임과 스트링거의 결합 예

용접명세서와 명세서(specification)가 가장 좋은 참고 자료이다.

세미모노코크 동체는 기본적으로 알루미늄 또는 마그네슘합금으로 제작되어 있다. 강재와 티타늄은 고온을 받는 지역에 일부분 사용된다. 구조 부재인 세로대와 스트링거, 링 또는 프레임 하나하나의 강도는 약하지만 그 구성요소가 결합되었을 때 이들의 구성요소는 강하고 단단한 구조골격(framework)을 형성한다. 비행 중 그리고 착륙 중에 부과되는 하중을 담당하기에 충분하다. 구조골격은 보강용 덧붙임판(gusset), 리벳, 너트와 볼트, 스크루, 그리고 일부분 용접(friction stir welding)으로 이루어진다. 그림 2-6에서 보여준 것과 같이, 보강용 삼각형 덧붙임판(gusset)은 강도를 보강하는 연결브래킷(connection bracket)의 한 가지 형식이다.

▲ 그림 2-6 보강용 덧붙임판

세미모노코크 동체에서 강하고 무거운 세로대는 벌크헤드와 정형재를 보조하고, 스트링거, 버팀대(brace), 웹부재 등을 지지해준다. 모든 구조부재들은 세미모노코크 설계에서 완전한 강도의 이점을 얻기 위해 외피에 함께 부착되어지도록 설계되어 있다. 금속외피 또는 커버(covering)는 하중의 일부만 담당한다는 것은 중요하다. 동체외피의 두께는 가해지는 하중과 응력이 걸리는 위치에 따라 다르다.

세미모노코크 동체를 사용하면 여러 가지의 이로운 점이 있다. 벌크헤드, 프레임, 스트링거 그리고 세로대는 유선형의 구조물과 설계에 용이하고, 구조의 강도와 단단함을 증가시킬 수 있다. 그러나 무엇보다도 중요한 이점은 강도와 단단함의 유지를 소수의 부재에만 의존하지 않는다는 사실인 것이다. 다시 말해서, 응력외피 구조물인 세미모노코크의 동체는 비행 중 가상할 수 있는 손상을 견딜 수 있고, 강도를 충분히 유지할 수 있다.

세미모노코크 구조 동체는 2개 이상의 섹션(section)으로 제작한다. 소형 항공기의 동체는 2~3개의 섹션으로 제작되며, 반면에 대형 항공기에서는 6개 이상의 섹션 또는 조립되기 이전에 더 많은 부분의 섹션으로 제작된다. 대형 항공기는 그림 2-7에서 보는 바와 같이 전방 동체(forward fuselage), 중간 동체(middle fuselage) 및 후방 동체(after fuselage)로 나누어 설계, 제작된다. 그리고 동체의 꼬리 부분은 꼬리날개 등이 부착되는 부분으로, 동체의 후방 몸체(after body)라고 한다.

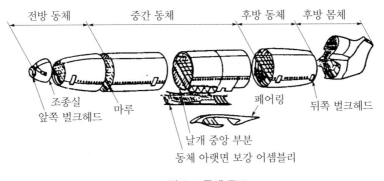

▲ 그림 2-7 동체 구조

전방 동체는 동체의 앞쪽 부분으로 조종실 등이 마련되어야 하며, 특히 항공기의 가장 앞쪽에 해당되는 곳으로, 동체의 공기 저항을 최소화할 수 있는 항공역학적 특성을 고려하여 설계해야 한다. 더욱이, 조종실은 비행 중 또는 지상 활주 시에 조종사의 시계가 확보될 수 있어야 한다. 중간 동체는 주로 승객이나 화물 탑재를 위한 공간과 날개 및 주 착륙장치(main landing gear) 등이 부착되는 부분이다. 후방 동체는 승객 및 화물이 탑재되는 공간이 되기도 하며, 후방 몸체와 연결되는 부분이다.

2-3 여압 구조(Pressurization Structure)

대형 여객기와 같이, 수만 피트의 상공을 비행하는 항공기는 탑승한 승무원, 승객 및 그 밖에 생물의 안전을 위해서 탑승 공간이 비행 중에도 지상과 같은 온도 및 압력을 유지해야 한다. 항공기 여압장치가 작동한다는 것은 항공기가 이륙 이후에 공기가 객실 안으로 주입된다는 의미이다. 객실 안쪽에 있는 공기와 객실 바깥쪽에 있는 공기 사이에 압력의 차이가 형성된다. 이 차이는 비행 중 계속 조절되고 유지된다. 여압계통의 정상적인 작동으로 공급되는 충분한 산소(oxygen)는 승무원과 승객이 정상적으로 호흡하도록 할 수 있게 하고, 고고도에서 별도의 장비 없이 비행이 가능하도록 한다. 이 경우, 기관의 압축 공기를 이용하여 여압을 하는데, 여압되는 공간을 여압실이라 한다. 그림 2-8은 동체의 여압실을 보여주고 있다.

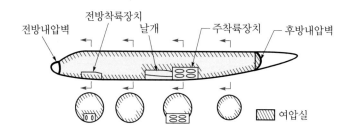

▲ 그림 2-8 여객기 여압실

항공기가 고공으로 올라갈수록 대기압은 낮아지고, 여압실의 압력이 지상에서와 같은 압력으로 유지된다면, 여압실 외부와 내부의 압력차인 차압이 점차 커지게 된다. 따라서 차압에 의한 하중이 증가하여 항공기 동체의 설계 제작 시에 지정된 한계값에 가까워지게 되므로, 어느 한계의 고도 이상에서는 차압이 일정하게 유지되도록 되어 있다.

여압은 동체구조의 복잡한 설계, 제작을 요구한다. 여압 하중을 받는 항공기의 동체는 비행 중에 작용하는 비행 하중뿐만 아니라 여압에 의한 하중을 더 받게 되므로, 여압장치가 없는 항공기보다 정적인 강도가 더 크게 요구된다. 따라서, 객실 안쪽 공기와 바깥쪽 공기 사이의 압력 차이로 인한 금속피로(metal fatigue)에 대한 관심과 점검이 더욱 중요하다.

여압실은 조종실의 윈드실드(windshield), 객실 창문 또는 출입문(door) 등 절개 부분이 많다. 이러한 재료의 불연속 부분에는 응력이 집중되므로, 충분한 강도를 가질 수 있도록 보강해야 한다. 이러한 부분의 재료로는 티탄 합금을 사용하기도 한다. 또한 여압실의 강도를 보강해 주기 위하여 스트링거의 간격을 좁히거나 강한 스트링거를 사용하기도 한다.

대부분의 여압계통이 장착된 항공기는 세미모노코크(semi-monocoque) 구조이다. 여압 동체 구조물은 어떠한 손상이 발견되었고 수리되었는지를 확인하기 위해 폭넓은 정기검사(periodic inspection)를 받는다. 구조 부재 지역에서 반복적인 결점(weakness) 또는 결함(failure)은 동체 구조에 대하여 개조 또는 재설계할 것을 요구한다.

최근에는 여압실의 단면 형상으로 그림 2-9와 같은 이중 거품형이 많이 사용되고 있다. 그 이유는, 동체의 높이를 증가시키지 않고 넓은 탑재 공간을 마련하기 위한 것이다. 그림 2-9의 (a)와 같이, 마루판 윗 부분이 여압을 받을 때 마루판은 인장 응력을 받게 되는데, 이 응력은 외벽과 연결되는 점 A에서 각 β가 작아지게 되는 반면에 각 α는 커져서, 점 A에서 응력 집중이 작아지게 된다. 또, 구조가 간단하다는 점에서 그림 2-9 (b)와 같은 구조도 사용되기도 한다.

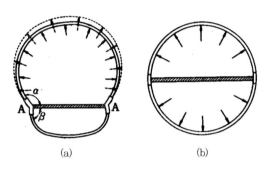

(a)　　　　　(b)

▲ 그림 2-9 이중 거품형 여압실

여압 동체 구조는 압력 유지를 위하여 공기가 밖으로 새어 나가지 못하도록 철저히 밀폐시켜야 한다. 그러나 항공기 기체는 여러 개의 외피 판재를 스트링거 등의 구조물과 접합하게 되므로 틈새가 생기며, 여압실의 압력이 누설될 수 있다. 또한 승강키, 방향키 및 도움날개 등의 조종면을 작동하기 위한 각종 케이블 등이 여압실 벽을 통하여 운동을 전달하게 되므로, 생길 수 있는 틈새나 그 밖의 각종 출입문, 창문 등의 부착 부분에서 여압실의 압력이 누설될 수 있다. 이렇게 압력 누설이 가능한 부분은 철저히 기밀 유지를 위한 특수한 장치가 마련되어야 한다.

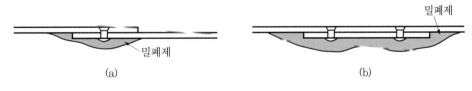

밀폐제

밀폐제

(a)　　　　　(b)

▲ 그림 2-10 여압 구조 외피의 밀폐

그림 2-10은 항공기 기체에서 여러 개의 외피 판재를 접합시킬 때에 부재와 부재 사이 및 리벳과 부재 사이에서 발생할 수 있는 압력 누설을 방지하기 위하여 밀폐제(sealant)를 사용하여 밀폐시킨 예를 나타낸 것이다. 그림 2-11은 조종계통의 케이블이나 조종 로드 등이 기체의 외벽을 통과하는 경우의 밀폐 상태를 나타낸 것이다. 그림 2-11의 (a)는 스프링과 고무 시일(seal)에 의하여 기체의

외부와 내부가 완전히 밀폐되어 있음을 나타낸 것이다. 그림 2-11의 (b)는 그리스(grease)와 와셔 (washer) 등의 시일을 사용하여 기밀을 유지하며, 그림 2-11의 (c)는 고무 콘(cone)을 사용하여 기체 내부와 외부를 밀폐시킨 것이다.

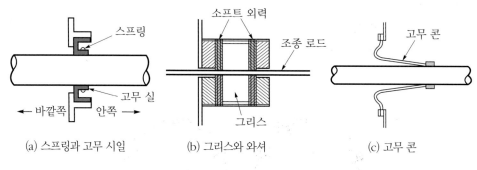

(a) 스프링과 고무 시일   (b) 그리스와 와셔   (c) 고무 콘

▲ 그림 2-11 절개된 외피 부분의 기밀

2-4 항공기 출입문(Door)과 창(Window)

승객실이나 조종실의 창문과 출입문은 외부를 관측하거나, 사람이 탑승하고 화물을 탑재하기 위하여 불가피하게 항공기 기체의 일부분을 절개시킨 부분이다. 대형 여객기의 조종실 창문은 그림 2-12의 (a)와 같이, 앞쪽의 윈드실드와 옆 창문 및 위 창문으로 구성되어 있다. 이것은 조종사가 조종할 때에 밖을 내다볼 수 있어야 하고, 여압에 견딜 수 있어야 하며, 새와 같은 외부의 이물질과 충돌하더라도 손상되지 않을 정도의 구조와 강도를 지녀야 한다.

윈드실드 패널(windshield panel)은 그림 2-12의 (b)와 같이 여러 층으로 되어 있는데, 바깥쪽 판과 안쪽 판은 유리로 되어 있고, 중간층은 비닐층의 샌드위치식으로 밀착되어 있다. 바깥판의 안쪽 면에는 유리의 보온을 위해서 전도성이 좋은 금속 피막(conductive coating)을 입히는데, 여기에 전기가 통하게 함으로써 윈드실드의 방빙(anti-icing) 및 윈드실드에 생기는 서리 제거(anti-fog)를 할 수 있다. 비닐층은 금속산화 피막에 흐르는 전기에 의해 가열되어 플라스틱 상태로 됨으로써 앞뒤의 유리가 충격에 견딜 수 있게 한다. 윈드실드의 강도 기준으로는, 윈드실드 패널의 여압 압력에 의한 파괴 강도가 바깥쪽 판만으로 최대 여압실 압력의 7~10배, 또 안쪽 판만으로 최대 여압실 압력의 3~4배 이상의 강도를 가져야 한다. 그리고 새 등의 충돌에 의한 충격 강도는, 무게 4lbs(1.8kg)의 새가 순항 속도로 비행하고 있는 비행기의 윈드실드와 충돌하더라도 파괴되지 않을 정도이어야 한다.

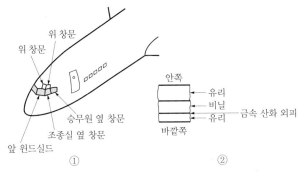

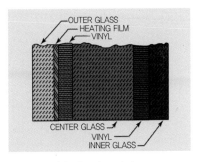

(a) 조종실 윈드실드 및 창문   (b) 윈드실드 패널

▲ 그림 2-12 **조종실 윈드실드 패널**

1 출입문(Door)

출입문의 개폐(open & close)는 여압동체가 아닌 경비행기나 헬리콥터의 경우 비행 중 공기압력과 중력으로 인해 자동으로 문이 열리지 않도록 힌지 등의 잠금장치(latch)가 필요하며, 여압동체인 경우는 문에 걸리는 압력차는 1m²당 수 톤에 달하기 때문에 주위의 기체와 밀착시키는 방법 및 밀폐 보호물(shield)에 대한 고려가 필요하다.

미 연방 항공국(FAA)에서 정한 출입문의 요구조건(FAR Parts 23, 25)은 다음과 같다.

① 승객을 운송하는 모든 항공기의 객실은 최소한 1개의 적당하고 쉽게 접근 가능한 외부 출입문을 장착해야 한다.

② 안쪽(inboard) 프로펠러 회전단면 또는 프로펠러 허브(hub)의 5° 이내의 평면에는 승객 출입문을 설치할 수 없다.

③ 여객기의 외부 출입문은 비행 중에 사람에 의해서나 기계적 결함에 의해 열리지 않도록 잠금장치나 안전장치를 갖추어야 한다.

④ 가벼운 충격이나 충돌에 의한 동체 변형에도 불구하고 외부 도어는 얼릴 수 있이야 한다.

⑤ 출입문의 잠금상태를 외부에서 확인 가능하도록 설계되고, 출입문의 잠금 및 개폐 상태를 조종사가 확인 가능해야 한다.

⑥ 모든 항공기는 주 출입문의 반대편에 비상용 출입문이 반드시 있어서 유사시 대피 가능해야 한다.

그림 2-13의 (a)에서와 같이 동체 안으로 여는 문이라면 닫혔을 때 기내의 압력에 의해 자연스럽게 기체와 밀착되므로, 잠금장치가 불완전해도 열릴 우려는 없으며 이러한 형태를 플러그 형식(plug-type)이라고 한다.

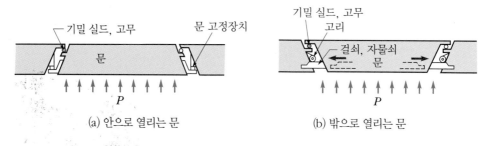

▲ 그림 2-13 여압동체에서의 출입문

그러나 안으로 여는 방식은 기내 공간을 차지하는 결점이 있고 비상시에 기내의 승객들이 몰려 문을 열 수 없게 되는 경우가 있으므로 문의 위치 선정에도 각별한 주의가 필요하다.

그림 2-13의 (b)에서와 같이 밖으로 여는 방식은 여압에 의해 자동으로 열릴 가능성이 있으므로 여러 개의 잠금장치로 지탱하여야 하나 기내 공간 확보에 유리하여 여압이 높지 않은 프로펠러기나 대형 수송기의 화물칸 등에 사용한다. 플러그 형식이 아닌 여객기의 출입문은 잠금장치로 결합력을 지탱하므로, 모든 잠금장치에 자물쇠를 장착하여 잠금장치가 완전히 걸려 있지 않으면, 자물쇠 조작이 완료되지 않도록 설계되어 있다. 플러그 형식인 경우에는 비여압 시 진동이나 사람의 오작동에 의해 문이 불시에 열리지 않고, 비바람만 막을 수 있으면 된다. 다만 비상 착수 시 수압을 견딜 수 있도록 하는 장치가 필요하다. 1980년 이후에 개발된 여객기의 경우, 여압실의 출입문이 완전히 닫혀서 잠기지 않으면 자동적으로 여압이 걸리지 않도록 하는 장치를 장착하도록 규정하고 있으므로, 자물쇠와 연동해서 개폐되는 작은 배기 패널을 장착하는 것이 일반화되어 있다.

여객기는 모든 출입문이 완전히 잠겨 있는지 여부를 조종실에서 알 수 있도록 하는 장치를 장착하도록 규정되어 있으므로, 문의 자물쇠에 제한스위치(limit switch)를 장착하여 조종실에서 확인할 수 있도록 하고 있다.

여압장치가 장착된 항공기의 출입문은 기내에 작용하는 압력에 의해 굽힘 모멘트를 받기 때문에 이를 견딜 수 있는 프레임을 포함하고 있다. 넓은 출입문은 그림 2-14의 (a)와 같이 강한 프레임이 필요하다. 대형 여객기의 넓은 일일수록 그림 2-14의 (b)에서와 같이 문의 상부 프레임을 힌지로 동체 외부와 연결하고, 아래 테두리는 잠근 후 고리 형태의 잠금장치로 동체에 연결하여 내압을 원주방향의 인장력 형태로 지지할 수 있도록 한 설계가 많다.

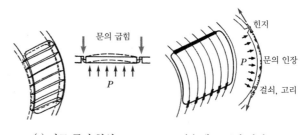

▲ 그림 2-14 여압 항공기 출입문의 구조

❷ 창(Window)

항공기 창의 투명체로 가장 많이 사용되고 있는 것은 아크릴 수지(acrylic resin)이다. 아크릴 수지는 유리에 비해 비중이 1/2 정도로 가볍고 잘 깨지지 않으며 균열이 발생하여도 유리만큼 빨리 진행되지 않는 장점이 있다.

여압이 되지 않는 기체의 창에서는 창을 직접 기체에 고정하지 않고 고무를 끼워두는 설치방법을 사용하는 경우가 많다. 그림 2-15에서는 세스나 150 항공기 조종실 출입문과 창을 보여주고 있다.

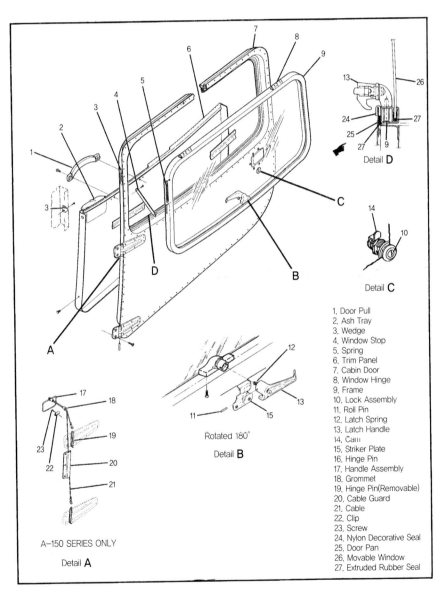

Detail D

Detail C

Detail B

Detail A

1. Door Pull
2. Ash Tray
3. Wedge
4. Window Stop
5. Spring
6. Trim Panel
7. Cabin Door
8. Window Hinge
9. Frame
10. Lock Assembly
11. Roll Pin
12. Latch Spring
13. Latch Handle
14. Cam
15. Striker Plate
16. Hinge Pin
17. Handle Assembly
18. Grommet
19. Hinge Pin(Removable)
20. Cable Guard
21. Cable
22. Clip
23. Screw
24. Nylon Decorative Seal
25. Door Pan
26. Movable Window
27. Extruded Rubber Seal

Rotated 180°

A-150 SERIES ONLY

▲ 그림 2-15 세스나 150 항공기 조종실 출입문과 개폐식 창

여압을 하는 기체에서도 여압실의 창과 같이 평면에 가까운 소형 창은 기체의 안쪽에서 설치되면 특별히 창을 직접 나사로 고정하지 않아도 강도가 충분하고 떨어지는 일도 없기 때문에 이 같은 방식을 채택하는 사례가 늘고 있다. 다만 이러한 창의 경우는 여압실의 내압으로 인해 처짐이 발생하기 때문에 그것에 견디려면 비록 작은 창이라도 상당한 두께가 요구된다. 따라서 여압을 하는 기체의 창 중 큰 것은 쉘(shell) 형태의 곡면으로 설계하여 여압에 의한 처짐을 방지하고 풍선처럼 원주 방향으로 인장력으로 여압을 지지하도록 하는 것이 창의 두께와 무게를 줄이는 데 더 유리하다.

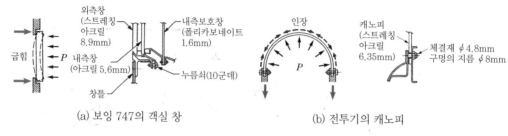

(a) 보잉 747의 객실 창   (b) 전투기의 캐노피

▲ 그림 2-16 여압장치가 있는 항공기의 창과 캐노피

그 좋은 예가 고속 전투기의 캐노피이다. 전투기의 캐노피는 곡면창이나 캐노피는 창 자체는 얇아도 되지만 주변 기체에 설치할 때, 인장이 걸려도 기체로부터 빠지지 않도록 단단히 고정할 필요가 있다. 그림 2-16에서는 여압장치가 있는 항공기의 창과 캐노피를 보여주고 있다.

❸ 창문 주위 보강(Window Reinforcement)

동체에는 출입문이나 창을 설치하기 위해서 혹은 정비의 목적으로 외피에 구멍을 만들게 된다. 따라서 현재 운영 중인 대다수 항공기의 동체는 세미모노코크 구조로서 외피와 그 안쪽에 보강된 스트링거를 갖고 있기 때문에 구멍을 뚫기 위해서는 강도 저하를 막는 보강이 필수적이다.

그림 2-17의 (a)와 같이 인장 또는 압축하중이 걸리는 외피와 스트링거에 그림 2-17의 (b)에서와 같은 구멍을 뚫은 경우를 생각해보자. 당연히 잘려나간 외피와 스트링거가 부담하고 있던 하중은 구멍의 위와 아래로 흐르게 되고, 구멍 상하부 외피와 스트링거는 원래 부담하고 있던 하중에 추가적인 하중이 가해지게 되므로 응력집중이 발생하게 된다. 따라서 그림 2-17의 (c)와 같이 구멍 상하부에 대한 보강이 필요하게 된다. 이러한 보강재가 잘려진 외피나 스트링거와 같은 강도를 갖는다면 인장하중의 경우는 잘려진 외피 및 스트링거와 같은 면적을 가져야 한다. 실제로 잘려나간 외피와 스트링거에서 보강재로 힘이 전달되려면 어느 정도의 길이가 필요하기 때문에 보강재가 그림 2-17의 (d)와 같은 구멍의 가장자리에서 시작되고 끝나게 하지 않고, 그림 2-17의 (e)와 같이 보강재를 구멍의 앞뒤로 연장하게 된다. 보강재를 통해 전달된 힘은 다시 보강재 주위의 외피를 통해 전단력의 형태로 분산된다. 따라서 구멍의 앞·뒤에서는 외피에 전단력이 작용하기 때문에 외피의 두께를 늘이거나 보강재를 추가한다.

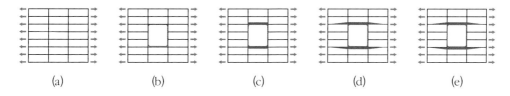

▲ 그림 2-17 인장이나 압축을 받는 구멍 주위로의 보강

출입문이나 창은 보통 동체 측면에 위치하고, 동체는 좌우 굽힘보다도 상하 굽힘 하중이 크기 때문에 동체 측면은 인장이나 압축하중보다도 전단하중이 문제가 되는 경우가 많다. 그림 2-18의 (a)와 같이 전단하중을 받고 있는 외피와 스트링거에 그림 2-18의 (b)와 같이 구멍을 내면 구멍이 난 곳에서는 전단력을 구멍의 위아래나 좌우가 대신하여 지지하여야 한다. 따라서 이 부분에 이중재(doubler)를 대거나 외피를 두껍게 할 필요가 있다. 또 전단력을 구멍의 좌우나 위아래로 분산시키기 위해서는 구멍의 가장자리를 따라 골격이 필요하고, 이들 구조물의 조합체가 전단력을 지지하게 된다.

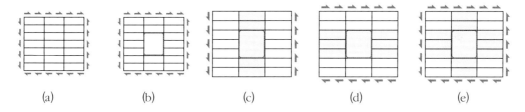

▲ 그림 2-18 전단력이 가해지는 경우의 보강방법

원형 단면 여압동체의 경우는 여압차에 의해 외피의 원주방향과 길이 방향으로 걸리는 응력비가 2:1이 된다. 따라서 여압동체의 외피에 구멍을 낸 경우는 그림 2-19에서 보는 바와 같이 가로, 세로 양방향의 보강이 필요하게 된다. 또한 출입문이나 창이 압력차에 의해서 밖으로 밀착되기 때문에 보강재는 그것을 견딜 수 있도록 충분한 굽힘강도를 가져야 한다. 이러한 이유로 동체의 출입문이나 창이 주위에는 "우물정(井)"자 모양의 보강재를 설치하든지, 구멍 주위에 프레임이나 스트링거를 보강하고 주위의 외피는 두껍게 하거나 이중재를 대는 것이 보통이다. 특히 구멍의 모서리 부분은 응력이 집중되어 균열이 발생하기 쉬우므로 굽힘 반지름을 크게 한다. 또한 모서리 부분의 외피에 리벳을 장착할 때에는 가능한 한 가장자리에서 멀리 떨어진 곳이 좋고, 외피와 이중재 가장자리에 흠집을 내지 않도록 한다. 동체에는 프레임과 스트링거가 격자모양으로 배치되어 있으므로, 모서리가 둥근 사각형 모양의 구멍으로 하는 것이 쉽고, 이 형상은 문의 모양으로도 적절하다. 그러나, 그러한 조건을 무시한다면, 여압동체와 같이 인장력이 걸려 있는 외피에 내는 구멍으로는 하중 방향으로 긴 타원형이 응력집중이 작아 이상적이다. 인장력이 걸리는 대형기의 날개 밑면 외피의 점검패널(inspection panel)로도 타원형이 많이 사용된다.

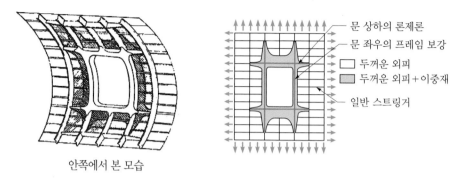

안쪽에서 본 모습

문 상하의 론제론
문 좌우의 프레임 보강
두꺼운 외피
두꺼운 외피 + 이중재
일반 스트링거

▲ 그림 2-19 여압동체 창문 보강의 예

④ 고무 시일(Rubber Seal)

출입문과 기체 사이 혹은 창과 기체 사이에는 일반적으로 고무 시일이 사용되어 승객실 여압과 비바람이 새는 것을 방지하고 있다. 지상의 기계나 배관 등의 이음새는 플렌지 주변 표면을 평평하게 해서 볼트로 단단히 죄기 때문에 표면 접촉부에 적합한 평평한 개스킷(gasket)이 사용되고 있다. 그러나 항공기의 구조는 상대적으로 얇고, 약하고, 변형되기 쉬워서 가벼운 조임만으로 밀폐 요구 조건을 만족할 수 있어야 하기 때문에 일반 기계에서의 밀폐와는 다른 고려가 필요하다.

가벼운 조임만으로 효과적인 밀폐를 하기 위해서는 넓은 면에서의 접촉이 아닌 가는 연속선으로 접촉하는 것이 좋다. 창이나 작은 점검패널의 설치에는 그림 2-20의 (a)에 보인 바와 같이 일반 기계의 개스킷과 동일한 얇은 평면 시일이 사용되지만 이 경우도 시일 고무 면에 볼록한 밀폐 라인을 세워 선접촉이 되도록 하는 것이 효과적이다. 승객실과 화물실 문의 경우에도 유격을 일정하게 유지하기 어렵고, 비행 중 변형이 발생할 뿐만 아니라 가벼운 힘으로 잠글 수 있어야 하기 때문에 그것에 적합한 평면 시일과 타이어 프레임(tire frame) 시일이 사용된다.

작은 출입문이나 비여압동체의 문에는 그림 2-20 (b)의 밸브 시일이 자주 사용된다. 이것도 표면에 돌기와 같은 밀폐라인을 세워 접촉을 하거나 밸브의 앞에 플랩을 설치한 형태로 하면 더욱 효과적이다. 어느 경우도 지상에서 취급 시에 손상을 피하기 위해 본체가 아닌 문에 설치하는 것이 일반적이다.

그림 2-20 (c)의 타이어 프레임 시일도 유격의 변화에 강하지만 설치가 복잡하고 시일을 누르는 스트라이크가 손상되지 않도록 주의가 필요하다.

그림 2-20 (d)의 평판 시일은 개폐가 쉽고 유격의 변화에도 대응할 수 있는 점에서는 우수하지만 압력으로 인해 역방향으로 바람이 지나가지 않도록 배치에 주의가 필요하며 플랩의 선단이 손상되기 쉽다.

군용기의 캐노피 등에서 보여지는 그림 2-20의 (e)와 같은 부피조절형 시일은 유격의 변화가 클 경우에도 안전하게 밀폐시킬 수 있으며, 개폐 시에 구조물과의 간섭을 피할 수 있을 뿐만 아니라 개폐를 위한 힘이 들지 않는 등 가장 효과적인 방법이지만 가스터빈 기관 압축기에서 추출된 공기(bleed air)를 압력조절기(pressure regulator)와 릴리프 밸브(relief valve)를 거쳐 압력을 가해야 하기 때문에 복작한 것이 단점이다.

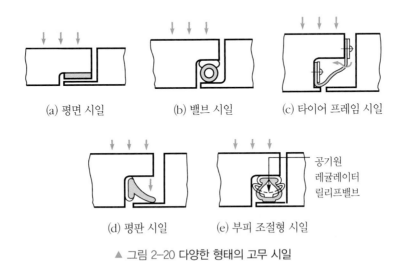

(a) 평면 시일   (b) 밸브 시일   (c) 타이어 프레임 시일

(d) 평판 시일   (e) 부피 조절형 시일

공기원
레귤레이터
릴리프밸브

▲ 그림 2-20 다양한 형태의 고무 시일

CHAPTER 3

날개 Wing

3-1 날개 형상(Wing Configuration)

공기가 날개의 위아래를 통과하여 빠르게 이동할 때 양력(lift)을 발생시킨다. 날개의 단면 모양을 날개골(airfoil)이라 한다. 날개는 항공기마다 요구되는 비행 특성을 제공하기 위해 다양한 모양과 크기로 제작된다. 다양한 운용속도에서 발생되는 양력의 크기, 균형(balance), 그리고 모든 변화에 대한 안정성(stability)은 날개의 형상에 의해서 결정된다고 할 수 있다.

날개 설계자들은 항공기의 크기, 중량, 임무, 비행 중과 착륙시 요구되는 속도, 그리고 상승률 (rate of climb)과 같은 요소들을 고려한다. 날개 구조설계에서 중요한 것은 구할 수 있는 재료와 생산설비의 조화를 고려하면서 얇은 날개골(두께/시위=두께비: 프로펠러기 12~16%, 초음속 항공기 3~6%)과 제한된 형상으로도 충분한 강도와 강성을 유지하면서 가능한 경량으로 제작하는 것에 있다. 고속 비행 시에는 주위의 공기력으로부터 에너지를 얻어 발생하는 플러터(flutter) 같은 심한 진동이나, 날개의 비틀림에 의해 조종면이 효과가 없어지는 조종면 역전현상(aileron reversal) 또는 다이버전스(divergence)라고 하는 공력탄성 등도 문제가 되며, 이러한 것들이 날개 구조의

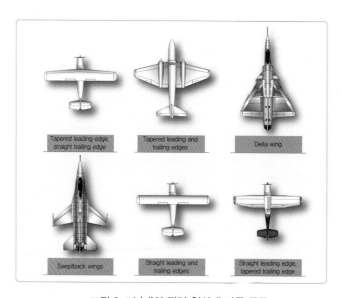

▲ 그림 3-1 날개의 평면 형상에 따른 종류

설계를 어렵게 하고 있다. 최근에는 항공기의 사용시간이 길어짐에 따라 구조의 피로파괴(fatigue fracture)나 부식(corrosion)이라는 문제도 구조설계에 있어 중요한 문제가 되었다.

날개 앞전(leading edge)과 뒷전(trailing edge) 양쪽 모두는 직선형 또는 곡선형으로 만들 수 있고, 또는 한쪽은 직선으로 다른 쪽은 곡선으로 만들 수도 있다. 한쪽 또는 양쪽을 경사지게 해서 날개가 동체(fuselage)에 결합되는 날개 뿌리(wing root)보다 날개 끝(wing tip)을 더 좁게 만들 수도 있다. 날개 끝(wing tip)은 사각형이거나 둥글거나 심지어는 뾰족하게 만들 수 있다. 그림 3-1에서는 여러 가지의 형상의 대표적인 날개 앞전과 뒷전의 모양을 보여주고 있다.

항공기의 날개는 동체 상부(top), 중간동체(mid-fuselage), 또는 하부(bottom)에 부착할 수 있다. 그리고 기체의 세로축에 대하여 평행하게, 또는 약간 각도를 올리거나 내려 부착할 수도 있다. 올려 장착한 날개의 각도를 상반각(dihedral angle)이라고 한다. 상반각은 항공기의 가로안정성(lateral stability)에 영향을 준다. 그림 3-2는 일반적인 날개의 부착을 나타낸다.

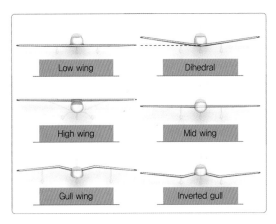

▲ 그림 3-2 날개의 부착 위치와 부착 각도

3-2 날개 구조(Wing Structure)

날개의 구조는 양력과 항력 등에 의해 작용하는 공기력과, 연료, 착륙장치, 엔진마운트 등의 중량을 지지할 수 있어야 한다. 항공기의 날개는 조종석(cockpit)에 있는 조종사(operator)를 기준으로 왼쪽이냐 오른쪽이냐에 따라 왼쪽 날개와 오른쪽 날개로 부른다.

날개를 항공기 동체에 부착하는 방법은 두 가지 방법으로 구분하는데, 일반적으로 완전한 외팔보 형상설계(cantilever design)이다. 이 형상은 외부 버팀(external bracing)이 필요 없다. 외팔보식 날개 장착 방법은 응력외피 구조로 외피가 하중의 일부를 담당하며 또한 구조 부재가 내부적으로 지지된다. 다른 방법은 항공기의 날개에 날개를 지지하고 공력하중(aerodynamic load)과 착륙하중(landing load)을 담당하기 위한 버팀대(strut) 또는 버팀줄(wire) 등과 같은 구조 부재를 사용한다. 날개 지지대(wing support)는 일반적으로 강재(steel)로 제작된다. 대부분의 버팀대와 부착된 피팅은 항력을 감소시키기 위한 페어링(fairing)을 갖추고 있다. 수직 지지대는 동체로부터 멀리 떨어진 날개에 부착된 지지대에 주로 부착하는 주리버팀대(jury strut)이다. 이것은 비행 중에 버팀대 주위에 흐르는 공기에 의해 유발되는 버팀대의 움직임과 진동(oscillation)을 억제하기 위해 부착된다. 그림 3-3은 외팔보식과 반외팔보식 날개(semi-cantilever wing) 그리고 외부 지지대를 사용하는 날개이다.

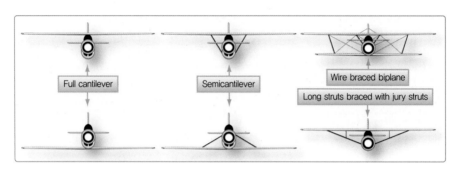

▲ 그림 3-3 외팔보식과 지주식 날개

그림 3-4에서는 기본적인 목재날개의 구조 구성요소를 보여준다. 항력과 반항력 와이어(anti-drag wire)가 날개의 시위 방향을 따라서 날개에 작용하고 있는 힘에 견딜 수 있도록 하기 위하여 트러스형을 갖추도록 날개보 사이에 십자형으로 배치되어 있다. 이러한 장력 와이어(tension wire)는 또한 타이로드(tie rod)라고 한다. 시위 방향에 대해서 뒤쪽 방향으로 힘에 견디도록 설계된 와이어는 항력 와이어라고 부르며 반항력 와이어는 앞쪽 방향으로 힘에 견딘다.

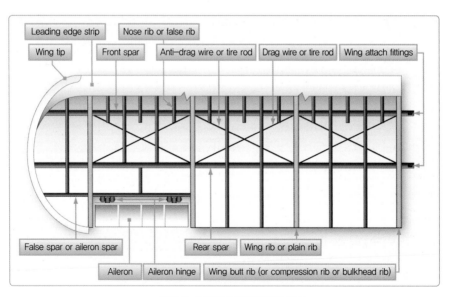

▲ 그림 3-4 목재 날개 구조의 구성

현대 항공기 날개의 재료는 알루미늄이 가장 일반적이다. 그러나 천으로 덮은 목재가 사용될 수도 있다. 그리고 일부 마그네슘합금(magnesium alloy)이 사용된 적도 있다. 최근 일부 항공기는 기체와 날개의 구조 전체를 더 가볍게, 그리고 더 강한 재료를 사용하려는 경향이 있다. 새로이 제작되는 날개는 무게와 성능 대비 최대강도를 갖기 위하여 탄소섬유 또는 다른 복합재료로 제작되고 있다.

그림 3-5와 같이, 날개의 내부 구조물(internal structure)은 날개길이 방향으로 부착되는 날개보(wing spar)와 스트링거(stringer), 그리고 앞전(leading edge)에서 뒷전(trailing edge)까지의 시위방향으로 부착되는 리브(rib)와 정형재(former)로 되어 있다. 날개보는 날개의 가장 기본적인 구조 부재이다. 날개보는 동체, 착륙장치, 그리고 다발항공기의 나셀(nacelle) 또는 파일론(pylon) 등과 같이 모든 집중하중 또는 분포하중을 담당하며 지지한다. 날개구조물에 부착된 외피는 비행하는 동안 부과되는 하중의 일부를 담당하며, 또한 날개리브로 응력을 전달하고, 리브는 날개보로 하중을 다시 전달시킨다.

일반적으로, 날개의 구조물은 세 가지의 기본적인 설계방식 중 어느 한 가지 방식을 채택한다.

① 단일 날개보(mono-spar)

② 다중 날개보(multi-spar)

③ 상자형 보(box beam)

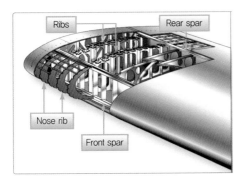
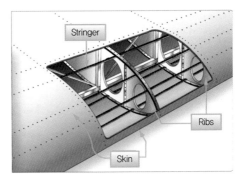

▲ 그림 3-5 날개 구조 명면법

단일 날개보 날개는 비틀림에 저항할 수 있는 대형 강관을 1개의 날개보에 세로 부재(longitudinal member)를 합하여 제작한다. 두께비가 큰 날개일수록 대형 강관의 사용이 가능하다. 리브 또는 벌크헤드는 날개의 단면 형상을 만드는 데 그친다. 단일 날개보 형식의 날개에서는 비행조종익면(flight control surface)을 지지하기 위하여 날개의 뒷전을 따라 보조 스파(false spar) 또는 가벼운 전단 웨브를 배치하는 방법 등으로 개조하여 사용하기도 한다.

다중 날개보 날개는 여러 개의 세로 부재가 날개의 구조물에 사용되며, 리브 또는 벌크헤드가 날개의 단면 형상을 만든다.

그림 3-6과 같이, 상자형 보(box beam) 형태의 날개 구조는 날개에 작용하는 하중에 저항하고 날개골 형상을 얻기 위하여 2개의 주세로 부재를 사용한다. 파형판(corrugated sheet)을 벌크헤드와 평평한 외피 사이에 설치한다. 그러므로 날개가 인장하중과 압축하중을 더 많이 담당할 수 있도록 한다. 어느 경우에는, 무거운 길이방향 보강재(longitudinal stiffener)가 파형판을 대신하여 사용하기도 한다. 날개의 윗면에는 파형판을 사용하고, 날개의 아랫면에서는 보강재를 사용한다. 운송용 대형 항공기에서 일부 상자형 보 날개 구조를 활용한다.

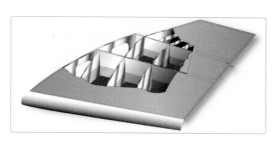

▲ 그림 3-6 상자형 보 구조

3-3 날개보(Wing Spar)

날개보는 날개의 주요 구조 부재로 동체의 세로대에 해당한다. 날개보는 가로축에 평행하게 배치되어 있거나, 또는 날개끝 방향으로 뻗쳐 있으며, 그리고 통상 날개 피팅, 평면보(plain beam), 또는 트러스에 의하여 동체에 결합된다.

날개보는 항공기 특정 임무의 설계기준에 따라 금속, 목재, 또는 복합재료로서 만들어지는데, 나무로 된 날개보는 보통 가문비나무(spruce)로 제작된다. 날개보는 일반적으로 네 가지 형태의 단면으로 구분한다. 그림 3-7과 같이, (A) Solid, (B) Box Shaped, (C) Partly Hollow, 또는 (D) I-beam의 형태이다. 원목 날개보(solid wood spar)의 얇은 판(lamination)은 일부 강도를 증가시키기 위해 사용된다. 얇은 판의 목재는 또한 상자형 날개보(box shaped spar)에서 찾아 볼 수 있다. 그림 3-7의 (E)에서 날개보는 무게를 감소시키기 위해 내부를 제거하였어도 사각형스파의 강도

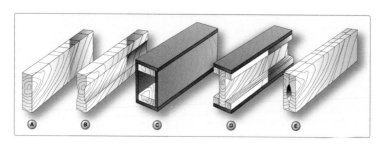

▲ 그림 3-7 전형적인 나무 날개보의 단면

를 유지한다. 대부분의 날개보는 기본적으로 날개의 윗면과 아랫면에서 날개골의 형상을 유지하는 길고 네모난 형상이다.

　최근에 제작되는 대부분의 항공기 날개보는 고형체의 압출된 알루미늄 또는 알루미늄의 압출로서 날개보의 형태를 갖추도록 리벳으로 결합하여 만든다. 복합재료의 사용 증가와 여러 가지 재료의 결합으로 다양한 재료로 제작되는 날개보가 있으므로 항공기술자는 이에 대해 많은 관심을 갖도록 하여야 한다. 그림 3-8은 금속 날개보의 단면이다.

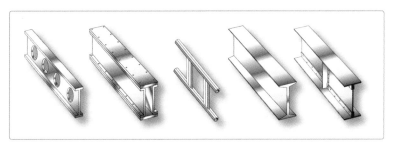

▲ 그림 3-8 금속 날개보의 형상

　I-beam 날개보에서, 윗면 날개보 캡(upper spar cap)과 아랫면 날개보 캡(lower spar cap) 사이의 수직부분을 웨브라고 부른다. 일체형 날개보는 한 조각의 금속으로 사출 성형된다. 일부 날개보는 다중 사출성형 또는 성형각재(formed angle)로 조립되기도 한다. 웨브는 날개보의 기본적인 높이 부분을 형성하고, 윗면과 아랫면의 캡은 사출성형(extrusion), 성형각재, 또는 기계가공(milled section) 방법으로 제작되며 웨브가 부착되는 곳이다. 이들 부재는 날개의 굽힘에 의해서 생기는 하중을 담당하고 외피를 부착하는 지지대로 사용한다. 그림 3-7과 같이, 기본적인 모양의 날개보가 실제 날개를 제작할 때에는 날개보의 배치가 여러 다른 유사한 형태로 제작된다. 그림 3-9의 날개보에 부착된 웨브는 트러스 또는 판재이며, 그림 3-10에서의 날개보는 강도에 대해 수직 보강재를 적용한 가벼운 중량재료(weight material)로서 조립되어 있다.

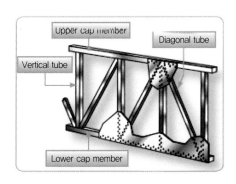

▲ 그림 3-9 트러스 날개보

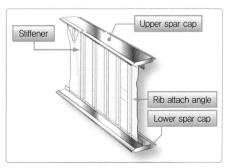

▲ 그림 3-10 날개보의 수직 보강재

또한 날개보는 보강재가 없을 수도 있고 어떤 날개보는 강도는 유지하면서 무게를 감소시키기 위한 경감구멍(lighting hole)이 있는 것도 있다. 그림 3-11과 같이, 일부 금속과 복합재료 날개보는 I-beam 개념을 유지하지만 사인웨이브 웨브(sine wave web)를 사용한다.

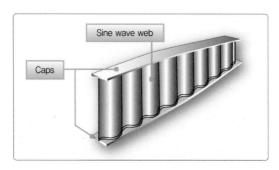

▲ 그림 3-11 알루미늄 또는 복합재료로 제작된 사인웨이브 웨브의 날개보

추가로 페일세이프 날개보 웨브 설계(fain-safe spar web design)가 있다. 페일세이프는 복잡한 구조 부재에서 1개의 부재가 손상되면 인접해 있는 다른 부재가 손상된 부재의 하중을 대신 담당한다는 것을 의미한다. 그림 3-12는 페일세이프 구조로 된 날개보를 나타내고 있다. 이 날개보는 2개의 섹션(section)으로 구성되어 있다. 날개보 캡의 구조로 된 윗면 부분은 윗면 웨브 플레이트에 리벳으로 결합된다. 아랫면 부문은 아랫면 캡과 웨브 플레이트로 구성되어 있는 1개의 압출로 되어 있다. 이들 2개의 부문은 날개보를 구성하도록 이어져 접합되어 있다. 만약 이 형태의 날개보의 어느 한 부분이 파괴되면, 다른 부분이 하중을 담당할 수 있게 되며 이것이 바로 페일세이프 특징(fail-safe feature)이다.

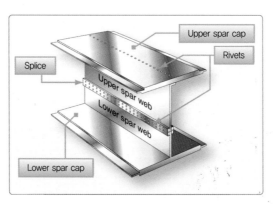

▲ 그림 3-12 리벳으로 부착한 페일세이프 날개보

그림 3-13에서와 같이 일반적으로, 날개는 2개의 날개보가 있다. 1개의 날개보는 날개의 앞전 부분에 있고, 그리고 다른 1개는 날개의 뒷전 쪽에서 약 2/3 정도 떨어진 앞쪽에 있다. 형식에 관계없

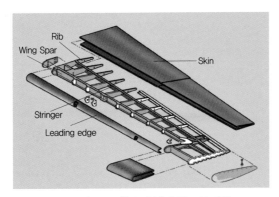

▲ 그림 3-13 항공기 날개 구조의 배치

이, 날개보는 날개의 가장 중요한 부분으로서, 날개의 다른 구조 부재는 하중이 걸린 경우 이 하중에 의해서 생기는 응력을 날개보에 전달하는 것이다.

보조 날개보는 보통 날개 형상을 유지하기 위해 사용되며, 날개보와 같은 세로 부재이지만 날개의 전체 날개길이 방향으로 연장되지는 않는다. 일부 도움날개(aileron)와 같은 조종면(control surface)을 위한 힌지(hinge) 부착지점(attach point)에 사용되기도 한다.

3-4 날개 리브(Wing Rib)

리브는 날개골 형상을 이루도록 날개의 앞전으로부터 후방 날개보 또는 뒷전 방향으로 배치되어 있다. 리브는 날개가 캠버를 갖도록 모양을 만들어 줄 뿐만 아니라, 외피와 세로지로부터의 하중을 날개보에 전달하는 역할을 한다. 리브는 또한 도움날개, 승강키, 방향키, 그리고 안정판의 구조에도 사용된다.

대부분의 목재 리브는 일반적인 세 가지 유형의 합판웨브(plywood web), 경량식 합판웨브(lightened plywood web), 그리고 트러스형이다. 이들 세 가지 유형 중에서 트러스형이 튼튼하고 경량이기 때문에 가장 효과적이지만, 구조가 가장 복잡하다.

그림 3-14는 목재트러스 웨브와 경량식 합판웨브 리브를 보여준다. 리브캡(rib cap) 또는 캡 스트립(cap strip)이 있는 목재 리브는 리브 주위 전체를 고정시킨다. 리브캡은 리브의 강도를 보강하고 견고하게 하며, 날개에 외피를 부착하기 위한 표면으로 사용된다. 그림 3-14의 (A)는 트러스형 웨브로 된 날개 리브의 단면을 보여준다. 진하게 표시된 직사각형의 단면은 앞쪽 날개보와 뒤쪽 날개보이다. 트러스를 보강하기 위해서는 보강용 덧붙임판(gusset)이 사용된다. 그림 3-14의 (B)는 약간의 무게는 증가되지만 리브에서 더 큰 하중을 지지할 수 있도록 연속 덧붙임판(continuous gusset)을 사용하는 트러스 웨브 리브이다. 연속 덧붙임판은 리브의 평면에서 캡 스트립을 보강한다.

연속 덧붙임판은 좌굴현상(buckling)을 방지하는 역할을 하고 못으로 접착한 곳(nail-gluing)에서 리브와 외피가 효과적으로 접합되도록 도와준다. 이러한 리브는 다른 형식에서보다 못의 구동력(driving force)에 잘 견딜 수 있다. 연속 덧붙임판은 다른 형식에서 요구되는 여러 개의 작은 것으로 분리된 보강용 덧붙임판보다도 취급이 용이하다. 그림 3-14의 (C)는 경량식 합판 리브이다. 웨브와 캡 스트립의 접촉면을 지지하기 위해 보강용 덧붙임판을 사용한다. 이 형식에서의 캡 스트립은 보통 앞전에서 얇은 조각을 잇대어 만들 수도 있다.

또한 날개 리브는 평리브(plain rib) 또는 주리브(main rib)라고 부른다. 특정한 위치 또는 특정 기능을 하는 리브는 그 특성을 나타내도록 명칭이 부여된다. 예를 들어, 날개 앞전의 모양을 갖추게 하고 강도를 보강하기 위해 전방 날개보의 앞쪽 방향에 위치되어 있는 리브는 전방리브(nose rib) 또는 보조리브(false rib)라고 부른다. 보조리브는 날개의 앞전에서 뒷전까지의 거리인 날개시위 전체를 걸치지는 않은 리브이다. 날개의 버트 리브(butt rib)는 보통 큰 응력이 작용하는 리브 부분(heavily stressed rib section)으로서 날개가 동체에 부착되는 부분의 내측 끝단에 위치한다. 만약 버트 리브가 날개보와 함께 압축 하중을 받을 수 있게 설계되었다면, 그의 위치와 부착 방법에 따라 벌크헤드 리브(bulkhead rib) 또는 압축 리브(compression rib)라고도 한다.

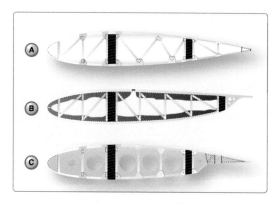

▲ 그림 3-14 목재 리브 형상의 예

리브는 항공기의 가로 방향으로 담당하는 힘이 약하기 때문에, 일부 날개에서는 리브의 축 방향의 굽힘에 견딜 수 있도록 리브 단면의 위쪽과 아래쪽에 짜서 맞춘 테이프에 의해서 보강되어 있다.

3-5 날개 외피(Wing Skin)

일부 날개의 외피는 날개보와 리브로 결합되어 비행 중의 하중과 지상에서의 하중 일부분을 담당하도록 설계되었으며, 이것이 응력외피설계(stressed-skin design)이다. 그림 3-15는 전금속, 완전 외팔보 날개의 한 면을 보여준다. 날개에 발생히는 내부 버팀(internal bracing) 또는 외부버팀

(external bracing)의 하중 일부를 외피가 분담한다. 외피는 이 기능을 담당하기 위해 추가로 보강되다는 것에 주의한다.

▲ 그림 3-15 응력외피 날개 구조

연료는 응력외피 항공기의 날개 내부에 들어 있다. 날개에 있는 접합부는 구조물 내부에 연료를 직접 저장시킬 수 있도록 특별한 내연료밀폐제(fuel resistant sealant)로서 밀폐할 수 있다. 이것을 습식 날개설계(wet wing design) 또는 일체형 연료탱크(integral fuel tank)라고 한다. 다른 방법으로 방광형 연료셀(bladder type fuel cell) 또는 금속 연료탱크(metal fuel tank)를 날개 내부에 장착할 수 있다. 그림 3-16에서는 운송용 항공기에서 볼 수 있는 것으로 상자형 빔 구조 설계로 되어있는 날개 부분을 보여준다. 이 구조물은 무게를 경감시키는 반면에 강도를 증가시켜 준다. 구조물의 적절한 밀폐는 날개의 박스 부분에 연료 저장이 가능하다.

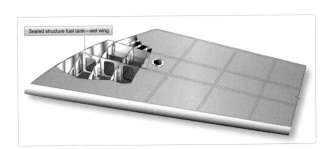
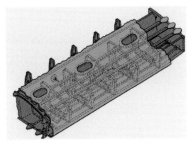

▲ 그림 3-16 습식 날개 구조(일체형 연료탱크, integral fuel tank)

항공기의 날개외피는 천, 목재, 또는 알루미늄과 같은 다양한 재료로서 제작된다. 그러나 한 장으로 된 얇은 판재가 항상 사용되지는 않는다. 알루미늄 외피는 다양한 두께의 형태로 제작하여 사용할 수 있다. 응력외피 날개 설계로 된 항공기에서, 날개 패널(panel)을 구축한 허니콤(honeycomb)은 일부

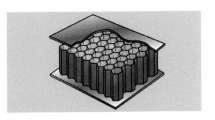

▲ 그림 3-17 허니콤 조종면과 패널

에서 외피처럼 사용된다. 허니콤 구조물은 얇은 표피 판재 사이에 허니콤을 얇은 판자로 만들거나 또는 양 판재 사이에 끼워 재조립한 코어재료(core material)로 조립된다. 그림 3-17은 허니콤 패널로 제작된 조종면과 패널 단면을 보여준다. 이와 같이 성형된 패널은 경량이고 매우 강하여 동체 마루판, 벌크헤드, 그리고 조종면뿐만 아니라 날개외피패널(wing skin panel) 등에 매우 다양하게 사용된다.

그림 3-18은 제트운송용 항공기에 적용하는 허니콤 구조 날개 패널의 위치를 보여준다.

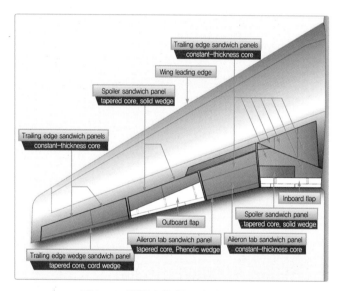

▲ 그림 3-18 대형운송용 항공기 허니콤 날개 구조

허니콤 패널은 다양한 재료로서 제작할 수 있다. 알루미늄 표피와 알루미늄 코어 허니콤이 일반적이다. 또한 허니콤 코어의 재료는 서로 다른 재료를 혼합한 다양한 복합재료(composition

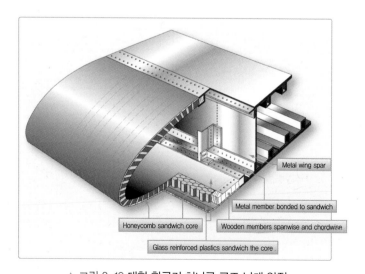

▲ 그림 3-19 대형 항공기 허니콤 구조 날개 앞전

material) 패널이 사용되고 있다. 각각의 허니콤 구조물은 재료, 치수, 그리고 생산기술에 따른 독특한 특성을 갖추고 있다. 그림 3-19는 제트 운송용 항공기의 허니콤 구조로 성형된 날개 앞전을 보여준다.

날개의 내측 끝단에서 날개보에 피팅을 이용하여 강하고 안전하게 동체에 장착할 수 있다. 날개를 장착시키면 날개와 동체 사이에 접합면은 이 지역의 공기가 원활하게 흐르도록 하기 위해 페어링(fairing)을 장착한다. 그림 3-20과 같이, 페어링은 피팅으로 부착된 날개에서 점검 등을 위하여 쉽게 장탈 및 장착할 수 있도록 되어 있다.

▲ 그림 3-20 날개 뿌리 부분에 장착된 페어링

날개 끝(wing tip)은 분리가 가능한 부분으로, 날개 패널의 외측끝단에 볼트로 결합된다. 그 이유 중에 하나는 항공기의 지상취급 또는 활주 중에 발생할 수도 있는 날개 끝의 파손에 대한 약점 때문이다. 그림 3-21은 대형 항공기 날개에서의 떼어낼 수 있는 날개 끝이다. 날개 끝 어셈블리는 알루미늄의 구조물로 내측 날개보 구조물에 결합된다. 대형 항공기 날개의 앞전에서 형성되는 얼음을 방지하기 위해 기관 압축기에서 추출된 뜨거운 공기는 날개 뿌리에서 날개 끝까지 앞전 부분에 공급된다. 따뜻한 공기(warm air)는 날개 끝의 상부 외피에 있는 배출구를 통해서 외부로 배출된다. 날개위치표지등(wing position light)은 날개 끝의 중심 부분에 위치하며, 조종석(cockpit)에서 직접 보이지는 않는다. 날개 끝에 있는 등이 작동하고 있는지의 상태를 지시하는 방법의 하나로서 일부 날개 끝에는 등의 불빛을 앞전으로 전달하는 투명 합성수지 로드(lucite rod)가 있다.

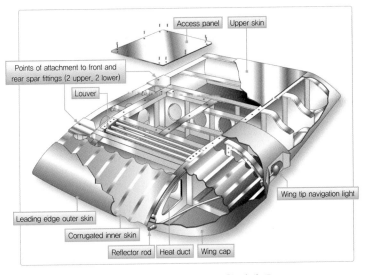

▲ 그림 3-21 장탈이 가능한 날개 끝

CHAPTER 4

꼬리날개
Tail Wing, Empennage

항공기의 미익부(empennage)를 꼬리 부분(tail section)이라고도 부르며, 대부분의 항공기에서는 테일콘(tail cone), 수평 안정판(horizontal stabilizer)과 수직 안정판(vertical stabilizer/fin), 그리고 조종면(flight control surface)으로 구성되어 있다.

테일콘은 동체의 가장 뒤쪽 끝단을 감싸고 있는 부분이다. 그림 4-1과 같이, 테일콘은 동체의 구조 부재와 유사하게 제작되지만, 동체보다는 응력을 적게 받고 있기 때문에 경량급의 구조물로 되어 있다.

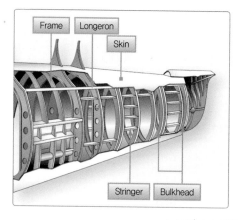
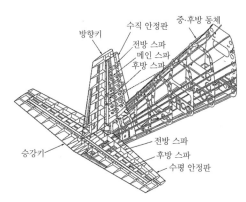

▲ 그림 4-1 테일콘과 꼬리날개 구조

그림 4-1과 같이, 대표적인 미부의 다른 구성요소는 테일콘보다 더 큰 하중을 발생시키는 구조물이다. 우선 항공기 안전성(stability)에 영향을 주는 고정 익면(fixed surface)인 수평 안정판(horizontal stabilizer)과 수직 안정판(vertical stabilizer/fin)이 있으며, 항공기의 비행에 영향을 주는 가동 익면(movable surface)은 수평 안정판의 후방에 위치한 승강키(elevator)와 수직 안정판 후방에 위치한 방향키(rudder)가 있다.

4-1 꼬리날개의 형상(Empennage Configuration)

꼬리날개의 형상은 항공기의 공기역학상의 요구에 의해 정해진다. 그림 4-2의 (a)와 같은 전통적인 꼬리날개는 일반적으로 스핀(spin) 등의 큰 받음각 비행 시 방향키의 효과를 고려하여 수평 꼬리날개와 수직 꼬리날개를 서로 만나지 않게 배치한다. 꼬리날개의 체결부는 공기력을 효과적으로 지지하면서, 기체구조를 경량화하고 간결하게 하기 위해 수평 꼬리날개의 후방 날개보의 연결부와 수직 꼬리날개 전방 날개보의 연결부를 공통으로 사용한다. 그림 4-2의 (b)는 T형 꼬리날개 형식이다. 수직 꼬리날개에 후퇴각을 주게 되면 수평 꼬리날개에 대한 모멘트 암(moment arm)이 길어져 수평 꼬리날개의 면적의 감소가 가능하다. 그리고 소형 경비행기에서는 착륙 시 지면효과(ground effect)의 영향을 감소시킬 수 있으나, 단점으로는 비대칭 굽힘과 비틀림 등으로 플러터가 발생하기 쉽고, 가로세로비(aspect ratio)가 작은 초음속기의 날개와 함께 사용하면 깊은 실속(deep stall), 또는 피치 업(pitch-up)의 발생 위험이 크다. 그림 4-2의 (c)와 같은 V형 꼬리날개는 꼬리날개 전체의 면적을 줄일 수 있지만, 난류 속에서 진동특성이 좋지 않아 많이 사용되지는 않는다. 그림 4-2의 (d)는 이중 수직 꼬리날개 형상으로 항공기 속도가 빨라질수록 수직 꼬리날개의 효과가 저하되는 효과를 상쇄시키기 위하여 사용한다. 큰 받음각으로 비행 시에 수직 꼬리날개가 동체의 후류에 들어가 안정판의 효과가 저하되는 현상을 방지할 수 있다. 구조적 관점에서는 수직 꼬리날개가 하나인 경우와 큰 차이가 없다. 그림 4-2의 (e)는 테일리스(tailless) 항공기 형상이다.

(a) 전통적인 꼬리날개   (b) T형 꼬리날개

(c) V형 꼬리날개   (d) 이중 수직 꼬리날개   (e) 테일리스 항공기

▲ 그림 4-2 꼬리날개 종류

4-2 수평 꼬리날개(Horizontal Tail Wing)

수평 꼬리날개는 보통 수평 안정판(horizontal stabilizer)과 승강키로 구성되어 있다. 동체와 이루고 있는 붙임각은 날개의 내리흐름(down-wash)을 고려하여 수평보다도 조금 윗방향으로 되어 있다. 수평 안정판은 비행 중 항공기의 세로 안정을 담당한다.

소형 항공기의 수평 꼬리날개는 단일 날개로 하고, 동체 또는 수직 꼬리날개 위에 연결하는 방법을 취하고 있으나, 대형 항공기에서는 좌우로 분할해서 중앙 부분(center section)에 결합되어 있다. 이 때문에 중앙 부분은 앞날개보(front spar) 부분을 유압 모터로 움직일 수 있도록 한 것이 많으며, 유압 모터에 결함이 발생했을 때에는 전기 모터에 의해서 작동될 수 있도록 장치가 되어 있다.

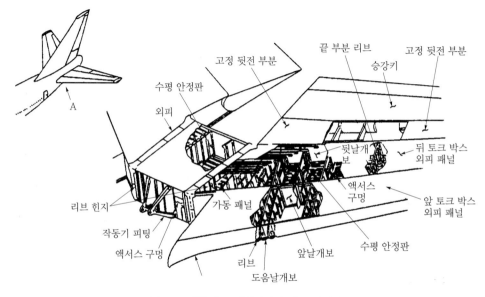

▲ 그림 4-3 대형 제트 여객기의 수평 꼬리날개 구조

대형 제트 여객기의 수평 안정판의 기본 구조는, 그림 4-3과 같이 앞날개보와 뒷날개보 및 리브로 구성되어 있고, 바깥쪽 뒷전은 알루미늄 합금판에 의하여 아래위로 덮여 있다.

승강키는 수평 꼬리날개의 뒷부분에 힌지로 부착되어 상하로 움직임으로써 키놀이 운동(pitching motion)을 일으키는데, 비행조종계통에 연결되어 있다. 승강키의 작동에 있어서, 소형 항공기는 조종 케이블과 연결 기구 등을 이용하여 직접 조종사의 힘으로 수동 조작이 가능하다. 그러나 대형 또는 고속기에서는 조종면에 작용하는 공기력이 크고, 조종면 자체가 크기 때문에 조종사의 힘으로는 움직이기가 어려워서, 유압 또는 전기 동력에 의하여 작동하도록 되어 있다. 승강키의 뒷부분에 설치된 승강키 탭(tab)은 별도로 조종계통과 연결되어 작동하도록 되어 있고, 승강키의 조종을 도와준다. 최신 대형 제트 여객기에는 수평 안정판의 내부 구조를 연료탱크로 사용함으로써 항속거리를 연장시키고 있다.

아음속기에서의 수평안정판은 일정한 체결각으로 기체에 고정되고 키놀이 운동(Pitching motion)은 수평 안정판 뒷면에 부착된 승강키(elevator)로 조작한다. 그러나 초음속기는 속도가 음속에 가까워지면 조종면의 앞전에서 충격파가 발생하여 승강키를 조작하기 위한 힘이 급증함과 동시에 조종면의 운동 효과도 급격하게 저하되므로 피치업과 같은 불안정한 현상이 발생하기 때문에 F-4 초음속 전투기 등에서는 그림 4-4와 같은 수평 안정판과 승강키의 기능을 함께할 수 있도록 일체형의 스태빌레이터(stabilator, stabilizer + elevator)가 사용된다.

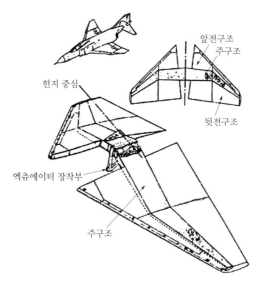

▲ 그림 4-4 F-4 항공기 스태빌레이터

4-3 수직 꼬리날개(Vertical Tail Wing)

수직 꼬리날개는 수직 안정판(vertical stabilizer or fin)과 방향키(rudder)로 구성되어 있다. 수직 안정판은 비행 중 항공기에 방향 안정성을 제공한다. 수직 꼬리날개는 수평 꼬리날개와는 달리 동체 구조에 고정되어 있으며, 수직 꼬리날개의 뒷부분에 위치한 방향키는 좌우로 움직여서 항공기의 빗놀이 운동(yawing motion)을 조종한다. 수직 안정판의 구조물은 날개구조와 매우 유사하다. 그림 4-5에서는 전형적인 수직 안정판을 보여준다. 날개에서 볼 수 있는 날개보, 리브, 스트링거, 그리고 외피를 사용한다. 또한 꼬리날개의 형상과 안정성을 확보하고 응력을 전달하는 기능을 수행한다. 공기력에 의해서 발생하는 굽힘, 비틀림, 그리고 전단은 1개의 구조 부재로부터 다른 부재로 전달된다. 각각의 부재는 일정량의 응력이 걸리고 나머지는 다른 부재로 전달된다. 결국 날개보는 과부하(overload)가 발생 시 동체로 전달해 준다. 수평 안정판과 스태빌레이터(stabilator)도 같은 방법으로 조립된다.

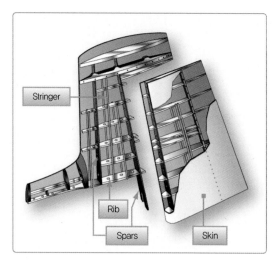

▲ 그림 4-5 수직 안정판 구조

일부 대형 제트 여객기는 수직 안정판에 그림 4-6과 같은 기관이 장착되어 더 큰 강도가 요구되기도 한다. 주로 기관이 3개인 대형 항공기가 이와 같은 형태의 수직 안정판을 채택하고 있는데, 이기관을 중앙 기관(center engine)이라고 하며, 정비를 위한 작업대 등이 기관 카울링 안에 내장되어 있는 것도 있다.

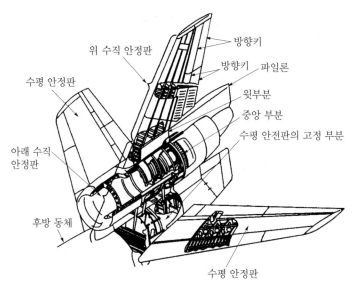

▲ 그림 4-6 기관과 연결된 수직 꼬리날개의 구조

CHAPTER 5

기관 마운트 및 나셀
Engine Mount and Nacelle

5-1 기관 마운트(Engine Mount)

기관은 보통 날개 또는 동체에 장착하는데, 이 기관을 장착하기 위한 구조물을 기관 마운트라고 한다. 또한, 기관 마운트는 나셀의 구성품이 아니며, 엔진이 고정되는 구조적 조립품이다. 그림 5-1 과 같이, 경항공기에서의 엔진 마운트는 보통 크롬ㆍ몰리브덴 강재배관으로 조립되며, 대형 항공기 에서는 단조된 크롬ㆍ니켈ㆍ몰리브덴 어셈블리로 조립된다.

▲ 그림 5-1 경항공기 엔진 마운트

기관 마운트는 기관의 종류, 기관의 장착 위치 또는 장착 방법에 따라 그 종류가 다르다. 기관 마 운트는 기관의 무게를 지지하고 기관의 추력을 기체에 전달하는 구조물로서, 항공기 구조물 중에서 하중을 가장 많이 받는 곳 중의 하나이다. 따라서 기관 마운트는 항공기에 견고하게 장착해야 하며, 기관을 교환할 때에는 항공기 구조물로부터 쉽게 상발 및 장착할 수 있어야 한다.

기관 마운트에 작용하는 힘은 주로 토크 및 추력과, 기관 및 프로펠러 무게에 의한 관성력, 기관 의 회전과 기체의 운동에 의하여 수반되는 자이로 모멘트 등이 있다. 기관 마운트를 설계할 때에는 이러한 힘들이 집중적으로 작용한다는 점과, 기관의 돌발적 고장에 의한 회전의 불균형 등을 충분 히 고려하여야 한다.

프로펠러를 장비한 왕복 기관 또는 터보프롭 기관(Turbo-prop engine)은 특히 프로펠러의 토 크를 많이 받기 때문에 그림 5-2의 (a)와 같이 트러스형 기관 마운트 형식을 사용하거나, 그림 5-2

의 (b)와 같이 세미모노코크형 구조의 기관 마운트 형식을 사용하고, 터보제트 기관은 또 그림 5-3과 같은 2개의 평행보 위에 기관을 장착하는 베드 마운트(bed mount) 형식을 사용하고 있다. 기관 마운트 자체는 방화벽에 부착되어 있고, 기관은 기관 마운트에 진동 흡수 고무를 통하여 볼트와 너트로 고정되어 있다.

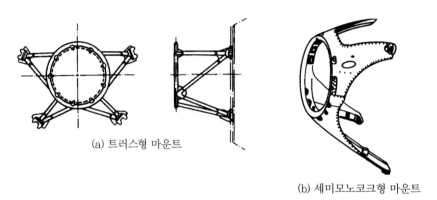

(a) 트러스형 마운트

(b) 세미모노코크형 마운트

▲ 그림 5-2 왕복기관과 터보프롭 기관 마운트

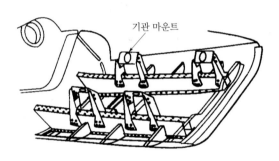

기관 마운트

▲ 그림 5-3 베드형 기관 마운트

터보프롭 기관은 배기관이 뒤쪽으로 나가기 때문에 후방 지지 구조에는 이 배기관의 공간을 고려해야 한다.

제트 기관은, 그림 5-4와 같이 날개에 장착하는 경우에는 날개 앞에서 밑으로 파일론(pylon)을 설치한 다음 기관을 여기에 매단다. 또, 제트 기관을 동체 내에 장착하거나, 수직 꼬리날개 또는 후방 동체 양쪽에 보 또는 날개보를 설치하여 장착하는 방식이 있다. 파일론은 기관을 기체에 장착하기 위한 구조물로서, 날개 밑이나 동체 옆으로 약간 나와 있고, 동체에 기관을 장착하는 경우에 그 구조는 그림 5-5와 같다.

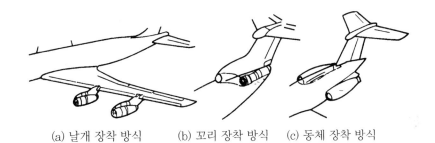

(a) 날개 장착 방식　　　(b) 꼬리 장착 방식　　　(c) 동체 장착 방식

▲ 그림 5-4 제트 기관의 장착 방식

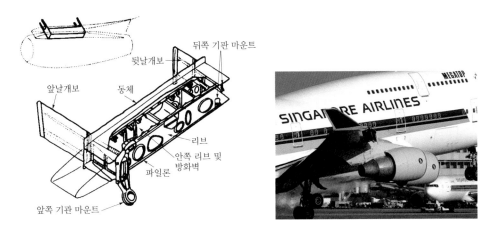

▲ 그림 5-5 동체에 장착된 기관의 파일론

　제트 기관은 프로펠러 기관과는 달리, 기관 마운트에 그리 크지 않은 토크가 작용하므로, 파일론에 기관을 장착할 때에는 앞쪽과 뒤쪽에 각각 2~3곳을 볼트로 고정시킨다. 날개에 기관을 장착하는 경우의 가장 큰 단점은 날개의 공기역학적 성능을 저하시키는 것이고, 장점은 날개의 날개보에 파일론을 설치하게 되므로 구조물이 부수적으로 필요하지 않게 되어 항공기의 무게를 감소시킬 수 있다는 것이다.

　동체 장착 방식은 날개의 공기역학적 성능을 저하시키지 않고 항공기의 비행 성능을 개선시킬 수 있으며, 착륙장치를 짧게 할 수 있다는 장점이 있다.

　기관은 대부분의 항공기에서 쉽게 장착하고 떼어 낼 수 있게 되어 있다. 물론, 기관을 떼어 낼 때에는 관계되는 계통, 즉 연료계통, 유압선, 전기계통, 조절 기구(control linkage) 및 기관 마운트 등도 쉽게 장착하고 떼어 낼 수 있어야 한다. 이렇게 할 수 있는 기관을 QEC(quick engine change) 기관이라 한다.

　기관 마운트와 기체 중간에는 기관의 고온과 기관 화재에 대비하여 기체와 기관을 차단하는 벽이 있는데, 이것을 방화벽이라고 한다.

방화벽은 왕복 기관에서는 기관 뒤쪽에 위치하고, 구조역학적으로 벌크헤드의 역할도 한다. 제트 기관에서는 파일론과 기체와의 경계를 이루어, 기관에서의 화염이 기체에 옮겨지지 않도록 한다.

5-2 나셀(Nacelle)

유선형의 나셀은 일부에서 포드(pod)라고도 하는데, 기본적으로 엔진과 엔진의 구성부품을 수용하기 위한 것으로 사용되었다. 나셀은 강한 공기흐름에 노출되므로 공기역학적 항력을 감소시키기 위하여 일반적으로 원형이거나 또는 타원형의 형상이다. 대부분 단발엔진 항공기의 엔진과 나셀은 동체의 앞쪽 방향 끝에 있다. 다발항공기에서 엔진나셀은 날개에 설치되어 있거나 또는 미익부(empennage), 즉 꼬리부문에서 동체 쪽으로 부착된다. 다발항공기는 나셀을 객실의 동체 후방에 일치되도록 설계된다. 위치에 관계없이, 나셀은 엔진과 액세서리, 엔진 마운트, 구조 부재, 방화벽 등이 강풍에 부딪치는 막아주는 외피와 엔진덮개(cowling)를 포함한다.

일부 항공기는 착륙장치를 접어 넣었을 때 수용하도록 설계된 나셀을 갖추고 있다. 공기저항을 감소시키기 위해 기어를 접어 넣게 하는 것은 고성능 및 고속항공기에서는 기본적으로 갖추어야 할 장치이다. 바퀴공간(wheel well)은 착륙장치가 장착된 곳이며 접어 넣을 때 바퀴를 보관하는 곳이다. 바퀴공간은 날개에 위치할 수도 있고 또는 나셀의 일부가 아닐 때 동체에 위치할 수도 있다. 그림 5-6에서는 날개 뿌리(wing root) 안으로 연장된 바퀴공간으로서 착륙장치를 수용하는 엔진나셀을 보여준다.

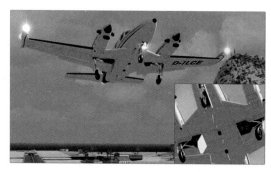

▲ 그림 5-6 착륙장치 수용 공간이 마련된 엔진나셀

나셀의 구조물은 동체의 구조물과 비슷한 구조 부재로 구성되어 있다. 세로대와 세로지와 같은 길이 방향의 부재는 나셀의 형상과 구조적인 강도를 유지하기 위하여 링, 정형재, 그리고 벌크헤드 등과 같은 수평 및 수직부재와 결합된다. 방화벽은 항공기의 다른 부분으로부터 엔진격실을 격리시킨다. 그림 5-7과 같이, 방화벽은 기본적으로 화재가 기체 전체에 걸쳐서 펴져나가지 못하고 제한

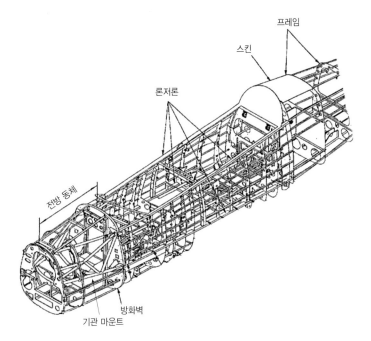

▲ 그림 5-7 엔진나셀 방화벽

된 나셀에서 봉쇄되도록 스테인리스강 금속 또는 티타늄의 벌크헤드다.

나셀의 외부는 외피로 덮여 있거나 또는 엔진과 내부의 구성품에 접근하기 위해 열 수 있는 엔진 덮개로 설치되어 있다. 양쪽 모두는 보통알루미늄 또는 마그네슘 합금판으로 제작되며, 배기구멍 주위와 같은 고온지역은 스테인리스강 또는 티타늄합금으로 제작된다. 사용된 재료에 관계없이 외피는 전형적으로 리벳으로 구조물에 부착된다.

엔진덮개는 엔진과 엔진의 액세서리부문에 접근할 수 있도록 부분별로 분리할 수 있는 패널덮개이다. 그것은 나셀 위에 부드러운 공기흐름을 제공하고 외부물질 등에 의한 손상으로부터 엔진을 보호하기 위해 설계되었다. 카울패널은 일반적으로 알루미늄 구조물로 만든다. 그러나 카울플랩과 카울플랩이 열리는 주위의 파워섹션(power section) 뒷부분 내부 외피에 스테인리스강을 사용한다. 또한, 오일냉각기 도관에도 사용된다. 카울플랩은 엔진온도를 조절하기 위해 열리고 닫히는 나셀 엔진덮개의 움직이는 부품이다.

그림 5-8과 같이, 경항공기에서 수평대향형 엔진 카울링(cowling)의 부분들을 분리시켜 보여주고 있다. 엔진 카울링은 스크루 또는 신속분리파스너로서 나셀에 장착된다. 그림 5-8과 같이, 일부 성형 왕복엔진에서 "오렌지 껍질" 형상의 카울링을 장착하기도 한다. 이들 카울패널은 또한 카울을 개방하기 위하여 힌지(hinge)가 설치된 장착대에 의해서 전방방화벽에 부착된다. 하부 카울장착대

는 신속분리핀에 의해 힌지 브래킷에 견고하게 부착된다. 측면패널과 상부패널은 로드에 의해, 그리고 하부패널은 스프링과 케이블에 의해서 열림위치를 유지할 수 있다. 이들 네 가지 엔진 카울링 모두는 스프링 작동에 의해 안전하게 잠금이 되는 래치(over-center steel latch)로 잠금위치에 견고하게 부착되어 고정된다.

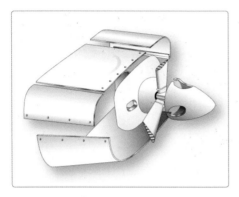

▲ 그림 5-8 수평대향형 왕복엔진 카울링

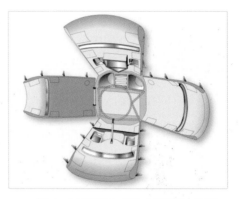

▲ 그림 5-9 성형엔진 오렌지 껍질형 카울링

그림 5-9에서는 터보 제트엔진 나셀의 예를 보여준다. 카울패널은 고정패널과 함께 정비 시에 열고 닫을 수 있으며, 쉽게 떼어낼 수 있는 패널의 조합이다. 전방카울은 제트엔진 나셀의 특징이며 엔진 안으로 공기가 효과적으로 들어오도록 유도한다.

▲ 그림 5-10 터보 제트 여객기의 엔진나셀 카울링

CHAPTER 6 비행조종계통
Flight Control System

6-1 비행조종계통 일반(Flight Control System General)

비행조종계통은 항공기가 비행 중 운동(motion)을 조종(control)하고, 정해진 항로를 따라 안전하게 비행하도록 하는 장치이다.

❶ 비행조종계통 소개

현대 항공기의 비행조종면(flight control surface)은 1차 비행 조종면(primary control surface)과 2차 비행 조종면(secondary control surface)으로 구분되며 도움날개(aileron), 승강키(elevator), 방향키(rudder)는 1차 비행 조종면으로, 뒷전 플랩(trailing edge flap)과 앞전 플랩(leading edge flap), 스포일러(spoiler), 탭(tab)은 2차 비행 조종면으로 구분된다.

조종면을 작동시키기 위한 각종 레버(lever), 스위치(switch) 및 조종 휠(control wheel) 등은 조종석 내의 주 조종석(captain)과 부 조종석(co-pilot) 중앙에 있는 조종 스탠드(control stand)나 오버 헤드 패널(over-head panel), 비행 엔지니어 패널(flight engineer panel)에 마련되어 있다.

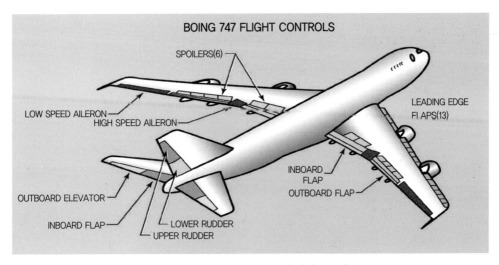

▲ 그림 6-1 보잉 747 항공기 비행 조종면

조종면의 작동은 과거 항공기는 케이블과 기계적 장치(mechanism)에 의하여 조종면을 직접 움직여 주었으나, 현대 항공기는 조종사의 힘을 덜어 주기 위하여 각 조종면마다 유압 작동기(hydraulic actuator), 또는 유압 동력 조종 유니트(hydraulic power control unit)를 장착하여 조종사의 작동 신호(signal)는 작동기(actuator)의 제어 밸브(control valve)만 작동시키고 제어 밸브에서 선택된 유압(hydraulic pressure)에 의하여 조종면이 움직이도록 되어 있다.

기계적으로 직접 작동 시에는 조종면의 움직이는 각도에 따라 조종사가 공력 저항(air load)을 직접 느낄 수 있으나 유압으로 작동할 때는 조종사가 공력 하중(air load)을 느끼지 못하므로 조종 장치(control mechanism)에 인공 감각장치(feel unit)를 부착하여 조종면 움직임에 대한 공력 저항을 인위적으로 느끼게 한다.

대형 운송용 항공기는 비행 조종면을 다음과 같이 7개의 부분(section)으로 구분하기도 한다.

① 도움날개 조종계통(aileron control system): 옆놀이 조종(roll control)

② 스포일러 조종계통(spoiler control system): 옆놀이 조종 및 속도 제어(roll & speed brake control)

③ 승강키 조종 계통(elevator control system): 키놀이 조종(pitch control)

④ 방향키 조종 계통(rudder control system): 빗놀이 조종(yaw control)

⑤ 수평 안정판 조종 계통(horizontal stabilizer control system): 키놀이 피치 조종(pitch trim control)

⑥ 뒷전 플랩 조종 계통(trailing edge(T/E) flap control system)

⑦ 앞전 플랩 조종 계통(leading edge(L/E) flap control system)

❷ 항공기 3축 운동(Aircraft Control by Axis)

항공기 조종면은 항공기의 세로축(longitudinal axis), 가로축(lateral axis) 및 수직축(vertical axis)의 3축을 중심으로 하여 그림 6-2와 같이 옆놀이 운동(rolling motion), 키놀이 운동(pitching motion), 빗놀이 운동(yawing motion)을 하기 위하여 사용된다.

❸ 운동 전달 방식에 의한 분류(Classification Based on Force Delivery Means)

일반적으로 사용되고 있는 조종계통의 운동 전달 방식으로는 케이블식, 푸시풀 로드(push-pull rod)식, 토크 튜브(torque tube)식 등의 수동 조종장치와 유압 및 전기동력을 이용하는 동력 조종장치(power control system), 그리고 플라이바이 와이어(fly-by-wire) 조종계통 등이 있으며, 실제로는 이들을 서로 조합하여 사용하기도 한다.

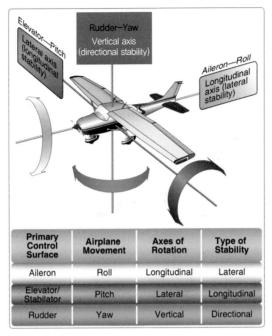

Primary Control Surface	Airplane Movement	Axes of Rotation	Type of Stability
Aileron	Roll	Longitudinal	Lateral
Elevator/Stabilator	Pitch	Lateral	Longitudinal
Rudder	Yaw	Vertical	Directional

▲ 그림 6-2 항공기 3축 회전운동과 비행조종면의 작동

1) 수동 조종장치(Manual Control System)

그림 6-3과 같은 수동 조종장치는 조종사가 조작하는 조종간 및 방향키 페달(rudder pedal)과 조종면을 케이블이나 풀리(pulley) 또는 로드와 레버를 이용한 링크 기구(link mechanism)로 연결하여 조종사가 가하는 힘과 조작 범위를 기계적으로 조종면에 전하는 방식이다. 이 장치는 값이 싸고, 가공 및 정비가 쉬우며, 무게가 가벼우므로 동력원이 필요 없다. 또한, 신뢰성이 높다는 등의 장점이 많아 소·중형기에 널리 이용되고 있다. 그러나 항공기가 고속화 및 대형화되어 큰 조종력이 필요해지면서 수동 조종장치에 의한 조종이 한계가 있게 되었다. 수동 조종장치는 케이블 조종계통, 로드 조종계통 및 토크 튜브 조종계통의 세 가지 형식이 이용된다.

(1) 케이블 조종계통(Cable Control System)

케이블 조종계통은 그림 6-4와 같이, 케이블을 이용하여 조종면을 움직이게 하는 계통이다. 항공기 구조상 굽은 통로에 대해서도 원활한 작동이 가능하며, 신뢰성이 높고 조종계통 중 가장 기본적인 것으로, 소형 항공기에서부터 중형 항공기에 이르기까지 널리 사용되고 있다. 케이블 조종계통에 사용되는 부품으로는 케이블 어셈블리, 케이블 장력 조절기, 계통의 여러 부분에 장착된 풀리(pulley), 페어리드(fairlead), 케이블 가드(cable guard), 케이블 드럼(cable drum) 등이 있다.

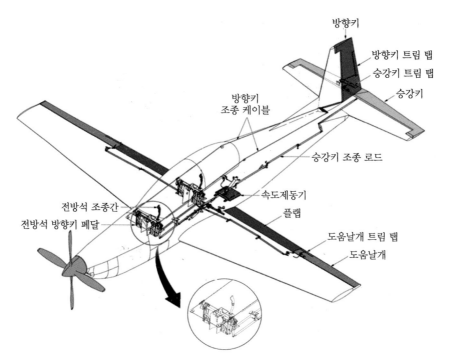

▲ 그림 6-3 경항공기의 수동 비행조종계통

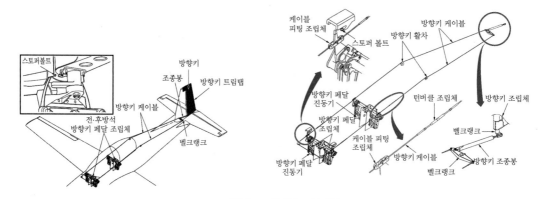

▲ 그림 6-4 케이블 조종계통

(1) 케이블 조종계통의 장점은 다음과 같다.

　① 무게가 가볍다.

　② 느슨함이 없다.

　③ 방향 전환이 자유롭다.

　④ 가격이 싸다.

(2) 케이블 조종계통의 단점은 다음과 같다.

① 마찰이 크다.

② 마멸이 많다.

③ 케이블에 주어져야 할 공간이 필요하다(cable의 간격이 3inch 이상 떨어져야 한다).

④ 큰 장력이 필요하다.

⑤ 케이블이 늘어나는 단점이 있다.

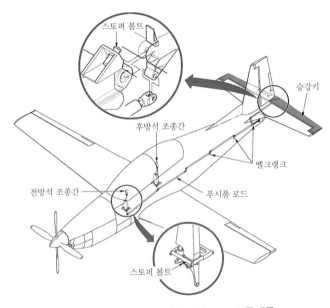

▲ 그림 6-5 경항공기 푸시풀 로드 조종계통

(2) 푸시풀 로드 조종계통(Push-Pull Rod Control System)

　　푸시풀 로드 조종계통은 사용되는 부품들이 대부분 케이블식과 비슷하다. 케이블 조종계통과의 차이점은, 그림 6-5와 같이 케이블 대신에 로드가 사용된다는 점이다. 이 계통은 케이블 조종계통에 비해 마찰이 적고, 늘어나지 않으며, 온도 변화에 의한 팽창 등의 영향을 거의 받지 않는 등 관리하기가 쉬운 장점이 있다. 반면에, 무겁고 관성력이 크며, 느슨함이 있을 수 있고, 값이 비싼 단점을 지니고 있다. 따라서 조종력의 전달 거리가 짧은 소형 항공기에 주로 쓰이고 있다.

(3) 토크 튜브 조종계통(Torque Tube Control System)

　　토크 튜브 조종계통은, 조종력이 계통을 통해 조종면에 전달될 때 튜브에 회전이 주어진다.

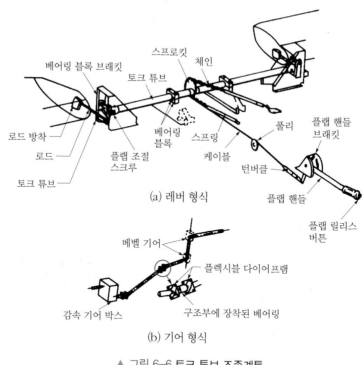

(a) 레버 형식

베어링 블록 브래킷
스프로킷
체인
토크 튜브
베어링 블록
스프링
로드 방착
케이블
풀리
로드
플랩 조절 스크루
턴버클
플랩 핸들 브래킷
토크 튜브
플랩 핸들
플랩 릴리스 버튼

베벨 기어
플렉시블 다이어프램
감속 기어 박스
구조부에 장착된 베어링

(b) 기어 형식

▲ 그림 6-6 토크 튜브 조종계통

토크 튜브 조종계통에는 그림 6-6의 (a)와 같은 레버 형식과 그림 6-6의 (b)와 같은 기어 형식의 두 종류가 있다. 레버 형식 조종계통은 케이블 조종계통이나 푸시풀 로드 조종계통에 비해 무겁고, 비틀림에 의한 튜브의 변형을 최소로 하기 위하여 지름이 큰 튜브를 사용해야 한다. 따라서, 베어링이나 레버 플랜지(lever flange)가 커져서 무거워지는 단점이 있으나, 설치 장소를 크게 필요로 하지 않는 장점이 있다. 이 장치는 보통 플랩 조종계통에 사용되고, 주조종계통에는 거의 사용되지 않는다. 기어식 조종계통은 전체에 기어를 써서 회전 토크를 줌으로써 조종면을 원하는 각도만큼 변위시키는 장치이다. 방향 변환의 양이 적을 때에는 가요성 연결 기구를 사용하는데, 기어를 사용하면 방향 변환이 용이하고, 필요한 공간과 마찰력을 줄일 수 있는 장점이 있다.

2) 동력 비행조종장치(Power Flight Control System)

항공기가 고속화되고 대형화됨에 따라 조종면에 작용하는 공기력이 커져서, 인력으로는 조종면을 움직일 수 없기 때문에 동력을 이용한 조종 방식을 사용하고 있다. 그림 6-7은 고속 항공기의 동력 비행조종계통을 보여주고 있다.

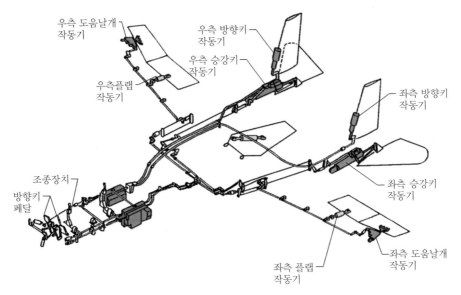

▲ 그림 6-7 동력 비행조종계통

(1) 가역식 승압 비행조종계통(Flight Control System by Reversible Type Booster)

유압의 힘을 이용한 유압 부스터(hydraulic booster) 방식 또는 가역식 조종 방식의 장점은, 조종력을 사람의 힘보다 몇 배로 크게 할 수 있고, 유압계통에 고장이 생겨도 인력으로 조종면의 조종이 가능하므로 비상 상태인 경우에도 조종 불능이 되는 일이 없다. 그림 6-8과 같이, 조종간이 작동하면 조종면이 움직이게 되고, 그 움직임에 따라 조종간에 조종력이 전달되도록 되어 있다.

유압 부스터 방식은 가역식(reversible type) 비행조종 방식으로 조종간을 작동하여 조종면을 움직일 수도 있고, 반대로 조종면을 작동시키면 조종면에 작용하는 힘이 조종간으로 피드백(feedback)되어 조종간이 조종면과 함께 움직인다. 이러한 가역식 비행조종계통에서는 항공기의 자세를 트림(trim)하거나 조종력을 경감시키기 위하여 탭(tab)을 사용한다.

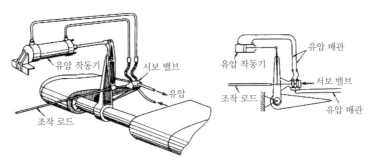

▲ 그림 6-8 가역식 승압조종장치

단점으로는, 부스터 비(booster ratio)를 마음대로 크게 할 수 없고, 유압계통에 고장이 생겼을 때에 이를 인력으로 움직일 경우를 고려하여 몇 배 정도의 힘의 이득밖에 얻지 못한다. 또 가역식으로 되어 있기 때문에, 초음속기가 아음속과 초음속의 영역을 비행할 때에는 조종면에 작용하는 공기력의 큰 차이로 좋은 조종 감각을 얻기가 곤란하다.

(2) 비가역식 동력 비행조종계통(Flight Control System by Non Reversible Type Booster)

비가역식 조종 방식은 유압의 힘만으로 조종면을 작동시키는 비행조종 방식으로 조종면에 작용하는 힘이 조종간으로 피드백되지 않기 때문에 항공기를 트림하기 위하여 별도의 탭을 장착하지 않고 조종면을 유압 작동기가 직접 작동시킨다.

그림 6-9와 같이 스프링, 보브 웨이트(bob weight) 등을 사용하거나, 동압에 따라 링크(link) 기구 힘의 전달비를 변화시켜 조종간이 움직이는 양과 조종면에 작용하는 힘을 인공적으로 조종사가 느끼도록 되어 있다.

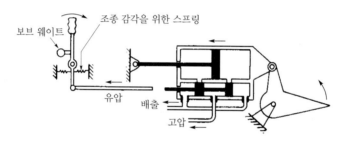

▲ 그림 6-9 비가역식 동력조종장치

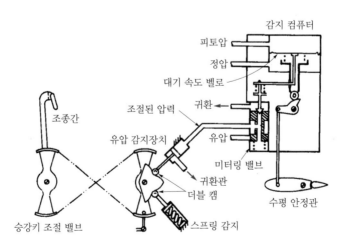

▲ 그림 6-10 인공 감각장치

대형기에는 주로 인공 감각장치(artificial feeling device)로 조종 감각을 얻고 있다. 인공 감각장치는 그림 6-10과 같이, 속도를 하나의 변화 요소로 간주하고 있으며, 감지 스프링에 의한 감각은 주로 저속에서의 기능이나 승강키의 작동에 따라 저항이 증가하고, 고속에서는 스프링의 힘으로는 대처할 수 없기 때문에 유압의 힘을 사용하고 있다. 인공 감각장치는 조종장치를 중립 위치로 유지시키는 데에도 사용된다. 예를 들어, 승강키의 중립 위치는 승강키가 수평 안정판의 수평면과 일치되는 위치로서, 뒤쪽의 승강키 조작 쿼드런트(quadrant)에 있는 이중 캠이 승강키에 인공 감각을 입력하는 부분이 되고, 승강키를 중립 위치로 유지하는 작용을 한다. 그래서 조종사가 조종간을 움직이려면, 스프링을 압축해서 유압 피스톤에 작용하는 힘보다 스프링의 압축력이 커야 한다.

감지 컴퓨터(feel computer)는 대기 속도와 수평 안정판의 위치를 함수로 해서 유압 감각 피스톤에 유압을 작용시킨다. 피토압은 대기 속도 벨로우(bellow)의 한쪽에 가해지고, 정압은 다른 쪽에 가해진다. 이 결과, 벨로우는 항공기의 속도에 비례해서 움직이고, 이 움직임이 스프링에 작용하여 한쪽은 수평 안정판 위치의 캠에, 다른 쪽은 미터링 밸브(metering valve)에 작용한다. 이 힘은 미터링 밸브의 상하의 수평면에 작용하고, 계획된 압력은 동일하게 균형을 이루게 된다. 릴리프 밸브(relief valve)에 작용하는 압력이 스프링을 눌러 미터링 밸브를 아래쪽으로 누르는 힘과 균형을 이루고 있으며, 이 압력 라인은 닫히게 된다.

대기 속도가 커지면 미터링 밸브에 하향의 힘이 커지고, 계획된 압력으로 미터링 밸브를 아래쪽으로 눌러 아래 방향의 힘이 미터링 밸브를 누르는 힘과 균형을 이룰 때까지 압력 라인에 미터링 밸브의 유로를 형성해 준다.

3) 플라이 바이 와이어 조종장치(FBW, Fly-by-wire Control System)

플라이 바이 와이어 조종장치는 그림 6-11과 같이, 기체에 가해지는 중력 가속도와 기체의 기울어짐을 감지하는 감지 컴퓨터 등 조종사의 감지 능력을 보충하는 장치를 갖추고 있다. 예를 들어, 항공기의 자세를 급격히 변화시키려고 할 때, 조종사는 충분히 큰 조타력을 가한 다음에 다시 그 반

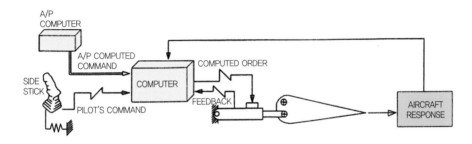

▲ 그림 6-11 플라이 바이 와이어 조종장치

대의 조타력을 가하여 조종면을 중립 위치로 환원시키게 된다. 그러나 플라이 바이 와이어 조종장치를 이용하면, 컴퓨터가 계산하여 조종면을 필요한 만큼 변위시켜 주도록 되어 있으므로, 항공기의 급격한 자세 변화 시에도 원만한 조종성을 발휘할 수 있다.

플라이 바이 와이어 조종장치의 실용화로 성능이 매우 우수하고, 동시에 조종성과 안정성이 월등한 항공기의 제작이 가능하게 되었다. 이 조종장치에서 조종간이나 방향키 페달은 조종사의 조종 신호를 컴퓨터에 입력하기 위한 도구가 된다. 따라서, 조종력을 위한 입력 신호인 무게와 변위량의 신호는 불필요해지며, 조종간이나 페달에 가해지는 힘의 크기만으로 조종을 위한 충분한 신호가 된다.

4) 자동 조종장치(Automatic Pilot System)

항공기를 장시간 조종하게 되면, 조종사는 육체적으로나 정신적으로 상당히 피로하게 된다. 따라서, 현대의 항공기는 자동 조종장치가 있어, 장거리 비행을 할 때에 설정한 비행 상태를 지정해 놓으면 그대로 비행하게 된다. 오늘날의 자동 조종장치는 전자 및 제어공학의 발달로 그 기능과 신뢰도가 매우 높으며, 정적 및 동적 안정성이 있는 비행기는 조종사가 조종장치에서 손을 떼더라도 안전하게 비행하도록 설계되어 있다.

자동 조종장치에는, 그림 6-12와 같이 미리 설정된 방향과 자세로부터 변위를 검출하는 계통과, 그 변위를 수정하기 위하여 조종량을 산출하는 서보앰프(계산기), 조종 신호에 따라 작동하는 서보모터(servomotor) 등이 있어야 한다.

변위를 검출해 내는 데는 자이로스코프(gyroscope)를 이용한다. 자이로스코프는 회전을 계속하는 한 회전축이 넘어지지 않는 특성과, 지지대가 기울어지더라도 항상 처음에 설정한 축 방향을 일정하게 유지하는 성질을 가지고 있다. 이와 같은 자이로스코프를 이용하면 1개는 회전축을 수평으로 유지하는 방향 자이로(directional gyro)와 다른 1개는 회전축이 수직으로 된 수직 자이로(vertical gyro)를 이용하여 항공기의 자세가 변화하더라도 자이로의 방향은 변하지 않기 때문에, 자이로의 축과 기체와의 변위 관계를 검출할 수 있다. 이와 같이 자이로에 의해서 검출된 변위량을

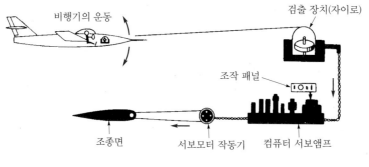

▲ 그림 6-12 자동 조종징치

기계식 또는 전자식에 의하여 조종 신호로 바꾸어 자동적으로 조종하도록 하는 장치가 자동 조종장치이다.

6-2 비행 조종면(Flight Control Surface)

조종면은 비행조종성을 제공하기 위하여 마련된 구조로서, 조종면을 움직이면 조종면 주위의 공기 흐름을 바꾸어 조종면에 작용하는 힘의 크기와 방향이 바뀌게 되며, 이로 인해 항공기의 자세가 변하게 된다.

1 1차 조종면(Primary Flight Control Surface)

항공기에서 1차 조종면 그룹은 도움날개, 승강키, 그리고 방향키가 있다. 도움날개는 양쪽 날개의 뒷면에 부착되어 있는데, 움직일 때 세로축 주위로 항공기를 옆놀이 운동(rolling motion)시킨다. 승강키는 수평 안정판의 뒷전에 부착된다. 승강키가 움직일 때 가로축에 대하여 키놀이 운동(pitching motion)시킨다. 방향키는 수직 안정판의 뒷면에 힌지로서 부착된다. 방향키가 위치를 변화시킬 때, 항공기는 수직축을 중심으로 빗놀이 운동(yawing motion)을 한다.

1차 조종면의 구조 부재는 대부분 비슷하게 제작된다. 일부 크기, 모양, 그리고 장착 방법만이 다를 뿐이다. 알루미늄 항공기 조종면의 구조 부재는 전 금속날개의 구조 부재와 비슷하다. 1차 조종면은 날개보다 더 단순하고 작게 제작된 공기역학적 장치이다. 일반적으로 조종면은 1개의 부재로 된 날개보 또는 토크튜브의 주위에 알루미늄구조 부재로 만들어 부착하였다. 대다수 경항공기 리브는 평평한 알루미늄 판재를 프레스로 찍어내어 제작한다. 리브에 있는 구멍을 라이트닝 홀(lightning hole)이라 하는데, 이것은 리브의 무게를 감소시킬 뿐만 아니라 강성을 증가시킨다. 알루미늄 외피는 리브 또는 세로지 등에 리벳으로 결합한다. 그림 6-13에서는 경항공기뿐만 아니라

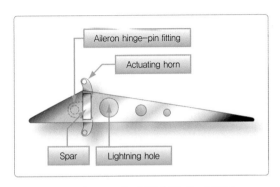

▲ 그림 6-13 대표적인 알루미늄 조종면

중형 항공기와 대형 항공기의 1차 조종면에서 찾아볼 수 있는 형태의 구조 부재를 보여준다.

　복합재료로 조립된 1차 조종면도 일반적으로 사용된다. 이들은 많은 대형 항공기와 고성능항공기뿐만 아니라 활공기, 자작항공기, 그리고 레저스포츠 항공기에서 찾아볼 수 있다. 일반적인 금속 구조 부재보다 더 큰 무게 대비 강도의 이점이 있으며 여러 가지 재료와 기술이 다양하게 사용된다. 그림 6-14에서는 1차 조종면에 복합재료(composite material) 기술을 적용한 항공기의 예를 보여준다. 천 외피 항공기의 조종면은 일부 알루미늄 조종면을 갖춘 일반적인 얇고 가벼운 알루미늄 항공기처럼 천외피 표면을 갖추었다는 것에 주의한다. 1차 조종면은 공기흐름에 의한 진동 또는 플러터(flutter)가 없도록 균형이 잡히는 것이 중요하다.

▲ 그림 6-14 항공기 복합재료 조종면

　균형은 보통 특정한 장치의 무게중심(C.G, center of gravity)이 힌지 지점 또는 앞쪽 방향에 있는지를 제작사 사용설명서에서 확인한다. 조종면을 적절하게 균형 잡지 못하면 비행안전에 심각한 결과를 초래할 수 있다. 그림 6-15에서는 조종면 앞전의 후방에 힌지 지점이 설치된 몇 가지 도움날개의 장착 상태를 보여준다. 이것은 플러터(flutter)를 방지하기 위해 사용된 일반적인 설계특징이다. 그림 6-16에서는 날개 끝의 뒷전의 다양한 도움날개 위치를 보여준다.

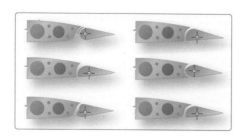 

▲ 그림 6-15 도움날개 힌지 위치　　　　▲ 그림 6-16 다양한 날개의 도움날개 위치

1) 도움날개(Aileron)

　도움날개는 세로축에 대해 항공기를 움직이는 1차 조종면이다. 다시 말해 비행 중에 도움날개의 움직임은 항공기가 옆놀이(rolling)를 하도록 한다. 도움날개는 보통 양쪽 날개의 외측뒷면에 위치하며, 날개에 붙박이로서 날개의 표면적의 일부분으로 계산된다. 그림 6-17에서는 세스나 150 항

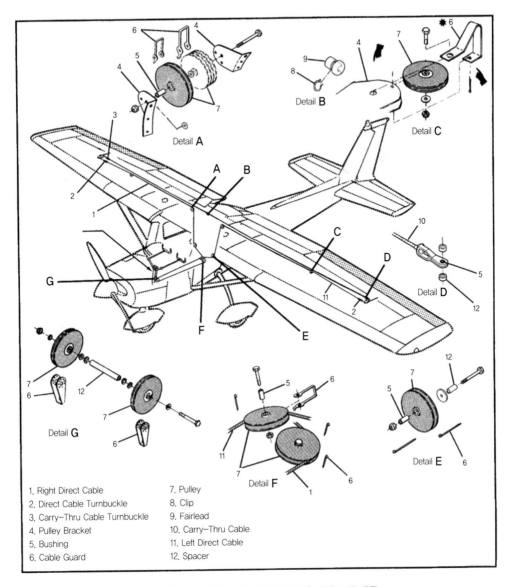

1. Right Direct Cable
2. Direct Cable Turnbuckle
3. Carry-Thru Cable Turnbuckle
4. Pulley Bracket
5. Bushing
6. Cable Guard
7. Pulley
8. Clip
9. Fairlead
10. Carry-Thru Cable
11. Left Direct Cable
12. Spacer

▲ 그림 6-17 세스나 150 항공기 도움날개 조종계통

공기의 도움날개 조종계통을 보여준다.

　도움날개는 항공기의 조종석에 있는 조종간의 좌우운동에 의해서 조종되거나, 또는 컨트롤 요크 (control yoke)의 회전운동에 의해서 조종된다. 한쪽 날개에 있는 도움날개는 아래쪽으로 편향될 때, 반대쪽 날개에 있는 도움날개는 위쪽 방향으로 편향한다. 이것은 세로축 주위에 항공기의 움직임을 증폭시킨다. 그림 6-18과 같이, 도움날개 뒷전 아래쪽 방향으로 움직이는 날개에서 캠버는 증가하고 양력이 증가한다. 반대로 다른 쪽 날개에서는 올라간 도움날개는 양력을 감소시킨다. 항공기를 옆놀이 시키기 위한 도움날개의 작동으로 항공기는 민감하게 반응한다.

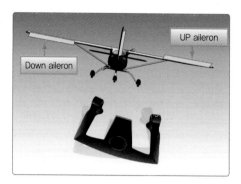

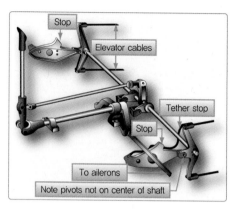

▲ 그림 6-18 도움날개 조종 운동　　▲ 그림 6-19 조종실에서 조종면으로의 조종력 전달 구조

　도움날개의 상하 작동과 옆놀이에 대한 조종사의 요구는 항공기 특성에 따른 다양한 방법으로 조종석에서 조종면으로 전달된다. 조종케이블과 풀리, 푸시풀 튜브, 유압, 전기 또는 이들을 조합한 복잡한 기계장치를 사용할 수 있게 된다. 그림 6-19에서는 조종실에서 조종면으로의 조종력 전달 구조를 보여주고 있다.

　단순한 경항공기는 보통 유압식과 전기식 플라이바이 와이어 도움날개의 조종장치를 사용하지 않으며, 대형 항공기와 고성능항공기에서 찾아볼 수 있다. 대형 항공기와 일부 고성능항공기는 날개의 뒷전 외측과 내측에 각각 저속 도움날개와 고속 도움날개를 갖추고 있다. 1차 조종면과 2차 조종면의 복잡한 시스템의 일부분인 이들은 비행 중에 가로 방향조종과 안정성을 제공하기 위해 사용된다. 저속에서 도움날개의 성능은 플랩과 스포일러의 사용에 의해 증대된다. 고속에서는 다른 조종면은 움직이지 않도록 유지되는 반면에 오직 내측 도움날개의 편향으로 항공기를 옆놀이시킨다.

　차동비행조종장치(differential flight control system)는 왕복 행정에 차이가 있는 조종계통으로 주로 도움날개 조종계통에 쓰인다. 도움날개를 조작했을 때의 공기 저항은 작동각이 동일해도 상승 조작 쪽보다는 하강 조작 쪽이 크다. 그 때문에 비행기가 선회하려고 할 때 기울어진 방향과는 역방향으로 기수가 흔들린다. 이처럼 선회방향과 반대방향으로 요가 일어나는 현상을 역요(adverse yaw)라고 한다. 이 상태로는 균형 선회가 불가능하다. 이 문제를 해결하기 위해 보통의 비행기에는 보조 날개의 작동 범위를 상승측이 크고 하강측이 작아지도록 왕복 행정에 차이가 있는 차동 기구를 삽입한 차동비행조종장치 방식을 채택하고 있다.

　대형기에서 도움날개는 그림 6-20과 같이 각 날개의 날개 후방 스파(wing rear spar)에 4~6개의 힌지 피팅(hinge fitting)에 의하여 안쪽(in board)과 바깥쪽(out board)으로 분리, 장착되어 있다. 안쪽 도움날개는 어느 속도에서나 작동하지만 바깥쪽 도움날개는 저속(뒷전 플랩이 내림상태)에서만 작동이 가능하고, 고속(뒷전 플랩이 올림상태)에서는 락-아웃 기계장치(lock-out

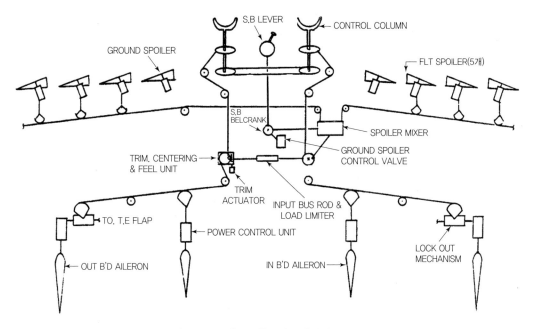

▲ 그림 6-20 보잉 747 항공기 도움날개 조종 계통

mechanism)에 의하여 중립 위치에 고정되어 작동되지 않는다.

도움날개의 작동은 조종석 내에서 조종 휠(control wheel)을 왼쪽 또는 오른쪽으로 회전시키면 조종 케이블을 통하여 트림 중앙위치 장치 및 감각 장치(trim centering and feel unit: TCF)에 전달된다. 이렇게 전달된 케이블 신호(cable signal)는 TCF의 중앙위치 장치 스프링(centering spring)을 작동시켜 조종사에게 인위적 감지를 부여하며 out put quadrant를 통하여 날개 케이블(wing cable)을 작동시키게 된다.

날개 케이블은 안쪽 도움날개 동력조종장치 조종 밸브(PCU control valve)를 작동시키고 다시 바깥쪽 도움날개 락 아웃 기계장치(lock out mechanism)에 연결된다. 바깥쪽 도움날개 락 아웃 기계장치는 플랩이 올라가면 바깥쪽 도움날개를 중립 위치에 고정시키고 플랩이 내려갈 때는 안쪽 도움날개와 바깥쪽 도움날개가 동시에 작동되도록 한다.

도움날개 계통은 자동비행조종계통과 연결되어 있어, 비행조건에 따라 컴퓨터로부터 전기적 신호를 받아 작동하여 장시간 비행 시 조종사로 하여금 피로를 덜어줄 수 있도록 되어 있다.

항공기가 수평 비행 시에 옆놀이(roll)축에 대한 경사가 질 때에 사용하는 도움날개 트림 계통(aileron trim system)이 있어 조종석 내의 조종 스탠드(control stand)에 있는 트림 스위치(trim switch) 또는 조종 휠(control wheel)을 동작시켜 비행자세를 수정할 수 있게 되어 있으며 이때 트림을 사용한 양은 조종 휠 상부에 부착된 계기(indicator)로서 읽을 수 있다.

2) 승강키(Elevator)

승강키는 수평축 또는 가로축을 기준으로 항공기의 기수가 피치업(pitch up) 또는 피치다운(pitch down)이 되도록 조종하는 1차 조종면이다. 승강키는 수평안정판의 뒷전에 힌지로 연결되어 있다. 조종석에서 컨트롤 요크를 앞쪽 방향 또는 뒤쪽 방향으로 밀어주거나 또는 당겨줌으로써 조종된다. 그림 6-21에서는 경항공기의 승강키 조종계통을 보여주고 있다.

경항공기는 조종케이블과 풀리 또는 승강키를 움직이기 위해 조종석 입력을 전달해 주는 푸시풀 튜브의 기계장치를 사용한다. 고성능항공기와 대형 항공기는 승강키를 움직이기 위해 좀 더 복잡한 시스템의 유압을 사용한다. 플라이 바이 와이어 조종계통을 구비한 항공기에서는 전기와 유압의 힘을 조합하여 사용한다.

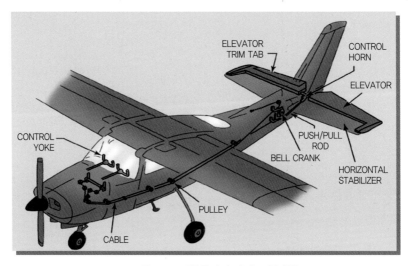

▲ 그림 6-21 경항공기 승강키 조종계통

대형기에서 승강키 조종계통은 1차 비행조종면(primary control surface)으로서 가로축을 중심으로 항공기 키놀이(pitching)에 사용된다.

승강키는 피치 트림(pitch trim)으로 사용하는 수평안정판 후방 날개보(horizontal stabilizer rear spar)에 힌지 피팅(hinge fitting)으로 장착되어 있고 주 피팅(master fitting)에는 유압 작동기 로드 엔드(hydraulic actuator rod end)가 장착되어 있다.

그림 6-22는 승강키의 기계적인 방법에 의하여 승강키 동력제어장치(elevator PCU)에 전달되는 과정으로서 조종 지주(control column)는 좌우측에 상호 연결 튜브(interconnect tube)로 연결되어 있고 지주 쿼더런트(column quadrant)로부터 각각의 케이블이 후방 쿼더런트(rear quadrant)에 연결되어 있다. 또한 후방 쿼더런트에는 승강키 감각장치(elevator feel unit)가 장착되어 조종사에게 인위적 감지를 부여한다. 즉 감각장치는 승강키의 과 조종(elevator over

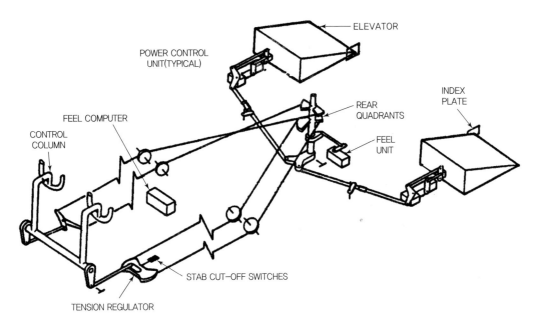

▲ 그림 6-22 보잉 747 항공기 승강키 조종계통

control)을 방지한다.

계통의 구성은 조종 지주(control column), 후방 쿼더런트 조종 로드(rear quadrant control rod), 동력제어장치(PCU)와 승강키 감각 컴퓨터(elevator feel compute)와 감각장치(feel unit)로 되어 있으나 조종 계통과 동력제어장치의 기능은 도움날개 계통 동력제어장치 기능과 동일하다.

3) 방향키(Rudder)

방향키는 항공기가 빗놀이 또는 수직축에 대해 움직이도록 하는 1차 조종면이다. 이것은 방향의 조종을 제공해 주어 항공기의 기수를 요구하는 방향으로 향하게 한다. 하나의 방향키를 갖추고 있는 항공기 대부분은 수직안정판의 뒷면에 힌지로 연결되어 있으며, 조종석에 있는 한 쌍의 발로 움직이는 방향키 페달에 의해 조종된다. 오른쪽 페달이 앞쪽 방향으로 밀었을 때 오른쪽으로 항공기의 기수가 이동하도록 오른쪽으로 방향키를 편향시킨다. 왼쪽 페달은 동시에 뒤쪽 방향으로 이동한다.

방향키 페달을 조작하여 다른 기계적 조종장치를 작동시키는 방법은 항공기의 특성에 따라 다르다. 대부분 항공기는 지상 작동 시 방향키 조종장치로 전륜 또는 후륜의 방향 움직임을 사용한다. 이것은 대기속도가 조종면에 대하여 충분한 영향을 미치지 못하기 때문에 조작자가 활주 시에 방향키 페달로서 항공기를 조향(steering)하도록 해준다. 그림 6-23에서는 경항공기의 방향키 조종계통을 보여주고 있다.

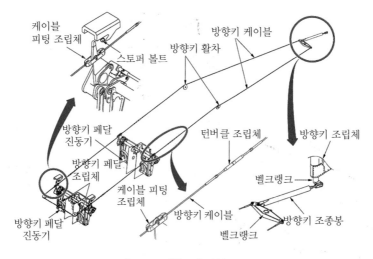

▲ 그림 6-23 경항공기 방향키 조종계통

대형 항공기 방향키는 그림 6-24와 같이 수직 핀 후방 날개보(vertical fin rear spar)에 장착되며 유압에 의하여 항공기 빗놀이 조종을 한다.

방향키 조종계통의 구성품 및 보조계통(subsystem)은 다음과 같다.

① 방향키 페달 구성품(rudder pedal assembly)

② 전방 쿼더런트(forward quadrant)와 페달 조향 기계장치(pedal steering mechanism)

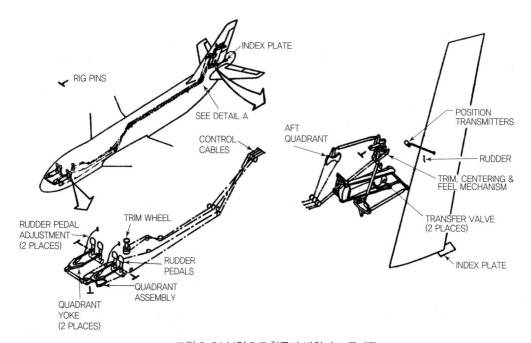

▲ 그림 6-24 보잉 747 항공기 방향키 조종계통

③ 후방 쿼더런트(after quadrant)와 트림 중앙위치 장치 및 감각 장치(trim centering and feel unit: TCF)

④ 후방 비율 전환기 제어계통(rudder ratio changer control system)

⑤ 방향키 동력제어장치(rudder power control unit)

⑥ 방향키 트림계통(rudder trim system)

⑦ 빗놀이 댐퍼 제어계통(yaw damper control system)

조종사가 페달을 차면 그 움직임이 기계장치에 연결된 전방 쿼더런드로부터 조종 케이블을 통해 후방 쿼더런트와 트림 중앙위치 장치 및 감각장치(TCF)에 전달된다. 이렇게 전달된 조종 신호는 조종 로드(control rod)를 이용하여 비율 전환기(ratio changer, variable position bellcrank)를 거치며 이 비율 전환기에서 항공기 속도에 따라 방향키 동력제어장치의 입력신호(input signal)를 변화시켜 방향키의 작동 각도를 제한하여 항공기가 과 조종(over control)되지 않도록 한다.

방향키 빗놀이 댐퍼계통(damper system)은 보조계통(subsystem)으로 자동비행조종계통(AFCS)에 의하여 작동하며 방향키 동력제어장치(PCU) 내부에 빗놀이 댐퍼 작동기(yaw damper actuator)가 있어 빗놀이 댐퍼 컴퓨터로부터 전기 신호(electrical signal)를 받아 작동하여 뒤젖힘 날개(sweep back wing) 항공기에서 발생하기 쉬운 더치 롤(dutch roll)을 방지한다.

방향키의 전방 쿼더런트에는 앞 착륙장치 조향(nose gear steering)을 할 수 있는 페달 조향계통(pedal steering system)이 마련되어 있어 항공기의 이·착륙 시 방향키 페달로 조향(steering)을 할 수 있도록 되어 있으며 이때의 조향각도는 제한된다.

② 복합 조종면(Dual Purpose Flight Control Surface)

도움날개, 승강키, 그리고 방향키는 일반적인 1차 조종면으로 간주된다. 그러나 일부 항공기는 이중목적을 제공하는 조종면으로 설계되었다. 예를 들어, 그림 6-25에서 엘레본(elevon)은 도움날개

▲ 그림 6-25 F-117 항공기 엘레본

와 승강기의 기능을 복합하여 수행한다.

그림 6-26과 같이, 스태빌레이터(stabilator)라고 부르는 움직이는 수평의 꼬리부분은 수평안정판과 승강기 양쪽의 작용을 복합시킨 조종면이다. 기본적으로 스태빌레이터는 항공기의 피치에 영향을 주기 위해 수평축에 대해 회전시킬 수 있는 수평안정판이다.

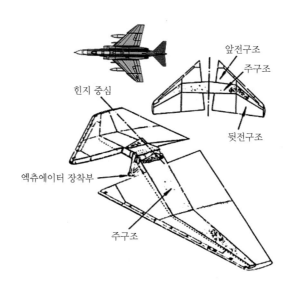

▲ 그림 6-26 F-4 항공기 스태빌레이터

그림 6-27에서와 같이 러더베이터(ruddervator)는 전통적인 수평 안정판과 수직 안정판이 설치되지 못하는 곳인 브이테일(V-tail) 미부로 된 항공기에서 가능하다. 2개의 안정판 각도는 "V" 배치로, 위쪽 방향으로 향하고 그리고 후방 동체로부터 바깥쪽 방향으로 향한다. 러더베이터의 움직임은 수평축 또는 수직축을 주위로 항공기의 움직임을 변화시킬 수 있다.

그림 6-28에서와 같이, F-16 항공기에서 찾아볼 수 있는 플래퍼론(flaperon)은 착륙장치가 내

▲ 그림 6-27 러더베이터

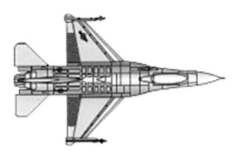 

착륙장치 내림 상태

▲ 그림 6-28 F-16 항공기 플래퍼론

려와 있을 때는 양쪽 플래퍼론이 동시에 작동하여 플랩의 기능을 수행하고, 착륙장치가 올라가 있을 때는 좌우측 플래퍼론이 반대로 작동하여 도움날개의 기능을 수행한다.

❸ 2차 또는 보조 조종면(Secondary or Auxiliary Flight Control Surface)

항공기마다 몇 가지의 2차 또는 보조 조종면이 있다. 표 6-1에서는 대부분의 대형 항공기에서 찾아볼 수 있는 보조 조종면의 명칭, 장소, 그리고 기능의 목록이다.

[표 6-1] 2차 또는 보조 조종면

명 칭	위 치	기 능
플랩	날개의 내측 뒷전	• 양력 증가를 위해 날개의 캠버를 증가시켜 저속비행 가능 • 단거리 이착륙을 위해 저속에서 조작 허용
트림 탭	1차 조종면의 뒷전	• 1차 조종면 작동에 필요한 힘 감소
밸런스 탭	1차 조종면의 뒷전	• 1차 조종면 작동에 필요한 힘 감소
안티 밸런스 탭	1차 조종면의 뒷전	• 1차 조종면의 효과와 조종력 증가
서보 탭	1차 조종면의 뒷전	• 1차 조종면을 움직이는 힘 제공 또는 보조
스포일러	날개 뒷전/날개 상부	• 양력 감소, 에어론 기능 증대
슬랫	날개 앞전 중간 외측	• 양력 증가를 위해 날개의 캠버를 증가시켜 저속비행 가능 • 단거리 이착륙을 위해 저속에서 조작 허용
슬롯	날개 앞전의 외부 도움날개의 전방	• 큰 받음각에서 공기가 날개의 상부 표면을 흐르게 한다. • 낮은 실속속도와 저속에서의 조작을 제공
앞전 플랩	날개 앞전 내측	• 양력 증가를 위해 날개의 캠버를 증가시켜 저속비행 가능 • 단거리 이착륙을 위해 저속에서 조작 허용

비고: 2차 또는 보조 조종면이 없거나 하나 또는 여러 개의 조합이 항공기에 있을 수 있다.

1) 뒷전 플랩(Trailing Edge Flap)

플랩은 대부분 항공기에서 찾아볼 수 있으며, 보통 동체 근처 날개 뒷전의 내측이다. 플랩은 내측 날개 앞전으로부터 앞쪽방향과 아래쪽으로 펼쳐진다. 플랩은 날개의 캠버를 증가시키기 위해 아래쪽으로 움직이며, 더욱 큰 양력을 제공해 주고 저속에서 조종된다. 플랩은 더 느린 속도에서 착륙하도록 해 주고 이륙과 착륙 시에 필요한 활주로의 길이를 단축시켜 준다. 플랩의 펼쳐진 크기와 날개와 이루는 각도의 크기는 조종석에서 선택할 수 있다. 대표적으로 플랩은 $45°\sim50°$ 정도로 확장할 수 있다. 그림 6-29에서는 플랩이 확장된 위치로 된 다양한 항공기를 보여준다.

▲ 그림 6-29 다양한 항공기 플랩 확장 위치

플랩은 보통 다른 날개골에 사용했던 기술과 특정 항공기의 조종면으로 된 재료의 조립품이다. 알루미늄 외피와 구조플랩은 경항공기에 있는 것이다. 대형 항공기와 고성능항공기의 플랩은 또한 알루미늄이지만, 복합재료 구조재의 사용이 보편적이다.

다양한 종류의 플랩이 있다. 그림 6-30의 (A)와 같이, 평판플랩(plain flap)은 플랩이 수축 위치에 있을 때 날개의 뒷전 형태이다. 날개 위쪽으로의 공기흐름은 본질적으로 날개의 뒷전을 만드는 플랩 뒷전에서 윗면과 아랫면의 위쪽으로 계속해서 흐른다. 평판플랩은 힌지로 지지되어 뒷전이 힌지 축을 기준으로 아래로 내려올 수 있다. 이것은 날개 캠버를 증가시켜 주고 보다 큰 양력을 제공해 줄 수 있다.

그림 6-30의 (B)와 같이, 분할플랩(split flap)은 일반적으로 날개의 뒷전 아래쪽에 들어가 있으며, 평평한 금속판이 플랩의 앞전 길이 방향으로 여러 곳에 힌지로 지지되어 있다. 전개되었을 때 분할플랩 뒷전이 날개의 뒷전으로부터 아래로 떨어진다. 날개의 맨 위쪽으로 흐르는 공기흐름은 일정하게 유지된다. 날개의 아래쪽에 흐르는 공기흐름은 아래로 떨어진 분할플랩에 의해 증가된 캠버의 영향으로 양력을 증가시킨다.

그림 6-30의 (C)와 같이, 파울러플랩(fowler flap)은 펼쳐졌을 때 날개의 뒷전을 더 낮게 할 뿐만 아니라 후방으로 미끄러져서 날개의 면적을 효과적으로 증가시킨다. 이것은 증가된 표면적뿐만 아니라 날개 캠버의 변화로 더 많은 양력을 발생시킨다. 집어넣었을 때 일반적으로 파울러플랩은 분

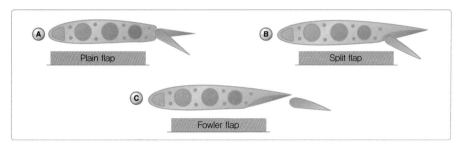

▲ 그림 6-30 플랩의 종류

할플랩과 유사하게 날개 뒷전 아래쪽으로 접혀진다. 파울러플랩의 미끄러지는 운동은 운행 중 플랩 궤도를 따라 서서히 이루어진다.

그림 6-31의 트리플 슬롯 플랩(triple-slotted flap)은 파울러플랩을 변형시켜 공기역학적인 표면 기능을 향상시킨 하나의 플랩 세트이다. 이 플랩은 전방플랩(fore flap), 중간플랩(mid flap), 그리고 후방플랩(aft flap)으로 구성되어 있다. 펼쳐졌을 때 각각의 플랩부분은 플랩이 내려올 때 궤도에서 뒤쪽으로 미끄러진다. 플랩 부분은 또한 날개와 전방플랩 사이뿐만 아니라 각 플랩 부분 사이에 개방된 슬롯(slot)을 만들면서 분리된다. 날개의 밑바닥으로 흐르는 공기는 이들 슬롯을 통과하여 다음 플랩의 윗면으로 흐른다. 윗면에서 향상된 층류흐름이 발생한다. 더 커진 캠버와 유효날개 면적은 전체적으로 양력을 증가시킨다.

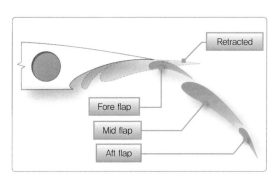

▲ 그림 6-31 트리플 슬롯 플랩

2) 앞전 플랩(Leading Edge Flap)

그림 6-32와 같이, 일부 대형 항공기와 고성능항공기는 뒷전 플랩과 함께 사용되는 앞전 플랩을 갖추고 있다. 앞전 플랩은 가공된 마그네슘으로 제작하거나 알루미늄 또는 복합재료구조재로 제작한다. 앞전 플랩과 뒷전 플랩이 함께 적용되는 날개는 캠버와 양력을 더 크게 증가시킬 수 있다. 앞전 플랩은 뒷전 플랩이 작동 시 자동적으로 앞전에서 빠져나와 날개의 캠버를 증가시켜 주는 아래쪽 방향으로 펼쳐지게 한다. 앞전 플랩의 종류에는 "(slat), 크루거 플랩(krueger flap) 그리고 노스

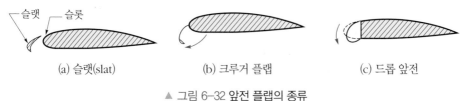

(a) 슬랫(slat)   (b) 크루거 플랩   (c) 드롭 앞전

▲ 그림 6-32 앞전 플랩의 종류

드롭(nose drop)이 있다.

    날개 캠버를 늘려주는 슬랫은 조종석의 작동 스위치로 플랩이 독립적으로 작동하게 할 수 있다. 그림 6-33과 같이, 슬랫은 오직 캠버와 양력을 증가시키도록 날개의 앞전을 펼쳐지게만 하는 것이 아니라 슬랫의 뒷면과 날개의 앞전 사이에 슬롯(slot)이 생기도록 완전히 펼쳐질 때도 있다. 이것은 항공기 날개의 공기흐름이 층류 흐름을 유지하도록 하여 날개에서 경계층이 박리되지 않고 계속 흐를 수 있도록 받음각을 증가시켜 주어 항공기는 더 적은 속력으로 계속 조종을 유지할 수 있게 한다.

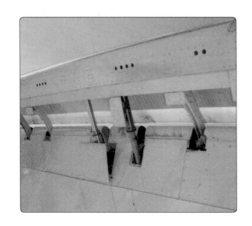
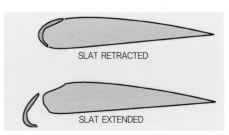

▲ 그림 6-33 슬랫의 공기 통로인 슬롯

    그림 6-34에서와 같이 크루거 플랩은 대형 여객기와 같이 날개의 두께가 큰 날개 앞전에 장착되는 고양력장치이다. 날개 앞전 하부의 일부분이 앞으로 튀어나와 캠버를 증가시킨다.

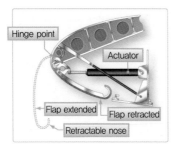
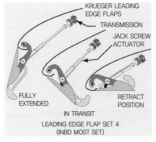

▲ 그림 6-34 보잉 737 항공기 크루거 플랩

고속 전투기 등과 같이 날개의 두께가 얇은 날개에서 주로 사용되는 형식으로 날개의 앞전을 단순하게 밑으로 구부려서 캠버를 증가시키는 앞전 플랩, 즉 노스드롭 형식도 있다.

그림 6-35에서는 F-5E 항공기 비행 속도와 플랩의 위치를 보여주고 있다.

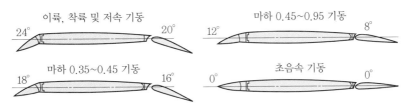

▲ 그림 6-35 F-5E 항공기 비행 속도별 앞전 플랩과 뒷전 플랩 위치

3) 스포일러와 속도제동기(Spoiler and Speed Brake)

스포일러는 대부분 대형 항공기와 고성능항공기의 날개 윗면에서 찾아볼 수 있는 장치이며, 날개의 윗면에 일치되도록 집어넣는다. 펼쳐졌을 때 스포일러는 기류의 흐름을 방해하여 급격하게 위쪽으로 흐르도록 함으로써 날개의 층류흐름이 이탈하면서 결국 양력은 감소하고 항력은 증가한다.

스포일러는 항공기의 다른 비행조종과 유사한 구성품의 재료와 기술로 제작된다. 일부 스포일러는 벌집구조패널(honeycomb-core panel)이다. 그림 6-36과 같이, 저속에서 스포일러는 도움날개가 항공기의 옆놀이 운동과 가로안정성을 돕기 위하여 작동될 때 인위적으로 올리게 된다. 도움날개가 올라간 날개에서 스포일러도 함께 올라간다. 그러므로 그 날개에서 양력의 감소는 증폭된다. 도움날개의 편향이 아래쪽 방향으로 된 날개에서 스포일러는 집어넣어지게 된다. 항공기의 속도가 빨라지면 도움날개의 작동 효과가 커지므로 스포일러는 작동하지 않는다.

스포일러는 속도제동기의 기능을 수행하기 위해 양쪽 날개에서 동시에 완전히 펼쳐진다. 감소된 양력과 증가된 항력은 비행 중에 항공기의 속도를 신속하게 감소시킬 수 있다. 구조물에서 비행 스포일러와 유사한 그림 6-37의 속도제동기는 고속 전투기에서 찾아볼 수 있다. 전용 속도제동기는

▲ 그림 6-36 운송용 항공기 스포일러

▲ 그림 6-37 전투기 속도제동기 전개 모습

펼쳐졌을 때 항력을 증가시키고 항공기의 속도를 감소시키도록 특별하게 설계된 것이다. 이들의 속도제동기 패널은 저속에서 도움날개와 달리 작동하지 않는다. 조종석에서 제어하는 속도제동기는 작동되었을 때 모든 스포일러와 속도제동기를 동시에 완전히 펼쳐지게 할 수 있으며, 지상에서 엔진 역추진장치(thrust reverser)가 작동되었을 때 자동적으로 펼쳐지도록 설계되어 있는 항공기도 있다.

4) 탭(Tab)

고속으로 비행 중에 조종면에 대한 공기의 힘은 조종면을 움직이는 데 그리고 편향된 위치에서 조종면을 유지하는 데 어렵게 만든다. 조종면도 유사한 이유로 너무 민감하게 된다. 여러 형태의 탭이 이들의 문제점을 보조하기 위해 사용된다. 표 6-2에서는 여러 가지 탭의 종류와 작동 영향을 요약하였다.

[표 6-2] 여러 종류의 탭과 기능

타 입	작동방향 (조종면에 대해)	작동	영향
트림	반대	• 조종사에 의해 작동 • 독립된 연결장치 사용	• 비행 중 움직임 없는 균형상태 • 비행 상태는 hand off로 유지
밸런스	반대	• 조종사가 조종면 작동시킬 때 작동 • 조종면 연결장치에 결합	• 조종사가 조종면 작동에 필요한 조종력 극복을 지원
서보	반대	• 비행조종 입력장치에 직접 연결 • 1차/백업 조종수단으로 작동가능	• 수동으로 작동하기에 많은 힘이 요구되는 조종면을 공기 역학적으로 위치
안티-밸런스 안티-서보	동일	• 비행조종 입력장치에 직접 연결	• 비행 조종면 위치 변경을 위해 조종사가 요구되는 조종력 증가 • 비행 조종이 둔감해진다.
스프링	반대	• 서보탭에 직접 연결되는 라인에 위치 • 고속 시 조종력 클 때 스프링이 보조	• 조종력 클 때 조종면 작동 가능 • 저속 비행에서는 동작하지 않음

(1) 트림 탭(Trim Tab)

조종사의 손과 발로 조종하는 항공기가 등속 수평비행 시 그 상태를 유지하지 못하고 어느 한 방향으로 계속 편향될 때 조종사는 계속적으로 조종간을 잡고 조종력을 유지하여야 한다. 트림 탭은 편향되는 항공기의 비행방향을 제어하여 등속 수평비행이 가능하도록 설계되어 있다. 대부분의 트림 탭은 1차 조종면의 뒷전에 위치한다. 조종면의 방향과 반대방향으로 움직이는 탭에 의해 발생되는 공기역학적 힘은 항공기의 비행 자세에 영향을 주어 조종사가 계속 조종력을 유지하지 않아도 등속 수평비행이 가능하게 하여 준다. 조종석으로부터 연동

장치세트를 통해 탭의 위치를 조작할 수 있
다. 그림 6–39에서와 같이 승강키 탭은 선
택된 키놀이를 유지하는 데 도움이 되기 때
문에 항공기의 속도를 유지하기 위해 사용
된다. 방향키 탭은 비행방향과 빗놀이를 유
지하도록 설정할 수 있다. 도움날개 탭은
날개 수평을 유지하는 데 도움을 준다.

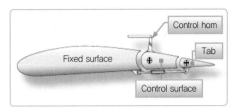

▲ 그림 6–38 트림 탭

    일부 단순한 경항공기는 그림 6–40에서 보여주는 것과 같이 1차 조종면, 보통 방향키의
뒷전에 부착된 고정금속판의 지상조절 트림 탭(ground adjust trim tab)을 갖추고 있다. 직
선수평비행 시에 조종력이 없는 상태에서 항공기를 트림하도록 지상에서 약간 각도를 조정

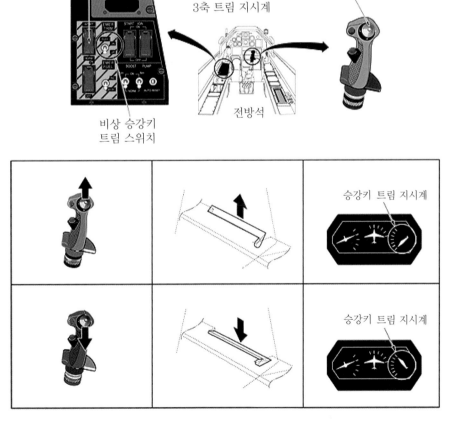

▲ 그림 6–39 경항공기 승강키 트림 탭 조종

할 수 있다. 굽혀주는 각도의 정확한 크기는 조정한 후에 오직 항공기를 비행함으로써 확인할 수 있다. 보통 작은 크기로 휘게 하는 것으로도 충분하다.

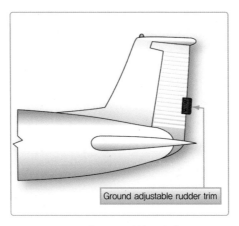
▲ 그림 6-40 지상조절 탭

(2) 밸런스 탭(Balance Tab)

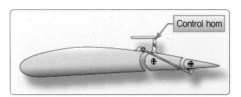
▲ 그림 6-41 밸런스 탭

그림 6-41과 같이, 밸런스 탭은 조종면이 움직이는 방향과 반대 방향으로 움직일 수 있도록 기계적으로 연결되어 있다. 탭이 위쪽으로 올라가면 탭에 작용하는 공기력 때문에 조종면이 아래로 내려오게 된다. 즉, 탭이 올라감에 따라 조종면에는 조종면을 아래로 내려오게 하는 힘이 생기게 되어 조종력이 경감된다.

(3) 서보 탭(Servo Tab)

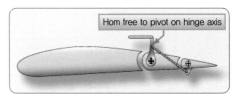
▲ 그림 6-42 서보 탭

그림 6-42의 서보 탭은 위치와 효과 면에서 밸런스 탭과 유사하지만, 조종석의 조종장치와 직접 연결되어 탭만 작동시켜 조종면을 움직이도록 설계된 것이다. 이 탭을 사용하면 조종력이 감소되며, 대형 항공기 조종면의 일차조종을 보조하기 위한 수단으로서 주로 사용되었다.

대형 항공기에서 대형 조종면을 수동으로 움직이기 위해서는 너무 많은 힘이 요구되며, 보통 유압작동기에 의해 중립에서 편향시킨다. 이들 전원제어장치는 요크에 연결된 유압밸브의 형식과 방향키페달에 신호를 준다. 플라이 바이 와이어(fly-by-wire) 항공기에서 조종면을 움직이는 유압 작동기는 전기입력으로 신호를 받는다. 유압계통이 고장 난 경우에 서보 탭의 수동연동장치는 서보 탭을 편향시켜 1차 조종면을 움직이는 공기역학적인 힘을 발생시킨다.

(4) 스프링 탭(Spring Tab)

조종면은 비행조종계통의 최종 단계에서 작동하는 데 과도한 힘을 필요로 하게 된다. 이런 경우일 때 스프링 탭을 사용할 수 있다. 이것은 기본적으로 조종면에 작용하는 공기력이 어느 한계를 넘어도 작동하지 않는 서보 탭의 일종이다. 그림 6-43과 같

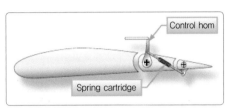

▲ 그림 6-43 스프링 탭

이, 조종력이 어느 한계에 도달되었을 때 조종연동장치에 일치된 스프링이 늘어나면서 조종면을 움직이는 데 도움을 준다.

(5) 밸런스 패널(Balance Panel)

그림 6-44에서는 대형 항공기에서 도움날개의 움직임을 보조하는 또 다른 장치인 밸런스 패널을 보여준다. 항공기 날개에서 도움날개와 힌지로 연결되어 연동된다. 밸런스 패널은 일반적으로 알루미늄 재질의 외피 프레임 조립체 또는 알루미늄 허니콤 구조물로 구성되어 있다. 도움날개 앞전 바로 앞쪽 방향과 날개의 뒷전을 연결하는 균형패널이 위치하며, 힌지지역의 안쪽과 바깥쪽으로 제어된 공기흐름이 흐르도록 밀봉되어 있다. 도움날개가 중립에서 움직일 때 차압이 균형패널의 한쪽에서 조성된다. 이 차압은 도움날개 움직임을 도와주는 방향으로 균형패널에 작용한다.

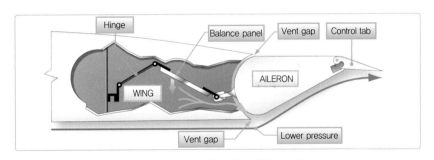

▲ 그림 6-44 도움날개의 밸런스 패널

(6) 안티서보 탭(Antiservo Tab)

명칭에서 예상되듯이 안티서보 탭은 서보 탭과 같지만 1차 조종면과 같은 방향으로 움직인다. 특별히 가동식 수평안정판(moveable horizontal stabilizer)으로 된 일부 항공기에서 조종면의 작동은 너무 예민할 수 있다. 조종연동장치를 통해 결합된 안티서보 탭은 조종면을 움직이는 데 필요한 작용력을 증가시켜 주는 공기역학적인 힘을 발생시킨다. 이것은 조종사에게 더욱 안정된 비행을 하게 만든다. 그림 6-45에서는 거의 중립에 있는 안티서보 탭을 보여준다. 스태빌레이터(stabilator)의 움직임을 필요로 할 때 동일한 방향으로 편향되며 요구되는 조종면의 조종 입력을 증가시켜 준다.

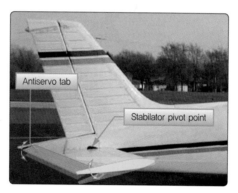

▲ 그림 6-45 안티서보 탭

4 기타 날개 특징(Other Wing Feature)

1) 윙렛(Winglet)

일부 항공기 날개에는 윙렛, 와류발생장치(vortex generator), 그리고 실속 펜스(stall fence) 등이 장착되어 있다. 윙렛은 수직안정판 형상을 날개 팁에서 수직으로 위로 젖혀져 장착되어 있다.

▲ 그림 6-46 윙렛

공기역학적인 장치인 윙렛은 비행 중에 날개 끝 와류로 인하여 발생되는 항력을 감소시켜 주기 위해 설계되었다. 그림 6-46과 같이, 보통 알루미늄 또는 복합재료로 제작되었다.

2) 와류발생장치(Vortex Generator)

그림 6-47과 같이, 와류발생장치는 보통 날개의 윗면에 부착되는 작은 판재이다. 와류발생장치는 보통 알루미늄으로 제작되고 날개 위를 흐르는 공기의 경계층 흐름이 날개에서 떨어지지 않고 지속되도록 소용돌이치게 하는 장치이다. 와류발생장치는 또한 동체와 미부에서도 찾아볼 수 있다.

▲ 그림 6-47 와류발생장치

3) 실속펜스(Stall Fence)

실속펜스라고 부르는 날개의 윗면에 있는 시위방향의 펜스는 경계층이 날개 끝 방향으로 흐르는 것을 방지하기 위해 사용된다. 그림 6-48과 같이, 보통 알루미늄으로 제작되는 펜스는 후퇴익에서 경계층이 날개 끝으로 흘러 날개 끝에서 실속이 발생하는 것을 방지하기 위한 가장 일반적인 고정식 구조물이다.

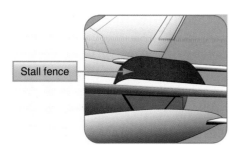
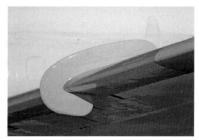

▲ 그림 6-48 실속펜스

6-3 비행조종계통의 검사와 정비
(Flight Control System Inspection and Maintenance)

■ 케이블의 세척과 검사(Cable Cleaning and Inspection)

항공기용 조종 케이블(control cable)이란 항공기의 시스템을 조작하기 위해 사용되는 와이어 로프(wire rope)를 말하고 시스템을 움직이는 동력의 전달을 관리하는 것이다. 케이블에 의해 조작되는 주된 것에는 비행조종(flight control), 기관조종(engine control), 착륙장치(landing gear) 및 앞바퀴조향장치조종(nose steering control) 등의 중요한 시스템이 있다. 또한 케이블은 그 끝에 피팅(fitting)을 장착하여 케이블 어셈블리로서 기체에 연결된다. 케이블 검사는 다음 순서대로 실시한다.

1) 세척(Cleaning)

(1) 고착되지 않은 녹(rust), 먼지(dust) 등은 마른 수건으로 닦아낸다. 또, 케이블의 바깥 면에 고착된 녹이나 먼지는 #300~#400 정도의 미세한 샌드페이퍼(sand paper)로 없앤다.

(2) 케이블의 표면에 고착된 낡은 부식방지 윤활제는 케로신(kerosene)을 적신 깨끗한 수건으로 닦는다. 이 경우, 케로신이 너무 많으면 케이블 내부의 부식방지 윤활유가 스며 나와 와이어 마모나 부식의 원인이 되므로 가능한 한 소량을 해야 하며 증기 그리스 제거(vapor degrease), 수증기 세척, 메틸 에틸 케톤(MEK) 또는 그 외의 용제를 사용할 경우에는 케이블 내부의 윤활유까지 제거해 버리기 때문에 사용해서는 안 된다. 세척을 한 경우는 검사 후 곧 부식처리(corrosion control)를 할 것 그 외의 용제란 가솔린, 아세톤, 신나 등을 포함한다.

2) 케이블 손상의 종류와 검사(Cable Cleaning and Inspection)

케이블의 손상과 검사 방법의 상세한 것은 정비 매뉴얼을 참조해야 한다. 검사할 경우는 육안 검사(visual inspection)로 하지만, 미세한 점검은 확대경을 사용한다.

(1) 와이어 절단(Wire Cut)

와이어 절단이 발생하기 쉬운 곳은 케이블이 페어리드와 풀리 등을 통과하는 부분이다. 케이블을 깨끗한 천으로 문질러서 끊어진 가닥을 감지하고, 절단된 와이어가 발견되면 절단된 와이어 수에 따라 케이블을 교환하여야 하는데, 풀리, 롤러 혹은 드럼 주변에서 와이어 절단이 발견될 경우에는 케이블을 교환하여야 하며 페어리드 혹은 압력 실이 통과되는 곳에서 발견될 경우에는 케이블 교환은 물론, 페어리드와 압력 실의 손상 여부도 검사하여야 한다.

필요한 경우에는 그림 6-49에서와 같이 케이블을 느슨하게 구부러서 검사한다.

▲ 그림 6-49 케이블 검사 방법

(1) 조종 케이블이 위험구역(critical area)을 지나는 부분은 1가닥의 와이어만 절단되어도 케이블 조립체를 교환해야 한다. 위험구역이란 풀리, 페어리드 등과 연결부분(turn-buckle, terminal 등)에서 1 feet 이내 부분, 다른 부품과 마찰되기 쉬운 부분 등이다.

(2) 기타 구역은 3가닥 이상 절단되면 케이블 조립체를 교환한다. 다만, 3가닥 이내일 때에는 정비 기록부에 기록하고 계속 관찰해야 한다.

(3) 케이블의 피닝(Peening)

케이블이 반복하여 페어리드 등에 부딪치면 피닝이라는 손상을 받는다. 이 원인의 가장 큰 것은 케이블이 반복하여 뭔가에 충돌하는 것에 의한다. 그 결과, 케이블이 닿았던 곳만 마모에 의해 평평하게 되어 넓어지므로, 이것은 일련의 케이블에 대한 냉간 가공을 가해주는 것이 된다. 그러므로 와이어는 그 부분만 부분적으로 가공 경화를 일으키고 피로가 일어나는 상태가 된다. 이 피닝에 또 구부러짐이 일어나면 와이어의 절단이 빨라지는 결과가 된다.

(2) 마모(Wear)

(a) 외부 마모

외부 마모는 보통, 풀리 등에 나라 케이블이 움직이는 기리의 범위로, 그리고 케이블의 한쪽에만 일어나는 일도 있다. 또 원주 전체에 걸리는 경우도 있다. 케이블 각각의 가닥과 각각의 와이어가 서로 융합하고 있는 것처럼 보일 때 외측 와이어가 40~50% 이상 마모된 것이 7×7 케이블은 6개 이상, 7×19케이블은 12개 이상일 때에는 케이블을 교환한다. 마모는 구부러짐에 의한 케이블의 영향을 보다 나쁘게 한다.

(b) 내부 마모

외부 마모가 케이블의 바깥쪽 표면에 일어나는 것과 같이 같은 상태가 내부에도 일어나는 것이다. 특히 케이블이 풀리와 쿼드란트 등의 위를 지나는 부분에 현저하다. 이 상태는 케이블의 꼬인 와이어를 풀지 않으면 간단히 발견할 수 없다.

(3) 부식(Corrosion)

풀리나 페어리드와 같이 마모를 일으키는 기체 부품에 접촉하고 있지 않은 부분에 와이어 조각이 있었을 때는 어떤 케이블이라도 부식의 유무를 주의 깊게 검사한다. 이 상태는 보통 케이블의 표면에서는 분명하지 않으므로 케이블을 분리하여 외부 와이어의 부식에 대해서 바른 검사를 위해 구부려 보든지 조심스럽게 비틀어 내부 와이어(internal wire)의 부식 상태를 검사해야 하며 내부의 와이어에 부식이 있는 것은 모두 교환한다. 내부 부식이 없다면 깨끗한 천으로 녹 및 부식을 솔벤트와 브러시를 사용하여 제거한 후, 마른 천 또는 압축 공기를 이용하여 솔벤트를 제거한 후 방식 윤활유를 케이블에 바른다.

(4) 킹크 케이블(Kink Cable)

와이어나 가닥이 굽어져 영구 변형되어 있는 상태를 말한다. 이 종류의 손상은 강도상, 조직상에도 유해하므로 교환한다.

▲ 그림 6-50 킹크 케이블

(5) 버드 케이지(Bird Cage)

버드 케이지는 그림 6-51처럼 비틀림 또는 와이어가 새장처럼 부푼 상태이다. 케이블 저장상태가 바르지 않을 때 발생하며, 케이블은 폐기되어야 한다.

부풀어 오른 부분

▲ 그림 6-51 버드 케이지

❷ 케이블 장력측정 방법(Tension Measurement of Cable)

케이블의 장력을 측정하기 위해 장력 측정계(tension meter)를 사용한다. 이 장력계가 바르게 교정되어 있으면 99%의 정밀도가 보증된다. 케이블의 장력은 앤빌(anvil)이라고 하는 담금질을 한 2개의 강 블록 사이에서 케이블에 오프세트(off set)를 주는 데 필요한 힘의 크기를 측정해서 정한다. 오프 세트를 만들기 위해 라이저(riser) 또는 플런저(plunger)를 케이블에 장착한다. 현재 장력계는 몇 개 회사의 제품이 있지만 어느 것이나 다른 종류의 케이블, 케이블의 치수 및 장력에 사용할 수 있도록 설계된다.

1) 장력 측정계 사용상의 주의사항(Usage Precaution of Tension Meter)

(1) 장력 측정계는 사용 전에 검사 합격 표찰(label)이 붙어 있는지, 그리고 검사 유효 기간은 사용 가능한 일자에 있는지를 확인한다.

(2) 장력 측정계의 일련번호(serial number)가 환산표와 동일한지를 확인한다.

(3) 장력 측정계의 지침과 눈금이 정확히 "0"에 일치되는지 확인한다.

(4) 케이블 장력은 일반적으로 케이블 연결기구(턴버클, 스터드 터미널) 등에서 6inch 이상 떨어진 곳에서 측정한다.

2) T-5형 장력계 측정 방법(T-5 Type Tension Meter Measurement)

(1) 케이블의 지름을 측정하기 위하여 그림 6-52와 같은 사이즈 측정공구에 측정하고자 하는 케이블을 밖에서부터 안으로 밀어 넣어 정지하는 곳의 케이블 지름 지시값을 읽는다.

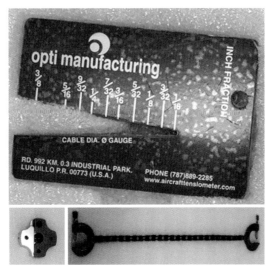

▲ 그림 6-52 케이블 외경 측정공구 및 장력조절 공구

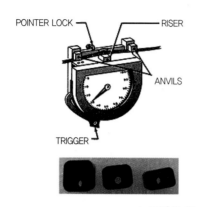

NO. 1			RISER	NO. 2		NO. 3
Dia. 1/16	3/32	1/8	Tension lb.	5/32	3/16	7/32 1/4
12	16	21	30	12	20	
19	23	29	40	17	26	
25	30	36	50	22	32	
31	36	43	60	26	37	
36	42	50	70	30	42	
41	48	57	80	34	47	
46	54	63	90	38	52	
51	60	69	100	42	56	
			110	46	60	
			120	50	64	

▲ 그림 6-53 T-5 장력 측정계, 라이저 및 환산표

(2) 케이블의 장력을 측정하려면 그림 6-53과 같은 T-5 장력계의 트리거(trigger)를 내리고 측정하는 케이블을 2개의 앤빌 사이에 넣는다. 그리고 트리거를 위로 움직여 조인다.

(3) 케이블이 라이저와 앤빌 사이에서 밀착되면서 지시 바늘이 올라가 눈금을 지시한다.

(4) 다른 사이즈의 케이블에는 다른 번호의 라이저를 사용한다. 각 라이저에는 식별 번호가 붙어 있어 쉽게 장력계에 삽입할 수 있다.

(5) T-5 장력계는 눈금을 읽을 경우 그림 6-53의 환산표를 참고하여 파운드(lb)로 환산할 때 사용된다. 다이얼을 읽는 것은 다음과 같이 하여 환산한다.

(6) 직경 5/32inch의 케이블의 장력을 측정할 때, No.2의 라이저를 사용해서 30이라고 읽었으면 왼쪽에 있는 숫자 70lbs가 실제 장력을 나타낸다.

(7) 케이블의 실제의 장력은 환산표로부터 70lbs가 된다(이 장력계는 7/32 또는 1/4inch의 케이블에 사용되도록 만들어져 있지 않으므로 도표의 No.3 라이저의 란이 공란으로 되어 있다).

(8) 지침을 읽을 경우, 다이얼이 잘 안보일 때가 있다. 그 때문에 장력계에는 포인터 로크가 달려 있다. 지침을 고정시킬 때는 이 눈금고정(pointer lock)을 눌러 측정하고 장력계를 케이블에서 떼어낸 뒤, 수치를 읽는다.

3) C-8형 장력계 측정 방법(C-8 Type Tension Meter Measurement)

그림 6-54의 C-8형 장력 측정계를 사용하여 케이블의 지름을 측정한 후 장력을 측정한다.

(1) 손잡이 고정장치를 고정시킨다.

(2) 케이블 지름 지시계를 반시계방향으로 멈출 때까지 돌린다.

(3) 손잡이를 약간 누르고 케이블을 장력 측정기에 물린다.

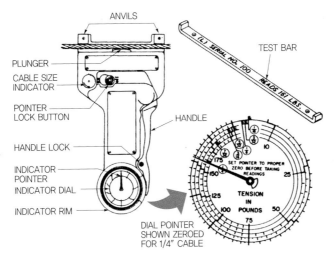

▲ 그림 6-54 C-8형 장력 측정계

(4) 손잡이를 다시 눌러 고정시킨 후 케이블 지름 지시계에 표시된 지름을 읽는다.

(5) 장력 지시계를 돌려 측정하는 지름의 지시판 눈금이 "0"점에 오도록 조절한다.

(6) 케이블을 앤빌에 물리고 손잡이를 풀어서 눈금을 읽는다.

(7) 이때 측정값을 읽기 어려우면 눈금고정단추(pointer lock button)를 누르고 측정계를 케이블에서 분리하여 읽는다.

(8) 3~4회 측정하여 평균값으로 한다.

(9) 그림 6-55는 장력의 온도 변화 보정에 적용하는 케이블 장력조절 도표이다. 이것은 조종계

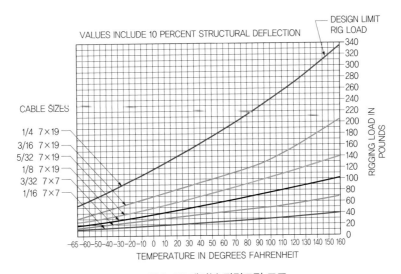

▲ 그림 6-55 케이블 장력조절 도표

통, 착륙장치 또는 그 밖의 모든 케이블 조작계통의 케이블 장력을 정할 때 사용된다. 이 도표를 사용하려면 조절하는 케이블의 사이즈와 외기 온도를 알아야 한다.

(10) 예를 들어 케이블은 7×19로 사이즈는 1/8inch, 외기 온도는 85℉라고 가정한다. 85℉의 선을 윗쪽 1/8inch의 케이블의 곡선과 만나는 점까지 간다. 그 교점에서 도표의 오른쪽 끝까지 수평선을 긋는다. 이 점의 값 70lbs가 케이블이 조절되는 장력이다.

❸ 리그 작업(Rigging)

1) 리그 작업 절차(Rigging Procedure)

조종계통이 정상적으로 작동하기 위해서는 조종면이 정확히 조절되어 있어야 한다. 바르게 장착된 조종면은 규정된 각도로 움직여 조종장치의 움직임에 따라 운동한다.

어느 계통의 조종면을 조절하려면 정비 매뉴얼에 나와 있는 순서에 따라 실시하는 것이 중요하다. 대부분 비행기의 완전한 조절방법에는 상세하게 정해진 순서가 있어 몇 개의 조절이 필요하지만, 기본적인 방법은 다음 3단계이다.

(1) 조종실의 조종장치, 벨크랭크 및 조종면을 중립 위치를 고정한다.

(2) 방향키, 승강키 또는 보조 날개를 중립 위치에 놓고 조종 케이블의 장력을 조절한다.

(3) 비행기를 조립할 때에는 주어진 작동 범위 내에 조종면을 제한하기 위해 조종장치의 스톱퍼(stopper)를 조종한다.

2) 리그 작업과 점검(Rigging and Inspection)

(1) 조종장치와 조종면의 작동범위는 중립점에서 양방향으로 점검한다.

(2) 트림 탭 계통의 조립도 마찬가지 방법으로 한다. 트림 탭의 조작장치는 중립 위치(트림되어 있지 않은)에 있을 때, 조종면의 탭이 보통 조종면과 일치하도록 조종된다. 그러나 비행기에 따라서는 중립 위치에 있을 때 약간 벗어나는 수도 있다. 조종 케이블의 장력은 탭과 탭 조작장치를 중립 위치에 놓고 조절한다.

(3) 그림 6-56과 같이, 리그 핀(rig pin)은 풀리, 레버, 벨크랭크 등을 그들의 중립 위치에 고정시키기 위해 사용한다. 리그 핀은 작은 금속제의 핀 또는 클립이다.

(4) 최종적인 정렬(alignment)과 계통의 조절이 바르게 되었을 때는 리그 핀을 쉽게 빼낼 수 있게 된다. 조절용 구멍에서 핀이 이상하게 빡빡하면 장력에 이상이 있거나 또는 조절이 잘못되어 있는 것이다.

(5) 계통을 조절한 후에 조종장치의 전체 행정과 조종면의 움직임을 점검한다. 그림 6-57과 같

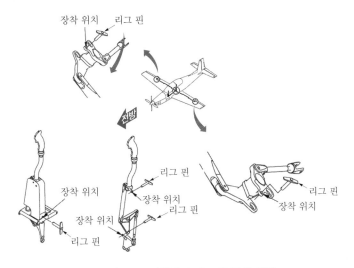

▲ 그림 6-56 경향공기 리그 핀 장착 위치

이, 조종면의 각도 측정장비를 이용하여 조종면의 작동 범위를 점검할 때는 조종장치는 조종면에서 움직이는 게 아니라 조종실에서 작동시켜야 한다. 조종장치가 각각의 스톱퍼에 닿으면 체인, 조종 케이블 등이 그들의 작동 한계에 달한 것이 아닌지 확인한다.

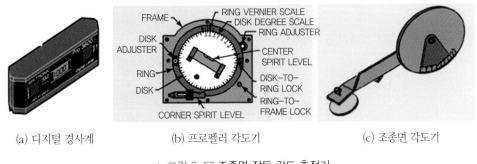

(a) 디지털 경사계   (b) 프로펠러 각도기   (c) 조종면 각도기

▲ 그림 6-57 조종면 작동 각도 측정기

(6) 리그작업이 완료되면 조종 기구를 점검하여 장착 상태를 확인하여야 한다.

① 푸시풀 로드(push pull rod)의 로드 엔드(rod end)는 점검구멍(inspection hole)에 핀 (pin)이 들어가지 않아야 한다.

② 턴버클(turnbuckle) 단자의 나사산이 턴버클 배럴(barrel) 밖으로 3개 이상 나오지 않아야 한다.

③ 턴버클 안전결선 와이어는 4회 이상 감아야 한다.

④ 케이블 안내 기구의 2inch 범위 내에는 케이블의 연결기구나 접합기구가 위치하지 않아야
한다.

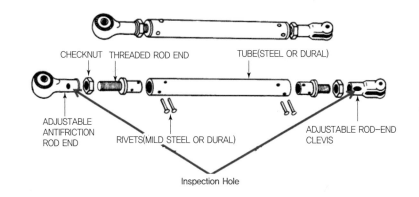

나사산이 3개 이상 나오지 말 것　　Wire는 4회 이상 감을 것

▲ 그림 6-58 조종계통 리그 작업 후 점검 작업

CHAPTER **7**

항공기 착륙장치계통
Aircraft Landing Gear System

항공기 착륙장치는 이륙(take off), 착륙(landing), 지상활주(taxiing) 및 지상에 정지해 있을 때 항공기의 무게를 감당하고, 지상 운항을 담당하는 장치이다. 착륙시에 발생하는 매우 높은 충격 하중을 흡수해 주는 완충버팀대(shock strut), 지상 활주 중에 항공기의 방향을 전환시켜 주는 조향장치(wheel steering system) 그리고 항공기를 정지시키기 위한 제동장치(wheel brake system) 등이 포함된다.

7-1 착륙장치의 형식(Landing Gear Type)

착륙장치의 형태를 사용목적에 따라 분류하면 그림 7-1에서와 같이 육상용의 바퀴형(wheel type)과 헬리콥터에서 주로 적용하며 고정익 항공기에서도 눈 및 결빙된 지역에 사용할 수 있는 스키형(ski type)의 착륙장치, 그리고 호수와 같은 곳에 착륙하기 위한 플로트형(float type) 등이 있으며, 수륙양용을 위해 플로트에 바퀴를 부착한 형태 등 조종사의 조작에 필요한 여러 형태의 편리한 계통이 복합적으로 설치되어 있다.

▲ 그림 7-1 착륙장치의 기본 형식

1 착륙장치의 배열(Landing Gear Arrangement)

착륙장치의 기본적인 배열은 장착 위치에 따라 꼬리바퀴식 착륙장치(tail wheel-type landing gear), 직렬식 착륙장치(tandem landing gear), 그리고 삼륜식 착륙장치(tricycle-type landing gear)이다.

1) 꼬리바퀴식 착륙장치(Tail Wheel-type Landing Gear)

그림 7-2와 같이, 꼬리바퀴식 착륙장치는 구형 항공기 형식이다. 주 착륙장치가 무게 중심의 앞쪽에 위치하며, 착륙속도가 느린 항공기에 도움이 되고 방향 안정성을 준다. 초기 동력이 작은 기관 설계에 대해 큰 추력을 얻기 위해 긴 프로펠러가 사용되었다. 꼬리바퀴식 착륙장치 사용으로 동체 전방이 들려서 생긴 여유 공간은 포장되지 않은 활주로의 불균일한 부분에 이·착륙 시 유리하여 초기 항공기의 착륙장치로 적용하였다.

▲ 그림 7-2 꼬리바퀴식 착륙장치와 조향장치

조향장치가 없는 착륙장치는 좌·우 바퀴의 제동력의 차이로 방향을 조종하였으나, 그림 7-2와 같이, 조향장치가 설치된 항공기는 방향키와 함께 방향 조종이 가능하게 되었다. 방향키 페달에서부터 꼬리 바퀴까지 케이블 등으로 연결되었으며, 방향키와 함께 연결된 스프링은 완충작용을 한다.

2) 직렬식 착륙장치(Tandem Landing Gear)

▲ 그림 7-3 직렬식 착륙장치

그림 7-3과 같이 직렬식 착륙장치는 직렬형의 주 착륙장치와 꼬리 착륙장치를 가지고 있다. 일부의 군용폭격기와 수직이착륙기(VTOL, vertical take off and landing)인 Harrier가 직렬식 착륙장치를 갖추고 있다. Harrier는 날개 아래쪽에 날개를 받치는 지주기어(outrigger gear)를 사용한다.

3) 삼륜식 착륙장치(Tricycle-type Landing Gear)

그림 7-4에서와 같이, 삼륜식 착륙장치는 가장 일반적으로 사용되는 착륙장치의 배열이며, 주 착륙장치(main landing gear)와 앞 착륙장치(nose landing gear)를 갖추고 있다. 앞바퀴식 착륙장치(nose type landing gear)라고도 한다.

▲ 그림 7-4 삼륜식 착륙장치

삼륜식 착륙장치는 다음과 같은 장점이 있어 대형 항공기 및 소형 항공기에 다양하게 사용된다.

① 보다 빠른 착륙속도에서 제동 시 전복의 위험 없이 큰 제동력을 사용할 수 있다.

② 착륙 및 지상 이동 시 조종사의 시계가 좋다.

③ 항공기의 무게 중심이 주 착륙장치의 앞에 있기 때문에 착륙 활주 중 이상선회(ground-looping)의 위험이 없다.

일부의 삼륜식 착륙장치를 갖는 항공기들은 앞바퀴에 지상활주에 필요한 조향장치가 설치되어 있지 않으므로 좌·우 브레이크의 압력 차에 의해 방향을 조종한다. 그러나 거의 모든 항공기는 앞 착륙장치에 조향장치가 설치되어 있다. 경항공기에서, 앞 착륙장치는 방향키페달(rudder pedal)로 기계연동장치(mechanism linkage)를 통해 조종된다. 대형 항공기는 전형적으로 앞 착륙장치를 작동시키기 위해 유압동력(hydraulic power)을 활용한다.

▲ 그림 7-5 이중형과 트리플 보기형 주 착륙장치

그림 7-5에서 보여준 것과 같이, 삼륜식 착륙장치 배열에서 주 착륙장치는 보강된 날개구조 또는 동체구조에 부착된다. 주 착륙장치에서 바퀴의 수와 위치는 다양하다. 대다수의 주 착륙장치는 2개 이상의 바퀴를 가지고 있다.

바퀴의 수를 증가시키면 더 넓은 지역에 항공기의 무게를 분산 지지한다. 만약 1개의 타이어가 손상되어도 안전여유를 갖는다. 대형의 항공기는 각각의 주 착륙장치에 4개 이상의 바퀴 어셈블리를 사용하게 되며, 2개 이상의 바퀴가 착륙장치버팀대에 부착되었을 때, 이 부착 부위를 보기(bogie)라고 부른다. 보기에 포함된 바퀴의 수는 항공기가 총 설계중량(gross design weight)으로 착륙하기 위해 요구되는 활주로 표면의 지면 반력을 고려한다. 그림 7-5에서는 보잉 777 항공기의 트리플 보기 주 착륙장치를 보여준다.

전륜식 착륙장치 배열은 수많은 부품의 조립품으로 이루어진다. 이들은 공기·오일 완충버팀대(air/oil shock strut), 기어정렬장치(gear alignment unit), 지지대(support), 접개들이 및 안전장

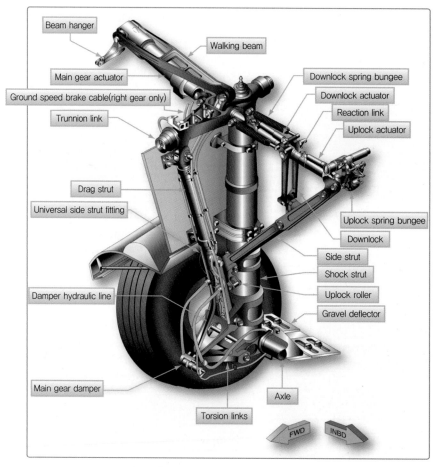

▲ 그림 7-6 보기형 착륙장치 구성품의 명칭

치(retraction and safety device), 바퀴 및 브레이크 어셈블리 등을 포함한다. 운송용 항공기의 주 착륙장치를 구성하는 수많은 부품의 명칭이 그림 7-6에 도해되어 있다.

4) 삼륜식 착륙장치의 구조

(1) Trunnion: 착륙장치 전체를 움직이게 하는 베어링 면과 함께 상부 지지대 실린더(upper strut cylinder)의 뻗어 나오는 구조의 고정부이다. 착륙장치가 접혀 들리거나 내려올 때 장착점을 기준으로 회전하도록 항공기 구조물에 부착한다.

(2) Drag Strut: 착륙장치가 내려온 후 접혀지지 않도록 shock strut 전방과 후방을 지지한다.

(3) Side Strut: upper side strut과 lower side strut으로 구분되며 shock strut을 가로로 지지한다.

(4) Jury Strut: side strut을 고정시키는 역할을 한다. lock actuator에 의해 작동되며 착륙장치의 up lock 혹은 down lock을 걸어 준다.

(5) Walking Beam: gear actuator의 반작용 힘을 항공기 구조(structure)로 전달하여 감소시킨다.

(6) Truck Beam: 전방과 후방에 축(axle)이 장착된 튜브 모양의 I형 강철 빔(steel beam)으로 1개의 strut에 4개의 바퀴(wheel)를 장착하기 위해 마련되어 있다.

(7) Truck Positioning Actuator, Trim Cylinder: shock strut에 대해서 truck beam이 90°로 유지되도록 해주며 90°로 유지되지 않으면 landing gear lever가 up position으로 움직이지 못한다.

(8) Gear Down Lock Actuator: gear의 down lock을 걸어주며 gear가 올라갈 때 down lock을 풀어 준다. lock mechanism에 의해서 over center lock이 걸린다.

(9) Down Lock Bungee: 유압 power 없이 gear를 자중으로 내릴 때 스프링 힘에 의해 down lock이 걸리도록 해준다.

(10) Gear Actuator: landing gear selector valve에서 선택되어 오는 유압을 받아 gear를 up이나 down으로 작동시키며 각 작동 끝 부분에는 완충기(snubber)가 장착되어 심한 충격을 방지한다.

(11) Torsion Link, Torque Link
  ① shock strut의 inner cylinder와 outer cylinder가 회전하는 것을 방지한다.
  ② torsion link를 분리하면 inner cylinder의 360° 회전이 가능하다.
  ③ torsion link의 위치에 in flight 상태와 ground 상태를 지시해 준다.
  ④ ground control S/W를 거쳐서 ground control relay를 작동시키므로 여러 가지 구성품의 작동에 변화를 가져온다.

② 완충장치의 종류(Type of Shock Strut System)

지상 활주 시 항공기 하중 지지와, 착륙 시 지면 충격의 힘(force)은 착륙장치에 의해 제어되어야 한다. 이것은 두 가지 방법으로 이루어지는데, (1) 충격에너지가 강한 충돌에 의해 기체 전체에 걸쳐서 전달되는 비충격흡수 착륙장치(non-shock absorbing landing gear)이고, (2) 충격은 열에너지로 바뀌어서 흡수되는 충격흡수 착륙장치(shock absorbing landing gear)이다.

1) 판 스프링형 착륙장치(Leaf-type Spring Gear)

대다수의 경항공기는 착륙의 충격으로부터 손상되지 않는 범위에서 기체로 하중을 전달하는 유연 스프링의 강판 버팀대, 알루미늄 버팀대 또는 복합소재 버팀대 등을 이용한다. 그림 7-7과 같이, 착륙장치는 처음에 하중에 의해 휘어지고 재료의 탄성에 의해 원위치로 복원된다. 이것은 비충격흡

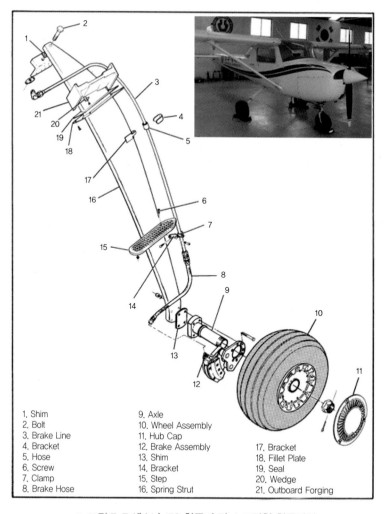

1. Shim	9. Axle	
2. Bolt	10. Wheel Assembly	
3. Brake Line	11. Hub Cap	
4. Bracket	12. Brake Assembly	17. Bracket
5. Hose	13. Shim	18. Fillet Plate
6. Screw	14. Bracket	19. Seal
7. Clamp	15. Step	20. Wedge
8. Brake Hose	16. Spring Strut	21. Outboard Forging

▲ 그림 7-7 세스나 150 항공기 판 스프링형 착륙장치

수 착륙장치 중 가장 일반적인 형태이며, 복합재료로 제작된 이 형태의 착륙장치 버팀대는 매우 유연하고 가벼우며 부식되지 않는다.

2) 경식 착륙장치(Rigid Landing Gear)

초기의 항공기와 회전익항공기가 전형적으로 경식 착륙장치이다. 경식용접강관에 작용한 충격하중은 기체로 전달되도록 설계되었다. 그림 7-8과 같이, 타이어의 사용은 충격하중 완화에 도움이 된다.

▲ 그림 7-8 경식 착륙장치

3) 고무식 착륙장치(Rubber Type Landing Gear)

그림 7-9와 같이, 비충격흡수 착륙장치에 고무로 제작된 번지 코드(bungee cord)를 사용한 착륙장치가 사용되었다. 신축성 있는 고무다발 묶음은 이륙 하중과 그리고 충격 하중을 기체에 전달하기 위해 경식 기체구조와 연성의 착륙장치 어셈블리 사이에 설치하며, 고무의 탄성을 이용하여 충격 에너지를 흡수하는 간단한 구조이다. 감쇠성이 좋으나, 내구성이 없어 주기적으로 교환해 주어야 하기 때문에 초경량항공기 등에 일부 사용한다.

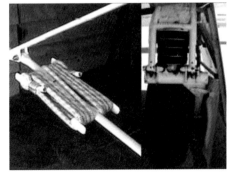

▲ 그림 7-9 고무식 착륙장치

4) 공기 · 오일식 완충장치 또는 올레오 스트럿(Air/Oil Shock Strut, Oleo Strut)

그림 7-10과 같이, 전형적인 공기 · 유압완충버팀대(pneumatic/hydraulic shock strut)는 충격하중을 흡수하고 소실시키기 위해 작동유와 혼합된 압축공기 또는 압축질소가스를 사용한다. 이것이 공기 · 오일식 완충장치 또는 올레오 스트럿이다. 완충버팀대는 2개의 삽입되는 실린더 또는 튜브로 만들어져 있으며, 외부에서 보았을 때에는 실린더와 피스톤으로 구성되어 있다. 내부에는 상하 두 개의 공방(chamber)으로 구분되어 있고, 위쪽 공방에는 공기압력이 아래쪽 공방에는 작동유가 항상 채워져 있다.

실린더 내부에는 오리피스 플레이트(orifice plate)가 장착되어 있으며, 피스톤에는 미터링 핀(tapered metering pin)이 장착되어 오리피스 플레이트 중앙에 있는 구멍을 통하여 상하로 움직이도록 설계되어 있다.

오리피스 플레이트의 가운데 구멍은 피스톤이 압축행정에서 위로 움직일 때 미터링 핀에 의하여 오리피스의 간격이 좁아지면서 아래쪽의 작동유가 위로 흐를 때의 양을 조절하여 완충효과를 얻어낸다.

▲ 그림 7-10 미터링 핀 형식의 공기 · 오일식 완충장치

그림 7-11과 같이, 일부 형태의 완충버팀대에서, 미터링 튜브(metering tube)가 사용되었다. 작동 방법은 압축 시에 챔버(chamber)의 하단에서 상단으로 작동유의 흐름을 제어하는 미터링 튜브와 튜브에 있는 구멍을 통하여 함께 움직이는 미터링 핀에 의해 이동하는 작동유의 양을 제어함으로써 완충을 한다.

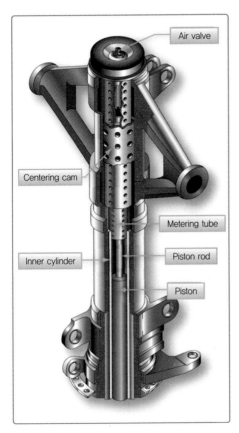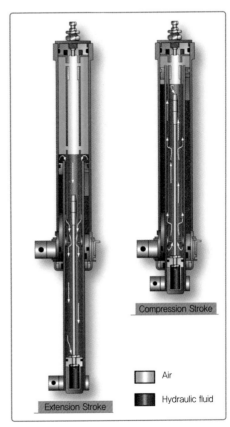

▲ 그림 7-11 미터링 튜브 형식의 공기·오일식 완충장치와 작동 시의 유체 흐름

완충버팀대는 항공기 바퀴의 장착을 위해 하부실린더에 차축(axle)을 갖추고 있다. 일체형 차축이 없는 완충버팀대는 차축 어셈블리를 장착하기 위해 하부실린더의 끝단에 차축 장착부를 가지고 있다. 착륙장치를 기체에 부착하기 위하여 모든 완충버팀대 상부실린더에 마운트가 장치된다.

정렬된 피스톤과 바퀴를 유지하기 위해, 대부분 완충버팀대는 토크링크(torque link) 또는 토크암(arm)을 갖추고 있다. 연결부의 한쪽 끝단은 고정된 상부실린더에 부착된다. 다른 쪽 끝단은 바퀴가 회전할 수 없도록 하부실린더, 즉 피스톤에 부착된다. 또한 토크링크는 이륙 후에 완충버팀대 피스톤이 확장되었을 때 과도하게 피스톤이 확장되는 것을 방지한다.

그림 7-12와 같이, 앞 착륙장치 완충버팀대는 정렬된 기어를 유지하기 위해 위치 캠(locating

cam, 일명 centering cam) 어셈블리가 장치된다. 이들 캠은 완충버팀대가 완전히 전개되어 착륙하기 전에 기체축과 일직선으로 바퀴와 차축어셈블리를 정렬하고, 앞 착륙장치가 접혀 들어갈 때 앞 타이어가 바퀴 실에 안전하게 들어가도록 하여 항공기에 구조상의 손상을 방지한다.

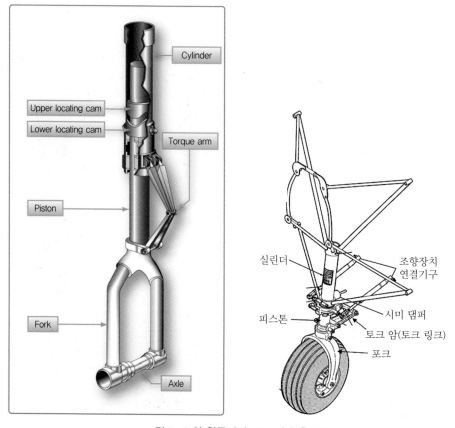

▲ 그림 7-12 앞 착륙장치 구조 및 완충장치

그림 7-13과 같이, 많은 앞 착륙장치 완충버팀대는 시미현상을 방지하기 위한 시미 댐퍼(shimmy damper)를 장착한다.

앞 착륙장치 버팀대는 주기장이나 격납고에서 항공기를 견인(towing) 또는 위치 이동 시에 항공기가 빠른 회전을 할 수 있도록 잠금 핀(locking pin) 또는 분리 핀(disconnect pin)을 갖추고 있다. 일부 항공기에서 이 핀이 제거되면 휠 포크(wheel fork) 주축이 360° 회전하게 되어 항공기가 회복되기 어려운 회전반경으로 돌아가게 될 수 있다. 절대로 항공기의 전륜이 기체에 표시된 경계선을 넘어 회전하면 안 된다.

▲ 그림 7-13 앞바퀴에 장착된 시미댐퍼

5) 완충버팀대 서비싱(Shock Strut Servicing)

완충버팀대는 작동유의 보충과 버팀대의 팽창 길이에 대한 내용을 기록한 플레이트가 부착되는데 작동유의 주입구나 공기 주입 밸브 근처에 부착된다. 그것은 버팀대에 사용되는 작동유와 팽창 압력을 명시하고 있으며, 작동유의 보충 및 공기 주입 밸브를 통한 질소가스의 사용 전에 사용법을 숙지하는 것이 중요하다.

불충분한 작동유 또는 완충버팀대에 있는 불충분한 공기압은 압축행정 시 적절하게 충격을 완충하지 못하게 한다. 완충버팀대가 제 기능을 효과적으로 수행하기 위해서는 적정량의 작동유와 공기

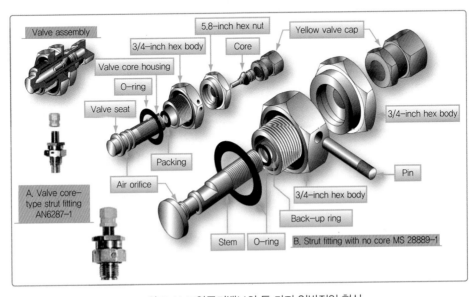

▲ 그림 7-14 고압공기밸브의 두 가지 일반적인 형식

압이 유지되어야 한다. 작동유를 적절하게 보급하기 위해 대부분의 완충버팀대는 공기를 배출하여 피스톤을 완전히 압축시킨 상태에서 상부 실린더에 작동유를 공급한다. 완충버팀대 공기배출은 위험한 작업일 수 있다. 정비사는 완충버팀대 상부실린더의 꼭대기에서 찾아볼 수 있는 고압보급밸브의 작동에 완전히 익숙해야 한다. 작동유면을 점검하기 위한 적절한 공기배출 방법에 대해 반드시 제작사 사용설명서를 참고한다. 그림 7-14에서는 고압공기밸브의 두 가지 일반적인 형식을 보여준다.

(1) 완충버팀대의 질소(압축공기) 배출 절차

① 정상적인 작동상태에 있게 한다. 주변의 모든 장애물을 치운다.

② 보급 플러그(filler plug) 주변의 먼지나 이물질을 깨끗이 닦는다.

③ 공기 밸브에서 캡(cap)을 제거한다.

④ 스웨블 헥스 너트(swivel hex nut)가 안전하게 조여져 있는지 검사한다.

⑤ 공기밸브(air valve)에 공기가 있으면 밸브를 눌러 공기를 빼낸다. 이 때 고압으로 인해 부상을 초래할 수 있으므로 한쪽으로 비켜서 작업을 한다.

⑥ 밸브 코어(valve core)를 장탈한다.

⑦ 스웨블 헥스 너트(swivel hex nut)를 반시계 방향으로 돌려 버팀대(strut)의 공기를 빼낸다.

⑧ 버팀대가 완전하게 압축되어 공기압력이 제거 되었으면 밸브 어셈블리를 장탈한다.

(2) 완충버팀대의 작동유 및 질소(건조 압축공기) 보급 절차

※ 그림 7-15의 보잉 727 항공기 완충버팀대 작동유 주입 차트 참조

① 제작사에서 권고하는 형식의 작동유를 공기밸브(또는 oil charging valve)를 통해 거품이 나오지 않고 넘칠 때까지 보급한다. 이 때 inner cylinder는 완전히 압축된 상태에 있어야 한다.

② 착륙장치가 항공기의 무게를 지지하고 있는 상태에서(jack을 사용하지 않은 상태) 간격 "×"가 8.5inch 이상될 때까지 건조공기 또는 질소를 주입한다.

③ 버팀대의 공기압을 계기로 측정한다.

④ 아래의 작동유 주입 차트를 참조하여 측정된 공기압에 해당되는 올바른 "×" 간격을 결정한다.

⑤ 올바른 "×" 간격을 얻기 위해 건조 공기 또는 질소 주입을 더하거나 뺀다.

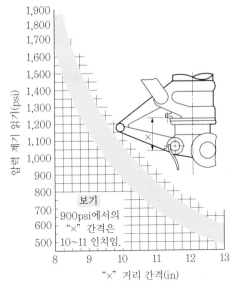

〈참고 자료〉
- 완전히 압축된 스트럿의 길이
  × : 6.00 in
- 완전히 팽장된 스트럿의 길이
  ×와 압력 : 20.00 in
  285 psi ± 28 psi

▲ 그림 7-15 보잉 727 항공기 완충버팀대 작동유 주입 차트

③ 지지대(Support)

트러니언(trunnion)은 전체 기어 어셈블리를 움직이게 하는 베어링 면과 함께 상부버팀대 실린더의 뻗어 나오는 구조의 고정부이다. 그것은 착륙장치가 접혀 들리거나 내려올 때 장착점을 기준으로 회전하도록 항공기 구조물에 부착한다.

그림 7-16에서와 같이, 지상 작동에서, 항력 버팀대(drag brace)는 지상에서 오버 센터(over center)가 바르게 되고, 기어가 내림 잠금 상태로 유지되도록 고정시킨다.

착륙장치가 앞쪽으로 접혀 들어가는 형식에서는 항력 버팀대를 상하 두 개로 구분하고, 가운데

▲ 그림 7-16 착륙장치 지지대

접히는 부분에 쥬리 스트럿(jury strut)을 장착하여 내림 잠금(down lock) 기계장치를 연결, 유압 작동기에 의하여 오버센터 내림 잠금으로 이용하고, 착륙장치가 옆에서 안쪽으로 접혀 들어가는 항공기의 항력 버팀대는 한 개로 구성되어 있다.

4 앞바퀴 조향장치 계통(Nose Wheel Steering System)

1) 소형 항공기(Small Aircraft)

그림 7-17에서와 같이, 대부분 소형 항공기는 방향키페달에 연결된 기계식 연동장치를 사용한 조향장치를 갖추고 있다.

Steering rod from rudder pedal

▲ 그림 7-17 소형 항공기 앞바퀴 조향장치

2) 대형 항공기(Large Aircraft)

대형 항공기는 앞바퀴의 방향전환을 위해 유압동력원을 활용한다. 대부분은 유사한 특징과 구성요소를 갖고 있으나, 앞바퀴의 조종은 조종장치, 또는 일반적으로 왼쪽 측벽에 설치된 조이스틱의 사용을 통하여 조종실에서 조종한다. 기계식 연결, 전기식 연결, 또는 유압식 연결은 조향제어장치에 유압 미터링 밸브 또는 조절 밸브에 의해 조작에 대한 움직임을 전달한다.

그림 7-18에서는 대형항공기 앞바퀴 조향계통과 구성요소를 보여준다. 앞바퀴 조향은 조종실 페데스탈 안쪽에 위치한 조향드럼으로 축을 통해 연결한다. 이 드럼의 회전은 케이블과 풀리의 도움으로 차동 어셈블리의 조종드럼으로 조향신호를 보내고, 차동 어셈블리의 움직임은 선택된 위치로 선택밸브를 움직이는 미터링 밸브를 통해 차동 링크에 전달함으로써 앞바퀴 계통에 유압을 공급한다.

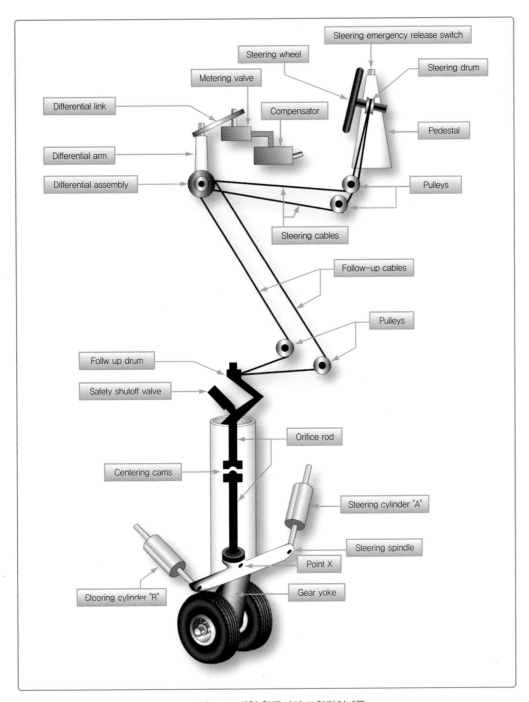

▲ 그림 7-18 대형 항공기의 조향장치계통

3) 시미 댐퍼(Shimmy Damper)

앞바퀴 버팀대의 고정식 상부실린더에서 하단가동실린더까지 또는 버팀대의 피스톤까지 부착된 토크링크(torque link)는 지상 활주 시 상하로 심한 진동과, 좌우로 몹시 흔들거리는 현상이 발생한다. 시미 댐퍼는 유압감쇠를 통해 앞바퀴에 발생하는 진동과 흔들림을 제어한다. 댐퍼는 앞 착륙장치의 상부완충버팀대와 하부완충버팀대 사이에 부착한다. 시미 댐퍼의 종류에는 그림 7-19와 같은 피스톤형(piston-type) 그리고 베인형(vane-type) 및 비유압식 시미 댐퍼(non-hydraulic shimmy damper)가 있다.

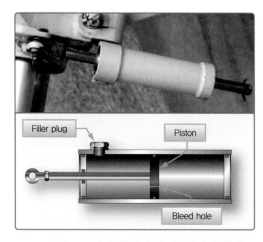

▲ 그림 7-19 소형 항공기 피스톤형 시미 댐퍼

5 접개들이 착륙장치(Retractable Landing Gear)

항공기 착륙장치는 장착 방법에 따라 두 가지로 만들 수 있는데, 고정식과 접개들이식(retractable)이다. 대다수의 소형, 단발경항공기와 일부 쌍발항공기 등은 고정식 착륙장치(fixed landing gear)를 가지고 있다.

접개들이식 착륙장치를 구성하는 일반적인 구성품은 토크링크(torque link), 트러니언(trunnion)과 브래킷(bracket), 항력버팀대(drag strut), 링크에이지(linkage), 전기 및 유압식 기어 접개들이장치 그리고 잠금장치(lock device), 감지장치(sensor)와 지시계통으로 되어 있다. 추가로, 앞 착륙장치는 조향장치를 갖고 있다.

1) 소형 항공기의 접개들이 계통(Small Aircraft Retraction System)

경항공기의 접개들이식 착륙장치는 다수의 독특한 설계가 있지만 가장 간단한 것은 기어에 기계적으로 연결된 조종실에 있는 레버를 포함한다. 기계적 이점을 이용하여, 조종사는 레버를 조작함으로써 착륙장치를 전개하고 접어 들인다.

전기식 착륙장치계통은 주로 경항공기에서 찾아볼 수 있다. 전기방식은 기어를 움직이기 위해 전동기와 감속 기어를 사용한다. 전동기의 회전운동은 기어를 작동시키기 위해 직선운동으로 전환된다. 이것은 오직 소형 항공기에서 찾아볼 수 있는 비교적 경량의 착륙장치에서만 가능하다. 그림 7-20에서는 전기기어감속장치를 보여준다.

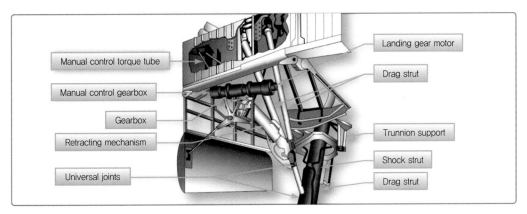

▲ 그림 7-20 전기 모터 접개들이식 착륙장치

2) 대형 항공기의 접개들이 계통(Large Aircraft Retraction System)

대형 항공기 접개들이 장치는 유압에 의해 동력이 공급된다. 보편적으로 유압펌프는 엔진액세서리 구동장치에 의해 작동되고, 고장을 대비한 보조전기유압펌프가 있다. 유압식 접개들이 장치에서 사용된 장치는 작동실린더(actuating cylinder), 선택밸브(selector valve), 올림잠금(up-lock), 내림잠금(downlock), 순서밸브(sequence valve), 우선밸브(priority valve), 배관(tubing), 그리고 다른 일반적인 유압계통 구성요소를 포함한다. 이들 구성품들은 착륙장치와 착륙장치도어의 올림 및 내림이 순차적인 작동이 가능하도록 서로 연결시킨다.

항공기 착륙상치 접개들이 계통외 정확한 작동은 아주 중요한 것이다. 그림 7-21에서는 간단한 대형 항공기 유압식 착륙장치계통의 예를 보여준다. 시스템은 착륙장치가 내려오기 전에 열리고, 기어가 올라간 후에 닫히는 착륙장치 도어를 갖고 있다. 앞 착륙장치 도어는 기계연동장치를 거쳐 작동하고 유체동력을 필요로 하지 않는다. 여러 기종의 항공기에는 여러 방법의 착륙장치와 착륙장치 도어의 배열이 있다.

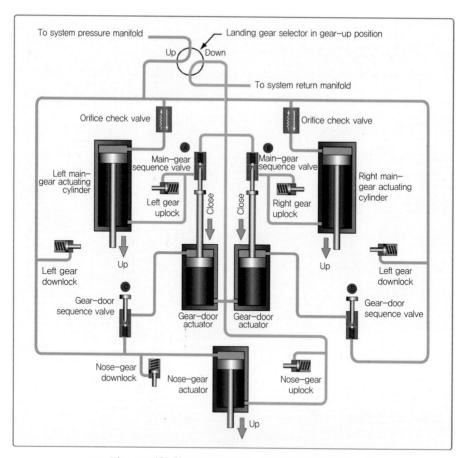

▲ 그림 7-21 대형 항공기에 적용되는 유압식 기어 접개들이 계통

3) 비상내림계통(Emergency Extension System)

비상내림장치는 주 동력장치가 고장 날 경우 착륙장치를 내린다. 이것은 항공기의 크기와 복잡성에 따라 여러 가지 방법이 쓰인다. 일부 항공기는 기어 올림 잠금에 기계식 연동장치를 통해 연결된 조종석에 있는 비상풀림 핸들을 가지고 있다. 비상풀림 핸들을 작동하면 올림 잠금을 풀어주어 기어에 작용하는 자중에 의해 전개된 위치로 기어가 자유낙하하게 한다. 다른 항공기는 기어의 잠금장치를 풀기 위해, 공기압과 같은 비기계적 대체품을 사용한다.

소형 항공기 접개들이 장치는 비상착륙장치내림을 위해 자유낙하밸브(free-fall valve)를 이용한다. 자유낙하밸브가 열렸을 때, 조종실로부터 선택된 작동유는 파워 팩에 관계없이, 작동기의 기어 올림 쪽에서 기어 내림 쪽으로 흐르도록 허용된다. 기어 올림을 유지하는 압력은 감소되고, 기어는 자체 중량으로 인하여 전개한다. 기어를 지나 이동하는 공기는 전개에 도움이 되고 내림과 잠금 위치 쪽으로 기어를 밀어준다.

그림 7-22에서와 같이, 대형 고성능항공기는 여분의 유압계통을 갖추고 있다. 이것은 만약 기어

가 정상적인 기능을 하지 않는다면 작동유압의 서로 다른 공급원이 선택될 수 있기 때문에 비상내림에서 기어를 전개하는 것이 고장 난 경우에, 착륙장치의 모든 올림 고정장치(all up lock)를 풀어주기 위해 사용되고 기어가 자유낙하하게 한다.

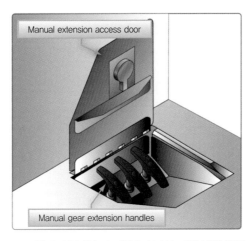

▲ 그림 7-22 보잉 737 항공기 비상 기어 내림 핸들

4) 착륙장치의 안전장치(Landing Gear Safety Device)

(1) 안전 스위치(Safety Switch)

착륙장치 스쿼트 스위치(squat switch) 또는 안전스위치는 대부분 항공기에서 찾아볼 수 있다. 그림 7-23에서 보여준 것과 같이, 이것은 주 착륙장치 완충버팀대의 팽창 또는 수축에 따라 열림과 닫힘의 위치가 정해진 스위치이다. 스쿼트 스위치는 계통작동회로의 설치 수만큼 배선된다. 이 회로는 항공기가 지상에 있는 동안 접혀지는 것으로부터 기어를 보호한다.

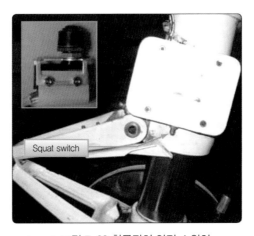

▲ 그림 7-23 착륙장치 안전 스위치

(2) 지상 잠금장치(Ground Lock)

그림 7-24와 같이, 지상 잠금장치는 항공기가 지상에
있는 동안 착륙장치가 내림과 잠금 위치를 유지하도록
항공기 착륙장치에 사용된다. 지상 잠금은 착륙장치가
갑자기 접혀지는 않도록 기어구성 부분의 뚫린 구멍 안
에 핀 형식의 안전장치를 간단하게 장착한다. 일반적으
로 지상 잠금을 사용했던 다른 방법은 기어가 접혀지는
것을 방지하는 기어 접개들이 실린더의 노출된 피스톤
을 고정시킨다. 모든 지상 잠금은 보일 수 있고 비행 전
에 제거되도록 부착된 적색 스트리머(red streamer)를
갖추어야 한다. 지상 잠금은 일반적으로 항공기에 보관
되고 착륙 후 운항승무원에 의해 사용된다.

▲ 그림 7-24 지상 안전 기어 핀

(3) 착륙장치 위치 지시계(Landing Gear Position Indicator)

그림 7-25와 같이, 착륙 장치 위치 지시기는 기어선택핸들(gear selector handle)에 인접
한 계기판에 위치된다. 위치 지시계는 기어위치 상태를 조종사에게 알려주기 위해 사용된다.
기어 위치지시를 위한 각각의 기어에 전용 등(light)이 있다. 착륙장치 위치에 대한 가장 일
반적인 표시는 조명된 녹색등(green light)이다. 3개의 녹색등은 착륙장치가 안전하게 내림

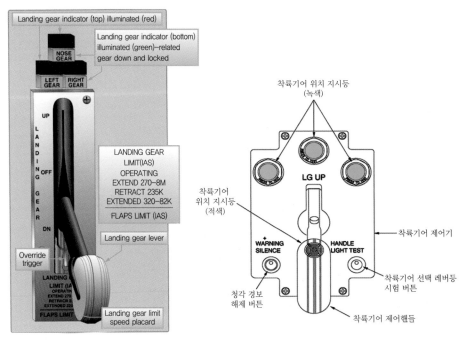

▲ 그림 7-25 착륙장치 선택 패널의 위치 지시등

잠금되었음을 의미한다. 전형적으로 모든 등이 꺼진 것은 기어가 올라갔고, 잠겼다는 것을 지시한다. 기어이동 중, 즉 기어가 올라가거나 내려가는 중이거나 올림 잠금이나 내림 잠금되지 않았을 때는 이발소 표시(barber pole)를 일부 항공기에서 사용한다. 다른 항공기에서는 작동 중이거나 잠금되지 않은 상태일 때 기어 핸들에 적색등이 켜진다. 일부 제조사는 착륙장치가 선택 핸들과 동일 위치에 있지 않을 때 기어불일치통고를 사용한다. 수많은 항공기는 기어 자체에 추가하여 기어도어 위치를 감시한다. 착륙장치지시계통의 완전한 설명에 대해서는 항공기 제작사 매뉴얼 또는 조작매뉴얼을 참고한다.

(4) 앞바퀴 중립장치(Nose Wheel Centering Device)

대부분 항공기는 활주하기 위해 조향식 앞 착륙장치 어셈블리를 갖추기 때문에, 접어들이기 전에 앞 착륙장치를 정렬시키기 위한 수단이 필요하며, 완충버팀대 구조 내부에 설치된 센터링 캠은 앞 착륙장치를 중립에 오도록 만든다. 상부 캠은 착륙장치가 완전히 전개되었을 때 하부 캠 우묵한 곳 안으로 일치시켜서 접어들이 작동 중에 기어를 정렬시킨다. 착륙 후 조향식 앞 착륙장치로 되돌아갈 때, 완충버팀대는 압축되고, 하부완충버팀대, 즉 피스톤이 상부버팀대 실린더에서 센터링 캠은 분리되어 회전하게 된다.

7-2 착륙장치의 정렬(Landing Gear Alignment)

착륙장치의 가동부와 오염되는 부분은 정기적인 정비가 요구된다. 착륙장치에 작용하는 응력과 하중으로 인해, 검사 및 보급 그리고 기타의 정비는 일관성 있게 진행되어야 한다. 항공기 착륙장치 계통의 정비에서 가장 중요한 일은 전적으로 정밀한 검사이다. 검사를 적절하게 수행하기 위해, 모든 표면은 결함 여부를 정확하게 탐지하기 위하여 항상 깨끗해야 한다.

토크 암 또는 토크 링크 어셈블리는 항공기의 세로축에 정렬이 되지 않은 하부버팀대 실린더의 회전을 방지한다. 완충 버팀대의 외부 실린더와 내부 피스톤을 연결하는 기계장치로 버팀대가 팽창했을 경우에 더 이상 밑으로 빠시는 것을 방지하고, 연결부 끝단은 고정식 상부실린더와 버팀대가 뻗어지고 그리고 압축하도록 토크 링크 중심에 힌지 핀이 장착된다.

항공기에서 바퀴의 정렬작업은 제작사 사용설명서에 명시되어 있으며 무리한 착륙 후와 같은 특별한 경우에는 관련계통에 대한 정밀한 검사를 필요로 한다.

■ 토우 인과 토우 아웃(Tow-in and Tow-out)

항공기의 주 바퀴는 적절한 토우 인 또는 토우 아웃 그리고 정확한 캠버(camber)를 유지하기 위해, 검사되어야 하고 조절되어야 한다. 토우 인과 토우 아웃은 주 바퀴가 앞쪽방향으로 굴러가는 것이 자유롭다면 기체 세로축 또는 중심선과 비교하여 취하게 될 경로를 나타낸다. 그림 7-26에서와 같이, 바퀴는 (1) 세로축에 평행시키거나, (2) 세로축에서 앞쪽이 모아지거나, 즉 토우 인, 또는 (3) 세로축에서 앞쪽이 벌어진, 즉 토우 아웃으로 굴러가게 된다.

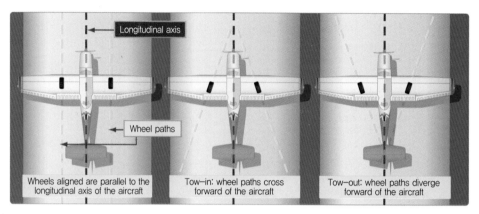

▲ 그림 7-26 항공기 바퀴의 정렬

경항공기에서 정렬상태의 점검은 스프링강관버팀대 착륙장치의 토우 인/토우 아웃 시험 시 적절하게 정렬되었는지 확인하기 위해, 그림 7-27과 같이, 그리스가 칠해진 2개의 알루미늄판을 각각의 바퀴 아래쪽에 위치시키고 착륙장치가 정렬점검을 위해 선택한 위치에 오도록 항공기를 서서히 내려놓는다.

직선자는 차축 높이 바로 아래에 주 바퀴타이어의 앞쪽에 교차시켜 잡아준다. 직선자에 마주 대하여 놓인 직각자는 항공기의 세로축에 평행시켜진 수직면을 만든다. 타이어의 전방과 후방이 직각자에 닿는지 알아보기 위해서는 바퀴어셈블리에 마주하여 직각자를 닿게 한다. 바퀴를 가리키는 앞쪽의 간격은 토우 인이다. 바퀴를 가리키는 뒤쪽에 간격은 토우 아웃이다.

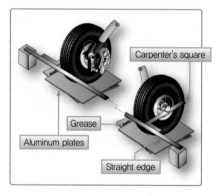

▲ 그림 7-27 경항공기 토우 인/아웃 검사

② 캠버(Camber)

그림 7-28과 같이, 캠버는 수직면에 대한 주바퀴의 정렬이다. 이러한 점검은 바퀴어셈블리에 대하여 잡아

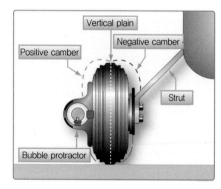

▲ 그림 7-28 바퀴의 캠버

주는 수준기로 점검할 수 있다. 바퀴 캠버는 만약 바퀴의 꼭대기가 수직선으로부터 바깥쪽 방향으로 기울었다면 양(+)의 것, 즉 정(+)캠버라고 말하고, 안쪽 방향으로 기울었다면 음(−)의 것, 즉 부(−) 캠버라고 한다.

그림 7−29에서와 같이 스프링강관 구조 기어를 갖고 있는 항공기에서 바퀴의 정렬 불량은 볼트를 죄는 바퀴축과 바퀴 프랜지 사이에 테이퍼 와셔 등을 가·감함으로써 조절이 가능하다. 올레오 버팀대를 갖춘 항공기는 토우 인과 토우 아웃의 정렬을 목적으로 토크 링크 두 개의 암 사이에 테이퍼 와셔를 사용하여 조절한다. 모든 작업절차는 제작사의 설명서에 따른다.

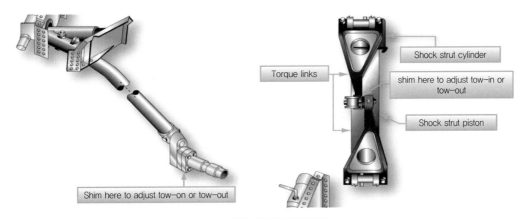

▲ 그림 7−29 바퀴의 정렬

❸ 착륙장치계통의 정비(Landing Gear System Maintenance)

착륙장치는 정기적인 정비가 요구된다. 착륙장치에 작용하는 응력과 하중으로 인해, 검사 및 보급 그리고 기타의 정비는 일관성 있게 진행된다. 항공기 착륙장치계통의 정비에서 가장 중요한 일은 전적으로 정밀한 검사이다. 검사를 적절하게 수행하기 위해, 모든 표면은 탐지되지 않고, 고장이 잘 발생하는 부위가 없는지 확인하기 위해 항상 깨끗해야 한다. 그림 7−30에서는 베어링에 그리스를 주입하는 작업을 보여주고 있다.

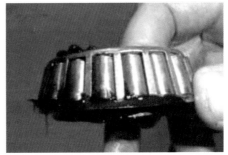

▲ 그림 7−30 베어링 그리스 주입 작업

1) 착륙장치의 리깅 및 조절(Landing Gear Rigging and Adjustment)

가끔 착륙장치계통과 도어의 적절한 작동을 보장하기 위해 착륙장치 스위치, 도어, 연동장치, 그리고 잠금 상태를 조정하는 것이 필요하다. 착륙장치 작동실린더가 교체되었을 때 그리고 길이조절의 경우, 오버 트라벨(over-travel)이 점검되어야 한다. 오버 트라벨이란 착륙장치 내림과 접어들임에 대해 필요한 움직임을 넘어선 실린더 피스톤의 작동으로 추가 조치는 기어 잠금장치(gear lock mechanism)을 조절한다.

2) 착륙장치의 접개들이 시험(Landing Gear Retraction Test)

착륙장치계통과 구성요소의 적절한 작동은 착륙장치 접개들이 시험을 수행함으로써 점검할 수 있다. 또한 이 점검은 착륙장치를 움직여 봄으로써 알 수 있다. 항공기는 이 점검을 위해 잭(jack)에 적절하게 들어 올려지고, 그리고 필요하다면 착륙장치 구성품의 세척과 윤활이 되어야 한다. 이때 기어는 정밀육안검사가 수행되는 동안 마치 항공기가 비행 중에 있는 것처럼 끌어올려지고 내려진다. 시스템의 모든 부분은 안전성과 적절한 작동에 대해 관찰되어야 한다. 대체 · 비상 내림계통(alternate/emergency extension system) 또는 올림계통은 기어 접개들이 시험 시에는 언제나 점검되어야 한다.

착륙장치가 들어올려지거나 내려오는 동안 수행하여야 할 전반의 검사항목은 다음과 같다.

(1) 적당한 착륙장치의 내림과 올림에 대해 착륙장치를 점검한다.

(2) 적절한 작동에 대해 모든 스위치, 등, 그리고 경고장치를 점검한다.

(3) 착륙장치도어의 간격과 접촉되는 부분에 대해 점검한다.

(4) 적절한 작동, 조절, 그리고 일반적인 상태에 대해 착륙장치의 연동장치를 점검한다.

(5) 적절한 작동에 대해 대체 · 비상내림(alternate/emergency extension) 또는 올림을 점검한다.

(6) 마찰, 접착, 벗어짐, 또는 진동에 의해 발생한 이상한 소리도 검사한다.

7-3 항공기 제동장치계통(Aircraft Brake System)

브레이크는 엔진 시운전(run-up) 시에 정지된 항공기를 잡아주고, 항공기의 속력을 감소시키며, 정지시킨다. 브레이크는 주 바퀴에 장착되고 앞바퀴 또는 꼬리 바퀴에는 장착되지 않는다. 일반적으로 제동장치에서, 방향키페달에 기계식 연동장치 또는 유압식 연동장치를 통해 조종사가 브레이크를 제어하게 한다. 오른쪽 방향키페달을 밟으면, 오른쪽 주 바퀴의 브레이크를 작동시키고, 왼쪽 방향키페달을 밟으면, 왼쪽 주 바퀴의 브레이크를 작동시킨다.

1 항공기 브레이크의 형식과 구조(Type and Construction of Aircraft Brake)

일반적으로 최신의 항공기는 디스크 브레이크를 사용한다. 디스크는 고정자(stater)가 브레이크 작동 시 디스크에 대하여 마찰을 일으켜 회전에 저항하는 동안에 회전자(rotor)는 항공기 타이어와 함께 회전한다. 항공기의 크기, 무게, 그리고 착륙속도는 제동장치의 설계와 밀접한 관계를 갖는다. 단일 디스크 브레이크(single-disc brakes), 이중 디스크 브레이크(double-disc brakes), 그리고 멀티 디스크 브레이크(multi-disc brakes)는 일반적인 형태의 브레이크이다. 세그먼트 로터 브레이크(segmented rotor brake)는 대형 항공기에서 사용된다. 팽창튜브 브레이크(expander tube brake)는 구형 대형 항공기에서 찾아볼 수 있다. 카본 디스크(carbon disc)의 사용은 최신의 항공기에서 사용이 증가하고 있다.

1) 단일 디스크 브레이크(Single-disc Brake)

대체로 소형, 경항공기는 각각의 바퀴에 키로 고정시킨 또는 볼트로 죄어진 단일 디스크를 사용하여 효율적인 제동을 얻는다. 바퀴가 돌아갈 때, 디스크의 제동은 착륙장치 차축플랜지(바퀴의 불룩한 테두리)에 볼트로 죄어진 고정부에서 디스크의 양쪽으로 마찰을 가함으로써 이루어진다. 유압 압력하에 고정부에 있는 피스톤은 브레이크가 가해졌을 때 디스크를 향하여 마찰력을 제공하는 브레이크 패드 또는 브레이크 라이닝을 밀어 넣는다. 방향키페달에 연결된 유압마스터실린더는 방향키페달을 밟았을 때 압력을 공급한다.

(1) 플로팅 디스크 브레이크(Floating disc Brake)

그림 7-31에서는 플로팅 디스크 브레이크의 분해도를 보여준다. 고정 돌출부의 하우징에 설치된 3개의 실린더를 갖지만, 다른 브레이크에서 이 개수는 다양하게 된다. 각각의 실린더는 주로 피스톤, 귀환스프링(return spring), 그리고 자동 조정 핀으로 구성된 작동피스톤 어셈블리를 끼워 넣게 한다. 각각의 브레이크 어셈블리는 6개의 브레이크 라이닝 또는 브레이크 퍽(puck)을 가지고 있으며, 고정 돌출부의 바깥쪽에 있는, 3개는 피스톤의 끝단에 위치한다. 그것은 피스톤과 함께 안쪽으로 그리고 바깥쪽으로 움직이도록 설계되고 디스크의 바깥쪽으로 압력을 가한다. 나머지 3개의 라이닝은 고정 돌출부의 안쪽에 이들 퍽의 반대쪽에 위치되어 고정시킨 것이다.

제동원판은 바퀴에 키로 고정된다. 플로팅 디스크는 키 통로에서 측면으로 움직이는 것이 자유로운 것이다. 제동력이 가해졌을 때, 피스톤은 바깥쪽 실린더에서 밖으로 움직이고 퍽은 디스크에 접촉한다. 디스크는 내측 고정식 퍽이 디스크에 접촉될 때까지 키 통로에서 약간 미끄러진다. 결과는 디스크의 양쪽에 가해진 마찰의 균형 잡힌 힘으로 회전운동은 속력을 늦춘다.

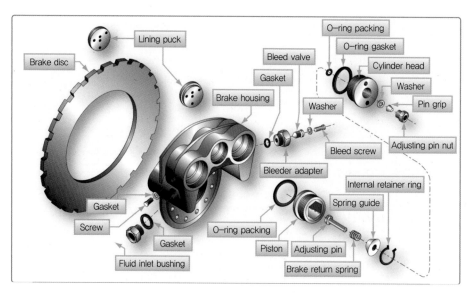

▲ 그림 7-31 **플로핑 디스크 브레이크 분해도(단일 디스크)**

   그림 7-32에서와 같이, 제동압력이 풀려졌을 때, 각각의 피스톤 어셈블리에 있는 귀환 스프링에 의해 피스톤에 가해졌던 압력은 디스크에서 물러난다. 스프링은 각각의 퍽과 디스크 사이에 미리 조절된 여유 공간을 마련한다. 브레이크의 자동조절기는 브레이크 퍽에 마모의 양에 관계없이, 동일한 여유 공간을 유지시킨다. 각각의 피스톤의 뒤쪽에 조정 핀은 마찰식 핀 그립을 통해 피스톤과 함께 움직인다. 제동압력이 풀려졌을 때, 피스톤을 움직이기에 충분한 귀환 스프링의 힘은 브레이크 디스크에서 물러난다. 피스톤은 그것이 조정 핀의 상부에

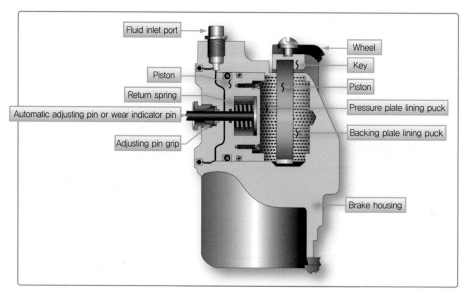

▲ 그림 7-32 **단일 디스크 브레이크 단면도(Goodyear)**

접촉할 때 정지한다. 그러므로 마모의 양에 관계없이, 피스톤의 동일한 행정으로 브레이크에 가압이 요구된다. 실린더헤드를 통해 불쑥 나온 핀의 꼭지는 마모지시기의 역할을 한다. 제작사 사용설명서는 브레이크에서 돌출부를 필요로 하는 핀의 최소길이를 지정한다.

(2) 고정 디스크 브레이크(Fixed-disc Brake)

경항공기에서 사용되었던 일반적인 고정식 디스크 브레이크의 형식에서 압력은 요구된 마찰을 발생시키기 위해 브레이크 디스크의 양쪽에서 가해져야 하고 브레이크 라이닝으로부터 일정한 마모를 만들며, 또한 바퀴에서 빠르게 디스크로 밀착되고 그리고 브레이크 캘리퍼와 라이닝에 압력이 가해졌을 때 측면으로 밀착함으로써 이루어질 수 있다. 그림 7-33에서는 클리브렌드 브레이크를 보여준다. 그림 7-34에서는 동일한 형태의 브레이크의 분해상세도를 보여준다.

▲ 그림 7-33 경항공기 고정 디스크 브레이크(cleveland brake)

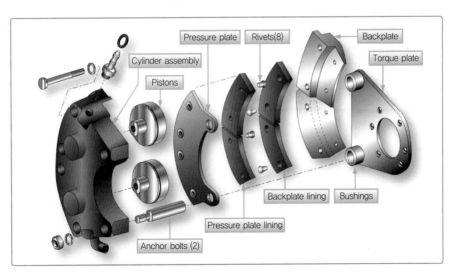

▲ 그림 7-34 고정 디스크 더블 피스톤 브레이크 단면도(cleveland brake)

클리브랜드 브레이크의 유일한 특징은 라이닝이 바퀴를 장탈하지 않고 교체될 수 있다는 것이다. 받침판에서 실린더 어셈블리에 볼트를 장탈함으로써 앵커볼트(anchor bolt)가 토크 플레이트 부싱의 밖으로 빠지게 한다. 그 다음에 전체의 캘리퍼 어셈블리는 분해되어 라이닝의 교환을 가능케 한다.

모든 단일 디스크 브레이크에서 정비 요구사항은 유사하다. 라이닝과 디스크의 어떤 손상이나 그리고 마모에 대해 정기검사가 요구된다. 한계를 넘어서 마멸된 부품의 교체는 항상 작동점검을 수행한다. 점검은 항공기가 활주하는 동안 수행된다. 각각의 주 바퀴에 대한 제동은 페달압력의 동일한 작동으로서 같아야 한다. 페달은 작동되었을 때 안정되어야 하고, 푹신하거나 또는 스펀지(spongy) 현상이 없어야 하며, 제동압력이 풀려졌을 때, 브레이크는 끌림의 흔적 없이 풀려져야 한다.

2) 이중 디스크 브레이크(Dual-disc Brake)

이중 디스크 브레이크는 각각의 바퀴에 단일 디스크가 충분한 제동력을 공급하지 못하는 항공기에 사용되며, 1개 대신에 2개의 디스크가 바퀴에 키로 고정시킨다. 센터 캐리어는 2개의 디스크 사이에 위치된다. 그것은 브레이크가 작동되었을 때 디스크의 각각에 접촉하는 양쪽 라이닝을 갖고 있다. 그림 7-35와 같이, 캘리퍼 마운팅 볼트(caliper mounting bolt)는 길어서 하우징 어셈블리에 볼트로 조인 받침판뿐만 아니라 센터 캐리어를 거쳐 장착된다.

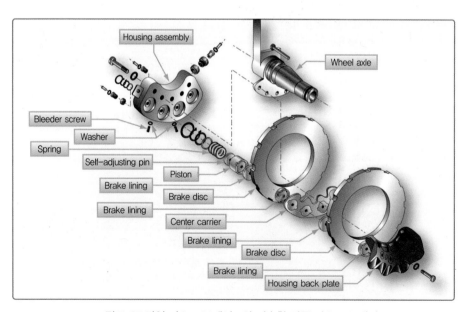

▲ 그림 7-35 단일 디스크 브레이크와 비슷한 이중 디스크 브레이크

3) 멀티 디스크 브레이크(Multiple–disc Brake)

그림 7–36에서와 같이, 대형 및 중형 항공기는 멀티 디스크 브레이크의 사용을 필요로 한다. 멀티 디스크 브레이크는 동력브레이크 제어밸브(power brake control valve) 또는 파워 부스터 마스터실린더(power boost master cylinder)와 함께 사용을 위해 설계된 강력브레이크이다. 브레이크 어셈블리는 액슬 플랜지(axle flange)를 볼트로 장착한 토크튜브 형태와 유사한 익스텐디드 베어링 캐리어(extended bearing carrier)의 구조이다. 그것은 원추형 실린더와 피스톤, 구리 도금 디스크 또는 청동도금디스크인 강 디스크(steel disc), 뒷받침판(backplate), 그리고 뒷받침판 리테이너(retainer)를 포함하는, 여러 가지의 브레이크 패드를 지탱한다. 강제고정자(steel stator)는 베어링 캐리어에 키로 고정시켜졌고, 그리고 구리도금회전자 또는 청동도금회전자는 회전하는 바퀴에 키로 고정된다. 피스톤에 가해진 유압은 고정판과 회전판 전체를 압축되게 한다. 이것은 거대한 마찰과 열을 만들어내고 바퀴의 회전을 느리게 한다.

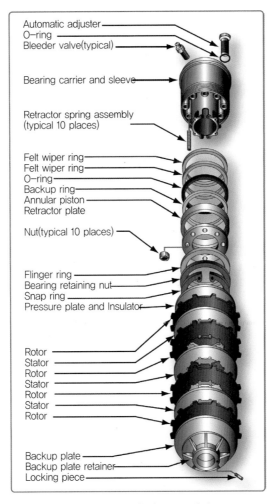

▲ 그림 7–36 멀티 디스크 브레이크

단일 디스크 브레이크와 이중 디스크 브레이크에서처럼, 수축 스프링(retracting spring)은 제동 유압이 경감되었을 때 베어링 캐리어의 하우징 챔버 안으로 피스톤을 귀환시킨다. 작동유는 자동조절기를 통해 귀환라인으로 나간다. 그림 7-37과 같이, 자동조절기는 회전자와 고정자 사이에 정확한 여유 공간을 마련하기 위해 브레이크에 정해진 양의 작동유를 잔류시킨다. 브레이크마모는 전형적으로 브레이크 어셈블리의 부품이 아닌 마모게이지로서 측정된다. 이들 형태의 브레이크는 일반적으로 오래된 구형 운송용 항공기에서 찾아볼 수 있다. 회전자와 고정자는 단지 약 1/8inch 두께로 비교적 얇은 것이다. 그들은 열을 아주 잘 발산하지 못하는 경향이 있다.

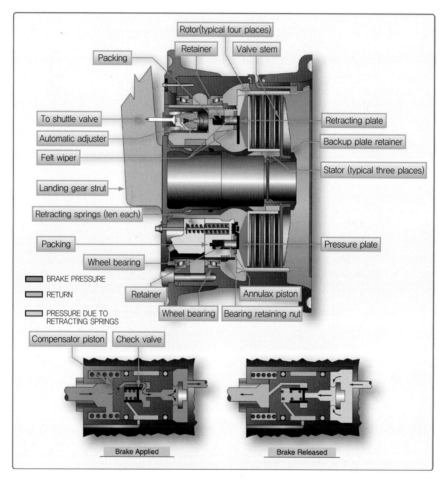

▲ 그림 7-37 멀티 디스크 브레이크 단면도

4) 세그먼트 로터 디스크 브레이크(Segmented Rotor-disc Brake)

대형 항공기에서 바퀴의 제동을 하는 동안 발생하는 많은 열은 문제가 된다. 이 열을 더욱 많이 발산하기 위해, 세그먼트 로터 디스크 브레이크가 개발되었다. 세그먼트 로터 디스크 브레이크는 고성능항공기와 항공운송용 항공기에 사용되는 멀티 디스크 브레이크이지만 그러나 이전에 설명했던 형태보다 더 최신의 설계이며, 많은 열의 제어와 발산에 도움이 되도록 설계되었다. 세그먼트 로터 디스크 브레이크는 동력 브레이크 계통의 고유압계통 사용을 위하여 특별히 적응시킨 강력한 브레이크이다. 제동은 회전세그먼트(rotating segment)와 접촉하는 고정의 고 마찰형 브레이크 라이닝 세트에 의해서 이루어진다. 열을 발산하는 데 도움을 주고 브레이크 자체의 명칭을 부여하는 회전자는 가늘고 긴 홈 또는 그들 사이에 공간으로 된 형태로 조립된다. 그림 7-38에서는 세그먼트 로터 브레이크 어셈블리의 한 가지 형태의 분해조립도를 보여준다.

세그먼트 로터 브레이크의 개요는 이전에 설명한 멀티 디스크형 브레이크와 아주 유사한 것이다. 브레이크 어셈블리는 캐리어(carrier), 피스톤과 피스톤 컵 시일, 압력판(pressure plate), 보조고정자판(auxiliary stator plate), 회전 세그먼트, 고정 플레이트, 자동조절기(automatic adjuster), 그리고 뒷받침판(backing plate)으로 이루어져 있다.

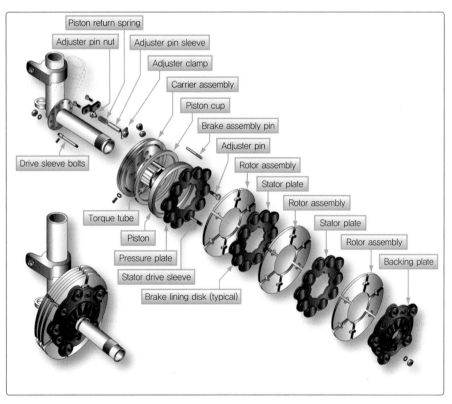

▲ 그림 7-38 세그먼트 로터 디스크 브레이크 분해도

토크튜브를 가지고 있는 캐리어 어셈블리 또는 브레이크 하우징은 세그먼트 로터 브레이크의 기본구성단위이다. 캐리어 어셈블리는 착륙장치 완충버팀대 플랜지에 부착하는 부품이다. 일부 브레

이크에서, 2개의 홈 또는 실린더는 피스톤 컵과 피스톤을 갖추기 위해 캐리어에 기계로 가공된다. 개개의 실린더를 갖는 대부분 세그먼트 로터 디스크 브레이크는 작동피스톤의 동일한 수를 고정시키는 곳에서 브레이크 하우징 안에 기계로 가공되었다. 가끔 실린더는 하나의 공급원으로부터 매번 다른 실린더를 교번하는, 2개의 서로 다른 유압에 의해 공급된다. 그림 7-39와 같이, 만약 하나의 공급원이 고장 시 브레이크는 다른 쪽 공급원에서 충분하게 작동시킨다. 캐리어 또는 브레이크 하우징에 있는 외부 피팅은 유압유의 공급을 수용할 수 있으며, 공기배출구(air bleed port)로 쓰인다.

▲ 그림 7-39 대다수의 현대 세그먼트 로터 디스크 브레이크

압력판은 편평한 원형의 고장력강 고정자 드라이브 슬리브(stator drive sleeve) 또는 토크튜브에 고정시키기 위해 내면 원주에 노치(notched)가 있는 고정판이며, 브레이크작동 피스톤이 압력판을 밀게 된다. 일반적으로 절연체는 브레이크 디스크로부터 열전도를 막기 위해 피스톤헤드와 압력판 사이에 사용된다. 압력판은 바퀴를 제동하기 위해 압축시키는 회전자와 고정자들에 피스톤에 의해 밀착시킨다. 그림 7-38과 같이, 대부분 설계에서, 압력판에 직접 부착된 브레이크 라이닝 재료는 피스톤의 작동을 디스크 라이닝 뭉치에 전달하기 위해 첫 번째 회전자에 접촉한다. 압력판 반대쪽에 브레이크 라이닝 재료와 함께 보조 고정자 판 또한 사용할 수 있다. 그림 7-38과 같이, 회전자와 고정자를 번갈아 장착되어 브레이크가 작동될 때 브레이크어 셈블리의 뒷받침판에 대하여 유압이 작용하여 서로 밀착된다. 뒷받침판은 캐리어 하우징으로부터 정해진 치수로서 하우징 또는 토크튜브에 볼트로 장착된 무거운 강판이다. 대부분의 경우에서, 뒷받침판은 그것에 부착된 브레이크 라이닝 재료를 가지며 한 묶음으로 되어 있는 마지막 회전자에 접촉한다.

고정자는 토크튜브 돌출 키에 의해 고정되며, 그것은 내부원주에 키홈 측 방향으로만 움직이는 평판이다. 그들은 근처 회전자에 접촉하도록 양쪽에 리벳으로 고정 또는 점착된 닳을 수 있는 브레이크 라이닝 재료를 가지고 있다. 그림 7-38과 같이, 라이너는 일반적으로 여러 개의 분리된 블록의 것으로 조립된다. 라이너 블록 사이에 공간은 열의 발산에 도움을 준다. 라이닝 재료의 성분은 서로 다르며, 강재가 가끔 사용된다.

회전자는 회전하는 바퀴에 키로 고정시키는 외부원주에 노치 또는 탱(tang)을 갖는 간격디스크 또는 분할식 디스크이다. 로터 사이에 가늘고 긴 홈 또는 공간을 통해 열을 더 빠르게 발산하게 하는 세그먼트 형태를 사용한다. 그림 7-38과 같이, 그들은 또한 팽창을 허용하고 뒤틀기를 방지한다. 로터는 보통 마찰 면이 양쪽으로 접착되는 강재이다. 일반적으로 소결합금은 회전자 접촉면을 만들어내는 데 사용된다.

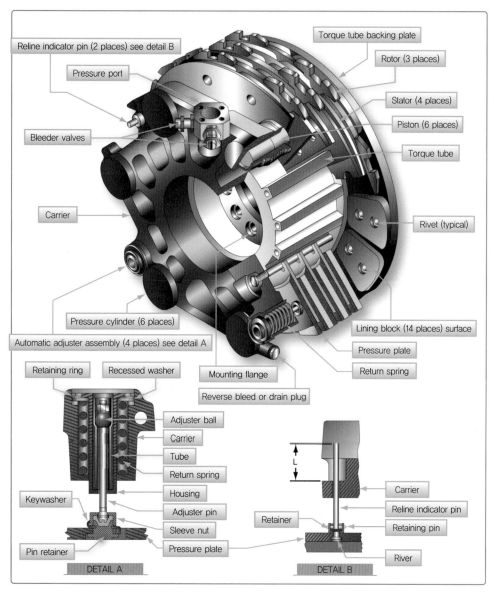

▲ 그림 7-40 멀티 디스크 브레이크(보잉 737)

세그먼트 멀티 디스크 브레이크는 제동압력이 제거되었을 때 회전자와 고정자 뭉치에서 떨어져서 뒷받침판으로부터 끌어당기기 위해 자동간격조절기와 함께 수축스프링 어셈블리를 사용한다. 이것은 회전할 수 있는 바퀴가 브레이크 부분 사이에 접촉마찰에 의해 방해받지 않도록 여유간격을 마련하지만, 그러나 브레이크가 작동되었을 때 신속한 접촉과 제동을 위해 아주 근접하여 장치를 유지시킨다. 수축장치의 수는 브레이크 설계에 따라 다양하다. 그림 7-40에서는 운송용 항공기에서 사용된 브레이크 어셈블리를 보여준다. 단면도에서, 자동간격 조절장치의 수와 위치를 볼 수 있으며, 기계장치의 세밀한 모습을 보여준다.

자동조절에서 핀 그립 어셈블리(pin grip assembly)를 사용하는 대신에, 조절기 핀(adjuster pin), 볼, 그리고 관(tube)은 동일한 방식으로 작동한다. 제동압력이 가해졌을 때 밖으로 움직이지만, 그러나 관에 있는 볼은 브레이크 라이닝 마모 정도에 따라 복귀의 양을 제한한다. 2개의 독자적인 마모지시기(wear indicator)는 브레이크에 사용된다. 지시기 핀은 캐리어를 통과하여 압력판에 부착되었다. 튀어나오는 지시기의 길이는 새로운 라이닝(lining)으로 교환하여야 할 시기를 결정하기 위해 측정된다.

5) 카본 브레이크(Carbon Brake)

그림 7-41에서 보여준 것과 같이, 멀티 디스크 브레이크의 가장 최신판은 카본 디스크 브레이크이다. 현재 고성능항공기와 운송용 항공기에서 찾아볼 수 있다. 카본 브레이크는 탄소섬유재료가 브레이크 회전자에 사용되었기 때문에 그렇게 이름이 붙여졌다.

▲ 그림 7-41 카본 브레이크(보잉 737)

카본 브레이크는 전통적인 브레이크보다 거의 40% 더 가벼운 것이다. 대형운송용 항공기에서 이 것만으로 항공기의 무게를 수백 파운드를 줄일 수 있다. 탄소섬유디스크는 강재 회전자(steel rotor) 보다 현저히 더 두껍지만 그러나 아주 가벼운 것이다. 또한 강재부품 브레이크보다 50% 더 높은 온 도를 극복할 수 있다. 최대설계 작동온도는 고온을 극복하도록 인접한 구성요소의 능력에 의해 제 한된다. 카본 브레이크는 비항공기 적용에서 강재브레이크의 열에 2~3배 더 견디어 낸다는 것을 보여준 적이 있다. 탄소회전자는 또한 강재회전자보다 더 빠르게 열을 발산시킨다. 더군다나 카본 브레이크는 강재브레이크보다 20~50% 더 오랫동안 사용하여 정비소요 시간을 감축시킨다.

단지 모든 항공기에 사용되고 있는 카본 브레이크에서 단점은 제조의 고비용이다. 가격은 기술력 이 향상되고 더 많은 항공기 운영자가 구매할 때 더 낮아질 것으로 기대된다.

6) 팽창튜브 브레이크(Expander Tube Brake)

그림 7-42와 같이, 팽창튜브 브레이크는 1930~1950년도에 생산된 모든 크기의 항공기에 사용 되었던 브레이크이다. 그것은 철제브레이크드럼 안쪽의 차축플랜지에 볼트로 장착된 경량 저압브 레이크이다. 편평한 직물보강 네오플랜튜브는 바퀴 토크플랜지의 원주 주위에 조립된다. 팽창튜브 의 노출된 평면은 브레이크 라이닝 재료와 유사한 브레이크블록에 나란히 세워진다. 2개의 편평한 골격은 토크플랜지 쪽에서 볼트로 조인다. 골격의 탭은 관을 포함하고 일정한 간격을 유지하는 토 크 바가 각각의 브레이크블록 사이에 관을 가로질러 그곳에 볼트로 조이게 한다. 이들은 플랜지에 관의 원주운동을 방지한다.

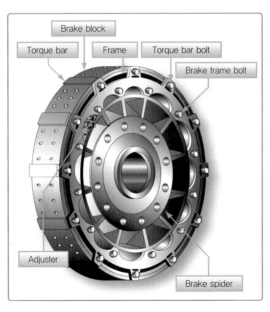

▲ 그림 7-42 팽창튜브 브레이크

팽창튜브는 내부표면에서 금속노즐과 조화된다. 압력하에 유압유는 브레이크가 작동되었을 때 이 피팅을 통해 관의 안쪽으로 향하게 된다. 튜브는 바깥쪽 방향으로 팽창하고, 그리고 브레이크블록은 바퀴에 제동을 거는 바퀴 드럼과 접촉한다. 유압이 증대되었을 때, 더 큰 마찰이 발생한다. 토크 바 아래쪽에 위치된 반타원형 스프링은 유압이 제거되었을 때 플랜지를 돌아서 아래쪽으로 팽창튜브를 되돌린다. 팽창튜브와 브레이크드럼 사이에 간격은 일부 팽창튜브 브레이크에 조절기를 통하여 조정할 수 있다. 정확한 간격 설정에 대해서는 제작사 정비매뉴얼을 참고한다. 그림 7-43에서는 그것의 구성요소를 열거한, 팽창튜브 브레이크의 분해조립도를 보여준다.

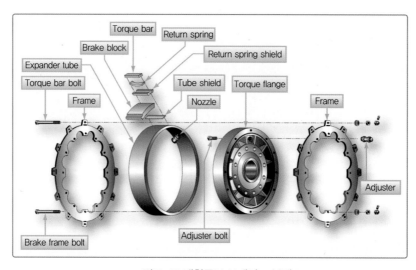

▲ 그림 7-43 **팽창튜브 브레이크 분해도**

팽창튜브 브레이크는 약간의 약점이 있다. 그것은 추울 때 세트백(setback) 경향이 있다. 또한 열 (temperature)과 누출(leak)에 팽창하려는 경향을 갖는다. 이러한 경우 드럼 안쪽에서 끌리는 현상 (drag)이 발생하게 된다. 그러므로 결국 팽창튜브 브레이크보다는 디스크 브레이크가 쓰이게 되었다.

2 브레이크 작동계통(Brake Actuating System)

브레이크 어셈블리에 필요한 유압유 압력을 전달하는 서로 다른 수단은 세 가지의 기본적인 작동장치가 있다.

(1) 항공기 주 유압계통의 일부가 아닌 독립적 장치

(2) 필요할 때 곧바로 항공기 유압계통을 사용하는 승압계통

(3) 압력의 공급원으로서 오직 항공기 주 유압계통을 사용하는 동력제동장치

1) 독립 마스터 실린더(Independent Master Cylinder)

일반적으로, 소형 경항공기와 유압계통이 없는 항공기는 독립된 제동장치를 사용한다. 마스터 실

린더(master cylinder)는 브레이크를 작동시키기 위해 필요한 유압을 발생시키는 데 사용된다.

조종사는 브레이크를 작동시키기 위해 방향키페달을 밟는다. 그림 7-44와 같이, 각각의 브레이크에서 마스터 실린더는 해당하는 방향키페달에 기계적으로 연결된다. 페달을 밟았을 때, 마스터 실린더에 내부의 작동유실(sealed fluid-filled chamber) 안쪽에 피스톤은 브레이크 어셈블리에 있는 피스톤에 유로를 통해 작동유를 밀어낸다. 브레이크 피스톤은 바퀴 제동 시 마찰을 일으키기 위해 브레이크 회전자를 향하여 브레이크 라이닝을 밀어 밀착시킨다.

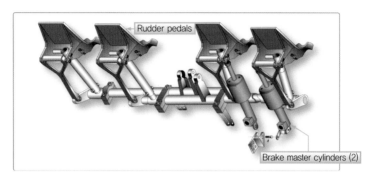

▲ 그림 7-44 독립 브레이크의 마스터 실린더 장착 위치

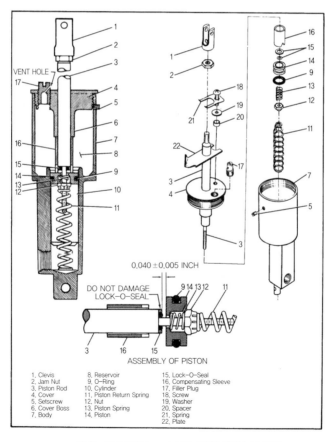

▲ 그림 7-45 브레이크 마스터 실린더(세스나 150)

페달을 밟으면 피스톤 로드가 브레이크 어셈블리에서 밖으로 작동유를 밀어 내기 위하여 피스톤을 밀어주게 된다. 페달을 놓았을 때, 스프링에 의해 귀환되어 저유기(reservoir)로 되돌아간다. 피스톤에 있는 보상배출구를 통해 실린더에서 저유기로 작동유의 자유흐름을 허용하는, 로드 엔드 시일은 피스톤 헤드에서 떨어져서 유로를 형성한다. 그림 7-45에서는 세스나 150 항공기에 장착된 마스터 실린더의 분해도를 보여주고 있다.

2) 승압 브레이크(Boosted Brake)

승압 브레이크 작동장치는 필요할 때 유압계통 압력이 조종사에 의해 발생한 힘을 증가시킨다. 승압은 오직 급제동 시 쓰이며, 그것은 조종사가 단독으로 공급할 수 있는 것보다 더 큰 압력이 브레이크에 가해진다. 승압 브레이크는 동력 브레이크 작동장치를 필요로 하지 않는 중형 항공기와 대형 항공기에서 사용된다.

그림 7-46과 같이, 각각의 브레이크를 위한 승압 브레이크 마스터 실린더는 방향키페달에 기계적으로 부착된다.

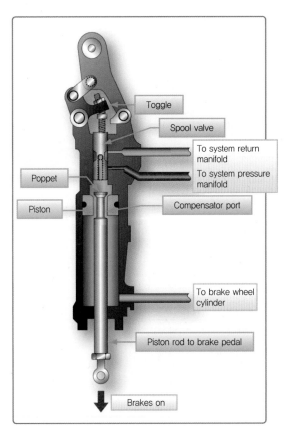

▲ 그림 7-46 승압 브레이크 계통 마스터 실린더

브레이크가 작동되었을 때, 기계식 연동장치를 통해 조종사의 발로부터 압력은 브레이크에 작동 유를 밀어 넣기 위한 방향으로 마스터 실린더 피스톤을 움직인다. 조종사가 페달을 더 강하게 밟았 을 때, 스프링 작동식 토글은 실린더에 있는 스풀밸브(spool valve)를 움직인다. 항공기 유압계통 압력은 피스톤의 뒤쪽으로 밸브를 통해 흐른다. 압력은 브레이크를 작동하기 위해 발생된 힘이 있 는 만큼 증대된다.

3) 동력 브레이크(Power Brake)

대형 항공기와 고성능항공기는 속도를 줄이거나 정지시키기 위해, 그리고 유지하기 위해 동력 브 레이크를 갖추고 있다. 동력 브레이크 작동계통은 브레이크를 작동시키기 위해 동력의 공급원으로 항공기 유압계통을 이용한다. 조종사는 다른 작동계통으로서 제동을 위해 방향키페달을 밟는다. 필 요한 작동유의 체적과 압력은 마스터 실린더에 의해 생산될 수 없다. 대신에 동력 브레이크 제어밸

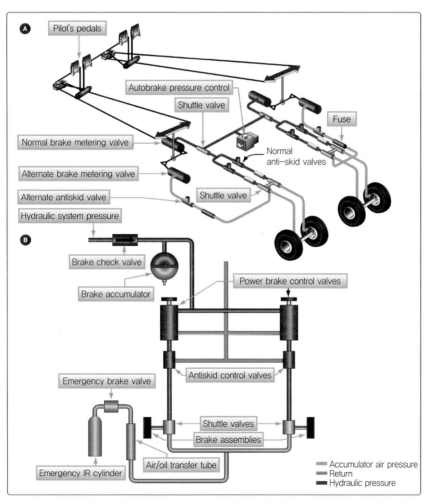

▲ 그림 7-47 동력 브레이크 계통도

브 또는 브레이크 계측밸브는 직접 또는 링크에이지를 통해 브레이크페달 압력을 받는다. 밸브는 페달에 가해진 압력과 직접 비교하여 해당하는 브레이크 어셈블리에 작동유를 계량한다.

그림 7-47의 A는 간단한 동력 브레이크 계통이며, 그림 7-47의 B는 대형 여객기 동력 브레이크 계통을 보여준다.

4) 비상 브레이크 계통(Emergency Brake System)

비상 브레이크 계통은 정상계통의 결함 시 사용하기 위하여 별도로 설치된 계통이다. 제동 압력이 제1공급원으로부터 상실되었을 때 압축공기 또는 질소가 사용된다.

5) 파킹 브레이크(Parking Brake)

파킹 브레이크 기능은 지상에서 항공기 주기 시에 조종면 등과 함께 합동으로 조작된다. 그림 7-48과 같이, 브레이크는 방향키페달로서 작동되고 조종실에서 파킹 브레이크 레버를 당겼을 때 브레이크 상태가 계속 유지된다.

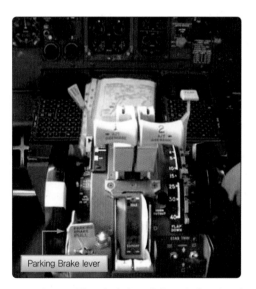

▲ 그림 7-48 항공기 파킹 브레이크 레버(보잉 737)

6) 브레이크의 감압(Brake Debooster)

항공기 동력 브레이크 계통은 최대 유압계통 압력보다 더 적은 압력이 요구한다. 그림 7-49와 같이, 저압을 공급하기 위해, 브레이크 감압장치 실린더는 제어밸브와 미끄럼방지밸브의 출구 쪽에 장착된다. 감압장치는 제어밸브로부터 브레이크 어셈블리의 작동범위 이내로 모든 압력을 줄인다.

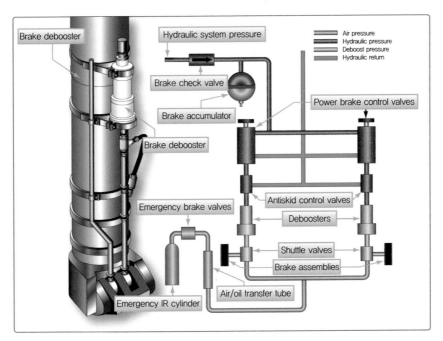

▲ 그림 7-49 착륙장치에 장착된 감압 실린더

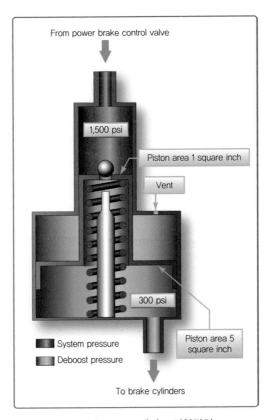

▲ 그림 7-50 브레이크 감압장치

그림 7-50과 같이, 브레이크감압장치(brake de-booster)는 압력을 줄이기 위해 크기가 서로 다른 피스톤을 통하여 힘의 적용을 이용하는 간단한 장치이다. 작동은 다음의 방정식을 적용하여 이해할 수 있다.

$$Pressure = \frac{Force}{Area} \quad (압력 = \frac{힘}{단면적})$$

고압 유압계통 주입압력(input pressure)은 피스톤의 작은 끝단에서 활동한다. 이것은 피스톤헤드의 단면적에 비례하는 힘을 발생시킨다. 피스톤의 반대쪽 끝단은 더 크고 분리된 실린더에 들어가 있다. 더 작은 피스톤헤드로부터의 힘은 피스톤의 반대쪽 끝단의 더 큰 면적으로 이동된다. 피스톤의 더 큰 끝단에 의해 전달된 압력의 양은 힘이 전개되는 더 큰 면적으로 인하여 줄어든다. 송출 유압의 체적은 더 큰 피스톤과 실린더가 사용되었기 때문에 증가한다. 감압은 브레이크 어셈블리로 전달된다. 감압장치에 있는 스프링은 피스톤을 귀환시키는 데 도움이 된다.

❸ 미끄럼방지장치(Anti-skid System)

동력 브레이크를 가지고 있는 대형 항공기는 미끄럼방지장치를 필요로 한다. 미끄러짐은 갑작스러운 타이어 폭발(blowout)로 항공기에 손상을 줄 수 있으며, 항공기 제어의 상실로 이어질 수 있다. 미끄럼방지장치는 바퀴 미끄러짐을 탐지할 뿐만 아니라 자동적으로 유압계통 귀환 라인으로 가압브레이크압력을 잠깐씩 끊어 연결함으로써 바퀴의 브레이크 피스톤에서 압력을 경감하여 바퀴를 회전하게 하고 미끄럼을 방지한다. 항공기가 착륙한 후, 조종사는 방향키브레이크 페달에 전압력을 가하고 유지한다. 그때 미끄럼방지장치는 항공기의 속도가 약 20mph으로 떨어질 때까지 자동적으로 작용한다. 미끄럼방지장치는 저속에서 지상 방향조종을 위해 수동제동 모드로 복귀한다.

그림 7-51에서와 같이, 미끄럼방지장치는 대부분 세 가지의 중요한 형태의 구성요소를 갖고 있는데, 바퀴속도감지기(wheel speed sensor), 미끄럼방지제어밸브(anti-skid control valve), 그리고 제어장치(control unit)이다.

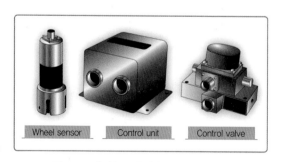

▲ 그림 7-51 바퀴속도감지기, 제어장치, 제어밸브

❹ 브레이크 검사와 취급(Brake Inspection and Service)

1) 항공기 장착상태 서비싱(On Aircraft Servicing)

항공기에 장착된 상태에서 브레이크의 검사와 서비싱이 요구된다. 제동장치는 제작사 사용법설명서에 따라 검사되어야 한다. 일부 일반적인 검사항목은 브레이크 라이닝 마모, 제동장치에 공기의 포함 여부와 작동유의 보급상태, 그리고 적절한 볼트 토크를 포함한다.

2) 라이닝 마모(Lining Wear)

브레이크의 검사에서 라이닝의 마모 검사방법 중 하나는 그림 7-52와 같이, 브레이크 어셈블리 내장형 마모지시기(built-in wear indicator) 핀을 측정한다. 일반적으로 노출된 핀 길이는 라이닝이 닳아질 때 줄어들고, 그리고 최소길이는 라이닝이 교체되어야 할 시기를 나타낸다. 주의할 점은 제작사마다 서로 다른 측정방법이 적용된다는 것이다.

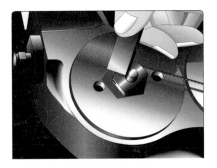

▲ 그림 7-52 브레이크 라이닝 마모 측정(Goodyear)

그림 7-53은 브레이크가 작동되었을 때 디스크와 브레이크 하우징 사이의 간격을 측정한다. 라이닝이 닳았을 때, 이 간격이 커진다. 제작사 정비매뉴얼은 라이닝을 얼마의 간격에서 교체되어야 하는지를 명시한다.

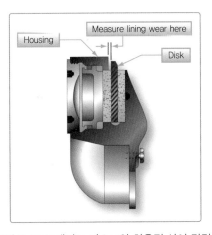

▲ 그림 7-53 브레이크 디스크와 하우징 사이 간격 측정

그림 7-54와 같이, 멀티 디스크 브레이크는 전형적으로 브레이크를 작동시켜서 압력판의 뒤쪽과 브레이크 하우징 사이의 거리를 측정함으로써 라이닝 마모에 대해 점검한다. 한계를 넘어서 닳게 된 라이닝은 보통 교체를 위해 브레이크 어셈블리를 장탈할 필요가 있다.

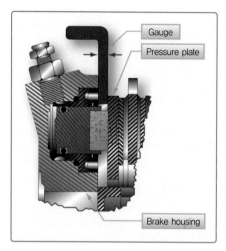

▲ 그림 7-54 브레이크 하우징과 압력판 사이의 직경 측정

3) 공기빼기(Air Bleeding)

제동장치 작동유에 발생한 기포는 브레이크 페달을 밟았을 때 스펀지를 밟는 것과 같은 느낌의 원인이 된다. 기포는 제작사 사용법설명서에 따라 빼내어야 한다. 두 가지 방법 중 한 가지로서 공기를 빼내는데, 하향식의 중력 공기빼기 방법(gravity air bleeding method) 또는 상향식의 압력 공기빼기 방법(pressure air bleeding method)이다. 브레이크 페달에 스펀지 현상이 있거나 제동장치의 도관이 분리되었을 때에는 언제나 공기빼기 작업을 한다.

(1) 압력 공기빼기 방법(Pressure Air Bleeding Method)

① 그림 7-55에서는 제동장치의 압력 공기빼기에 사용되는 공구를 보여준다.

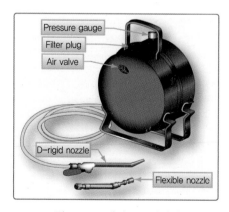

▲ 그림 7-55 브레이크 공기빼기 공구

② 그림 7-56에서는 전형적인 압력 공기빼기가 이루어지는 것을 보여준다. 압력탱크로부터의 호스는 브레이크 어셈블리에서 공기빼기배출구에 부착된다. 투명한 호스는 만약 그것이 저장소(reservoir)에 연결시킨다면 항공기 브레이크액 저장소 또는 마스터 실린더에 배출구에 부착된다. 이 호스의 다른 쪽 끝단은 호스의 끝단을 감싸는 깨끗한 브레이크액의 공급으로서 수집용기에 놓는다.

③ 브레이크 어셈블리 공기빼기배출구는 열려진다. 그다음에 공기 없는 순수한 작동유가 제동장치에 들어가게 하는 압력탱크 호스에 밸브가 열린다. 갇힌 공기를 담고 있는 작동유는 저장소의 배출구에 부착된 호스를 통해 방출된다.

④ 투명한 호스를 통해 기포가 보이지 않을 때 공기빼기배출구와 압력탱크 차단은 밸브는 닫히고 압력탱크 호스는 제거되며, 저장소에서 호스도 제거된다.

▲ 그림 7-56 압력 공기빼기(상향식)

(2) 중력 공기빼기 방법(Gravity Air Bleeding Method)

① 마스터 실린더를 가지고 있는 브레이크는 또한 하향식으로부터 빼내는 중력공기빼기 방법이 적용된다. 그림 7-57과 같이, 추가의 작동유는 공기를 빼는 동안 양이 부족해지지 않도록 항공기 브레이크 저장소에서 공급한다.

② 투명한 호스는 브레이크 어셈블리에서 공기빼기배출구에 연결된다. 다른 쪽 끝단은 공기빼기 과정 시에 배출된 작동유를 담기에 충분히 큰 용기에 있는 깨끗한 작동유에 잠긴다.

③ 브레이크 페달을 밟아 브레이크 어셈블리 공기빼기배출구를 개방한다. 마스터 실린더에 있는 피스톤은 블리드 호스의 밖으로 그리고 용기 안으로 공기 · 작동유 혼합물을 밀어내는 실린더의 끝단에서 멀리 이동한다. 페달이 계속 밟혀진 상태로 공기빼기배출구를 닫는다.

④ 마스터 실린더에 있는 피스톤의 앞에 저장소로부터 더 많은 작동유를 공급하기 위해 브레이크 페달을 펌프작용을 한다. 페달을 밟은 상태로 유지하고, 그리고 브레이크 어셈블리에 공기빼기 배출구를 연다. 더 많은 작동유와 공기는 호스를 통해 용기 안으로 배출된다.

⑤ 호스를 통해 브레이크에 존재하는 작동유가 어떠한 공기라도 더 이상 함유하고 있지 않을

때까지 이 과정을 반복한다. 공기빼기 배출구 피팅을 조여주고 저장소가 적절한 높이로 채워졌는지 확인한다.

⑥ 브레이크 공기빼기 시에는 저유기와 공기빼기탱크에 가득 채워져 있어야 한다. 오염되지 않은 청결한 작동유만 사용하고, 공기빼기가 완료 된 후 적절한 작동상태와 누출에 대해 점검하고, 작동유가 정상적으로 보급되었는지 확인한다.

⑤ 브레이크 고장과 손상(Brake Malfunction and Damage)

1) 과열(Overheating)

항공기 브레이크는 운동에너지를 열에너지로 변화시켜 항공기 속력을 늦추는 장치이다. 이때 발생하는 과도한 열은 브레이크 부품을 손상시킬 수 있다. 브레이크가 과열의 흔적을 보일 때, 항공기로부터 장탈하여 손상에 대해 검사하여야 한다. 항공기가 이륙실패 시에도 브레이크를 장탈하여 검사해야 한다.

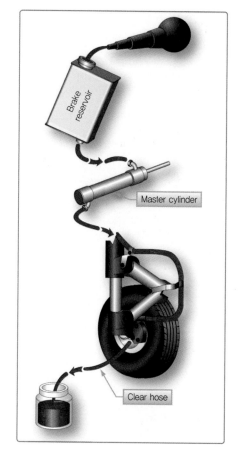

▲ 그림 7-57 중력 공기빼기(하향식)

과열의 영향을 받은 브레이크는 고압 제동에서 고장을 발생시키는 원인이 되므로 항공기로부터 장탈하여 분해, 검사한다. 모든 시일은 교체되어야 하며, 브레이크 하우징(brake housing)은 정비 매뉴얼에 의거 균열, 뒤틀림, 그리고 경도에 대해 점검되어야 한다. 제동원판(brake disc)은 뒤틀리지 않아야 하고, 그리고 표면처리는 손상되지 않아야 하며, 인접한 디스크와 접촉되지 않아야 한다. 재조립된 브레이크는 누설검사를 수행하고 항공기에 장착되기 전에 압력시험을 하여야 한다.

2) 드래깅(Dragging)

브레이크 끌림은 브레이크 작동기구의 결함에 의해 브레이크 페달을 밟은 후에 제동력을 제거하더라도 브레이크가 원상태로 회복이 잘 안 되는 현상이다. 이것은 과도한 라이닝 마모 그리고 디스크에 손상으로 이끄는 과열의 원인이 될 수 있다.

3) 그래빙(Grabbing)

제동판이나 브레이크 라이닝에 기름이 묻거나 오염 물질이 부착되어 제동 상태가 원활하게 이루어지지 않고 거칠어지는 현상을 말한다.

4) 페이딩(Fading)

브레이크 장치가 가열되어 브레이크 라이닝 등이 소손됨으로써 미끄러지는 상태가 발생하여 제동 효과가 감소되는 현상을 말한다.

5) 타격음 또는 마찰음(Chattering or Squealing)

브레이크는 라이닝(lining)이 디스크를 따라 부드럽게 그리고 고르게 타고 가지 않을 때 딱딱 부딪치는 소리가 나거나 또는 마찰음을 낸다. 멀티 브레이크 디스크의 정렬되지 않고 뒤틀린 디스크가 브레이크 작동 시 이러한 현상이 발생한다. 타격음과 마찰음 같은 소음(noise)에 추가하여 발생하는 진동(vibration)은 제동장치와 착륙장치계통의 더 큰 손상의 원인이 될 수 있다.

7-4 항공기 바퀴와 타이어(Aircraft Wheel and Tire)

1 바퀴(Wheel)

항공기 바퀴는 착륙장치계통의 중요한 구성요소이다. 바퀴의 재질은 알루미늄이나 마그네슘 합금이다. 초기의 항공기 바퀴는 그림 7-58과 같은 일체형 구조의 플랜지(flange) 바퀴를 사용하였으나 현재 대부분의 바퀴는 타이어 조립이 편리하도록 안쪽 바퀴(inboard wheel)와 바깥쪽 바퀴(outboard wheel)의 두 부분으로(two-piece) 분리되는 스플릿(split) 구조 바퀴이다. 그림 7-59와 그림 7-60은 스플릿 구조 바퀴 형상이다.

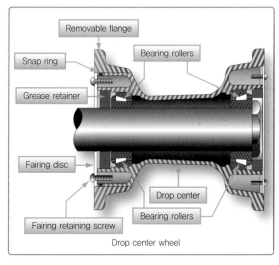
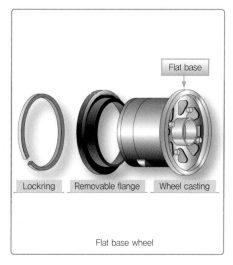

▲ 그림 7-58 구형 항공기용 플랜지 바퀴

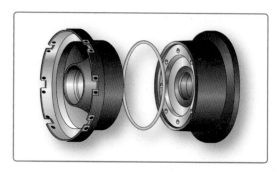

▲ 그림 7-59 현대 항공기에 사용되는 두 부분으로 분리되는 스플릿 바퀴

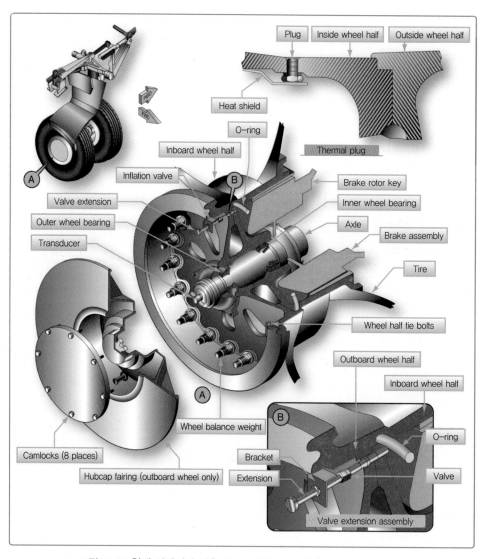

▲ 그림 7-60 현대 여객기에 사용되는 두 부분으로 분리되는 스플릿 바퀴 단면

1) 바퀴의 구조(Wheel Construction)

안쪽과 바깥쪽 바퀴는 볼트로 조립되고 최신의 항공기는 튜브리스 타이어를 사용하기 때문에 림(rim)을 밀봉시키는, O-링의 접합면에 홈(groove)이 있다. 바퀴의 비드시트지역(bead seat area)은 타이어가 실제로 바퀴에 접촉하는 곳이다. 그것은 착륙 시에 타이어로부터 충분한 인장하중을 받아들이는 임계영역이다. 제작 시에 이 임계영역을 강화하기 위해, 비드시트지역은 전형적으로 압축응력하중을 견딜 수 있도록 압연 가공된다.

2) 바퀴의 검사와 정비(Wheel Inspection and Maintenance)

(1) 적절한 장착(Proper Installation)

바퀴의 타이 볼트(tie bolt)와 너트는 정확한 위치에 안전하게 장착되어 있어야 한다. 분실된 볼트가 있다면 안쪽 및 바깥쪽 바퀴의 철저한 검사가 수행되어야 한다. 바퀴 중앙 먼지 덮개(wheel hub dust cap)와 미끄럼방지감지기의 안전 장착상태와 안쪽 바퀴의 마찰(chafing) 또는 과도한 유격으로 인한 움직임의 징후 없이 회전자와 조화롭게 장착되어 있는지도 검사되어야 한다. 바퀴의 모든 브레이크 키 또한 안전하게 고착시켜야 한다.

균열(crack), 벗겨져 떨어진 페인트, 그리고 과열의 흔적에 대해 검사한다. 녹아버린 가용합금의 징후가 없는지를 확인하기 위해 퓨즈 플러그(fusible plug)를 검사한다. 브레이크와 퓨즈 플러그를 구비한 바퀴는 너무 과열되었다면 계속 사용 여부를 판단하기 위해 면밀히 검사되어져야 한다. 각각의 바퀴는 그것이 이례적으로 편향되지(titled) 않았는지를 확인하기 위해 전체적인 정렬 상태를 검사하여야 한다. 플랜지(flange)는 아무리 조그만 조각이라도 떨어져 없어지는 현상도 없어야 하고, 그리고 중대한 충격손상을 보여주는 바퀴 지역이 없어야 한다.

(2) 휠과 타이어의 분리(Loosing The Tire from The Wheel Rim)

항공기 타이어 분해 작업시 림과 타이어 비드 부분을 분리시키기 위하여 그림 7-61과 같이, 기계식 제거장치(mechanical removal tool)와 유압 압축기(hydraulic press) 또는 아버 압축기(arbor press)를 사용한다. 바퀴는 비교적 연질이므로 절대로 스크루드라이버 또는 다른 공구로 림과 타이어 사이에 끼워 넣지 말아야 한다. 바퀴의 흠집 또는 변형은 바퀴가 파손될 수 있는 응력집중의 원인이 된다.

▲ 그림 7-61 기계식 제거장치(A)와 유압 압축기(B) 그리고 아버 압축기(C)

(a) 바퀴의 분해(Disassembly of The Wheel)

바퀴의 분해는 테이블과 같은, 평편한 면과 깨끗한 곳에서 수행한다. 먼저 바퀴베어링을 분리 후 타이 볼트를 장탈할 수 있다. 항공기 바퀴는 비교적 부드러운 알루미늄합금과 마그네슘합금으로 제작되어 있으므로 타이 볼트를 분해하기 위해 충격공구(impact tool)를 사용하지 않는다. 충격공구의 반복된 사용은 바퀴를 손상시킬 수 있다.

(b) 휠 어셈블리의 세척(Cleaning The Wheel Assembly)

용제(solvent)로써 바퀴 부위를 세척한다. 마무리 작업 시 스크랩퍼(scraper)와 같은, 연마 재료나 공구를 피한다. 부식을 촉진시킬 수 있고 만약 마무리 상태에서 마멸이 있다면 바퀴를 약화시킨다. 바퀴 세척 후 압축공기로써 건조시킨다.

(c) 휠 베어링의 세척(Cleaning The Wheel Bearings)

오래되어 경화된 그리스는 베어링을 용제(solvent)에 완전히 담가 세척한다. 베어링은 부드러운 강모브러시(bristle brush)로서 깨끗하게 솔질하여 압축공기로 건조시킨다. 절대로 압축공기로서 건조시키는 동안 베어링을 회전시키지 않는다. 마찰되는 면(race)과 베어링 롤러의 금속간 고속접촉은 금속표면을 손상시키는 열의 원인이 된다. 베어링의 증기세척(steam cleaning)을 피한다. 금속의 표면처리가 쉽게 파손되어 위험할 수 있다.

(d) 휠 베어링의 검사(Wheel Bearing Inspection)

베어링의 취급은 매우 중요하다. 오염, 습기, 그리고 진동, 심지어 bearing이 정적상태(static state)에 있는 동안에도 베어링을 손상시킬 수 있다.

그림 7-62에서 보여준 것과 같이, 적당한 윤활(lubrication)은 베어링의 환경의 영향에 의하여 손상되는 것을 방지할 수 있다. 제조사에 의해 권고된 윤활제(lubricant)를 사용한다. 압력베어링 패킹 공구(pressure bearing packing tool) 또는 어댑터의 사용은 세척

(cleaning) 후에 남아 있게 되는 베어링 안쪽의 어떠한 오염도 제거할 수 있는 최상의 방법으로서 권고된다.

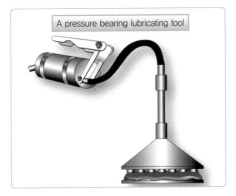
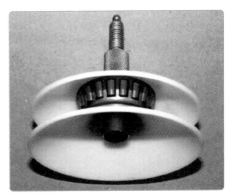

▲ 그림 7-62 압력베어링 윤활공구

베어링은 그림 7-63과 같은 다양한 종류의 결함이 발생할 수 있다.

① 마손(galling): 마찰로 인하여 쓸리어 닳은 형태이다.

② 쪼개짐(spalling): 마찰되는 면의 경화표면 부분이 조금씩 깎인 형태이다.

③ 과열(overheating): 금속표면에 푸른빛을 띤 엷은 색깔로 변색된 것으로 윤활의 결핍에 의해 발생한다.

④ 경화(brinelling): 과도한 충격에 의해 나타난다.

⑤ 부적절한 경화(false brinelling): 정적상태에 있는 동안 베어링의 진동에 의해 발생한다.

| ① 마손 | ② 쪼개짐 | ③ 과열 | ④ 경화 |

| ⑤ 부적절한 경화 | ⑥ 표면 착색 | ⑦ 식각과 부식 | ⑧ 거친 표면 |

▲ 그림 7-63 베어링 결함 종류

⑥ 얼룩 또는 표면 착색(staining and surface marks): 일정한 간격으로 줄무늬를 넣은 어두운 회색빛으로 베어링 컵에서 나타나고 베어링에 들어간 물에 의해 발생한다.

⑦ 식각과 부식(etching and corrosion): 물과 물에 의해 발생한 손상이 베어링 엘리먼트(element)의 표면처리된 부분에 침투할 때 발생한다.

⑧ 거친 표면(bruising): 불량한 시일 또는 베어링 청결의 부적절한 정비로부터 미립자 오염에 의해 나타난다.

(e) 베어링 컵의 취급(Bearing Cup Handling)

베어링 컵은 검사를 위해 제거하지 않으나, 바퀴 몸체에 견고하게 부착되어야 한다. 그림 7-64와 같이, 컵이 풀리거나 또는 겉도는 사례가 없어야 한다. 컵은 보통 제어식 오븐에서 바퀴를 가열한 후 외부에서 가압 또는 비금속천공기(non-metallic drift)로 밖으로 그것을 가볍게 쳐서 제거한다. 장착절차는 유사하며 바퀴는 가열되고 컵은 비금속해머 또는 비금속천공기로 그곳을 가볍게 두드리기 전에 드라이아이스로서 차게 하여 수축시킨다. 마찰되는 면의 바깥쪽은 삽입 전에 프라이머를 분사한다. 특정한 사용법설명서에 대해서는 바퀴 제조사정 비매뉴얼을 참고한다.

▲ 그림 7-64 베어링 컵의 손상

(f) 퓨즈 플러그의 검사(Fusible Plug Inspection)

그림 7-65와 같이, 퓨즈 플러그는 시각적으로 검사되어야 한다. 이들 나사식 플러그는 플러그의 외부 구성부분보다 더 저온에서 녹아버리는 중심부를 가지고 있으며, 이것은 지면 마찰과 제동 열로 온도가 위험수준으로 올라가는 타이어로부터 공기를 방출시키기 위한 것이다. 정밀검사는 퓨즈의 중심부가 고온으로 인하여 녹지 않았는지 확인

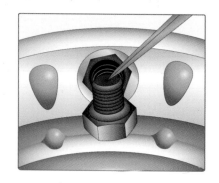

▲ 그림 7-65 퓨즈 플러그 육안 검사

한다. 만약 녹았다면, 바퀴에 있는 모든 열 플러그는 새로운 플러그로 교체되어야 한다.

(g) 평형추(Balance Weights)

그림 7-66에서 보여준 것과 같이, 항공기 바퀴의 평형은 중요한 것이다. 제작되었을 때, 각각의 바퀴세트는 정적으로 평형이 잡혀 있다. 평형추(balance weight)는 평형이 필요할 때 영구적으로 바퀴에 추가 장착된다. 평형추는 바퀴에 볼트로 장착되고 바퀴를 세척과 검사하기 위해 장탈되었다면 다시 재장착해야 한다. 바퀴의 바깥쪽 원주 주위에 장착하며, 타이어와 바퀴가 조립되었을 때 평형작업(balancing)이 필요하게 된다.

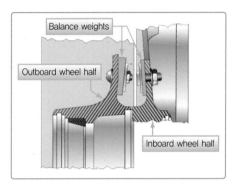

▲ 그림 7-66 스플릿 바퀴에 장착된 평형추

❷ 항공기 타이어(Aircraft Tire)

항공기 타이어는 튜브형 또는 튜브리스형이다. 타이어는 지상에 있는 동안 항공기의 무게를 지탱하고 제동과 정지를 위해 필요한 마찰을 제공한다. 타이어는 또한 착륙의 충격을 흡수할 뿐만 아니라 이륙과 착륙 후의 활주, 그리고 활주조작 시의 충격을 완화시키는 데 도움을 준다. 항공기 타이어는 정적응력과 동적응력의 다양성을 수용하고 광범위한 운전조건에서 신뢰할 수 있어야 한다.

1) 형식(Type)

항공기 타이어의 일반적인 분류는 미국타이어 · 림협회(united state tire and rim association)에 의해 분류된 3부분 명칭타이어(three-part nomenclature tire), 즉 타이어 폭(section width)과 림(rim)의 직경 그리고 타이어 전제 직경에 의해서이다. 타이어의 아홉 가지 형식이 있지만, 형식 I, III, VII, 그리고 VIII는 여전히 생산 중에 있다. 표 7-1은 타이어 형식별 사이즈 표시 및 사용 항공기이며, 그림 7-67은 타이어 형식별 사이즈 표시 방법을 보여준다.

[표 7-1] 타이어 형식별 사이즈 표시 및 사용 항공기

형식	사이즈 표시	사용 항공기	비 고
Ⅰ	inch로 전체 직경	• 구형 고정식 기어	
Ⅲ	타이어 폭과 림의 직경	• 160mph 이하 착륙 속도 • 저압의 경항공기	
Ⅶ	전체 직경×타이어 폭	• 제트 항공기	
Ⅷ	타이어 직경×타이어 폭-림 직경	• 고성능 제트항공기	bias
	타이어 직경×타이어 폭 R 림 직경	• 최신 고속, 고하중 항공기	radial

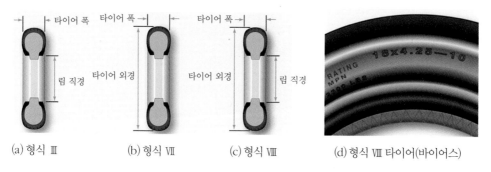

(a) 형식 Ⅲ (b) 형식 Ⅶ (c) 형식 Ⅷ (d) 형식 Ⅷ 타이어(바이어스)

▲ 그림 7-67 타이어 사이즈 표시

형식 Ⅷ 항공기 타이어는 3부 명칭 타이어로 알려져 있다. 아주 고압으로서 팽창시켜지고 고성능 제트항공기에 사용된다. 전형적인 형식 Ⅷ 타이어는 비교적 낮은 윤곽을 갖고 있으며 고속과 고하중에서 작동하는 능력이 있다. 모든 타이어 형식 중에서 가장 최신의 설계이다. 3부 명칭은 전 타이어 직경, 타이어 폭, 그리고 림 직경이 타이어를 판정하기 위해 사용되는 형식 Ⅲ와 형식 Ⅶ 명칭의 조합이다. "×"와 "-" 부호는 지시어로서 동일한 각자의 위치에서 사용된다.

3부 명칭이 형식 Ⅷ 타이어에서 사용되었을 때, 치수는 inch 또는 millimeter로 사용된다. 바이어스 타이어는 지정명칭에 따르고 레이디얼 타이어는 문자 R로서 "-"를 대체한다. 예를 들어, 30×8.8R15는 15inch 바퀴 림에 설치하고자 하는, 30inch 타이어 직경, 8.8inch 타이어 폭으로 된 형식 Ⅷ 레이디얼 항공기 타이어를 명시한다.

조금 특별한 지시어는 항공기 타이어에서 찾아보게 된다. B가 식별자 이전에 나타났을 때, 타이어는 15°의 비드 테이퍼로서 60~70%의 타이어 폭 비율에 바퀴 림을 갖는다. H가 식별자 이전에 나타났을 때, 타이어는 오직 5°의 비드 테이퍼로서 타이어 폭비율에 60~70%의 바퀴 림을 갖는다.

2) 플라이 등급(Ply Rating)

타이어 플라이는 강도를 주기 위해 타이어 안으로 가로놓인 고무에 감싼 직물의 보강 층이다. 현재의 고플라이 등급으로 된 타이어는 구조에서 사용된 플라이의 실제 수에 관계없이 중하중을 견딜 수 있는 고강도를 가지고 있는 타이어이다.

3) 튜브 형식과 튜브리스(Tube-type or Tubeles)

항공기 타이어는 튜브형 또는 튜브리스형이 있다. 튜브 없이 사용하고자 하는 타이어는 측벽에 "TUBELESS"라고 표시하여야 한다.

4) 바이어스 플라이 혹은 레이디얼(Bias Ply or Radial) 타이어

그림 7-68과 같이, 항공기 타이어를 분류하는 또 다른 수단은 바이어스 타이어 또는 레이디얼 타이어이다. 타이어의 구조에서 사용된 플라이의 방향에 의해서 결정된다. 전통적인 항공기 타이어는 바이어스 플라이 타이어이다. 플라이는 타이어를 형성하기 위해 그리고 강도를 주기 위해 감싸인다. 타이어의 회전의 방향에 대하여 플라이의 각도는 30~60° 사이에 교차하면서 변화를 준다. 그러므로 바이어스 타이어라고 부른다. 측벽이 엇갈림에 가로 놓인 직물 플라이로서 구부러질 때 유연성이 있다.

▲ 그림 7-68 바이어스 플라이 타이어   ▲ 그림 7-69 레이디얼 타이어

그림 7-69와 같이, 일부 최신의 항공기 타이어는 레이디얼 타이어이다. 레이디얼 타이어에 있는 플라이는 타이어의 회전 방향에 90° 각도로 가로놓인다. 이런 배치는 측벽과 회전 방향에 대하여 수직으로 플라이의 비신축성 섬유를 놓는다. 적은 변형으로 고하중을 견디도록 하여 타이어에 강도를 증진시킨다.

5) 타이어의 구조(Tire Construction)

항공기 타이어는 착륙 시의 큰 충격하중을 흡수해야 하고 오직 짧은 시간이라 하더라도 고속에서 작동할 수 있어야 한다. 타이어의 명칭은 그림 7-70을 참조한다.

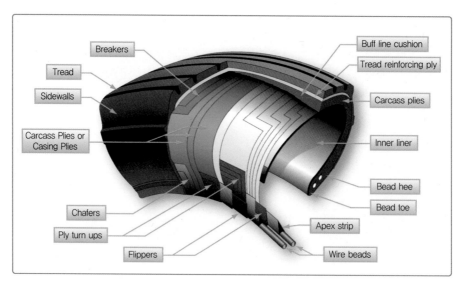

▲ 그림 7-70 항공기 타이어 구조 명칭

(1) 비드(Bead)

타이어 비드는 항공기 타이어의 중요한 부분이다. 타이어 뼈대를 정착시키고 바퀴 림에 타이어를 위해 필요한 크기로 된, 단단한 장착 면을 마련한다. 타이어 비드는 튼튼하며, 전형적으로 고무에 싸인 고강도 탄소강 전선다발로 제작된다. 1개, 2개, 또는 3개의 비드다발은 취급하기 위해 설계된 크기와 하중에 따라 타이어의 양쪽에서 찾아볼 수 있게 된다. 레이디얼 타이어는 타이어의 양쪽에 단일 비드다발을 갖는다. 비드는 바퀴 림으로 충격하중과 편향력을 전달한다. 비드 토우는 타이어 중심선에 가장 가까운 곳이며 비드 힐은 바퀴 림의 플랜지에 대하여 꼭 맞는다.

(2) 카커스 플라이(Carcass Ply)

카커스 플라이 또는 타이어 외피플라이는 타이어의 본체를 형성하기 위해 사용된다. 각각의 플라이는 2개 층의 고무 사이에 삽입된 직물, 보통 나일론으로 이루어진다. 플라이는 타이어 강도를 주기 위해 그리고 타이어의 뼈대 본체를 형성하기 위해 층으로 붙여진다. 각각의 플라이의 끝단은 플라이를 감아 붙인 부분을 형성하기 위해 타이어의 양쪽 비드 주위에 감쌈으로써 정착시킨다. 언급한 바와 같이, 플라이에 있는 섬유의 각도는 규정된 것처럼 바이어스 타이어 또는 레이디얼 타이어로 분류된다. 전형적으로 레이디얼 타이어는 바이어스 타이어보다 더 적은 플라이를 필요로 한다.

(3) 트레드(Tread)

트레드는 지상과 접촉되도록 설계된 물을 흐르게 하는 면적(crown area)이다. 그것은 마모(wear), 마손(abrasion), 절단(cutting), 그리고 균열(cracking)에 견디도록 처방된 고무 배합물(rubber compound)이다. 또한 열 축적을 방지하도록 만들었다. 가장 최신의 항공기 타이어는 타이어 리브를 만들어내는 완곡한 홈(circumferential groove)으로 형성되어 있다. 홈은 냉각성능을 제공하고 지표면에 점착을 증대하기 위해 습윤 상태에서 타이어 아래에서 물의 길을 여는 데 도움을 준다. 항공기 타이어 트레드의 종류는 그림 7-71과 같다.

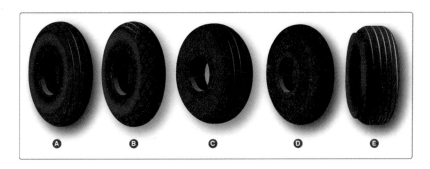

Ⓐ 리브 트레드(rib tread, 포장 활주로 사용)

Ⓑ 다이아몬드 트레드(diamond tread, 비포장 활주로 사용가능)

Ⓒ 결합 트레드(combined tread, 모든 환경조건에서 사용 가능)

Ⓓ 매끄러운 트레드(smooth tread, 구형 저속항공기 사용)

Ⓔ 차인 타이어(chine tire, 제트 엔진 공기흡입구로 물 흡입 방지 위해 앞바퀴 사용)

▲ 그림 7-71 항공기 타이어 트레드 종류

(4) 측벽(Sidewall)

항공기 타이어의 측벽은 카커스 플라이를 보호하도록 설계된 고무의 층이다. 그것은 타이어에 오존의 부정적 효과를 방지하도록 설계된 화합물을 함유하게 된다.

그림 7-72와 같이, 소량의 질소 또는 공기는 카커스 플라이 안으로 라이너를 통해 누설된다. 이 누설은 타이어의 하부외측 벽에 있는 배출구(vent hole)를 통해 배출된다. 일반적으로 녹색 또는 백색 점(dot)의 페인트로서 표시되며, 지워지지 않도록 하여야 한다. 플라이에 갇힌 가스는 온도변화에 의하여 타이어를 팽창시킬 수 있으며, 이러한 현상은 플라이를 분리시킬 수 있다. 결국 타이어를 약화시켜 타이어 파손의 원인이 될 수 있다. 튜브형 타이어는 또한 튜브와 타이어 사이에 갇힌 공기가 배출되는 측벽에 삼출구멍(seepage hole)을 가지고 있다.

▲ 그림 7-72 측벽 배출구 색채 표시

6) 항공기 타이어의 검사와 정비(Aircraft Tire Inspection and Maintenance)

(1) 팽창(Inflation)

항공기 타이어는 적절하게 팽창되어야 한다. 타이어 공기압은 하중에 따라 그리고 항공기의 무게 측정과 함께 점검된다. 하중이 걸릴 때 대비 하중이 걸리지 않을 때의 압력지시는 4% 정도 변화할 수 있다. 즉, 160psi 공기압력으로 설계된 타이어에서 6.4psi 오차는 허용될 수 있다.

타이어가 마찰할 때, 열은 발생하고 타이어 비드를 통한 바퀴 림뿐만 아니라 대기로 방출된다. 부적절하게 팽창한 항공기 타이어는 쉽게 눈에 보이지 않으며, 타이어 파손으로 이어질 수 있는 내면적 손상을 입을 수 있다. 착륙과정에서 타이어 파손은 매우 위험하다. 항공기 타이어는 유연하고 그리고 착륙의 충격을 흡수하도록 설계되었으나 충분하게 공기가 공급되지 않은 타이어는 타이어의 설계한계를 넘어서 눌리게 되고, 이것은 카커스 구조를 약화시켜 과도한 열 축적의 원인이 된다. 타이어 온도가 한계 이내로 유지되는지 확인하기 위해, 타이어공기압은 매일 그리고 정기 운항항공기라면 매 비행 전에 적당한 압력 여부를 점검하여야 한다.

외기온도의 변동은 타이어 공기압에 크게 영향을 준다. 타이어 공기압은 전형적으로 매 5°F의 온도변화마다 1%씩 변화한다. 항공기가 한 곳의 환경에서 다른 환경으로 날아갔을 때, 외기온도 차이가 클 수 있다. 그런 이유로, 정비사는 타이어 공기압이 조정되었는지 확인해야 한다. 예를 들어, 외기온도가 100°F인 인천을 출발하는 정확한 타이어 공기압을 가지고 있는 항공기가 외기온도가 50°F인 러시아에 도착한다면, 외기온도에서 50°F 차이는 타이어 공기압에서 10% 감소로 나타난다. 그런 까닭에 인천에서 이륙 전에 타이어 공기압을 정비자료에서 제공된 허용한계를 넘어서지 않는 한 러시아의 온도에 맞도록 압력을 높게 보급하여 출발하도록 하여야 한다.

타이어 공기압 점검은 비행 직후 높은 온도의 타이어가 외기온도에 의해서 낮아지도록 착륙 후 3hour 경과한 후 점검한다. 외기온도에 대한 정확한 타이어 공기압은 일반적으로 제작사 정비매뉴얼에 기록된 표 또는 그래프를 참조한다.

그림 7-73과 같이, 과열과 높게 팽창(over inflated)된 항공기 타이어는 불규칙하게 마모되고, 자주 교체하게 되며, 브레이크 작동 시 바퀴가 림에서 이탈될 가능성도 있다. 또한 측벽과 림의 손상과 함께 비드와 하부측벽 지역에 손상을 가져올 수도 있다.

낮은 타이어 압력(under inflated)은 타이어를 과하게 눌리게 하여 타이어 본래의 형태를 손상시키고 심하면 타이어를 교체하여야 한다. 이중 바퀴 조립에서, 충분히 공기가 들어가지 않은 항공기 타이어는 다른 쪽 타이어에도 영향을 주어 양쪽 다 교체되도록 한다.

과팽창은 착지면(landing surface)에 마찰력을 감소시킨다. 계속된 과팽창은 빠르게 트레드를 마모시켜 타이어 사용횟수를 줄인다. 그것은 흠짐(bruise), 절단(cutting), 충격손상(shock damage), 그리고 펑크(blowout)를 쉽게 유발한다.

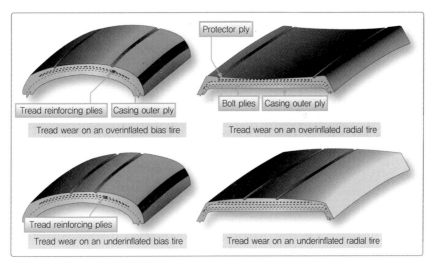

▲ 그림 7-73 과팽창과 저팽창으로 인한 트레드 마모의 예

(2) 트레드 상태(Tread Condition)

(a) 트레드 깊이와 마모 패턴(Tread Depth and Wear Pattern)

그림 7-74와 같이, 마모된 타이어의 정도와 내구성을 판단할 때는 모든 항공기에서 제작사 사용설명서에 따른다. 이 정보가 없을 때에 타이어 트레드 홈의 밑바닥에서 원주의 1/8 이상 마모된 타이어는 장탈하여야 한다. 만약 레디디얼 타이어에 보호플라이이거나 또는 바이어스 타이어에 보강플라이가 타이어의 원주의 1/8 이상에서 노출되었다면 타이어는 또한 장탈하여야 한다.

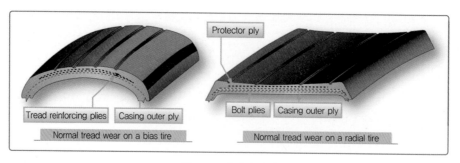

▲ 그림 7-74 타이어 정상 마모

(b) 트레드 손상(Tread Damage)

그림 7-75와 같이, 항공기 타이어는 손상에 대해 검사되어져야 한다. 절단(cut), 흠집 (bruise), 부풀어 오름(bulge), 박힌 이물질(foreign object), 떨어진 부스러기(chipping), 그리고 다른 손상은 계속 사용 가능한 한계 이내에 있어야 한다. 모든 손상은 타이어의 공기 가 빠지기 전에 또는 장탈 전에 분필 등으로 표시되어져야 한다.

▲ 그림 7-75 손상 부위 검사 표시

타이어의 트레드에 박혀진 이물질은 트레드를 넘어 박혀지지 않았을 때 제거한다. 의심스 러운 깊이의 물체는 타이어의 공기를 뺀 후 제거되어야 한다. 무딘 송곳 또는 적당한 크기의 스크루 드라이버로 트레드에 박힌 이물질을 제거한다. 제거했을 경우, 타이어가 사용할 수 있는지 판단하기 위해 남아 있는 손상을 평가한다. 이물질에 의해 발생된 라운드 홀은 만약 그것이 직경에서 단지 3/8inch 이하라면 기준에 맞는 것이다. 바이어스 플라이 타이어의 타 이어외피 코드 바디 또는 레이디얼 타이어의 트레드 벨트층을 관통하거나 또는 노출되어 박 혀진 물체는 타이어로 하여금 감항성에 영향을 주므로 사용하지 않아야 한다. 절단이나 트레 드 하부를 도려낸 것 같은 손상이 트레드 리브를 가로질러 연장되었다면 타이어 제거에 대한 원인이 된다.

그림 7-76과 같이, 타이어의 플랫스폿(flat spot)은 타이어가 회전하지 않는 상태로 활주 로 지면과의 미끄러짐의 결과이다. 이것은 전형적으로 항공기가 이동하는 동안 제동할 때 발 생한다. 만약 플랫스폿 손상이 바이어스 타이어의 보강플라이 또는 레이디얼 타이어의 보호

플라이를 노출시키지 않는다면 계속 사용이 가능하다. 그러나 만약 플랫스폿으로 진동이 발생한다면 타이어는 장탈되어야 한다. 착륙 시 사용된 브레이크는 격심한 플랫스폿의 원인이 될 수 있다. 그것은 또한 펑크의 원인이 될 수 있다. 이 경우에 타이어는 교체되어야 한다.

▲ 그림 7-76 착륙 시 과도한 브레이크로 발생한 플랫스폿

그림 7-77과 같이, 타이어 카커스에서의 트레드의 부풀어 오름 또는 분리는 곧바로 타이어 교체를 위한 원인이다.

▲ 그림 7-77 트레드의 부풀어 오름과 분리

그림 7-78과 같이, 홈이 있는 활주로(grooved runway)에서 타이어 트레드에 얕은 V형 절단을 발생하게 할 수 있다. 이들 절단은 타이어의 코어 물질에 손상을 시키지 않는 한 지속적인 사용을 허용한다. 트레드의 두꺼운 조각으로 하여금 벗겨지게 하는 깊은 V형 절단은 보강플라이 또는 보호플라이의 $1\,inch^2$ 이상 노출되지 않아야 한다.

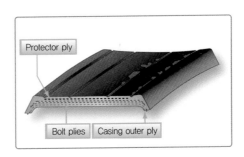

▲ 그림 7-78 홈이 있는 활주로에서의 트레드 절단   ▲ 그림 7-79 트레드 조각 떨어짐

그림 7-79에서 보여준 것과 같이, 트레드의 조각 떨어짐 현상(chipping)은 때때로 트레드 리브의 가장자리에서 발생한다. 이렇게 하여 상실된 소량의 고무는 허용할 수 있는 것이다. 보강플라이 또는 보호플라이의 1 inch² 이상의 노출은 타이어의 제거에 대한 원인이다.

그림 7-80과 같이, 항공기 타이어 트레드 홈에서의 균열은 만약 보강플라이 또는 보호플라이의 1/4 inch 이상이 노출되었다면 대개 받아들일 수 있는 것은 아니다. 언젠가는 트레드 홈으로부터 전체로 트레드 하부의 잘려짐의 원인이 될 수 있다.

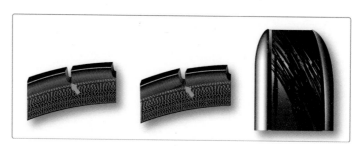

▲ 그림 7-80 트레드 홈의 균열과 하부 잘림

오일, 작동유, 솔벤트, 그리고 다른 탄화수소물질은 타이어 고무를 오염시키고, 연하게 하며, 스펀지처럼 만든다. 오염된 타이어는 사용할 수 없다. 만약 어떠한 휘발성의 유체가 타이어와 접촉하고 있다면, 변성알코올에 뒤이어 비누와 물로써 씻어내는 것이 최선이다. 착륙장치계통을 정비 시에는 타이어에 커버(cover)를 장착하여 해로운 유체와의 접촉으로부터 타이어를 보호한다. 타이어는 또한 오존과 기후로부터 퇴화의 영향을 받는다. 오랫동안 외부에 주기된 항공기 타이어는 자연으로부터 보호를 위해 감싸주어야 한다.

(3) 측벽 상태(Sidewall Condition)

항공기 타이어 측벽의 주 기능은 타이어 카커스의 보호이다. 만약 측벽코드의 절단(cut), 홈(gouge), 걸림(snag), 또는 다른 손상이 있다면 타이어는 교체되어야 한다. 측벽코드에 도달하지 않은 손상은 일반적으로 사용이 허용된다. 측벽에서 완곡하게 갈라진 금(crack) 또는 갈라진 틈(slit)은 허용되지 않는 것이다. 타이어 측벽에서 부풀어 오름(bulge)은 측벽 카커스플라이에서 얇은 조각으로 갈라짐(delamination)이 발생한 것이므로 타이어는 곧바로 장탈되어야 한다.

기후 환경과 오존은 측벽의 균열과 금 가기(checking)의 원인이 될 수 있다. 만약 이것이 측벽코드로 연장되었다면, 타이어는 장탈되어야 한다. 반면에 그림 7-81과 같은 측벽의 금 가기는 타이어의 성능에 영향을 주지 않으므로 계속 사용이 가능하다.

▲ 그림 7-81 측벽의 균열과 금 가기

(4) 타이어 장탈(Tire Removal)

손상 또는 과열 흔적이 있는 고압타이어는 폭발에 각별히 주의하여 처리되어야 한다. 고압타이어의 온도가 외기온도 이상으로 계속 상승되고 있는 동안에는 절대로 접근하지 않는다. 온도가 내려갔을 경우, 타이어의 전진방향과 양옆의 가장자리 사각으로부터 접근한다.

항공기로부터 타이어가 장탈되기 전에 그림 7-82와 같은 밸브코어를 장탈하여 공기를 완전히 뺀다. 타이어의 공기를 빼기 위해 공기빼기공구(deflation tool)를 사용한다. 밸브코어의 사출경로에서 떨어져서 옆쪽에 위치한다. 내부 타이어 공기압에 의해 추진된 밸브코어는 인명에 중대한 손상을 주는 원인이 될 수 있다.

▲ 그림 7-82 타이어 밸브코어

타이어로부터 림을 장탈하기 위해서 수동압착기(hand press)와 유압압착기(hydraulic press)를 이용할 수 있다.

(5) 타이어 조립(Tire Mounting)

(a) 튜브리스 타이어(Tubeless Tire)

비드시트 지역에서 매끄럽지 못한 결점이 없는지 면밀한 검사를 한다. O-링은 그것이 타이어의 바퀴를 밀봉을 보장하기 위해 윤활이 되어야 하고 양호한 상태에 있어야 한다. 그림 7-83과 같이 O-링을 장착한다. 바퀴의 조립작업에서는 제작사 사용법설명서에 따라 장착한다.

▲ 그림 7-83 튜브리스 타이어 O-링의 장착

가장 중요한 것은 타이어가 항공기에 사용이 가능한 형식인지를 점검하는 것이다. 부품번호, 크기, 플라이등급, 정격속도, 그리고 기술표준규칙(TSO, technical standard order) 번호 또한 측벽에 표시되어 있어야 한다. 저장과 취급으로부터의 손상 여부를 시각적으로 점검한다. 타이어의 영구적인 변형은 없어야 한다. 그리고 균열과 다른 손상에 대한 모든 검사를 통과해야 한다. 깨끗한 비누물 수건과 비눗물 또는 변성알코올로서 타이어 비드 지역을 세척한다. 타이어 안쪽에 부스러기가 없어야 한다.

바퀴를 조립할 때, 타이 볼트 조임 순서와 토크 규격에 대해서는 제작사 사용법설명서를 따른다. 고착방지윤활제(anti-seize lubricant)와 습식 토크값(wet-torque value)은 바퀴 어셈블리에 일반적으로 적용된다. 보정된(calibrated) 핸드 토크 렌치를 사용한다. 절대로 항공기 타이어 어셈블리에서 충격렌치(impact wrench)를 사용하지 말아야 한다.

항공기 타이어 초기 팽창에서, 타이어는 타이어 팽창 안전케이지에 놓여 있어야 한다. 팽창 호스는 타이어 밸브꼭지에 부착되어야 하고, 그리고 타이어 압력은 안전거리에서 조절되어야 한다. 30feet의 최소한계가 권고된다. 공기 또는 질소는 명시된 것으로서 공급되어야 한다. 부식을 방지하는 데 도움을 주는 건조 질소는 타이어 내부에 습기의 유입을 막는다.

항공기 타이어는 명시된 작동압력으로 충분히 팽창시킨 다음에 12시간 동안 하중이 가해지지 않은 상태에서 5~10% 감소는 정상이다. 다시 작동압력까지 타이어를 팽창시킨 후 일일 5% 이하의 압력 손실은 허용할 수 있다. 더 많을 경우에는 조사되어야 한다.

(b) 튜브형 타이어(Tube-type Tire)

장착하고자 하는 튜브는 또한 검사를 통과해야 하고 타이어에 대해 정확한 크기이어야 한다. 그림 7-84의 타이어 활석(talc)은 튜브형 타이어를 장착할 때 사용된다. 정비사는 타이어의 안쪽과 튜브의 바깥쪽에 가볍게 활석으로 문질러야 한다. 일반적으로 튜브를 제작할 때

튜브의 무거운 지점(heavy part)을 표시한다. 이 균형표시(balance mark)가 없을 때는 밸브가 튜브의 가장 무거운 부분에 위치를 정한 것으로 여겨진다. 그림 7-85와 같이, 적당한 균형을 위해, 타이어의 적색표시와 튜브의 무거운 지점을 정렬시킨다.

▲ 그림 7-84 타이어 활석

▲ 그림 7-85 튜브에 표시된 무거운 지점 균형표시

바퀴 균형이 표시되고 튜브 균형표시와 타이어 균형표시가 모두 정확하게 배치되었을 경우, 그림 7-86과 같이, 튜브의 밸브꼭지가 밸브꼭지 열린 구멍을 거쳐지나가도록 외측 바퀴를 장착한다. 바퀴 림 사이에 튜브가 끼지 않도록 조심하여 내측바퀴를 합치시킨다. 타이 볼트를 장착하여 조이고, 그리고 명시된 토크를 한다. 타이어 팽창케이지에서 어셈블리를 팽창시킨다. 튜브형 타이어에 대한 팽창절차는 튜브리스 타이어의 것과 약간 다르다. 타이어/튜브 어셈블리에 서서히 작동압력을 보급한 후 공기를 완전히 배출시킨다. 명시된 작동압력에서 두 번째 타이어/튜브 어셈블리를 다시 팽창시키고 그것이 12시간 동안 무하중에서 유지되게 한다.

▲ 그림 7-86 튜브 밸브 스템 장착

(6) 타이어 균형(Tire Balancing)

항공기 진동은 균형이 맞지 않는 타이어 어셈블리와 바퀴 어셈블리가 주요 원인이다. 앞바퀴가 불균형되었을 때 객실에 가장 큰 진동을 발생시키는 경향이 있다.

정적균형은 대부분 항공기 타이어와 바퀴에서 요구되는 모든 것이다. 그림 7-87과 같이, 타이어 균형 A형 스탠드에 바퀴를 위치시키면 무거운 쪽은 밑바닥으로 움직인다. 임시 무게추(weight)를 위쪽에 부착하여 균형이 잡혀지면, 영구 무게추가 장착된다. 그림 7-88과 같이, 모든 제작사 사용법설명서를 따르고 오직 바퀴 어셈블리에 대해 명시된 무게추를 사용한다.

▲ 그림 7-87 타이어/바퀴 균형
A형 스탠드

▲ 그림 7-88 타이어 균형 패치, 접착형 무게 추, 볼트형 무게 추

일부 장치들은 항공기 타이어 어셈블리와 바퀴 어셈블리의 동적균형을 제공한다. 이것은 제작사에 의해 드물게 명시된 반면에, 잘 균형이 잡힌 타이어 어셈블리와 바퀴 어셈블리는 진동 없는 작동을 제공하는 데 도움을 주고 브레이크와 토크 링크와 같은, 착륙장치 구성요소에 마모를 줄인다.

(7) 항공기 튜브(Aircraft Tube)

항공기 타이어튜브는 천연고무 화합물로 제작된다. 종류에는 비강화식(un-reinforced)과 강화식(reinforced) 그리고 강력튜브(heavy duty tube)가 있다. 강력튜브는 마찰(chafing)에 견디기 위한 강도를 마련하기 위해 그리고 제동 시 발생하는 열에 대하여 보호하기 위해 고무 안에 층을 이루고 있는 나일론 강화 천(nylon reinforced fabric)을 가지고 있다.

항공기 타이어튜브는 원래의 상자에 보관되어야 한다. 만약 원래의 상자가 없다면, 여러 겹의 종이로 번갈아 감싸서 보관한다. 타이어의 안쪽과 튜브의 바깥쪽에 활석(talc)의 사용은 들러붙음을 방지한다. 항상 선선하고, 건조하며, 오존 생산 장비가 없고 통풍이 잘 되며 어두운 곳에 항공기 튜브를 저장한다.

항공기 타이어튜브의 취급과 저장 시 접힌 금(crease)과 주름(wrinkle)이 생기지 않도록 한다. 또한 절대로 저장을 위해서 못 또는 나무못 위에 튜브를 걸어두지 말아야 한다.

항공기 튜브의 누설 점검은 튜브가 모양을 갖출 만큼 튜브를 팽창시킨 후 물을 담은 용기에 튜브를 가라앉히고 기포의 발생 여부를 확인한다. 대형 튜브는 물을 뿌려서 검사한다. 밸브코어 또한 누설검사를 한다.

항공기 타이어튜브에 대한 수명제한은 없다. 계속 사용여부는 균열 또는 접힌 금(crease)과 탄력성 등으로 판단한다. 밸브 부착 부위는 손상되기 쉬우므로 밸브를 구부려서 철저히 검사되어야 한다.

(8) 타이어의 수리와 재생(Tire Repair and Retreading)

정비사는 타이어 수리가 가능하다는 것을 결정하기 위해 기체제작사 사용법설명서와 타이어제조사 사용법설명서를 따라야만 한다. 모든 타이어 수리는 인가된 수리시설(repair facility)에서 수행되어야 한다. 비드 손상, 플라이 분리(ply separation), 그리고 측벽 코드 노출(sidewall cord exposure)된 모든 타이어는 폐기되어야 한다. 튜브리스 타이어에서 안쪽 라이너 상태는 또한 중요한 것이다. 튜브형 타이어에 있는 튜브 교체는 항공기 타이어의 작업에 필요한 모든 시설과 장비를 구비한 작업장에서 유자격 정비사에 의해 수행된다.

항공기 타이어는 아주 비싸며, 내구성이 좋다. 트레드의 마모가 한계를 넘은 타이어의 카커스(carcass)가 수리한계 이내에 있다면, 유효비용(effective cost)을 줄이기 위해 트레드를 재생(retread)하여 사용할 수 있다. 미연방항공청(FAA)은 재생 작업을 수행하는 수리소(repair station)를 보증(certified)한다. 현장정비사(line technician)는 타이어를 수리시설에서 재생하여 사용하는 비용이 더 경제적인지를 검사한다. 타이어 재생업자는 현장정비사의 역량을 넘어서는 수준으로 타이어마다 검사하고 시험한다. 타이어의 내부결함유무에 관하여 자세한 정보를 제공하는 전단간섭, 광학비파괴검사법은 타이어 카커스가 지속적인 사용이 가능한지를 확인하기 위해 타이어재생 수리시설에서 수행되어진다.

재생타이어는 재생 횟수가 타이어에 표시되어진다. 재생되어진 타이어는 강도(strength)를 떨어뜨리지 않고 새 타이어의 성능을 제공한다. 재생되어질 수 있는 타이어의 횟수에 대해 제정되어진 한도는 없다. 타이어 카커스의 구조안전성(structural integrity)에 근거한다. 잘 유지된 주 기어 타이어는 피로(fatigue) 문제가 카커스의 구조안전성을 저해하지 않는다면 적은 횟수(a handful of times)로 재생될 수 있다. 일부 앞바퀴 타이어는 거의 12회 (dozen time) 재생되어질 수 있다.

(9) 타이어 저장(Tire Storage)

그림 7-89와 같이 항공기 타이어는 항상 수직으로 저장되어야 한다. 타이어를 수평하게

눕힌 상태로 겹쳐쌓기는 권고되지 않는다. 트레드에 대해 최소 3~4inch 평평한 정지 표면으로 된 타이어 보관대(rack)에 타이어를 저장하는 것이 타이어의 비틀어짐(distortion)을 피하는 이상적인 방법이다.

만약 타이어의 가로 겹쳐쌓기가 필요하다면, 절대로 6개월 이상 가로로 겹쳐 쌓지 않는다. 만약 타이어 직경이 40inch 이하라면 4개 타이어보다 높이 그리고 만약 타이어가 직경이 40inch 이상이라면 3개의 타이어보다 높지 않도록 겹쳐 쌓는다.

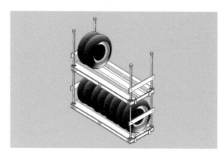

▲ 그림 7-89 타이어 보관대

▲ 그림 7-90 타이어 홈에 생긴 오존 균열

그림 7-90과 같이, 튀어나온 트레드는 또한 리브 홈을 압박하고 이 지역에서 오존공격으로 고무를 퇴화시킨다. 항공기 타이어를 저장하기 위한 이상적인 장소는 통풍이 잘되고, 이물질이 없으며, 서늘하고, 건조하고, 어두운 곳이다.

항공기 타이어는 화학약품과 햇빛으로부터 퇴화의 경향이 있는 천연고무 화합물을 함유하고 있다. 오존(ozone)과 산소는 타이어 화합물의 퇴화의 원인이 된다. 타이어는 이들 가스로부터 지속적으로 떨어져서 저장되어야 한다. 형광등, 수은등, 전동기, 배터리충전기, 전기용접장비, 발전기, 그리고 오존을 생산하는 유사한 공장설비는 항공기 타이어 근처에서 작동시키지 말아야 한다. 조립되어 압력이 공급된 타이어는 오존공격으로부터 취약성을 줄이기 위해 작동압력보다 25% 적은 압력에서 저장될 수 있다. 나트륨등은 허용되며, 어두운 곳에서 항공기 타이어의 저장은 자외선 등으로부터 퇴화를 최소화하기 위해 사용된다. 만약 이것이 불가능하다면, 오존 방벽을 형성하도록 그리고 자외선 등에 노출을 최소로 하도록 어두운 폴리에틸렌 또는 종이로 감싼다.

연료, 오일, 그리고 솔벤트와 같은, 일반적인 탄화수소 화학제품은 타이어와 접촉시키지 말아야 한다. 격납고 또는 작업장 바닥에 유출된 부분을 통과하여 타이어를 이동하는 것을 피하고 어떠한 타이어라도 만약 오염되었다면 곧바로 깨끗하게 세척하여야 한다. 고무화합물에 퇴화의 영향을 주는 수분으로부터 영향을 받지 않는 곳에 타이어를 저장한다.

안전한 항공기 타이어의 저장을 위한 일반적인 온도범위는 32~104°F이다. 이 이하의 온도는 허용되나 더 높은 온도는 피해야 한다.

Aircraft Airframe

PART
02

항공기 시스템

항공기 연료계통
Aircraft fuel system

1-1 연료계통의 기본적인 구비 요건(Basic Fuel System Requirement)

모든 동력 항공기는 엔진을 작동시키기 위해 연료의 탑재를 필요로 한다. 저장탱크, 펌프, 여과장치(filter), 밸브, 연료관, 계량장치(metering device), 그리고 감시장치(monitoring device)로 이루어진 연료계통은 엄격한 국가별 항공감항담당부서의 규정에 의거 설계되고 인가된다. 각각의 연료계통은 항공기의 자세에 관계없이 깨끗한 연료를 계속적으로 공급해야 한다. 연료하중은 항공기의 무게에 있어서 중대한 부분일 수 있기 때문에, 기체는 충분히 튼튼하게 설계되어야 한다. 비행 중 변화하는 연료하중과, 방향조종(maneuver) 시 무게의 변환은 항공기의 조종에 부정적인 영향을 주지 말아야 한다. 각각의 연료계통은 엔진과 보조동력장치(APU, auxiliary power unit)가 어떤 작동 조건에 있더라도 정상적으로 작동하도록 공급 비율과 압력으로 연료 흐름이 보장되도록 조립되어야 하고 배열되어야 한다. 연료계통은 각 항공기가 인가된 범위 내의 어떠한 자세에 있더라도 엔진과 보조동력장치 연료를 공급할 수 있어야 한다. 또한, 연료계통 안으로 공기의 유입을 방지하기 위한 장치가 있어야 한다. 터빈엔진비행기의 연료계통은 적용되는 연료통기(vent) 필요조건을 충족해야 하고, 연료에 약간의 수분이 있더라도 정상적인 흐름과 압력 범위로 지속적인 작동이 되어야 한다.

1 연료계통의 독립성(Fuel System Independence)

다발비행기에서 각각의 연료계통은 적어도 하나의 계통구성에서, 연료탱크 외에 어떤 구성요소가 고장 났을 때 1개 이상 엔진의 동력 상실이 발생하지 않도록 또는 조종사의 응급조치에 의해 1개 이상 엔진의 동력 상실이 안 되도록 배열되어야 한다. 만약 단 하나의 연료탱크를 사용하는 다발비행기라면, 탱크에서 각각의 엔진으로 가는 독립적인 차단밸브(shutoff valve)가 장착되어야 한다. 차단밸브는 반드시 있어야 할 방화벽차단밸브로서의 기능을 갖기도 한다. 그러나 만약 밸브와 엔진 사이의 연료관 길이가 길어 1quart 이상의 연료를 갖고 있다면 추가적인 방화벽 차단밸브가 필요하다. 각각의 탱크배출구(tank outlet)에서 각각의 엔진까지의 관(line)과 구성요소는 독립적이어야 한다. 연료탱크는 적어도 2개의 통기구(vent)를 갖추어야 하며 양쪽 통기구가 동시에 막힐 가능성이 없도록 배열한다. 주입기 마개(filler cap)는 부정확하게 장착되지 않도록, 또한 비행 중 소실되지 않도록 설계되어야 한다.

② 연료계통 낙뢰 방지(Fuel System Lightning Protection)

연료계통은 낙뢰(lightning strike)에 의한 연료계통 내부에 있는 연료증기의 점화를 방지하도록 설계되어야 하고 배열되어야 한다. 코로나(corona)와 코로나의 광채(streamer)는 연료·공기혼합 가스를 점화시킬 수 있기 때문에 연료통풍구에서 방지되어야 한다. 코로나는 항공기와 주변지역과의 전위차로 인해 일어나는 불꽃방전이다.

③ 연료 흐름(Fuel Flow)

정상적인 엔진작동을 위해 충분한 유량과 압력으로 연료를 공급하는 연료계통은 항공기에서 핵심이다. 연료계통은 어떠한 항공기 자세에서도 연료를 공급해야 하고, 성능 시험으로 입증되어야 한다. 연료유량계(fuel flowmeter)는 대부분 항공기에 장착되어 있다.

중력식 연료공급계통의 연료 흐름률은 엔진의 이륙연료소모량 150%이어야 한다. 각각의 왕복엔진으로 연료를 공급하는 각 펌프의 주 공급량과 보조 공급량에 대한 연료 흐름률은 최대이륙출력에 필요한 연료량의 125%이어야 한다. 그러나 주 펌프와 비상용펌프가 동시에 작동했을 때 연료압력은 엔진의 연료입구 압력한계를 초과하지 않아야 한다. 터빈엔진 연료계통은 엔진이 각각의 의도한 운전조건에서 작동하는 데 필요한 연료의 100%를 공급해야 한다.

다수의 연료탱크를 가지고 있는 항공기는 한 탱크의 연료가 다 소비되면 즉시 새로운 탱크로 전환하는 기능이 제대로 이루어지는지 확인해야 한다. 수평 비행하는 왕복단발항공기는 10초 이내에 75% 최대연속출력을 얻을 수 있도록 연료가 공급되어야 하고, 터보과급기가 달린 항공기나 다발항공기는 20초까지 허용된다.

④ 더운 날씨에서의 연료계통 작동(Fuel System Hot Weather Operation)

각각의 연료계통은 인가된 가장 열악한 작동 조건과 환경조건에서 연료의 임계온도로 연료를 사용할 때 증기폐색(vapor lock)이 없어야 한다. 터빈연료에 대한 임계온도는 $110 ^{+0}_{-5}°F$ 또는 승인된 최대외기온도이어야 한다.

1-2 항공유의 종류(Type of Aviation Fuel)

각각의 항공기 엔진은 오직 제작사에 의해 명시된 연료를 사용해야 한다. 혼합연료는 허용되지 않는다. 항공유에는 두 가지 기본적인 종류가 있는데, 가솔린(gasoline) 또는 항공용 가솔린(AVGAS, aviation gasoline)이라고 알려진 왕복엔진연료와, 제트연료(jet fuel) 또는 케로신(kerosene)이라고 알려진 터빈엔진연료(turbine-engine fuel)이다.

항공 연료의 특징은 다음과 같다.

① 발열량이 커야 하고, 휘발성이 좋으며 증기폐색(vapor lock)을 일으키지 않아야 한다.

② 안티 노킹(anti-knocking)값이 커야 한다.

③ 안정성이 좋아야 하고, 부식성이 적어야 한다.

④ 저온에 강해야 한다.

1 왕복엔진 연료(Reciprocating Engine Fuel- AVGAS)

왕복엔진은 AVGAS라고 알려진 가솔린을 사용한다. AVGAS는 휘발성이 큰 물질이고 극히 인화성 물질이다. 반면 터빈 연료는 인화점(flash point)이 높기 때문에 인화성이 상대적으로 낮은 케로신형 연료를 사용한다. 일부 항공기에서는 자동차에 사용되는 디젤엔진과 같은 왕복엔진을 장착하여 AVGAS가 아닌 터빈엔진 연료를 사용하기도 한다.

(1) 휘발성(Volatility)

왕복엔진은 휘발성이 좋은 연료가 요구된다. 액체 가솔린은 엔진에서 연소가 잘 되도록 기화기에서 기화시켜야 한다. 저휘발성 연료는 느리게 기화되어 엔진시동을 힘들게 하며 불충분한 가속의 원인이 될 수 있다. 그러나 휘발성이 너무 높으면 이상폭발(detonation)과 증기폐색(vapor lock)의 원인이 될 수 있다.

AVGAS는 서로 다른 비등점(boiling point)과 휘발성을 갖는 여러 탄화수소 화합물의 혼합물이다.

(2) 증기폐색(Vapor Lock)

연료관에서 가솔린의 증발에 의한 기포는 엔진으로 들어가는 가솔린의 양을 감소시키고 어떤 경우에는 엔진을 정지시키는 원인이 되기도 한다. 이러한 현상을 증기폐색이라 한다. 이것은 주로 엔진구동식 연료펌프를 갖춘 엔진에서 따뜻한 날에 발생한다. 이 경우, 액체연료는 조기에 기화하고 기화기로 액체연료의 흐름을 차단한다.

항공기 가솔린은 100℉에서 5.5~7psi 사이의 증기압을 갖도록 정제된다. 증기폐색을 방지하기 위한 가장 일반적인 것이 액체연료에 압력을 가해 엔진으로 보내주는 연료탱크에 장착된 승압펌프(boost pump)의 사용이다.

(3) 이상폭발(Detonation)

이상폭발은 왕복엔진의 실린더 내부에서 발생하는 폭발의 일종으로 실린더 내의 연료-공기 혼합기의 압력과 온도가 임계점을 초과하면 나타나는 폭발 현상이다. 실린더 내부에서 압력이 상승하면 불꽃이 실린더 헤드 쪽으로 움직이고 이때 미연소된 연료-공기 혼합기가 폭발하면서 거의 순간적으로 에너지가 떨어지는 현상으로 실린더 헤드의 온도가 상승하고, 피스톤이나 헤드에 파손을 일으키는 원인이 되며, 이때에 속도가 음속을 넘기 때문에 굉장한 소리가 난다. 이 소리를 노킹(knocking)현상이라 한다.

(4) 표면점화 및 조기점화(Surface Ignition and Pre-ignition)

표면점화는 조기점화라고 하며, 연소실 내부의 국부적 또는 전체 표면의 과열에 의하여 연료-공기 혼합기가 점화시기 이전에 연소를 시작하는 형태를 말하며, 이러한 현상은 일반적으로 점화플러그의 전극, 배기밸브의 과열 또는 탄소찌꺼기가 어떤 부품에 붙어 미세한 불씨를 가지고 있는 상태에서 흡입행정으로 새로운 혼합기가 들어올 때 발생한다. 그림 1-1과 같이, 반복되는 조기점화는 중대한 엔진손상과 엔진고장의 원인이 될 수 있다. 정비사는 올바른 연료가 사용되고 있는지, 그리고 엔진은 올바르게 작동되고 있는지 확인해야 한다.

▲ 그림 1-1 조기점화 또는 이상폭발에 의한 엔진 피스톤 손상 상태

(5) 옥탄과 성능지수(Octane and Performance Number Rating)

옥탄과 성능지수는 엔진 실린더 안으로 들어가는 연료 혼합기의 안티노크(anti-knock)

값이라 할 수 있다. 항공기 엔진에 사용하는 연료는 높은 출력을 내야 하기 때문에 폭발이 일어나지 않는 상태에서 최대의 출력을 얻기 위하여 높은 옥탄의 연료를 사용하게 된다.

항공연료의 등급은 grad 100/130과 같이 두 가지 숫자로 나타내며 첫 번째 숫자 100은 희박-혼합비 등급(lean-mixture rating)이고, 두 번째 숫자 130은 농후-혼합비 등급(rich-mixture rating)을 의미한다. 항공연료를 다른 등급으로 표시하는 방법은 100까지는 옥탄번호로 나타내고 있으며, 옥탄번호 계통은 연료 속에 함유된 이소옥탄(iso-octane/C_8H_{18})과 정헵탄(normal heptane/C_7H_{16})의 혼합비율을 기초로 하고 있다. 어떤 연료의 이소옥탄만으로 이루어진 표준연료의 안티노크성을 옥탄 100으로 정하고, 정헵탄만으로 이루어진 표준연료의 안티노크성을 옥탄 0으로 하여 표준연료 속의 이소옥탄의 체적비율을 백분율로 표시한 것을 옥탄값이라 한다.

예로서 어떤 연료의 옥탄가가 97이라 할 때 이 연료 중에 이소옥탄이 97%가 혼합되었다는 것이 아니라 97%의 이소옥탄과 3%의 정헵탄이 혼합된 시험연료가 표준연료의 노킹 압축비와 동일한 압축비에서 노킹이 발생했다면 이 연료를 옥탄가 97이라 한다.

연료의 성능지수란 어떤 엔진이 순수한 이소옥탄만으로 노킹 없이 100% 출력이 1,000마력이었다고 했을 경우에, 100옥탄의 연료를 사용했을 경우 노킹 발생 없이 1.3배의 출력(1,300마력)을 얻었다고 하면 이 연료는 성능지수 130의 연료라 한다.

이러한 항공연료에는 연료성능지수를 증가시키기 위한 안티노크(anti-knock)제를 사용하며, 이 성분은 일반적으로 4에틸 납(TEL: tetraethyl lead)을 사용하고 있다. 그러나 납 성분의 인체에 미치는 영향이 크기 때문에 주의가 필요하다.

(6) 연료의 식별(Fuel Identification)

항공기 제작사와 엔진 제작사는 각각의 항공기와 엔진에 대해 인가된 연료를 명시한다. 가솔린은 4에틸 납(lead)이 함유되었을 때에는 색으로 표시하도록 법으로 규정하고 있다. 등급 100의 납 성분이 적은(low-lead) 항공용 가솔린의 색은 청색이고, 납 성분이 많은(high-lead) 것은 녹색이다. 80/87 AVGAS는 사용되지 않으며, 82UL(unleaded) AVGAS는 보라색이다.

등급 115/145 AVGAS는 2차 세계대전 시에 대형, 고성능 왕복엔진을 위해 설계된 연료이다. 115/145의 가솔린을 사용하려면 먼저 사용하던 모든 호스를 교환해야 하고, 연료계통및 엔진연료계통의 부품을 flush해야 한다.

모든 등급(grade)의 제트연료는 무색이거나 담황색(straw color)으로 AVGAS와 구별된다. 그림 1-2는 컬러코드 연료라벨(color-coded fuel labeling)의 예를 보여준다.

Fuel Type and Grade	Color of Fuel	Equipment Control Color	Pipe Banding and Marking	Refueler Decal
AVGAS 82UL	Purple	82UL AVGAS	AVGAS 82UL	82UL AVGAS
AVGAS 100	Green	100 AVGAS	AVGAS 100	100 AVGAS
AVGAS 100LL	Blue	100LL AVGAS	AVGAS 100LL	100LL AVGAS
JET A	Colorless or straw	JET A	JET A	JET A
JET A-1	Colorless or straw	JET A-1	JET A-1	JET A-1
JET B	Colorless or straw	JET B	JET B	JET B

▲ 그림 1-2 연료 관련 부품에 부착되는 라벨의 컬러코드

(7) 순도(Purity)

항공연료는 필수적으로 오염으로부터 보호되어야 한다. 그렇지 않으면 연료 흡입계통의 작동에 지장을 주기 때문이다. 항공기 연료계통에서 제일 중요한 오염은 공기 중에 함유되어 있는 수분이다. 탱크의 바닥이나 계통의 제일 하부에 집결되었다가 연료와 함께 흘러 계통 내부로 들어가 연료 계량(metering)계통의 작동을 방해하는 요소로 작용한다. 이러한 이유로 연료 탱크부분은 점검할 때마다 일정량을 배수(water drain)하여 물을 제거해야 한다.

2 터빈엔진 연료(Turbine Engine Fuel)

터빈엔진을 장착한 항공기는 왕복항공기 엔진과 다른 연료를 사용한다. 일반적으로 제트 연료라고 알려진 터빈엔진 연료는 터빈엔진을 위해 설계되었고 절대로 항공가솔린(AVGAS)과 혼합되거나, 왕복항공기 엔진 연료계통에 사용되지 않아야 된다.

터빈엔진 연료의 특성은 항공가솔린과 매우 다르다. 터빈엔진 연료는 AVGAS보다 아주 더 낮은 휘발성, 더 높은 비등점(boiling point)과 점성을 가지고 있는 탄화수소 화합물이다. 그림 1-3은 원유를 증류할 때의 과정을 보여준다. 제트연료로 제조되는 케로신 컷(kerosene cut—석유정제 등에 의한 유분)은 나프타(naphtha)나 가솔린 컷(gasoline cut)보다 더 높은 온도에서 만들어진다.

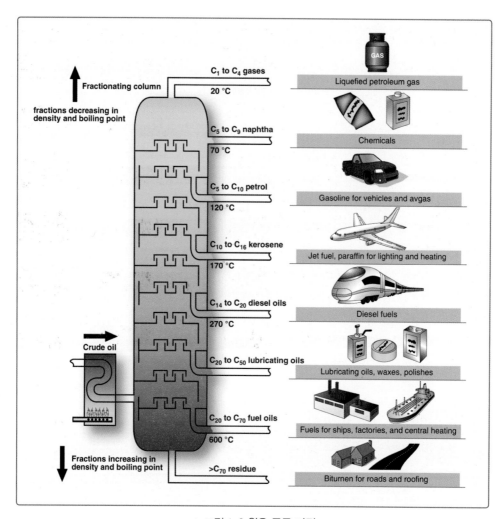

▲ 그림 1-3 원유 증류 과정

1) 터빈엔진의 연료 종류(Turbine Engine Fuel Type)

기본적인 터빈엔진 연료 종류에는 JET A, JET A-1, JET B가 있다. JET A는 미국에서 가장 일반적으로 쓰인다. 전 세계적으로는 JET A-1이 가장 대중적이다. JET A와 JET A-1 모두 기능적으로 케로신(kerosine) 종류에서 증류된다. 이들은 저휘발성과 저증기압을 갖는다. 인화점(flash-point)은 110℉~150℉의 범위에 있다. JET A의 어는점은 -40℉이고, JET A-1은 -52.6℉에서 빙결된다. 대부분 엔진운영 매뉴얼은 JET A나 JET A-1의 사용을 허용한다.

세 번째 종류는 JET B이다. JET B는 기본적으로 케로신과 가솔린의 혼합물인 와이드-컷 연료(wide-cut fuel)이다. JET B의 휘발성과 증기압은 JET A와 AVGAS 사이에 있다. JET B는 어는점이 낮아(약 -58℉) 주로 알래스카와 캐나다에서 이용된다.

2) 터빈엔진 연료의 문제점(Turbine Engine Fuel Issue)

터빈엔진 연료의 순도에 영향을 주는 요소는 물과 연료 속의 미생물(microbe)이다. 제트 연료에 있는 다량의 물은 미생물을 결집하게 하고, 성장하게 한다. 터빈엔진 연료는 항상 물을 함유하고 있기 때문에, 미생물 오염은 늘 위협적인 요소이다. 이들 미생물은 여과장치를 막히게 할 수 있고, 탱크의 도료(coating)를 부식시킬 수 있고, 그리고 연료의 질을 떨어트릴 수 있는 미생물 막을 형성한다. 그림 1-4와 같이, 연료에 미생물 제거제(biocide)를 추가하여 어느 정도 제어할 수 있다. 그러나 최상의 방법은 연료에 물의 함유를 최소화하는 것이다.

연료를 오랫동안 저장탱크에 놔두는 것은 피한다. 탱크 내에 고여 있는 물은 배수하고 배수된 물은 주기적으로 검사한다. 연료 취급절차와 연료계통 정비에 대한 제작사 지침서를 따라야 한다.

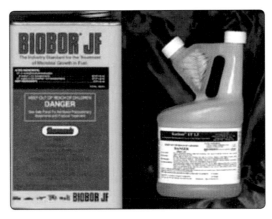

▲ 그림 1-4 제트 연료에 사용되는 미생물 제거제

1-3 항공기 연료계통(Aircraft Fuel System)

■ 소형 단발항공기 연료계통(Small Single-engine Aircraft Fuel System)

1) 중력식 공급 시스템(Gravity-feed System)

각 날개에 연료탱크를 구비한 고익기는 일반적으로 중력에 의해 연료를 엔진으로 공급한다. 그림 1-5에서는 간단한 중력식 공급 연료장치를 보여준다. 액체연료 위쪽에 공간은 연료면에 대기압이 유지하도록 통기된다. 양쪽 탱크가 엔진으로 연료를 공급할 때 탱크에 동일한 압력이 걸리도록 탱크는 서로 통기관이 연결되어 있다. 각 탱크의 공급관에는 여과기가 설치된 한 개의 송출구가 연료차단밸브(fuel shutoff valve) 또는 다중 위치 선택밸브(multi-position selector valve)로 연료를 공급한다. 차단밸브 또는 선택밸브의 하류에는 침전물과 물을 제거할 수 있는 주 계통 여과기(strainer)가 있다. 연료는 여과기를 거쳐 엔진시동을 위해 공급된다.

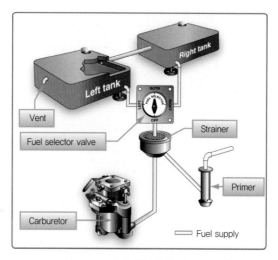

▲ 그림 1-5 고익기의 중력식 연료 공급계통

2) 펌프 연료 공급계통(Pump-feed System)

저익 또는 중익 단발왕복엔진 항공기는 연료탱크가 엔진 위쪽에 있지 않기 때문에 중력으로 연료를 공급할 수 없다. 대신에 1개 이상의 펌프가 공급관에 장착되어 엔진으로 연료를 보낸다. 그림 1-6에서는 이런 종류의 일반적인 연료계통을 보여준다. 서로 병렬로 연결된 두 개의 연료펌프(electric pump와 engine driven pump)는 탱크로부터 선택 밸브(selector), 여과기, 연료펌프, 기화기 순으로 연료를 공급한다. 선택밸브를 통해 공급할 탱크를 선택할 수 있다. 이런 종류는 탱크를 연결시켜 주는 통기관이 필요 없다.

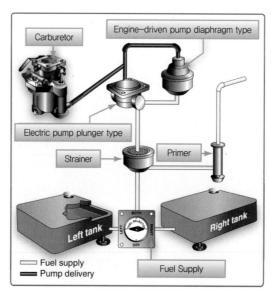

▲ 그림 1-6 경항공기 펌프 연료 공급계통

2개의 펌프는 중복 기능을 갖는다. 엔진구동 연료펌프가 주 펌프이고, 전기펌프는 주 펌프가 고장나면 작동한다. 전기펌프는 또한 엔진을 시동하는 동안 사용되고, 고고도로 비행 시 증기폐색을 방지하기 위해 사용된다.

3) 연료분사 시스템이 장착된 고익 항공기(High-wing Aircraft with Fuel Injection System)

일부 고익, 고성능 항공기는 기화기 대신 연료분사(fuel injection) 시스템이 있는 연료계통을 갖추고 있다. 이것은 연료펌프의 사용과 중력식 공급을 결합시킨 것이다. 그림 1-7은 연료분사장치의 예이다.

참고 연료분사식이란 압력이 걸린 연료를 엔진 입구 또는 실린더 내부로 직접 뿌려주는 방식으로, 연료에 공기는 혼합되지 않는다.

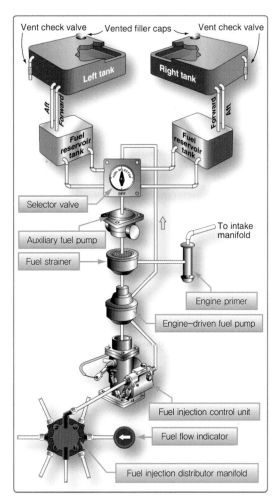

▲ 그림 1-7 중력식과 결합시킨 연료 분사장치

각 탱크의 연료는 중력에 의해 연료탱크로부터 2개의 소형 저장용기 탱크(reservoir tank)로 간다. 그다음 연료는 LEFT, RIGHT 또는 OFF의 3 Way 선택밸브를 통하여 연료 여과기를 거쳐 엔진구동 연료펌프로 간다. 또한 연료펌프에서 분리된 공기는 선택밸브로 되돌아가므로 선택밸브는 공기 분리기로서 역할을 한다.

선택밸브의 하류에 있는 전기 보조연료펌프는 엔진을 시동할 때 그리고 엔진구동펌프가 고장 났을 때 사용한다. 이 펌프는 조종실에 있는 스위치에 의해 제어된다.

연료제어장치(fuel control unit)는 엔진 회전수와 조종석으로부터의 혼합비 제어(mixture control) 입력에 따라서 연료를 계량한다. 연료제어장치는 연료를 나누는 분배 다기관(distribution manifold)으로 연료를 인도하고 각각의 실린더에 있는 개개의 연료분사기(fuel injector)로 균등하고 일관된 연료 흐름을 제공한다. 분배 다기관에 장착된 연료유량지시기(fuel flow indicator)는 조종실에 시간당 흐르는 연료량(gallon/hour)을 지시해준다.

4) 운송용 항공기 연료 시스템(Transport Aircraft Fuel System)

대형 운송용 제트항공기의 연료계통은 복잡하며, 구성요소가 왕복엔진항공기의 연료계통과는 크게 다르다. 보조동력장치(APU, auxiliary power unit), 가압급유(pressure refueling), 그리고 연료투하장치(fuel jettison system)와 같은 장치가 여객기 연료계통에 추가된다.

제트운송용 연료계통은 다음과 같은 하부계통(subsystem)으로 이루어진다.

① 저장(storage)　　　　② 통기(vent)

③ 급유(fueling)　　　　④ 공급(feed)

⑤ 지시(indicating)

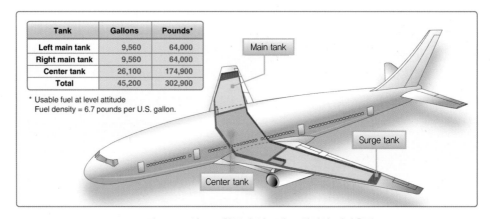

Tank	Gallons	Pounds*
Left main tank	9,560	64,000
Right main tank	9,560	64,000
Center tank	26,100	174,900
Total	45,200	302,900

* Usable fuel at level attitude
Fuel density = 6.7 pounds per U.S. gallon.

▲ 그림 1-8 보잉 777 항공기 연료탱크 위치와 저장용량

대부분 운송용 항공기의 연료계통은 매우 비슷하다. 일체형 연료탱크(integral fuel tank)는 연료탱크로 사용 가능하도록 밀폐된 각각의 날개 구조물을 이용한다. 중앙날개구간 또는 동체 탱크도 일반적으로 사용된다. 그림 1–8에서는 탱크용량을 나타내는 보잉 777 항공기 연료탱크 배치도를 보여준다.

동일한 모델의 정기여객기의 연료탑재량은 운행하는 노선에 따라 연료탱크의 배치를 다르게 할 수 있다. 예를 들어, 장거리 운항을 위해서 보조탱크를 장착해 더 많은 연료를 탑재할 수 있다. 이런 보조탱크의 장착은 연료계통을 더욱 복잡하게 만든다.

제트운송용 항공기에는 또한 주 연료탱크와 보조 연료탱크에 추가하여, 서지탱크(surge tank)가 있다. 주 날개탱크의 맨 바깥쪽에 위치하며 비어 있는 것이 정상이다. 이들은 연료 보급 시나 운항 중 발생할 수 있는 연료범람(fuel overflow)을 위해 사용된다. 서지탱크로 범람한 연료는 체크 밸브(check valve)를 통해 주 날개탱크로 다시 보내진다. 서지탱크는 또한 통기구(naca intake)가 장착되어 외부 공기가 각각의 탱크로 통할 수 있게 하여 압력차로 인한 연료탱크의 손상을 방지한다.

연료이송장치(fuel transfer system)는 하나의 탱크에서 다른 탱크로 연료를 이동시키는 것을 말한다. 절차는, 받는 쪽 탱크의 급유밸브를 열고 배유밸브를 연 다음 보내는 쪽 탱크의 승압펌프를 작동시키면 된다. 경우에 따라 크로스피드 밸브를 열어야 한다. 이때 급유판의 계량기를 통해 받는 쪽 탱크의 연료량이 최대치를 초과하지 않도록 감시해야 한다.

연료공급계통(fuel feed system)은 엔진으로 연료를 공급하기 때문에 연료계통의 심장이라고 할 수 있다. 제트 운송용 항공기는 각 탱크 내에 엔진으로 연료를 공급하는 연료승압펌프가 보통 2개 있다. 그들은 각각의 엔진 차단밸브를 통해 가압 연료를 보낸다. 크로스피드 밸브를 사용하여 한 탱크에서 모든 엔진으로 연료를 공급할 수 있다. 한 탱크의 승압펌프가 다 고장날 경우 우회 밸브(bypass valve)를 통하여 연료를 엔진으로 공급할 수 있다. 대부분 제트 운송용 항공기는 엔진으로 보낸 차가운 연료를 뜨거운 엔진 오일로 서로 열교환을 시켜 연료의 온도는 높여주고 오일은 냉각되게 한다.

제트 운송용 항공기의 연료지시장치(fuel indicating system)는 여러 가지의 변수를 모니터한다. 각각의 엔진에 대한 연료유량지시기(fuel flow indicator)는 엔진으로 공급되는 연료를 감시하는 주요 수단으로 사용된다.

연료의 온도는 주 연료탱크에 장착된 온도센서에 의해 조종실 계기판에 또는 다기능 화면표시기(MFD, multi-function display)에 나타난다. 이들은 혹한의 상황에서 고고도 비행 시에 승무원에게 연료의 결빙 위험성을 알려준다. 연료여과장치(fuel filter)가 만약 막혔다면 조종실에 표시되고, 연료는 필터를 우회하여 흐르게 된다.

제트 운송용 항공기에서 일반적인 저연료압력(low fuel pressure) 경고를 위한 센서는 승압펌프

출구관에 위치되어 승압펌프의 고장을 지시해 준다.

연료량계(fuel quantity gauge)는 각 탱크의 연료량을 지시하며 항공기 형식에 따라 조종실에 지시하는 형태가 다르다.

1-4 연료계통 구성품(Fuel System Component)

1 연료탱크(Fuel Tank)

항공기 연료탱크에는 세 가지 기본적인 형태가 있는데, 경식 분리형 탱크(rigid removable tank), 부낭형 탱크(bladder tank), 그리고 일체형 연료탱크(integral fuel tank)이다. 탱크는 일반적으로 통기관(vent line)을 통하여 통풍이 되도록 제작된다. 연료탱크의 밑면에는 침전된 오염물질과 물을 배출하는 배수조(sump)가 있다. 그림 1-9와 같이, 배수조는 비행 전 Walk-Around 검사 시 불순물 및 물을 제거하기 위해 사용되는 배출 밸브를 갖추고 있다. 대부분 항공기 연료탱크 내에는 항공기의 자세 변화에 의한 연료의 자유로운 이동을 막기 위한 배플(baffle)이 장착되어 있다.

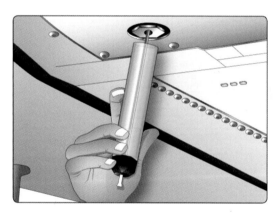

▲ 그림 1-9 연료탱크 배출밸브에서의 Sump Drain

1) 연료탱크의 종류(Type of Fuel Tank)

(1) 경식 분리형 탱크(Rigid Removable Fuel Tank)

경식 탱크는 전형적으로 3003 또는 5052 알루미늄 합금 또는 스테인리스강을 용접하거나 리벳을 사용하여 제작된다. 기체구조에 끈으로 묶어 고정된다. 경식 분리형 연료탱크는 만약 탱크의 연료 누출이나 고장이 일어나면 장탈하여 수리할 수 있어 편리한 장점이 있다. 그림 1-10에서는 전형적인 경식 분리형 연료탱크의 주요부분을 보여준다.

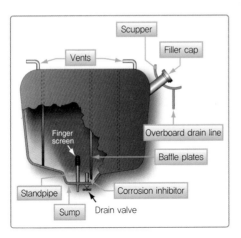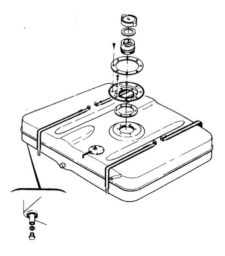

▲ 그림 1-10 경식 분리형 연료탱크

그림 1-11에서는 수지(resin)와 복합재료(composite)로 조립된 초경량 항공기의 경식 분리형 연료탱크를 보여준다. 이런 종류의 탱크는 이음매가 없는 경량구조로 앞으로 많은 사용이 예상된다.

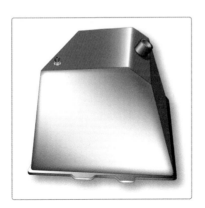

▲ 그림 1-11 초경량 항공기에 사용되는 복합재료 연료탱크

(2) 부낭형 연료탱크(Bladder Fuel Tank)

그림 1-12와 같이, 부낭형 탱크는 강화 열가소성재료로 만들며 경식 탱크를 대신하여 사용되기도 한다. 이 탱크는 클립이나 다른 고정장치로 기체 구조물에 부착한다. 탱크는 장착 공간에서 매끄럽게 주름이 펴진 상태로 놓여야 한다. 특히 바닥면에 주름은 없어야 한다. 배수구 안에 연료 오염물질이 침전되는 원인이 되기 때문이다.

부낭형 연료탱크 장착 장면

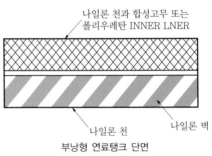

나일론 천과 합성고무 또는
폴리우레탄 INNER LNER

나일론 천   나일론 벽

부낭형 연료탱크 단면

▲ 그림 1-12 경항공기용 부낭형 연료탱크

부낭형 연료탱크는 모든 크기의 항공기에서 사용되며 튼튼하고 긴 수명을 갖고 있다. 부낭형 탱크에 누출이 발생하면 제작사 지침서에 따라 누출 부위를 덧대어 수리할 수 있다. 탱크에 연료 없이 부낭형 탱크를 오랜 기간 동안 보관하기 위해서 깨끗한 엔진오일로 내부를 코팅하는 것이 일반적이다.

(3) 일체형 연료탱크(Integral Fuel Tank)

많은 운송용 항공기와 고성능 항공기는 날개 또는 동체 구조물의 일부분을 연료탱크로 사용하기 위해 밀봉제(sealant)로 밀봉되어 있다. 밀봉된 외판(skin)과 기체 구조물은 연료탱크의 용도를 위해 추가되는 구조물 없이 가장 넓은 공간을 마련한다. 즉, 기체구조(airframe structure) 내에 구성부분을 탱크로 사용하기 때문에 이를 일체형 연료탱크라고 부른다.

그림 1-13과 같이, 항공기의 자세변화로 인한 급격한 연료의 이동을 막기 위해 배플(baffle)을 필요로 한다. 배플 체크 밸브(baffle check valve)는 항공기 자세 변화에 관계없이 탱크의 낮은 부위에 장착된 연료펌프의 흡입구가 항상 연료에 잠겨 있게 해준다.

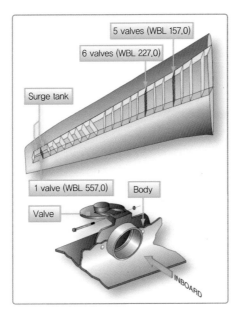

▲ 그림 1-13 배플 체크 밸브가 장착된 보잉 737 항공기 일체형 탱크

그림 1-14의 A와 같이, 일체형 연료탱크는 탱크와 연료량 지시 계통을 위한 구성품 및 탱크 내부의 장착된 다른 구성품의 검사와 수리를 위해 접근판(access panel)을 갖추고 있다. 대형 항공기는 정비사가 정비를 위해 접근판을 통해 탱크에 들어간다. 접근판은 O-링과 정전기 방지를 위해 알루미늄 개스킷(gasket)으로 각각 밀봉되어 있다. 그림 1-14의 B와 같이 바깥 클램프 링(clamp ring)은 스크루로 안쪽 패널(panel)에 장착된다.

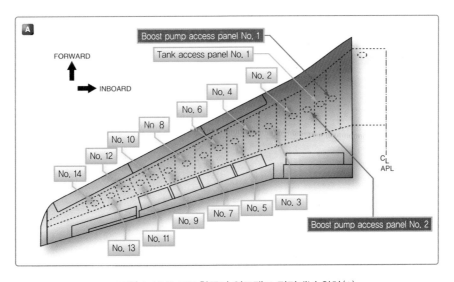

▲ 그림 1-14 B-737 항공기 연료탱크 점검패널 위치(A)

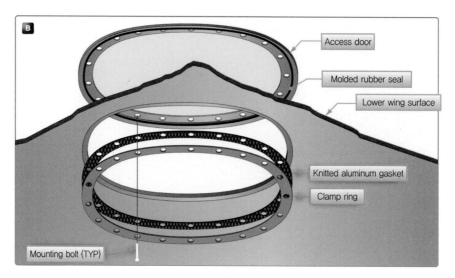

▲ 그림 1-14 B-737 항공기 연료탱크 점검패널 위치(B)

일체형 연료탱크 내부를 정비하기 전에 탱크 내의 모든 연료는 비워야 하고 엄격한 안전절차를 따라야 한다. 연료증기는 탱크 밖으로 빼내야 하고(purging) 호흡용 장비를 사용해야 하며 탱크 밖에서 탱크 내부 작업자를 항상 관찰해야 한다.

2) 연료탱크의 검사와 정비(Inspection and Maintenance)

각각의 연료탱크는 진동, 관성력, 연료, 그리고 작동 중 유발되는 구조하중으로 인한 고장 없이 잘 견딜 수 있어야 한다. 탱크 안쪽에 유연한 재료로 되어 있는 연료탱크는 재료가 사용하는 연료에 대해 적당한 것인지를 입증해야 한다. 탱크의 총 가용용량(total usable capacity)은 적어도 30분 이상의 최대연속출력을 낼 수 있는 충분한 양이어야 한다. 각각의 일체형 연료탱크는 내부검사와 내부수리를 위한 용이함을 갖추어야 한다.

(1) 연료탱크 시험(Fuel Tank Test)

항공기 연료탱크는 비행의 모든 과정 중에 발생하는 힘에 견딜 수 있어야 한다. 여러 가지의 탱크시험기준이 있다. 주요 초점은 탱크가 언제든지 운영될 수 있도록 충분히 강한 것이고 여러 가지의 하중이 걸릴 때 변형되지 않아야 하며, 정상적으로 작동될 수 있는지 보장하는 것이다. 진동에도 누출이 없도록 진동에 강해야 한다. 탱크는 발생할 수 있는 임계조건에서 시험된다. 연료탱크를 지지하는 구조물은 비행 시에 또는 착륙할 때 발생할 수 있는 연료압력하중에 대한 임계하중을 고려하여 설계되어야 한다.

(2) 연료탱크 장착(Fuel Tank Installation)

연료탱크를 장착하는 데는 여러 가지의 기준이 있다. 연료탱크와 엔진 방화벽 사이에는 적어도 1/2inch의 여유 공간이 있어야 한다. 각각의 탱크는 비행기의 외부로 통기 및 배유가 되는 연료증기로부터 사람이 있는 공간과 격리되어야 한다. 여압하중은 탱크에 영향을 주지 말아야 한다. 각각의 탱크는 가연성 유동체 또는 가연성 증기의 축적을 방지하기 위해 환기되어야 하고 배출되어야 한다. 또한, 탱크에 인접한 공간도 환기되어야 하고 배출되어야 한다.

수많은 항공기는 금속 재질이 아닌 연료탱크를 갖고 있다. 부낭형 연료탱크는 조립하거나 장착할 때 기준이 있다. 금속탱크와 같이, 각각의 탱크와 지지대 사이에 마찰(chafing)을 방지하기 위해 덧대어야 한다. 패딩(padding)은 연료의 흡수를 방지하도록 처리된 비흡수성이어야 한다. 그림 1-15와 같이, 부낭형 탱크에 인접한 표면은 매끄러워야 하고, 마모의 원인이 될 수 있는 돌출이 없어야 한다. 각각의 부낭형 탱크 격실(cell)의 증기 공간 내에는 어떠한 상황에서도 정압(positive pressure)이 걸려 있어야 한다.

각각의 연료탱크는 적어도 탱크용량에 2%의 팽창공간(expansion space)을 갖추어야 한다.

▲ 그림 1-15 부낭형 연료탱크 장착위치 작업 상태

(3) 연료탱크의 배수(Fuel Tank Sump)

오염이 안 된 연료를 엔진으로 공급하기 위한 첫째 조건은 연료탱크의 적절한 구조와 장착이다. 각각의 탱크는 정상적인 지상자세와 비행자세에서, 탱크용량에 0.25%, 또는 1/16 gallon의 연료를 배수할 수 있는 배수조(sump)를 갖추어야 한다. 정상 지상자세에서 각각의 연료탱크는 탱크 안에 고여 있는 물을 배수할 수 있어야 한다. 왕복엔진연료계통은 배수를 위해 접근하기 쉬운 침전물통을 갖추어야 한다. 그것의 용량은 탑재한 연료 20gallon당

1ounce의 부피이어야 한다. 정상 비행자세에서도 각각의 연료탱크 배출구는 탱크의 모든 구성품으로부터 생기는 물이 침전물통으로 배수될 수 있도록 위치되어야 한다.

(4) 연료탱크 주입기 연결부(Fuel Tank Filler Connection)

각각의 연료탱크 주입기 연결부(filler connection)는 규정된 요건에 따라 구분되어야 한다. 가솔린 연료만 사용하는 항공기는 직경 2.36inch 이내의 주입구를 갖추어야 한다. 터빈 연료항공기 주입구는 2.95inch 이상이어야 한다. 보급 중 흘린 연료는 탱크 내부로 또는 비행기의 다른 부위로 들어가지 않아야 한다. 각각의 주입기 마개(filler cap)는 주입구로부터 연료가 새지 않도록 시일(seal)이 장착되어야 한다. 그러나 환기나 연료게이지로 가는 통로의 목적을 위해 연료탱크 마개에는 작은 구멍이 있기도 하다. 연료 주입구 부위는 연료보급 장비에 항공기를 전기적 접지(bonding)를 할 수 있어야 한다. 단, 가압연료보급(pressure fueling) 주입구는 제외한다.

(5) 연료탱크 및 기화기 연료증기의 환기(Fuel Tank Vent and Carburetor vapor Vent)

적절한 연료흐름을 위해 각각의 연료탱크의 팽창 공간 윗부분은 환기되어야 한다. 통풍구는 얼음 또는 다른 이물질에 의해 막히지 않도록 위치하고 조립하여야 한다. 탱크의 내부와 외부 사이에 과도한 압력차를 신속하게 없애주도록 배출 용량을 고려해야 한다. 서로 연결된 배출구를 가지고 있는 탱크의 공기층 또한 서로 연결되어야 한다. 지상이나 또는 수평비행 시에 어떤 통기관(vent line)에서도 수분이 축적되어서는 안 된다.

연료탱크 통기구(vent)는 비행기가 1% 경사면을 갖는 주기장에서 어떤 방향으로 주기되어도 열팽창으로 인한 배출이 없도록 배치되어야 한다.

곡예부류 비행기(acrobatic category airplane)에서, 짧은 기간의 배면비행을 포함하는 곡예비행 시 연료의 과도한 손실은 방지되어야 한다. 곡예비행에서 정상비행으로 돌아왔을 때 통기구로부터 연료가 배출되어서는 안 된다.

(6) 연료탱크 배출구(Fuel Tank Outlet)

연료탱크 배출구나 승압펌프에는 연료여과기가 있어야 한다. 왕복엔진항공기에서, 여과기는 8~16mesh/inch를 갖추어야 한다. 각각의 연료탱크 배출구에 있는 여과기의 직경은 적어도 연료탱크 배출구 직경 이상이어야 한다. 여과기는 또한 검사와 청소를 위해 접근할 수 있어야 한다. 터빈엔진항공기 연료여과기는 연료흐름을 제한시키거나 연료계통의 구성품을 손상시킬 수 있는 어떠한 이물질의 통과를 막아야 한다.

❷ 연료라인 및 피팅(Fuel Line and Fitting)

항공기 연료라인은 장소와 적용 조건에 따라 경식(rigid) 금속 튜브 또는 가요성(flexible) 호스로 나뉜다. 경식 금속 튜브는 알루미늄합금으로 제작되며, army/navy(AN) 또는 military standard(MS) 피팅으로 연결된다. 그러나 파편(debris), 마모, 열에 의한 손상이 있을 수 있는 엔진 부위나 바퀴격실(wheel well) 내부의 연료라인은 스테인리스강 튜브를 사용하기도 한다.

그림 1-16과 같이, 가요성 호스(flexible fuel hose)는 강화 섬유 외장재(reinforcing fiber braid wrap)와 합성 고무 내장재(synthetic rubber interior)로 구성되어 있다. 그림 1-17과 같이, 일부 가요성 호스는 스테인리스강으로 짠(braided) 외면을 갖는다. 이러한 연료라인은 진동이 있는 부위에 사용된다.

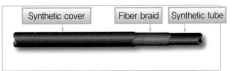

▲ 그림 1-16 강화 섬유 외장재 가요성 호스 　　▲ 그림 1-17 스테인리스강 외장재 연료 호스

항공기 연료라인 피팅은 플레어 피팅(flared fitting)과 플레어리스 피팅(flareless fitting) 모두 사용된다. 피팅에서 누출을 방지하기 위해 과도하게 조이지(over-torqued) 않게 해야 한다.

호스는 비틀림 없이 장착되어야 한다. 모든 연료호스와 전기배선 사이에 일정한 간격이 유지되어야 한다. 연료라인에 전선을 절대로 고정시키면 안 된다. 간격 유지가 불가능할 경우는 항상 전기배선 아래쪽으로 연료라인이 위치하게 해야 한다.

금속 연료라인과 모든 항공기 연료계통 구성요소는 항공기 구조물에 정전기를 방지하도록 접지시키는 것이 필요하다. 특수한 완충제가 접합된 클램프(bonded cushion clamp)를 사용한 경식 연료라인을 그림 1-18에서 보여준 간격으로 고정시킨다.

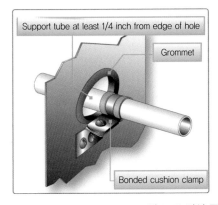

Tubing OD (inch)		Approximate distance between supports (inches)
1/8 to 3/16		9
1/4 to 5/16		12
3/8 to 1/2		16
5/8 to 3/4		22
7 to 1 1/4		30
1 1/2 to 2		40

▲ 그림 1-18 경식 금속 연료라인의 클램프 간격

❸ 연료밸브(Fuel Valve)

대형 항공기 연료계통은 다수의 밸브를 갖는다. 밸브의 위치와 기능에 따라 배수조 배출밸브(sump drain valve), 차단밸브(shutoff valve), 선택밸브(selector valve), 이송밸브(transfer valve), 크로스피드 밸브(crossfeed valve) 등이 있다. 연료밸브는 수동식 솔레노이드 작동식 또는 전기모터에 의해 작동한다.

1) 수동식 밸브(Hand-operated Valve)

항공기 연료계통에 사용되는 수동식 밸브는 기본적으로 세 가지 종류가 있다. 콘형 밸브(cone-type valve)와 포핏형 밸브(poppet-type valve)는 일반적으로 연료 선택밸브로서 경항공기에서 사용되고, 게이트 밸브(gate valve)는 차단밸브로서 운송용 항공기에 사용된다.

(1) 콘형 밸브(Cone Valve)

플러그 밸브(plug valve)라고도 부르는 콘형 밸브는 그림 1-19와 같이, 구멍이 가공되어 있는 콘에 핸들이 부착되어 있고, 조종사에 의해 수동으로 회전시킨다. 구멍이 연료 포트(port)와 일직선이 되었을 때가 열림 위치이다.

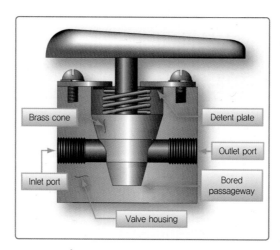

▲ 그림 1-19 콘형 밸브

(2) 포핏형 밸브(Poppet Valve)

그림 1-20과 같이, 포핏형 밸브는 핸들이 회전할 때, 축에 부착된 캠(cam)은 선택된 배출구의 포핏을 눌러 배출구를 열고 다른 배출구들은 닫힘 상태를 유지한다.

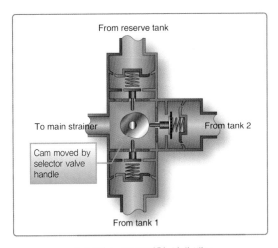

▲ 그림 1-20 포핏형 선택 밸브

(3) 수동식 게이트 밸브(Manually-operated Gate Valve)

수동식 게이트 밸브는 특히 비상 화재핸들이 당겨졌을 때 연료유량을 차단하기 위해 전기 동력이 필요 없는 화재제어밸브로 사용된다. 밸브는 전형적으로 각각의 엔진으로 가는 연료 공급관에 장착된다. 그림 1-21에서는 전형적인 수동식 게이트 밸브를 보여준다. 핸들을 회전시키면 밸브 안쪽에서 움직이는 암(arm)은 아래쪽으로 게이트 깃(blade)을 움직여 유로를 차단한다. 열적 안전밸브(thermal relief valve)는 게이트가 닫힌 상태에서 온도 증가로 인한

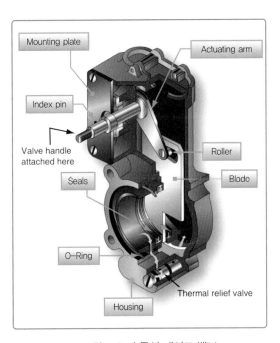

▲ 그림 1-21 수동식 게이트 밸브

과도한 압력증대를 경감시키기 위해 부착되었다.

2) 전동식 연료밸브(Motor-operated Valve)

전기모터의 사용은 연료계통 밸브의 작동을 위해 조종석에서 스위치를 이용하여 원격으로 제어할 수 있기 때문에 대형 항공기에서 일반적으로 쓰인다. 일반적으로 전동식 연료밸브에는 게이트 밸브(gate valve)와 플러그형 밸브(plug-type valve) 두 가지가 있다.

전동식 게이트 밸브는 연료의 경로를 결정해주는 밸브의 작동 암(actuating arm)을 전기 모터로 돌려 연료게이트를 움직인다. 그림 1-22와 같이, 밸브에 장착된 수동 오버라이드 레버(manual override lever)는 정비사에게 밸브의 위치를 알려주고, 또한 수동으로 밸브를 open/close할 수 있게 해준다. 전동식 플러그형 밸브는 플러그 또는 드럼(drum)을 전기 모터로 회전시켜 밸브를 open/close한다. 밸브의 종류와 관계없이 전동식 연료밸브는 대형 항공기 연료계통에서 차단 기능 밸브로 사용된다.

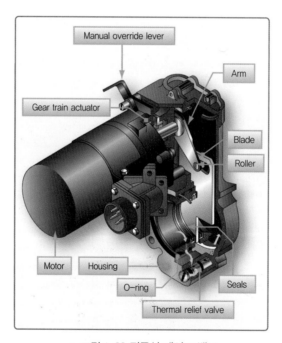

▲ 그림 1-22 전동식 게이트 밸브

3) 솔레노이드 작동 밸브(Solenoid-operated Valve)

솔레노이드 작동 밸브는 그림 1-23과 같이, 조종실 또는 연료 보급구에서 밸브 스위치를 조작해 연료밸브를 동작시키기 위해 전기 솔레노이드를 사용한다. 포핏형 밸브는 열림 솔레노이드(opening solenoid)에 전압이 가해졌을 때 발생하는 사기력에 의해 스프링 힘을 이기고 밸브가 열린다. 이때 열림 위치로 밸브를 고정시키기 위해 포핏의 축에 있는 노치(notch) 안으로 잠금대(locking stem)가 들어간다. 반대로 연료 흐름을 차단하기 위해 닫힘 솔레노이드(closing solenoid)에 전압을 공급하면 잠금대는 자기력에 의해 당겨지고 밸브는 포핏의 스프링에 의해 닫힌다. 솔레노이드 작동식 연료밸브의 특성은 밸브가 매우 빠르게 열리고 닫히는 장점이 있다.

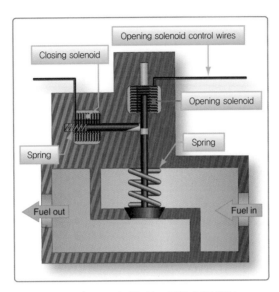

▲ 그림 1-23 솔레노이드 작동 연료 밸브

4 연료펌프(Fuel Pump)

중력공급식 연료계통을 구비한 항공기를 제외하고, 모든 항공기는 각각의 엔진마다 가압된 깨끗한 연료를 연료계량장치(fuel metering device)로 이송시키기 위해 적어도 하나 이상의 연료펌프를 갖는다. 주 펌프(main pump)와 비상펌프(emergency pump)에는 각각 기준이 있다. 연료펌프의 작동은 엔진 추력이나 추력설정(thrust setting) 또는 다른 연료펌프의 기능 상태에 관계없이 엔진작동에 영향을 주지 않아야 한다. 왕복엔진에서, 적어도 하나의 주 연료펌프는 엔진 구동식이어야 한다. 터빈엔진은 엔진마다 전용의 연료펌프를 필요로 한다. 엔진에 의해 구동되는 펌프를 주 연료펌프로 간주한다. 각 엔진의 주 펌프를 위해 공급되는 동력은 독립적이어야 한다.

비상펌프는 만약 주 펌프가 고장 나면 즉각 엔진으로 연료를 공급할 수 있어야 한다. 각각의 비상펌프에 공급되는 동력은 주 펌프 동력공급과 독립적이어야 한다. 만약 주 연료펌프와 비상펌프가 모두 연속적으로 동작한다면, 운항승무원에게 어느 펌프가 결함인지를 알려주는 장치가 있어야 한다.

엔진구동펌프(engine-driven pump)는 1차 공급 장치이다. 때때로 가압펌프 또는 승압펌프라고도 알려진, 보조펌프(auxiliary pump)는 엔진구동펌프로 압력이 걸린 연료를 공급하기 위해 그리고 시동하는 동안 엔진구동펌프가 충분한 연료를 공급할 수 있을 때까지 사용된다. 보조펌프는 또한 이륙 시에 그리고 고고도에서 증기폐색을 방지하기 위해 엔진구동펌프를 보조하여 사용된다. 많은 대형 항공기에서는 한곳의 탱크에서 다른 탱크로 연료를 이동시키기 위해서 사용되기도 한다. 많은 종류의 보조 연료펌프가 사용되고 있다. 대부분 전기 작동식(electrically-operated)이지만, 일부 수동식 펌프(hand-operated pump)도 구형 항공기에서 사용된다. 다음은 많이 사용되는 보조펌프에 대한 설명이다.

1) 수동식 연료펌프(Hand-operated Fuel pump)

일부 구형 왕복엔진 항공기에는 그림 1-24와 같은 수동식 연료펌프가 장착되어 있다. 이는 엔진구동펌프를 보조하고, 탱크에서 탱크로 연료를 이동시키기 위해 사용된다. 와블 펌프(wobble pump)는 연료를 펌핑하기 위해 앞뒤로 움직이는 베인(vane)과 펌프의 중심에 구멍이 난 통로를 갖고 있는 벤형 펌프(vane-type pump)이다.

단식 피스톤펌프(single-acting piston pump)는 프라이머 손잡이(primer knob)를 뒤쪽으로 당겼을 때 펌프실린더 안으로 연료를 끌어당긴다. 앞쪽 방향으로 밀 때 연료는 관을 통해 엔진 실린더로 공급된다.

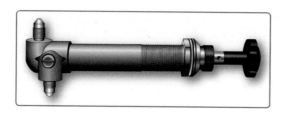

▲ 그림 1-24 수동식 피스톤형 엔진 프라이머 펌프

2) 원심승압펌프(Centrifugal Boost Pump)

그림 1-25와 같이, 대형 고성능 항공기에 사용되는 가장 일반적인 형태의 보조연료펌프가 원심펌프이다. 이 펌프는 전동기 구동식이고 대부분 연료탱크 내 연료에 잠기도록 장착되거나 또는 탱크의 밑바닥의 탱크 외부에 장착되어 있다. 펌프가 탱크 외부에 설치된 항공기에서 펌프를 장탈할 경우 연료탱크 내의 연료를 배유할 필요가 없도록 해주는 펌프제거밸브(pump removal valve)가 장착되어 있다.

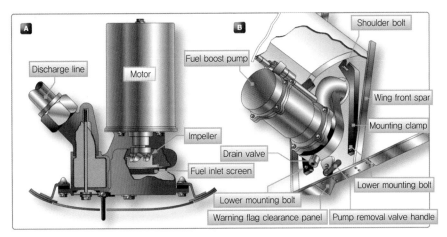

▲ 그림 1-25 원심승압펌프

그림 1-26과 같이, 원심승압펌프는 가변용량형 펌프(variable displacement pump)이다. 그것은 임펠러(impeller)의 중심에서 연료를 끌어들이고 임펠러가 돌아갈 때 바깥으로 그것을 방출한다. 배출구 체크 밸브는 배출된 연료가 펌프로 다시 역류하는 것을 막는다. 연료공급라인은 펌프 배출구에 연결된다. 바이패스 밸브(bypass valve)는 만약 연료 탱크에 있는 승압펌프가 작동하고 있지 않을 경우 엔진구동펌프가 탱크로부터 연료를 끌어당길 수 있게 해주며 연료급이송장치(fuel feed system)에 장착되어 있다. 원심승압펌프는 가압된 연료를 엔진구동 연료펌프로 공급해 주고, 엔진구동 연료펌프를 보조하며, 탱크에서 탱크로 연료를 이동시키기 위해 사용된다.

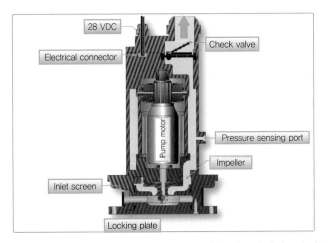

▲ 그림 1-26 원심연료 승압펌프의 외부 및 내부 구조

항공기의 비행단계에 따라, 일부 원심연료펌프는 한 가지 이상의 속도로 작동하기도 하지만 단일 속도로 작동하는 펌프가 일반적이다. 연료탱크 안에 장착된 원심연료펌프는 온도, 고도 또는 비행

자세에 관계없이 증기폐색을 방지하도록 연료계통 전체에 정압(positive pressure)을 공급하며, 전기 모터 내로 연료가 침투하지 못하도록 연료방지 덮개를 갖추고 있다. 원심펌프의 흡입구는 이물질의 흡입을 방지하기 위해 스크린으로 덮여 있다.

3) 배출펌프(Ejector Pump)

원심펌프와 같이, 탱크 내 연료펌프를 가지고 있는 연료탱크는 언제나 펌프의 흡입구는 항상 연료에 잠겨 있도록 설계된다. 이것은 펌프가 공동(cavity)을 만들지 않게 해주며, 펌프가 연료에 의해 냉각되도록 해준다. 펌프가 장착된 공간은 플래퍼 밸브(flapper valve)라고 알려진 체크 밸브를 갖고 있는 배플(baffle)로 칸막이가 되어 있다. 이들은 항공기의 어떠한 자세 변화에도 연료가 펌프가 장착된 공간에서 못 나가도록 해준다.

그림 1-27과 같이, 일부 항공기는 연료가 항상 펌프의 흡입구가 연료에 잠겨 있도록 해주는 배출펌프(ejector pump)를 사용한다. 배출펌프는 벤츄리(venturi) 효과를 이용하여 펌프의 흡입구가 장착된 공간으로 연료를 보내주는 역할을 한다. 벤츄리 효과를 위해 연료압이 공급되어야 하는데 이 압력은 탱크에 장착된 승압 펌프가 제공해 준다. 배플 체크 밸브(baffle check valve)와 함께 펌프의 흡입구가 항상 연료에 잠겨 있도록 해주는 장치이다.

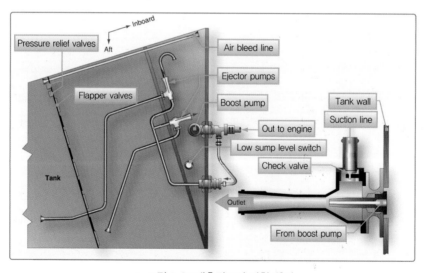

▲ 그림 1-27 배출펌프의 장착 위치

4) 베인형 연료펌프(Vane-type Fuel Pump)

베인형 연료펌프는 왕복엔진 항공기에 적용되는 가장 일반적인 형태의 연료펌프이다. 이 펌프는 엔진구동 1차 연료펌프로서 그리고 보조연료펌프 또는 승압펌프로서 사용된다. 베이형 펌프는 펌프의 회전마다 일정한 부피의 연료를 공급하는 정격용량형 펌프(constant displacement pump)

이다. 보조펌프로 사용되었을 때는 전기 모터로 펌프축을 회전시킨다. 엔진구동펌프로 사용될 때는 엔진의 액세서리 기어 박스(accessory gear box)에 의해 구동된다.

그림 1-28과 같이, 모든 베인형 펌프의 편심로터(eccentric rotor)는 실린더 내부에서 가동시킨다. 로터에 가늘고 긴 틈(slot)은 베인을 안쪽과 바깥쪽으로 미끄러지게 하고 Central floating spacer pin에 의해 실린더 벽에 붙게 만든다. 베인이 편심로터와 함께 회전할 때 실린더 벽, 로터, 그리고 베인에 의해 생성된 체적공간은 증대하다가 감소한다. 흡입구(inlet port)는 체적공간이 증대해지는 곳에 있고 연료를 펌프로 끌어들인다. 회전하면서 공간은 더욱 작게 되며 작은 공간의 연료는 출구로 밀려 나가게 된다.

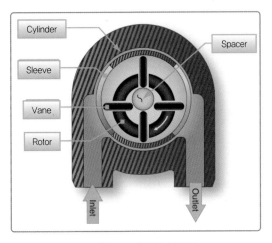

▲ 그림 1-28 베인형 연료펌프

엔진의 연료계량장치는 일반적으로 작동에 필요한 양보다 더 많은 연료를 보낸다. 그러나 베인형 펌프가 공급하는 연료의 양이 너무 과도할 경우 흐름을 조절하기 위해, 대부분 베인형 펌프는 조절

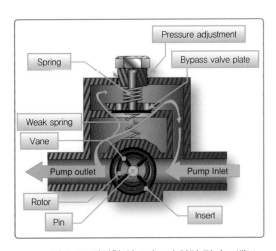

▲ 그림 1-29 베인형 연료펌프의 압력 릴리프 밸브

할 수 있는 압력 릴리프(pressure relief) 기능을 갖는다. 그림 1-29에서는 조절 가능한 압력 릴리프 기능을 가지고 있는 전형적인 베인형 펌프를 보여준다. 압력 릴리프는 릴리프 밸브 스프링의 인장력을 조절하는 압력조절 스크류로 설정할 수 있다.

그림 1-30과 같이, 엔진 시동 시 또는 베인형 펌프가 작동하지 않는 경우에도 연료는 펌프의 내부에 있는 바이패스 밸브(bypass valve)를 통해 연료계량장치로 흘러갈 수 있다. 릴리프 밸브 아래쪽에 용수철이 달린 바이패스 밸브판(bypass valve plate)은 펌프의 입구 연료압력이 배출구 연료압력보다 클 때에는 언제나 아래쪽으로 움직이고 연료는 펌프를 통해 흐를 수 있다.

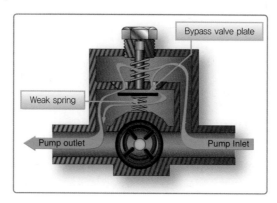

▲ 그림 1-30 베인형 연료펌프의 바이패스 기능

그림 1-31과 같이, 보상 베인형 연료펌프(compensated vane-type fuel pump)는 엔진구동 1차 연료펌프로 사용된다. 연료계량장치의 흡입 공기압(inlet air pressure)은 펌프의 통기 공간(vent chamber)으로 연결되어 있다. 통기 공간의 다이어프램은 통기 공간에서 감지한 압력에 따라 릴리프 밸브의 스프링 압력을 증가시키거나 감소시킨다.

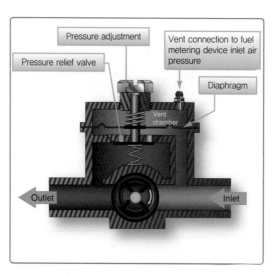

▲ 그림 1-31 엔진구동 보상 베인형 연료펌프

5 연료여과기(Fuel Filter)

항공기에서 사용되는 연료정화장치(fuel cleaning device)는 주로 두 가지 형태가 있다. 연료 스트레이너(fuel strainer)는 보통 비교적 굵은 철망으로 조립되어 큰 조각의 부스러기를 걸러내어 연료계통을 보호한다. 연료 스트레이너는 물의 흐름을 막지 못한다. 일반적으로 연료 필터(fuel filter)는 보통 정밀격자로 조립되어 있고, 수천분의 1 inch 직경의 상당히 미세한 이물질을 걸러낼 수 있으며 또한 물도 추출하는 데 도움을 준다. 스트레이너와 필터는 때때로 혼용하여 사용된다. 미크론 필터(micronic filter)는 일반적으로 터빈동력 항공기에서 사용된다. 이것은 10~25 micron의 범위로 극히 미세한 미립자를 걸러주는 필터이다. 1 micron은 백만분의 1 mm이다.

모든 항공기 연료계통은 스트레이너와 필터를 사용해 오염되지 않은 연료를 엔진으로 공급한다. 첫 번째 연료 여과장치가 연료탱크의 배출구에 장착된 스트레이너이다. 그림 1-32에서는 탱크배출구에 장착된 경항공기에서 사용되는 손가락 모양의 스트레이너를 보여준다.

▲ 그림 1-32 경항공기의 연료탱크 배출구에 사용되는 스트레이너

그림 1-33과 같이, 항공기 연료계통에서 또 다른 주 연료여과기(main strainer)는 연료탱크 배출구와 기화기 또는 연료계량장치(fuel metering device)와 연료분사장치 사이에 장착된다. 그것은 일반적으로 연료탱크와 엔진구동 연료펌프 사이의 낮은 곳에 상착되어 있고 채취(sampling)와 배유(drain)를 위한 배수관을 갖추고 있다. 경항공기의 주 연료여과기는 가스콜레이터(gascolator)의 형태로 되어 있다. 가스콜레이터는 침전물 수집통을 합체시킨 연료여과기이다.

▲ 그림 1-33 가스콜레이터 주 연료여과기

터빈엔진 연료제어장치는 아주 정밀한 장치로 미크론 필터를 사용하여 깨끗하고 오염물질 없는 연료가 공급되어야 한다. 그림 1-34에서 보여준 격자형(mesh-type) 셀룰로오스 필터(cellulose filter)는 10∼200 micron 크기의 입자를 차단할 수 있고 물을 흡수할 수 있으며, 필터 소자(filter element)는 교환이 가능하다. 이물질에 의해 필터가 막혔을 경우 필터 소자를 우회하여 흐를 수 있게 해주는 릴리프 밸브가 장착되어 있다.

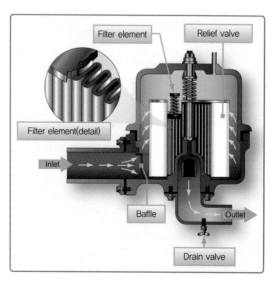

▲ 그림 1-34 셀룰로오스 필터 소자의 미크론 연료 필터

연료여과장치는 왕복엔진항공기와 터빈엔진항공기의 엔진구동 연료펌프와 연료계량장치 사이에 사용된다. 미크론 필터가 사용되며, 그림 1-35와 같이, 미세한 원판 격자를 여러 겹 겹쳐서 만든 웨이퍼 필터(wafer filter)이다. 이런 종류의 필터는 엔진구동펌프의 하류부문에서 사용되며 고압에 잘 견딜 수 있다.

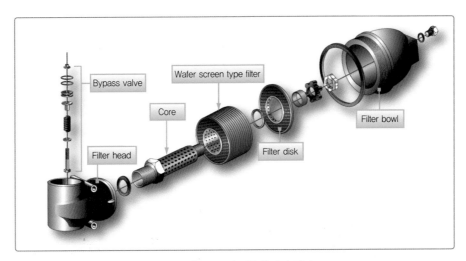

▲ 그림 1-35 미크론 웨이퍼 필터

그림 1-36과 같이, 바이패스 감지 스위치 또는 차압스위치를 사용하여 필터의 막힘을 조종실에 지시한다. 우회감지 스위치는 필터가 막혀서 연료가 바이패스 밸브를 통해 흐를 때 지시 회로가 접속되어 조종실에 신호를 보내준다. 차압식 지시기는 연료 필터의 입구 압력과 배출구 압력을 비교하여 설정값을 초과하면 지시 회로가 접속된다. 연료온도계를 통해 연료온도를 확인함으로써 필터가 결빙된 물에 의해 막혔는지 알 수도 있다.

▲ 그림 1-36 보잉 737 항공기 조종실 연료 패널

6 연료 히터와 연료 결빙 방지(Fuel Heater and Ice Prevention)

터빈동력 항공기는 온도가 아주 낮은 고고도에서 운영한다. 연료탱크에 있는 연료가 차게 되면 연료에 들어 있는 물은 결빙된다. 결빙된 물을 포함한 연료는 필터를 막히게 하여 연료의 흐름을 막는다. 연료 히터(heater)는 얼음이 형성되지 않도록 연료를 따뜻하게 하는 데 사용한다. 이들 열교환기(heat exchanger unit)는 이미 형성된 어떠한 얼음도 녹일 수 있도록 충분히 연료를 가열한다.

연료 히터의 가장 일반적인 종류는 그림 1-37과 같은, 공기/연료 히터(air/fuel heater)와 오일/연료 히터(oil/fuel heater)이다. 공기/연료 히터는 연료를 가열하기 위해 뜨거운 엔진 압축기 추출 공기(engine compressor bleed air)를 사용한다. 오일/연료 히터는 뜨거운 엔진오일로 연료를 가열시킨다.

일부 항공기는 연료탱크 중 한곳에 유압유 냉각기(hydraulic fluid cooler)를 갖추고 있어 뜨거운 유압유가 차가운 연료에 의해 냉각될 때 역으로 연료를 따뜻하게 하는 데 도와준다.

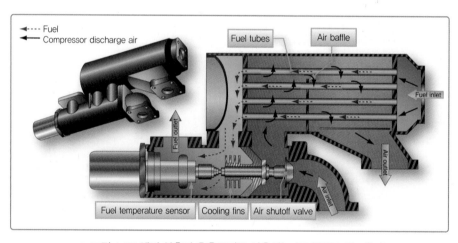

▲ 그림 1-37 엔진 압축기 추출공기를 사용하는 공기/연료 열교환기

7 연료계통 지시기(Fuel System Indicator)

항공기 연료계통은 여러 가지의 지시기를 이용한다. 연료량(fuel quantity), 연료유량(fuel flow), 연료압력(fuel pressor), 그리고 연료온도는 대부분 항공기에서 모니터링된다. 또한, 밸브위치 지시기와 여러 가지의 경고등(warning light) 그리고 알림장치(annunciator)가 사용된다.

1) 연료량 지시계통(Fuel Quantity Indicating System)

모든 항공기 연료계통은 어떤 형태의 연료량계기(fuel quantity indicator)를 갖추어야 한다. 초기에는 전기를 필요로 하지 않는 간단한 연료량계기가 사용되었으며 오늘날까지도 사용하고 있다.

이런 직독식 지시기(direct-reading indicator)는 연료탱크가 조종석에 아주 가깝게 있는 경항공기 등에서 사용된다. 그 외 경항공기와 대형 항공기는 전기식 기시기(electric indicator) 또는 전자 용량식 지시기(electronic capacitance-type indicator)가 사용된다.

(1) 직독식 지시계(Direct-reading Indicator)

사이트 글라스(sight glass)는 탱크에 있는 연료량을 직접 눈으로 확인할 수 있게 노출된 투명 유리 또는 플라스틱 튜브이다. 그것은 조종사가 쉽게 읽을 수 있도록 갤런(gallon) 또는 연료 전체량을 분수로 눈금이 나 있다.

그림 1-38과 같이, 일반적으로 더 정교한 기계식 연료량계기가 쓰인다. 연료면을 따라 움직이는 플로트(float)에 연동하는 기계장치를 설치해 계기 눈금판의 지침과 연결시켜 연료량을 지시하게 한다. 지침은 기어(gear)장치나 자기결합(magnetic coupling)에 의해 움직인다.

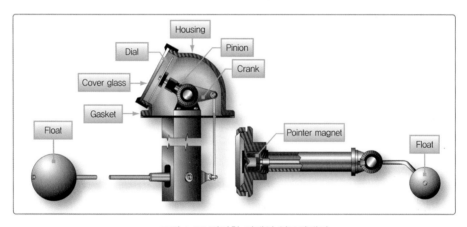

▲ 그림 1-38 간단한 기계식 연료량계기

(2) 전기식 연료량계기(Electric Fuel Quantity Indicator)

그림 1-39와 같이, 전기식 연료량계기는 최신의 항공기에서 일반적으로 사용된다. 전기식 연료량계기의 대부분은 직류(DC)로 작동하고 비율계형 지시기(ratiometer-type indicator)를 구동시키는 회로에 가변저항을 이용한다. 탱크에서 플로트의 움직임은 컨넥팅 암(connecting arm)을 거쳐 가변저항기에 가동자(wiper)를 움직인다. 가변저항기를 통해 흐르는 전류의 변화는 지시기(indicator)에 있는 코일을 통해 흐르는 전류를 변화시킨다. 이것은 지시 바늘을 움직이게 하는 자기장을 바꾼다. 지시 바늘은 교정식 눈금판(calibrated dial)에 상응하는 연료량을 지시한다.

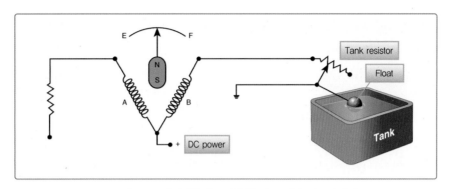

▲ 그림 1-39 가변저항기를 사용한 직류 전기 연료량계기

(3) 디지털 지시기(Digital Indicator)

디지털 지시기는 탱크 유닛(tank unit)으로부터의 동일한 가변저항신호를 이용한다. 그림 1-40과 같이, 조종석 계기판에서 가변저항을 수치로 변환하여 지시된다. 자동화된 조종실을 갖는 항공기는 완전한 디지털 계측시스템(digital instrumentation system)에 의해 가변저항을 컴퓨터에서 처리하기 위한 디지털 신호로 변환하여 평면 스크린에 지시된다.

▲ 그림 1-40 디지털 연료량 게이지

(4) 전자 용량식 지시기(Electronic Capacitance-type Indicator)

대형 항공기와 고성능 항공기는 전형적으로 전자식 연료량 시스템을 사용한다. 이 시스템은 여러 개의 가변용량 전송기(variable capacitance transmitter)가 탱크 바닥에 수직으로 장착되어 탱크에 적재된 연료 레벨을 측정하여 컴퓨터로 전송한다. 연료의 높이가 변화할 때, 각각의 탱크 유닛의 정전용량(capacitance)은 변화한다. 탱크에 있는 모든 프로브에 의해 전송된 정전용량은 컴퓨터에서 합계되고 서로 비교된다. 모든 프로브에서 전송된 전체 정전용량(capacitance)은 동일하게 유지되기 때문에 연료량 지시는 변동되지 않고 정확한 양을 지시한다.

축전기(capacitor)는 전기를 저장하는 장치이다. 탱크 안에 있는 연료의 높이에 따라 탱크 유닛의 내부는 그만큼의 연료와 나머지 공기로 채워지며, 연료와 공기의 비율에 따라 유전율에도 변화가 생긴다. 이러한 유전율의 변화로 연료량을 측정한다.

탱크 유닛의 정전용량을 측정하는 브리지회로는 비교를 위해 기준 커패시터(reference capacitor)를 사용한다. 전압이 브리지에서 유도될 때, 탱크 유닛의 용량성 리액턴스(capacitive reactance)와 기준 커패시터는 동등하거나 다르게 된다. 두 정전용량의 차이가 무게(pound)로 환산되어 연료량으로 지시된다. 그림 1−41에서는 비교 브리지회로의 특성을 보여준다.

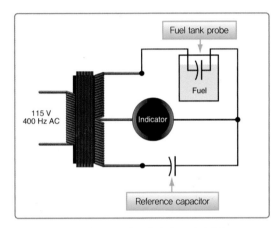

▲ 그림 1−41 연료계통의 브리지회로

항상 연료에 잠기도록 탱크의 가장 낮은 곳에 장착된 보정장치(compensator unit)는 브리지회로로 배선되어 있다. 그림 1−42와 같이, 연료온도가 연료비중과 탱크 유닛의 정전용

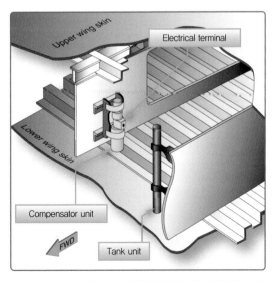

▲ 그림 1−42 연료탱크에 장착된 연료 보정장치

량(capacitance)에 영향을 주는 것을 감안하여 보정장치(compensator unit)는 연료의 온도 변화를 반영하도록 전류흐름을 수정한다.

(5) 연료량 드립스틱(Drip Stick or Fuel Measuring Stick)

그림 1-43과 같이, 많은 항공기는 탑재된 연료량의 중복 확인을 위해 또는 항공기가 전기 동력을 이용할 수 없을 때 연료량을 확인하기 위해 기계식 지시장치를 사용한다. 연료량 드립스틱은 각각의 탱크에 일정한 개수가 설치되어 있다. 드립스틱에 장착되어 있는 플로트는 항상 연료유면에 떠 있고, 스틱(stick)은 플로트의 중심에 있는 구멍을 따라 자유롭게 움직이며 스틱의 끝단에 있는 자성체가 플롯의 자성체와 일치될 때 움직임이 멈추게 된다. 측정 막대는 밑면을 누르고 회전시키면 탱크의 연료유면에 떠 있는 플로트에 걸릴 때까지 밑으로 내려온다. 드립스틱의 밑으로 내려온 길이와 항공기 자세, 연료 비중을 측정하여 제작사에서 제공된 도표를 이용하여 각 탱크에 있는 연료의 양을 확인할 수 있다.

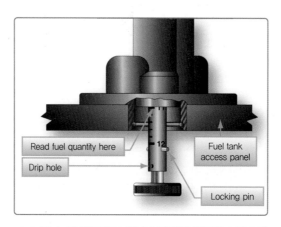

▲ 그림 1-43 연료탱크 하부에 장착된 연료량 드립스틱

2) 연료유량계(Fuel Flowmeter)

연료유량계는 실시간으로 엔진의 연료 사용량을 지시한다. 이것은 조종사가 엔진성능을 확인하고, 비행 계획을 계산하기 위해 사용한다. 항공기에 사용된 연료유량계의 종류는 사용되고 있는 엔진과 관련된 연료계통을 고려하여 정한다.

연료의 무게는 온도에 따라 또는 터빈엔진에서 사용된 연료의 종류에 따라 변화하기 때문에 정확한 연료유량을 측정하는 데 복잡하다. 왕복엔진이 장착된 경항공기의 연료유량계는 연료의 부피를 측정하도록 고안되었다. 엔진으로 흐르는 연료의 실제무게는 단위체적당 연료의 평균중량의 추정에 기초한다.

대형왕복엔신 연료계통은 엔진에 의해 소모된 연료의 체적을 측정하는 베인형 연료유량계

(vane-type fuel flowmeter)를 사용한다. 연료유량장치는 일반적으로 엔진구동 연료펌프와 기화기 사이에 장착된다. 기화기로 가는 연료는 유량계(flowmeter)를 거쳐 지나간다. 그림 1-44와 같이, 내부에 교정스프링(calibrated spring)을 가지고 있는 유량계의 베인 축(vane shaft)은 연료 흐름률에 따라 회전량이 변한다. 회전량은 전송기에 의해 조종실에 있는 연료유량게이지(fuel flow gauge)의 바늘로 지시된다. 게이지의 눈금은 gallon per hour 또는 pound per hour로 눈금이 매겨져 있다. 유량계장치(flowmeter unit)를 거쳐 엔진으로 공급되는 연료는 유량계장치가 고장 나거나 정상적인 연료흐름이 방해될 때 relief valve에 의해 우회하여 흐르도록 되어 있다.

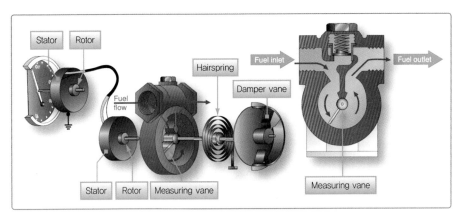

▲ 그림 1-44 베인형 연료유량계

그림 1-45와 같이, 터빈엔진 항공기는 온도변화와 연료 성분에 의해 변하는 연료 비중이 고려된 정교한 연료유량장치가 사용된다. 연료는 고정속도로 회전하는 원형 임펠러(impeller)에 의해 소용

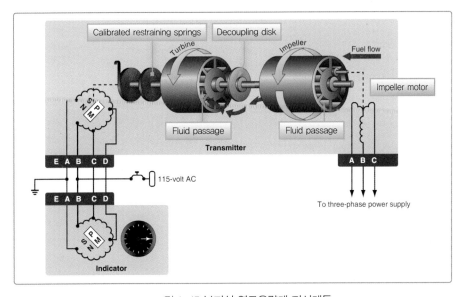

▲ 그림 1-45 부피식 연료유량계 지시계통

돌이친다. 유출량(outflow)은 임펠러의 바로 하류부문의 터빈을 움직인다. 터빈에는 교정식 스프링(calibrated spring)이 연결되어 있다. 임펠러 모터는 고정비율로 연료를 소용돌이치게 하므로, 터빈의 움직인 변위량은 연료의 체적과 점성에 의해 변한다. 터빈의 움직인 변위량은 교류 동기장치(AC synchro system)를 통해 pound per hour로 눈금이 매겨진 조종석 연료유량계의 지시기에 바늘로 지시된다.

정밀한 연료유량의 계산은 조종사로 하여금 현재 항공기 상태를 인지하게 해주며 비행계획을 도와준다. 대부분 고성능 항공기는 사용된 전체연료량, 항공기에 남아 있는 전체 잔류연료량, 전체운항거리, 현재의 대기속도로 비행할 때 남아 있는 비행시간, 연료 소비율 등과 같은 정보를 전자적으로 계산하고 나타내는 연료 통합기(fuel totalizer)를 갖고 있다. 그림 1-46과 같이, 연료계통 컴퓨터 중 일부는 위성항법장치(GPS) 위치정보가 통합되어 있다. 완전히 디지털화되어 있는 조종실을 가지고 있는 항공기는 컴퓨터에서 연료유량 자료를 처리하고, 조종사나 정비사에게 연료유량에 대한 관련 정보를 폭넓게 보여준다.

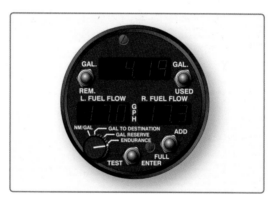

▲ 그림 1-46 현대식 연료처리 게이지

3) 연료온도 게이지(Fuel Temperature Gauge)

연료온도의 모니터링은 연료온도가 연료계통에서 특히 연료필터에서 결빙될 만큼 낮을 때 조종사에게 이를 알려 준다. 많은 대형고성능 터빈항공기는 이 목적을 위해 주 연료탱크에 저항식 전기 연료온도 송신기(resistance-type electric fuel temperature sender)를 사용한다. 연료온도는 전통적인 아날로그 게이지에 지시되거나 컴퓨터에서 처리되어 디지털 화면표시기에 표시된다. 연료 가열기(fuel heater)의 사용으로 낮은 연료온도를 높일 수 있다. 연료유량 감지정밀도에 영향을 주는 연료온도 변화에 의한 점성의 차이는 마이크로 프로세서와 컴퓨터를 거쳐 수정된다.

4) 연료압력 게이지(Fuel Pressure Gauge)

연료압력의 모니터링은 연료계통의 관련 구성품의 기능불량에 대한 조기경보를 조종사에게 제공한다. 연료가 성상적으로 연료계량장치(fuel metering device)로 공급되는지 확인하는 것은 중요

하다. 그림 1-47과 같이 왕복엔진 경항공기는 전형적으로 단순한 직독식 부르동관 압력계를 사용
한다. 그것은 연료계량장치의 연료입구에 연결된 관이 조종석 계기판으로 연결되어 있다. 엔진을
시동할 때 사용하는 보조펌프(auxiliary pump)를 갖춘 항공기의 연료압력계는 엔진 시동이 완료될
때까지 보조펌프의 압력을 지시한다. 보조펌프가 off 되었을 때 게이지는 엔진구동펌프에 의해 발
생한 연료압력을 지시한다.

▲ 그림 1-47 전형적인 연료압력 게이지

그림 1-48과 같이, 더욱 복잡한 대형왕복엔진 항공기는 연료계량장치 입구의 연료압력과 공기
압력을 비교하는 차압 연료압력계를 사용한다. 주로 벨로즈형 압력계(bellows-type pressure
gauge)가 사용된다.

▲ 그림 1-48 차압 연료압력 게이지

5) 압력 경고 신호(Pressure Warning Signal)

모든 항공기에는 어떤 상황에서도 조종사의 주의를 끌기 위해 게이지 지시와 함께 시각 경고장치
(visual warning device)와 가청 경고장치(audible warning device)를 사용한다. 연료압력은 정

상동작범위에서 벗어날 때 경고신호가 있어야 하는 중요한 요인이다. 그림 1-49와 같이, 저연료 압력 경고등은 간단한 압력감지 스위치를 사용하여 작동할 수 있다. 스위치의 접촉은 다이아프램 (diaphragm)에 작용하는 연료압력이 불충분할 때 open되어 전류가 조종석에 있는 신호표시기 또는 경고등으로 흐르게 한다.

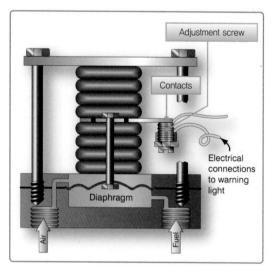

▲ 그림 1-49 저압력 경고신호 스위치

그림 1-50과 같이, 대부분 터빈동력 항공기는 각각의 연료승압펌프의 배출구에 저압경고 스위치가 장착되어 있고 조종실의 각 펌프에 대한 신호 표시기는 일반적으로 조종실 연료 패널의 승압 펌프 on/off 스위치에 또는 스위치에 인접하여 설치되어 있다.

▲ 그림 1-50 운송용 항공기 연료 패널의 정압경고등

8 연료투하장치(Fuel Jettisoning System)

만약 항공기의 설계착륙중량(design landing weight)이 최대이륙중량(maximum takeoff weight)보다 더 적다면, 경우에 따라서 설계착륙중량 이상의 무게로 착륙이 필요한 때가 발생한다. 그때 항공기 무게를 줄이기 위해 연료를 대기로 방출해야 한다. 이를 연료투하장치 또는 연료방출장치(fuel dump system)라고 한다. 이 장치는 항공기가 너무 무거운 상태로 착륙 시 발생할 수 있는 구조손상을 방지하기 위해 있다. 그림 1-51은 보잉 767 항공기의 연료방출장치 패널(fuel jettison panel)을 보여 준다.

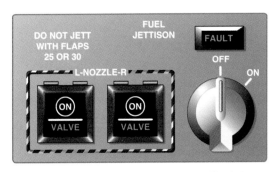

▲ 그림 1-51 보잉 767 항공기 연료방출 패널

연료투하장치는 몇 개의 기준에 부합해야 한다. 연료투하의 평균 분사율은 연료를 방출하는 데 요구된 시간이 10분 이상 필요로 하는 것을 제외하고는, 분당 최대중량의 적어도 1% 이상이어야 한다. 연료투하는 플랩 및 착륙장치가 Up이 되어 있고, 1.4 VS1의 속도로 수평 비행 중에 수행되어야 한다.

그림 1-52와 같이 방출되는 연료와 증기는 항공기의 다른 부위와 간섭 없이 방출되어야 하고, 항공기 조종에 영향을 주지 않아야 한다. 연료는 양쪽 날개에 장착된 연료방출 밸브를 통해 방출되는

▲ 그림 1-52 운송용 항공기의 연료배출 장면

데, 한쪽 밸브의 고장으로 비대칭적으로 방출되더라도 비행 안전에 영향을 주지 않게 설계되어야 한다. 이 밸브는 작동 중 조종사에 의해 필요한 때 닫을 수 있도록 설계되어야 한다.

왕복엔진항공기의 연료투하장치는 최대연속출력의 75% 출력으로 45분의 비행을 할 수 있는 분량의 연료는 방출되지 않게 설계되어야 한다. 터빈동력비행기의 연료투하장치는 해발 1만feet까지 상승하는 데 필요한 연료와, 최대 순항 속도로 45분 비행할 수 있는 연료는 방출되지 않게 설계되어야 한다.

1-5 연료계통의 서비싱(Fuel System Servicing)

■ 급유 및 배유 절차(Fueling and De-fueling Procedure)

1) 급유(Fueling)

일반적으로 급유과정은 날개 위 급유(over-wing)와 압력급유(단일지점급유, single point refueling)의 두 가지 종류가 있다. 날개 위 급유는 날개 윗면 또는 동체에 탱크가 장착되었다면 동체의 윗면에 있는 주입구 마개(filler cap)를 열고 연료보급 노즐을 연료 주입구 안으로 삽입하여 탱크 안으로 주입한다. 이 과정은 자동차 연료탱크를 급유하는 과정과 유사하다.

그림 1-53과 같이, 압력급유는 연료탱크 밑면의 앞쪽 또는 뒤쪽에 있는 연료보급 위치(fueling station)에 장착된 연료보급 포트(port)로 가압급유 노즐을 연결시켜 연료 트럭의 연료 펌프에 의해 가압된 연료를 탱크로 보급한다. 연료 보급위치에 장착된 게이지는 각 탱크의 연료량을 지시하며 원하는 연료량에 도달했는지 확인해야 한다.

▲ 그림 1-53 여객기 압력식 단일지점 연료보급 노즐 장착장면

그림 1-54와 같이 각 탱크에 장착된 플로트 스위치(float switch)는 탱크가 가득 보급되었을 때 급유밸브(fueling valve)를 닫히게 하여 연료보급을 중단시키는 자동차단장치의 일부분이다.

▲ 그림 1-54 연료탱크에 장착되는 플로트 스위치

연료보급 시에는 예방 조치를 취해야 한다. 가장 중요한 것은 항공기에 적합한 연료를 보급하는 것이다. 사용되는 연료의 종류는 중력식 날개 위 급유 방식에서는 주입구 근처에 그리고 압력급유 방식 항공기는 연료보급 위치에 게시되어 있다. 만약 사용하려는 연료에 어떤 문제점이 있다면, 기장, 전문가, 또는 제작사 정비매뉴얼, 제작사 운영매뉴얼에 따라 급유를 진행하기 전에 수정되어야 한다. 터빈엔진연료에 대한 날개 위 급유의 급유노즐은 가솔린을 사용하는 항공기의 연료 주입구에 들어갈 수 없도록 아주 커야 한다.

날개 위에서 급유할 때는 주입구 주변을 깨끗하게 하고, 연료노즐도 또한 깨끗한지 확인해야 한다. 그림 1-55와 같이, 항공연료 노즐은 연료마개를 열기 전에 항공기에 접지되어야 하는 정전기 접지선(bonding wire)을 갖추고 있다. 연료를 분사할 준비가 된 후에 마개를 연다. 주의 깊게 주입구 안으로 노즐을 삽입한다. 연료 노즐은 탱크 밑면에 부딪칠 정도로 깊게 삽입하지 않는다. 만약 일체형 연료탱크라면 탱크, 또는 항공기 외피를 움푹 들어가게 할 수도 있다. 무거운 연료호스에 의해 기체 표면에 손상을 방지하기 위해 주의사항을 훈련한다. 그림 1-56과 같이, 어깨 위에 호스를 걸치거나 또는 페인트를 보호하기 위해 급유 매트(mat)를 사용한다.

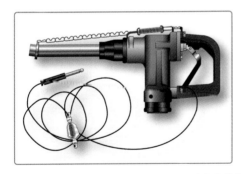

▲ 그림 1-55 AVGAS 연료보급 노즐과 지상접지선 ▲ 그림 1-56 세스나 항공기 날개 위 연료보급 장면

그림 1-57과 같이, 항공기 연료 주입구(receptacle)는 급유밸브 어셈블리(fueling valve assembly)의 일부분이다. 연료보급 노즐을 적절하게 연결하여 고정시키면 플런저(plunger)는 연료가 밸브를 통해 주입될 수 있도록 항공기 밸브를 열어준다. 정상적으로 모든 탱크는 한 지점에서

연료가 보급될 수 있다. 항공기 연료계통에 있는 밸브는 연료가 적절하게 탱크 안으로 들어가도록 연료 보급소에서 제어된다. 연료 트럭의 급유펌프가 발생하는 압력은 연료를 주입하기 전에 항공기에 적합한 압력인지 확인한다. 압력 급유패널(pressure refueling panel)과 그들의 조작은 항공기에 따라 차이가 있으므로 급유 작업자는 각 급유패널(panel)의 정확한 사용법을 알고 사용해야 한다.

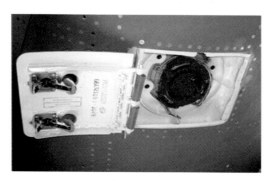

▲ 그림 1-57 항공기 연료 압력 급유구

연료 트럭으로부터 연료를 보급할 때 예방조치가 취해져야 한다. 만약 트럭을 지속적으로 사용하지 않았다면, 모든 배수조(sump)는 트럭이 이동하기 전에 배출되어야 하고, 연료가 투명하고 깨끗한지 육안으로 검사해야 한다. 터빈연료는 만약 연료 트럭의 탱크가 방금 채워졌거나, 또는 트럭이 공항의 울퉁불퉁한 도로를 주행했다면 연료가 안정되도록 몇 시간 정도 기다려야 한다. 연료 트럭은 항공기로 천천히 접근해야 하며, 급유를 위한 위치로 맞추어 놓는다. 트럭은 날개에 나란히 그리고 가능하면 동체의 앞쪽에 주기되어야 한다. 항공기 쪽으로의 역행은 피한다. 파킹 브레이크(parking brake)를 잡고 바퀴(wheel)를 고임목으로 고인다(chock). 트럭에서 항공기로 정전기 접지선(bonding cable)을 연결한다. 이 케이블은 전형적으로 트럭에 설치된 릴(reel)에 감겨 있다.

만약 급유지점(refuel point)이 지상에 서서 접근할 수 없다면 사다리를 사용한다. 만약 항공기의 날개 위에서 걸을 필요가 있다면 오직 지정된 구역에서만 가능하다.

주입기 노즐은 중요하게 다루어져야 할 하나의 도구다. 에이프런(apron)에 떨어뜨리거나 또는 끌리지 않아야 한다. 대부분 노즐에는 먼지 마개가 부착되어 있는데 실제 연료를 보급하는 동안에는 제거해야 하고 그다음에 바로 잠가야 한다. 노즐은 연료의 오염을 방지하기 위해 깨끗해야 하며, 연료가 누출되면 안 된다. 연료보급 시에 주입기 노즐은 주입구의 목 부분에 일정하게 접촉이 유지되도록 해야 한다. 연료보급이 완료되면 모든 연료마개의 상태를 이중점검하고 접지선이 제거되었는지 확인한다.

2) 배유(De-fueling)

때때로 정비, 검사 또는 오염으로 인해 연료탱크의 연료를 제거해야 하는 경우가 생긴다. 또는 비행계획이 변경되어 배유가 필요하게 된다. 배유에 대한 안전절차는 급유 절차와 동일하다. 배유는 항상 격납고(hangar) 안이 아닌 외부에서 수행해야 한다. 소화기는 가까이에 비치해야 하고, 접지선을 설치해야 한다. 배유는 경험자에 의해 수행되어야 하며, 비경험자는 수행 전에 배유 절차에 대하여 점검해야 한다.

기체구조의 손상을 방지하기 위해 연료보급 시와 마찬가지로 배유 시에도 탱크에 따라 순서가 있다. 의심스러우면 제작사 정비매뉴얼, 제작사 운영매뉴얼을 참고한다.

압력 연료보급방식 항공기는 정상적으로 연료 주입구를 통해 연료를 배유한다. 배유 방법에는 두 가지 방법이 있다. 항공기의 탱크 내 승압펌프를 이용하여 밖으로 연료를 배유하는 압력(pressure) 배유와, 연료 트럭의 펌프를 이용하여 연료를 밖으로 뽑아내는 흡입(suction) 배유가 있다. 그 외 날개 위로 연료를 보급하는 소형 항공기는 정상적으로 탱크 배수관(tank sump drain)을 통해 중력에 의해 배유하며, 이 방법은 대형기에는 시간이 많이 걸려 비실용적이다.

탱크에서 배유한 연료를 어떻게 처리해야 하는지는 몇 가지 절차에 따른다. 첫 번째, 만약 탱크가 연료오염 또는 의심스러운 오염으로 인하여 배유되었다면 다른 연료와 혼합되지 않도록 격리된 용기에 저장되어야 한다. 두 번째, 제작사는 배유된 정상적인 연료를 재사용할 수 있는지 그리고 어떤 종류의 저장용기를 사용해야 하는지에 대한 필요조건을 명시한다. 무엇보다도, 항공기에서 제거된 연료는 어떤 다른 종류의 연료와 혼합되지 않아야 한다.

대형 항공기는 정비 목적으로 배유가 필요할 때는 배유 과정을 피하기 위해 정비를 요하는 탱크의 연료를 다른 탱크로 이송(transfer)시킬 수 있다.

3) 급유나 배유 시 화재 위험(Fire Hazard When Fueling or De-fueling)

항공용 가솔린(AVGAS)과 터빈엔진연료의 가연성 성질 때문에 급유나 배유 시에 화재에 대한 예방 조치를 확실히 해야 한다. 격납고 안에서 급유나 배유는 금한다. 급유 작업자가 입은 옷은 정전기를 발생시키지 않도록 나일론과 같은 합성섬유는 피하고 면직물(cotton)로 된 옷을 입는다.

화재를 유발하는 세 가지 조건 중 가장 제어할 수 있는 것은 발화원(source of ignition)이다. 연료보급 또는 배유 시에 항공기 주위에 발화원이 없도록 해야 한다. 어떤 선기장치도 직동해선 안 된다. 전파(radio)와 레이더(radar) 사용은 금지되어야 한다.

엎지른 연료는 빠르게 기화하기 때문에 화재위험이 크다. 소량의 유출은 곧바로 닦아 내야 한다. 램프에 엎지른 연료를 쓸어 한곳으로 모으지 말아야 한다.

급유 시나 배유 시에 class B 소화기를 가까운 곳에 비치하고, 연료 작업자는 소화기가 어디에 있고 어떻게 사용하는지 정확하게 알아야 한다. 비상시에 연료 트럭은 빨리 항공기로부터 멀리 이동할 수 있도록 항공기 주변의 정확한 위치에 주기되어야 한다.

❷ 연료계통의 오염 점검(Checking for Fuel System Contamination)

연료계통을 청결하게 유지하려면 먼저 오염의 일반적인 종류를 인지해야 한다. 물은 가장 일반적인 오염원이다. 고체입자, 계면활성제(surfactants), 그리고 미생물도 또한 일반적인 오염원이다. 인가되지 않은 다른 연료의 사용으로 인한 오염이 가장 나쁜 종류의 오염이다.

1) 물(Water)

물은 연료 속으로 분해되거나 또는 연료와 함께 이동할 수 있다. 물이 섞인 연료는 혼탁해지기 때문에 탐지될 수 있다.

물은 응축상태를 거쳐 연료계통에 들어갈 수 있다. 연료탱크에 있는 액체 연료 위의 증기공간에 있는 수증기는 온도가 변화될 때 응축한다. 연료 속의 물은 시간이 지나면서 연료탱크의 밑바닥으로 내려가 비행 전에 배출시키는 배수조(sump) 안으로 가는데, 그렇게 되기까지는 어느 정도 시간이 걸린다.

만약 항공기가 정기적으로 비행하고 있고, 비행 후에 곧바로 연료를 보급했다면, 일상의 배수조 배출(sump drain) 시에 나오는 물 이외의 오염은 거의 없다. 연료탱크에 연료를 채운 상태로 장기간 주기되어 있던 항공기는 오염의 원인이 될 수 있다.

이미 물을 함유한 연료를 급유하는 동안 항공기 연료하중에 물이 포함될 수 있다. 만약 계속해서 물로 인한 문제가 발생한다면 연료 공급자를 교체하는 것도 필요하다. 결빙온도 이하의 연료는 녹을 때까지 배수조(sump) 안에서 침전하지 않는 얼음 형태로 부유되어 이동하는 물을 포함하게 된다. 이를 대비하여 연료탱크에 방빙 용액을 넣어 비행 중 얼음의 상태로 여과장치를 막히게 하는 것을 방지한다.

연료 방빙 첨가제는 탱크용량에 따라 권고된 양을 사용하도록 해야 한다. 연료보급을 반복하면서 방빙 첨가제의 사용 레벨(level)이 불분명하게 될 수 있으므로 현장휴대용 시험기(field hand-field test unit)로 연료하중에 포함된 방빙 첨가제의 양을 점검할 수 있다.

엔진으로 공급되는 연료에 포함된 소량의 물은 보통 문제가 되지 않는다. 그러나 다량의 물은 엔진 작동을 중단시킬 수 있다. 탱크에 침전된 물은 부식의 원인이 될 수 있다. 이것은 연료와 물의 경계면에 살고 있는 미생물에 의해 확대될 수 있다. 연료에 있는 많은 양의 물은 또한 연료량 프로브(fuel quantity probe)의 지시를 부정확하게 만드는 원인이 될 수 있다.

2) 고체입자 오염물(Solid Particle Contaminant)

연료에 용해되지 않는 고체입자가 일반적인 오염 물질이다. 연료탱크가 열려 있을 때 불순물(dirt), 녹(rust), 먼지(dust), 금속입자 등이 탱크 안으로 들어갈 수 있다. 이런 오염물질들은 여과기에서 추출되며 일부는 배수조에 모인다. 연료탱크 내에는 잘려진 밀폐제(sealant), 필터 소자의 조각, 부식으로 인한 부스러기의 조각 또한 축적된다.

연료 안으로 고체 오염물질의 유입을 방지하는 것은 중요하다. 연료계통이 열려 있을 때에는 언제나 이물질이 들어가지 않도록 조심해야 한다. 연료 라인은 즉시 마개로 막아야 하며, 연료탱크 주입구 마개는 급유가 끝나면 바로 닫아야 한다.

거친 침전물은 육안으로 볼 수 있다. 그들이 시스템 여과장치를 통과하면 연료계량장치의 오리피스(orifice), 슬라이딩 밸브(sliding valve), 그리고 연료노즐이 막힐 수 있다. 고운 침전물은 실제로 개개의 입자는 볼 수 없다. 그들은 연료 속에서 아지랑이처럼 탐지되거나 또는 연료를 시험할 때 빛을 굴절시키게 한다. 연료조정장치와 계량장치에서는 거무스름한 셸락(shellac/니스를 만드는 데 쓰이는 천연수지)과 같은 자국으로 나타난다.

고체입자 오염의 허용 최대량은 왕복엔진 연료계통보다 터빈엔진 연료계통이 훨씬 적다. 필터 소자를 정기적으로 교체하는 것과 필터에 걸러진 고체입자를 조사하는 것이 특히 중요하다. 필터에서 금속입자의 발견은 필터의 상류부문에 있는 구성품의 결함을 알리는 신호일 수 있으므로 시험실 분석이 필요하다.

3) 계면활성제(Surfactant)

계면활성제는 연료에서 자연히 일어나는 액체화학 오염물질이다. 그들은 또한 급유공정 또는 연료 취급공정 시에 유입될 수 있다. 이들 계면활성제는 보통 대용량일 때 짙은 갈색 액체로 나타난다. 그들은 심지어 비누 같은 농도를 갖게 된다. 적은 양의 계면활성제는 피할 수 없는 것이며 연료계통 기능에는 거의 영향이 없다. 다량의 계면활성제는 문제점을 일으킨다. 특히, 그들은 물과 연료 사이에 표면장력을 떨어뜨리고, 물과 심지어 작은 불순물이 배수조 안에 침전되지 않게 한다. 계면활성제는 필터 소자에 모여 필터의 기능을 떨어뜨리기도 한다.

4) 미생물(Microorganism)

터빈엔진연료에서 미생물의 존재는 중대한 문제점이다. 연료탱크에 있는 물과 연료의 경계에 있는 자유수(free water)에는 수백 종의 생물형태가 있다. 그들은 짙은 갈색, 회색, 적색 또는 검정색의 점액을 형성한다. 이 미생물은 빠르게 번식할 수 있으며 필터 소자와 연료량계기의 기능을 방해할 수 있다. 더군다나 연료탱크 표면과 접촉하는 끈적끈적한 물/미생물 층은 탱크의 전기분해 부식(electrolytic corrosion)을 위한 매개물을 제공한다. 세균은 자유수에서 살고 연료를 먹고 살기 때문에, 가장 강력한 대책은 물이 연료에 축적되지 못하게 하는 것이다. 물이 없는 100% 연료는 있을 수 없다. 항공기를 급유하기 위해 사용된 연료비축탱크의 관리와 더불어, 배수조의 배출(sump drain)과 필터 교환은 항공기 연료탱크에 물이 축적될 가능성을 줄일 수 있다. 급유 때 연료에 살생물제(biocide)를 첨가하면 존재하는 미생물을 없애는 데 도움을 준다.

5) 외부 연료로 인한 오염(Foreign Fuel Contamination)

그림 1-58과 같이, 항공기 엔진은 오직 적절한 연료를 사용해야 효과적으로 작동한다. 부적합한 연료의 사용으로 인한 오염은 항공기에 비참한 결과를 가져올 수 있다. 각각의 연료탱크 연료 주입구 또는 연료마개가 있는 주위에는 필요한 연료의 종류가 명확하게 표시되어 있다.

▲ 그림 1-58 연료 주입구의 사용연료 표식

만약 잘못된 연료가 항공기에 들어간다면, 비행 전에 수정되어야 한다. 만약 연료펌프가 작동하기 전에 그리고 엔진이 시동되기 전에 발견되었다면, 부적당한 연료로 채워진 모든 탱크는 배유되어야 한다. 적합한 연료로 탱크와 관을 씻어 내고 그다음에 적합한 연료로 탱크를 다시 채운다. 그러나 만약 엔진이 시동되거나 또는 시동이 시도된 후에 발견했다면, 절차는 더욱 심도 있게 수행되어야 한다. 모든 연료관, 구성요소, 계량장치, 그리고 탱크를 포함하는 전체의 연료계통은 배유되어야 하고 씻어 내어야 한다. 만약 엔진이 작동되었다면, 압축시험이 이루어져야 하고 연소실과 피스톤은 보어스코프(borescope) 검사를 해야 한다. 엔진오일은 배출되어야 하고 모든 스크린과 필터는 손상 유무를 검사해야 한다. 모든 절차가 끝난 후에는 적합한 연료로 탱크를 채운 후, 비행 전에 완전한 엔진 작동 점검(full engine run-up check)을 수행해야 한다.

소량의 부적합한 연료의 유입으로 인해 오염된 연료는 육안검사로는 확인하기 어렵고, 항공기 상태를 더욱 위험하게 만들 수 있다. 이런 실수를 인지하면 누구라도 항공기의 비행을 막아야 한다.

6) 오염물의 탐지(Detection of Contaminant)

연료의 육안검사는 항상 깨끗하고 밝게 보여야 한다. 연료의 불투명함은 오염의 신호일 수 있고, 더욱 조사가 필요함을 의미한다. 급유할 때 정비사는 항상 급유의 공급원과 연료의 형태를 알고 있어야 한다. 오염이 의심스러우면 조사되어야 한다.

항공기 연료에 대한 여러 기지의 현장시험과 시험실 시험은 연료 오염을 밝히기 위해 수행될 수 있다. 수질오염(water contamination)에 대한 일반적인 현장시험은 연료탱크에서 뽑아낸 시료에 물에는 녹고 연료에는 녹지 않는 염료(dye)를 첨가해서 수행한다. 연료에 존재하는 물이 많으면 많을수록, 염료는 더 크게 흩어지고 시료를 물들인다.

상업적으로 이용할 수 있는 또 하나의 일반적인 시험 장치(test kit)는 연료시료의 함유량이 30 ppm(parts per million) 이상의 물을 함유할 때 분홍색 또는 진홍색으로 색이 바뀌는 회색 화학약품 분말이다. 15ppm 시험은 터빈엔진연료에 대해 사용할 수 있다.

모든 배수관으로부터 시료는 정기적으로 채취하고 검사해야 한다. 여과장치는 명시된 주기로 교환되어야 한다. 여과장치에서 발견된 입자는 입자의 성분을 확인하고 조사해야 한다.

❸ 연료계통의 수리(Fuel System Repair)

연료계통의 기능불량 또는 연료 누출의 흔적이 발견되면 항공기가 비행 인가를 받기 전에 수정 작업이 이뤄져야 한다. 비행 중 화재, 폭발, 또는 연료부족의 위험은 연료계통의 비정상 작동으로 인해 일어날 수 있는 매우 위험한 상황이다. 정비사는 연료계통이 감항성(airworthiness)을 유지하도록 제작사 정비지침서와 작동지침서에 의해 정비를 수행해야 한다.

1) 연료계통의 고장 탐구(Troubleshooting The Fuel System)

(1) 누출과 결함의 위치(Location of Leaks and Defects)

연료계통에서 누출(leak) 또는 결함이 의심되면 근접육안검사를 실시해야 한다. 누출은 종종 2개의 연료관 또는 연료관과 구성요소의 연결지점에서 발견할 수 있다. 이따금 연료 누출은 연료탱크나 구성요소 자체 내부에서 일어난다. 새어 나오는 연료는 자국을 만들고 냄새를 유발한다. 가솔린은 색깔에 의해 육안으로 확인할 수 있다. 제트연료는 처음에는 탐지하기 어렵지만, 기화성이 낮아 다른 주변보다 많은 불순물과 먼지로 확인할 수 있다.

연료 증기가 있는 곳에서 연료가 새어나올 때 화재 또는 폭발의 잠재력이 있어 비행 전에 수리되어야 한다. 점화의 위험이 없는 외부누출에 대한 수리는 다음으로 미뤄질 수 있다. 그러나 누출의 근원을 알아야 하고, 악화될 가능성이 없는지 확인해야 하며 계속 감시하여야 한다. 연료 누출의 수리와 감항성이 유지되기 위한 필요조건은 항공기 제작사 지침서를 따른다. 정밀육안검사로 결함을 확인할 수도 있다.

(2) 연료 누출의 분류(Fuel Leak Classification)

그림 1-59와 같이, 항공기 연료 누출에는 기본적으로 네 가지로 분류되는데, 분류 기준은 30분간 누출된 연료의 표면적이 사용된다. 면적이 직경으로 3/4inch 이하의 누출을 얼룩

(stain)이라고 말한다. 면적이 직경으로 3/4~1½ inch인 누출을 스며 나옴(seep)으로 분류한다. 많은 양이 스며 나옴(heavy seep)은 직경으로 1½~4 inch 면적을 형성할 때이고, 흐르는 누출(running leak)은 실제로 항공기로부터 연료가 떨어지는 상태를 말한다.

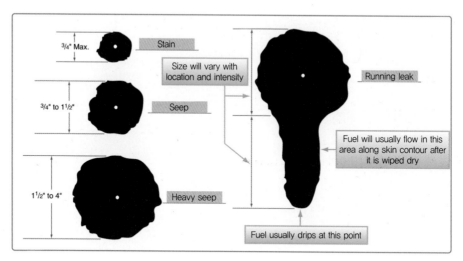

▲ 그림 1-59 연료 누출의 분류

(3) 개스킷, 시일 및 패킹의 교체(Replacement of Gasket, Seal, and Packing)

누출은 가끔 개스킷 또는 시일을 교체하여 수리할 수 있다. 또한 연료계통의 구성요소를 교체하거나 재조립할 때에도 새로운 개스킷, 시일, 또는 패킹이 장착되어야 한다. 항상 매뉴얼에 표시된 정확한 부품번호(part number)로 교체를 하였는지 확인한다. 또한, 대부분 개스킷, 시일, 그리고 패킹은 제한된 유통기한(shelf life)을 갖는다. 오직 포장지에 날인된 사용기간(service life) 이내에 있는 경우에만 사용해야 한다.

원래의(old) 개스킷을 완전히 떼어내고, 모든 접합면을 깨끗이 하고 검사한다. 새로운 개스킷과 실에 흠이 없는지 검사한다. 세척절차와 교체 시에 어떠한 밀봉제를 바르는 것이 필요한지는 제작사 지침서에 따른다. 개스킷과 실을 교체한 후 구성품을 장착할 때에는 장착볼트들을 동일한 토크(torque)로 장착하여 개스킷 또는 시일이 손상되지 않도록 해야 한다.

2) 연료탱크 수리(Fuel Tank Repair)

경식 분리형 탱크, 부낭형 탱크, 또는 일체형 연료탱크(integral fuel tank) 등의 모든 연료탱크는 누출의 잠재성을 갖고 있다. 모든 종류의 탱크를 수리할 때에는 수리된 사항을 기록하고, 철저한 검사가 이루어져야 한다. 물과 미생물에 의해 발생하는 부식은 비록 그것이 누출의 원인이 아니더라도 탱크 수리 시에 확인되어야 하고 처리되어야 한다.

경식 분리형 탱크는 리벳이 사용되거나 용접이나 납땜이 사용될 수 있다. 누출은 접합부(seam)에서 나타날 수 있거나 또는 탱크의 다른 곳에서 생길 수 있다. 일반적으로 수리는 탱크의 구조와 기술적으로 조화되게 수행해야 한다.

심각하지 않은 연료의 스며 나오는 누출(seepage)이 발생하는 일부 금속 연료탱크는 슬로싱 절차(sloshing procedure)로 수리할 수 있다. 인가된 슬로싱 화합물(sloshing compound)을 탱크에 쏟아 부어 화합물이 탱크의 내부 표면을 덮도록 탱크를 움직인다. 그다음에 불필요한 화합물은 따라내고 탱크에 있는 화합물을 명시된 시간 동안 경화시킨다. 탱크 접합부의 작은 틈새와 탱크의 간단한 수리는 이 방식으로 수리된다. 화합물은 일단 마르면 연료에 내성을 갖는다.

(1) 용접 탱크(Welded Tank)

연료탱크는 강(steel)이나 또는 용접할 수 있는 알루미늄으로 제작된다. 수리를 위해 항공기에서 탱크를 떼어낸다. 탱크가 용접되기 전에 탱크에 남아있는 연료증기는 완전히 제거되어야 한다. 연료증기가 점화되어 폭발을 방지하기 위함이다. 탱크를 정화(purging)시키는 일반적인 방법에는 증기 세척(steam cleaning), 뜨거운 물로 정화(hot water purging), 그리고 불활성가스 정화(inert gas purging)가 있다. 대부분 절차는 일정한 시기 동안 탱크를 증기, 물, 또는 가스로 가득 채우는 것이 필요하다. 탱크의 정화는 제작사의 절차를 따른다.

접합부 또는 손상된 부분이 용접된 후, 탱크 안에 떨어진 용제(flux)나 부스러기는 물 세척과 산 용액(acid solution)을 사용하여 완전히 제거해야 한다. 수리 후 누출점검(leak check)은 용접된 부위를 따라 두드려서 소리로 확인한다. 또는 탱크를 일정한 공기로 가압하여 모든 접합부와 수리된 부분에 비누용제를 사용하여 누출점검을 수행한다. 거품형성은 공기가 새어 나오는 것을 의미한다. 누출점검을 위한 공기압은 매우 낮으며, 1.5~3.5psi가 일반적이다. 탱크를 변형시킬 수 있거나 또는 손상시킬 수 있는 과도한 공기압을 방지하기 위해 정밀한 압력 조절기와 압력계를 사용한다. 대개 장착될 때 항공기 기체 구조물에 의해 지지되는 탱크는 가압 전에 기체에 지지시키거나 장착되어야 한다.

(2) 리벳 탱크(Riveted Tank)

리벳이 있는 탱크(riveted tank)는 리벳을 사용하여 수리한다. 접합부와 리벳은 연료 누출을 없애기 위해 조립 시에 연료에 강한 화합물로 코팅(coating)한다. 이는 패치수리(patch repair) 시나, 또는 접합부에서 리벳을 교체하는 수리를 할 때 수행된다. 일부 심각하지 않은 누출수리는 단지 화합물을 덧대어 수리한다. 사용된 화합물은 열에 민감할 수 있으므로 뜨거운 물이나 증기로 정화할 때 일어날 수 있는 화합물의 퇴화를 방지하기 위해 불활성 가스 정화를 사용한다. 모든 수리는 감항성을 보증하기 위해 제작사 지침서에 따라해야 한다.

(3) 납땜 탱크(Soldered Tank)

납땜(soldering)으로 조립된 턴플레이트(terneplate, 주석 1, 납 4 비율의 합금을 입힌 강판)로 된 항공기 연료탱크는 납땜으로 수리된다. 모든 패치(patch)는 손상 부위를 최소한으로 겹치게 해야 한다. 납땜할 때 사용된 용제(flux)는 용접탱크에서 사용되었던 것과 유사한 기법으로 수리 후 탱크에서 제거시켜야 한다. 수리 절차는 제작사 지침서를 따른다.

(4) 부낭형 탱크(Bladder Tank)

부낭형 연료탱크의 연료 누출은 수리할 수 있다. 가장 흔히, 이 탱크는 패치(patch), 접착제, 그리고 제작사에 의해 승인된 방법으로 패치를 대어 수리한다. 납땜탱크처럼, 패치는 손상영역과 필요한 만큼의 겹쳐진 부분을 가져야 한다. 부낭을 완전히 관통한 손상은 내부패치뿐만 아니라 외부패치로 수리한다.

합성 부낭형 탱크는 제한된 사용기간(service life)을 갖는다. 부낭형 탱크는 보통 부낭재료의 건조와 균열(crack)을 방지하기 위해 항상 연료가 가득 차 있어야 한다. 일반적인 탱크의 보존과 수리에 대해서는 제작사 지침서를 따른다.

(5) 일체형 탱크(Integral Tank)

일체형 탱크는 때때로 점검패널(access panel)에서 누출이 발생한다. 이때는 점검패널을 장탈하여 실을 교체할 수 있도록 점검패널이 장착된 연료탱크의 연료를 다른 탱크로 이송시켜야 한다. 점검패널을 장착할 때는 적절한 밀봉제(sealing compound)와 장착 볼트에 적정 토크가 필요하다.

일체형 탱크에서 다른 형태의 누출은 탱크접합부를 밀봉하기 위해 사용된 밀폐제(sealant)가 그것의 효능을 상실할 때 발생하며 이러한 누출은 누출의 위치를 찾는 데 어려움이 있고 더 많은 시간이 걸리기도 한다. 수리하기 위해서는 연료를 다른 탱크로 이송시키거나, 연료 트럭으로 연료를 빼내야 한다. 수리를 위해 운송용 항공기의 대형 탱크에 들어갈 수도 있다. 제작사 지침서에 따라 출입이 안전하도록 준비해야 한다. 탱크를 건조해야 하며 위험한 연료 증기를 배출해야 한다. 그런 다음에 탱크 안이 안전한지를 가연성 가스표시기(combustible-gas indicator)로 점검해야 한다. 정전기를 일으키지 않는 피복과 방독면을 착용한다. 그림 1-60과 같이, 탱크 안에 있는 정비사를 보조하기 위해 탱크의 바깥쪽에 감시자가 배치되어야 한다. 탱크 안은 항상 통풍이 되도록 연속적인 공기흐름을 만들어준다. 그림 1-61에서는 수리나 점검을 위해 탱크 안으로 들어갈 때 지켜야 할 운송용 항공기의 정비매뉴얼에 있는 점검표를 보여준다. 세부적인 절차 또한 매뉴얼에 따른다.

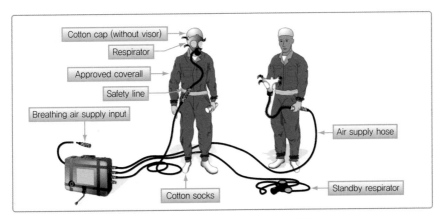

▲ 그림 1-60 방독면과 정전기 방지복 착용 모습

연료가 마르지 않은 Fuel Cell 출입 전 그리고/또는 이전 작업조에 의해 시작된 Tank작업의 지속을 위한 작업할당 전에 본 Check List가 점검되어야 한다.

Wet Fuel Cell 출입위치

건물 또는 지역: _____ 구역: _____ 항공기: _____ Tank: _____
작업조: _____ 일시: _____ 감독자: _____

○ 1. 항공기 및 주변 장비의 적절한 접지 확인
○ 2. 작업구역 안전 및 경고 표지 설치 확인
○ 3. Boost Pump 스위치가 off, Circuit Breaker가 뽑히고 플래카드 설치 확인
○ 4. 항공기 전원 공급 여부(Battery 분리, 외부 전원코드가 항공기로부터 분리되고 외부전원 Receptacle에 플래카드가
     설치되었는가?)
○ 5. 통신 및 Radar 장비 Off(이격거리 기준참조)
○ 6. Fuel Cell 출입 시 승인된 폭발방지 장비와 공구 사용(점검등, 송풍기, 압력 점검장비 등)
○ 7. 적절한 인명 보호 장비를 포함한 열거된 요구사항이 확인된 후 제한된 공간 출입허가 승인
     (최고 OSH 110 그레이드의 마스크, 승인된 작업복, 면 모자 및 발싸개 그리고 눈 보호용품)
○ 8. 작업자의 트레이닝 기록과 모든 Wet Fuel Cell 출입 시 요구되는 로그시트 기록 여부
○ 9. 통풍장치의 사용 전 청결 여부 확인
○ 10. 잔류 연료 제거를 위한 스펀지 유무 확인
○ 11. 사용되는 모든 플러그의 스트리머 부착 여부
○ 12. 모든 열린 Fuel Cell에 자동 환기장치 장착 여부
   Note: 환기 시스템은 Fuel Cell에 열려져 있는 동안 항상 작동해야 한다. 환기시스템의 고장 현기증, 가려움 또는 과도한
         악취와 같은 부작용이 인지된다면 모든 작업을 중지하고 Fuel Cell에서 철수해야 한다.
○ 13. 야전 정비사의 Cell 출입과 대기 관찰자는 유효한 "Fuel Cell Entry(연료 셀 출입)" 자격카드를 소지해야 한다. 자격은
     다음 훈련이 요구된다.
         – 항공기 제한구역 출입안전
         – 마스크의 사용과 정비
         – Wet Fuel Cell 출입
○ 14. 소방서 통지

계기지시
○ 15. 산소지시값(%): _____ 점검자: _____
○ 16. 연료 증발 수준값(ppm): _____ 점검자: _____
○ 17. 인화성 가스 측정값(LEL): _____ 점검자: _____

이로써 모든 출입 전 요구사항이 충족되었습니다.

_____ _____
감독자 서명   일시

▲ 그림 1-61 연료탱크 내부 작업 전 체크리스트

누출의 위치가 확인되면, 탱크 내의 밀폐제를 제거하고 새로운 밀폐제를 발라야 한다. 밀폐제를 제거할 때는 비금속 스크래퍼(scraper)를 사용하고, 알루미늄 모직물(wool)을 사용하여 남아 있는 밀폐제를 완전히 제거한다. 권장된 솔벤트로 구역을 청소 후, 제작사가 인가한 새로운 밀폐제를 바른다. 탱크에 연료를 보급하기 전에 밀폐제의 경화시간(cure time)과 누출점검을 준수해야 한다.

3) 화재 위험(Fire Hazard)

연료증기(fuel vapor), 공기, 그리고 발화원(source of ignition)은 연료 화재의 필요조건이다. 연료 작업이나 연료계통 구성요소를 작업할 때에는 정비사는 항상 화재 또는 폭발을 일으키는 요소를 제거해야 한다. 발화원은 거의 제거할 수 있다. 작업영역 내의 모든 발화원 제거에 추가하여, 정전기에 대하여 주의하도록 교육되어야 한다. 정전기는 쉽게 연료증기를 발화시킬 수 있다. 연료 라인을 통해 흐르는 연료의 움직임은 정전기 형성의 원인이 될 수 있다. 항상 작업영역을 평가하고, 잠재적인 정전기 발화원을 제거하기 위한 절차를 취해야 한다.

항공용 가솔린(AVGAS)은 특히 휘발성이 강하다. AVGAS는 높은 증기압으로 인하여 빠르게 기화하고 아주 쉽게 발화될 수 있다. 터빈엔진 연료는 휘발성이 덜 하지만 그러나 발화할 수 있다. 이것은 특히 가압된 연료호스나 더운 날에 고온의 엔진에서 연료가 새어나올 때 발화 가능성이 높다. 모든 상황에서 화재 위험의 가능성을 대비하여 연료를 처리해야 한다. 비어 있는 연료탱크는 점화와 폭발에 대한 극도의 잠재력을 갖는다. 비록 액체연료가 제거되었어도 발화성 연료증기는 장기간 동안 남아 있을 수 있다. 그러므로 수리가 시작되기 전에 연료탱크 안에 연료 증기를 배출하기 위한 공기정화(purging)는 반드시 필요하다.

연료계통을 정비하거나 연료를 취급할 때에는 작업장 가까이에 소화기를 비치해야 한다. 연료화재는 전형적으로 이산화탄소 소화기(CO_2 fire extinguisher)로 끌 수 있다. 화염원에 소화기 노즐을 겨누고 산소를 없애기 위해 쓰레질 동작(sweeping motion)으로 분사하여 화재를 진화한다. 연료에 대해 인가된 분말소화기도 사용할 수 있다. 분말소화기의 사용은 잔존물을 남기기 때문에 잔존물을 청소하는 데 많은 비용이 들 수도 있다. 물소화기는 화재를 더 키울 수 있어 사용하지 않는다.

객실 환경 제어계통
Cabin Environmental Control System

2-1 항공기 산소계통(Aircraft Oxygen System)

■ 산소계통 소개(Oxygen System Introduction)

지구의 대기를 구성하는 혼합가스를 일반적으로 공기라고 부른다. 공기는 주로 질소 78%, 산소 21%, 그리고 나머지 1%는 극소량의 여러 가지 가스로 구성되어 있다. 이들 중 일부는 이산화탄소, 수증기, 오존(ozone)과 같이 사람의 생명에 중요한 기체이다.

1) 산소와 저산소증(Oxygen and Hypoxia)

대기에서 두 번째로 흔한 기체인, 산소는 생명체의 가장 중요한 기본 요건이다. 산소 없이는 사람 또는 다른 동물이 살아갈 수 없다. 산소의 정상 공급량의 감소는 신체기능, 사고능력, 그리고 자각 능력의 정도에서 변화의 원인이 된다. 불충분한 산소의 공급으로 인해 발생하는 신체와 정신의 이완된 상태를 저산소증이라고 부른다.

[표 2-1] 고도 변화에 따른 산소압력

Altitude MSL (feet)	Oxygen pressure (psi)
0	3.08
5,000	2.57
10,000	2.12
15,000	1.74
20,000	1.42
25,000	1.15
30,000	0.92
35,000	0.76
40,000	0.57

이는 고고도에서 허파에 있는 산소압력 감소에 의해 일어난다. 공기는 일반적으로 21%의 산소를 유지하지만 혈액에서 흡수될 수 있는 산소의 비율은 산소압력에 따라 다르다. 높은 압력상태에서는 허파 내의 가스교환이 이루어지는 기관에서 신체활동에 충분한 양의 산소가 혈액으로 흡수되나 압력이 감소되었을 때, 산소가 혈액에 부족하게 흡수된다. 해수면에서, 허파의 산소압력은 약 3psi이며 이는 산소를 혈액에 삼투(saturate)시키기 충분한 압력이고 마음과 신체가 정상적으로 기능하게 된다. 그러나 고도가 증가함에 따라 압력이 감소한다.

2) 과호흡증(Hyperventilation)

과호흡증의 증상은 저산소증과 매우 유사하다. 산소와 음식이 신체의 다양한 세포에 공급될 때 이산화탄소가 부산물로 발생하고 혈액은 발생한 이산화탄소를 허파로 운반하여 신체 외부로 배출을 돕는다.

이산화탄소는 호흡의 깊이와 횟수를 조절하기 위한 역할을 수행하는데 높은 이산화탄소의 포화는 신체에서 그것을 분출하기 위해 가파르고 깊은 호흡을 하게 한다. 또한, 활성세포가 필요로 하는 산소를 공급하기 위해 더 많은 양의 산소 흡입을 촉진하다. 반대로 낮은 이산화탄소 포화는 부족한 산소 흡입의 원인이 된다. 그러므로 산소와 이산화탄소균형이 혈액에서 유지되어야 한다. 과호흡은 흔히 사람을 진정시킴으로써 완화시킬 수 있는데 혈류량(bloodstream)에서 산소와 이산화탄소균형을 복원시켜 평소와 같이 호흡을 하게 한다.

3) 일산화탄소 중독(Carbon Monoxide Poisoning)

무색, 무취 가스인 일산화탄소는 항공용으로 사용되는 탄화수소연료의 불완전한 연소에 의해 발생한다. 인간의 신체에서는 일산화탄소를 필요로 하지 않으며 신체에서 유지되어야 하는 충분한 산소의 수준을 방해하여 저산소증을 초래하는 이러한 증상을 일산화탄소중독이라고 한다. 산소 부족의 모든 형태와 마찬가지로 일산화탄소에 계속된 노출은 의식불명과 죽음을 초래할 수 있다.

❷ 산소의 종류와 특성(Forms of Oxygen and Characteristics)

신체활동에 부족한 산소가 혈액에 공급되는 비행고도에서, 감소된 주위압력의 부정적인 영향을 극복하기 위해 일반적으로 수행하는 두 가지 수단은 산소의 압력을 증가시키거나 또는 공기혼합물에서 산소의 양을 증가시키는 것이다.

고공비행 중 여압장치가 설치된 항공기에서는 객실 압력을 높여 산소가 충분하게 공급되도록 하고, 객실여압 없이 설계된 소형 또는 중간 크기의 항공기에서 산소의 양을 증가시키기 위해 별도의 산소공급계통이 설치되어 있다. 여압이 되는 항공기는 여압계통 고장 시 여분의 수단으로 산소계통을 활용하며, 휴대용 산소장구는 또한 응급처치 목적을 위해 탑재된다.

1) 기체산소(Gaseous Oxygen)

산소는 정상대기온도와 정상대기압에서 무색, 무취, 그리고 무미 가스이며 비등점(boiling point)
인 −183℃에서 액체로 전환된다. 산소 또는 오존을 형성하는 것은 제외하고 산소 자체는 자신들과
결합하지 않기 때문에 연소되지 않는다. 그러나 순수산소는 석유제품과 격렬하게 결합하여 심각한
위험을 일으킨다.

그림 2-1과 같이 순수기체산소는 일반적으로 녹색으로 도색된 고압실린더에 저장되어 운반된다.
정비사는 연소 방지를 위해 연료, 오일, 그리고 그리스로부터 순수산소를 멀리 보관해야 한다. 용기
에 저장된 모든 산소가 동일한 것은 아니다. 비행사의 호흡용 산소는 수분의 포함 여부를 시험하는
데, 이것은 밸브와 조절기의 작은 통로에서 결빙의 가능성을 방지하기 위해 수행된다. 항공기는 때
로는 결빙(icing)의 가능성을 증가시키는 영하의 온도에서 운영된다. 수분의 함량은 산소 1ℓ당 최대
0.02㎖ 이하이어야 한다. 비행사 호흡용 산소는 산소실린더에 "Aviator's Breathing Oxygen"이라
고 명확히 표시되어야 한다.

▲ 그림 2-1 "Aviator's breathing oxygen" 표시된 산소 실린더

대부분 항공기 기체산소의 생산은 공기의 액화 처리를 거쳐 생성되는데 온도와 압력 조절을 통해
공기에 있는 질소를 증발시켜 대부분 순수산소만을 남기게 된다. 또한, 산소는 물의 전기분해에 의
해서 생산되는데 물속에 전류를 흐르게 하면 수소(hydrogen)로부터 산소를 분리시킨다. 또 다른
기체산소 생성 방법은 분자여과기의 사용을 통하여 공기에서 질소와 산소를 분리함으로써 생성되
는데 얇은 막(membrane)은 공기로부터 순수산소를 제외한 질소와 다른 가스들을 걸러낸다. 산소

발생기(oxygen concentrator)라고 부르는 탑재산소발생장치는 일부 군용기에서 사용되고 있으며 민간 항공기에서도 사용될 예정이다.

2) 액체산소(LOX, Liquid Oxygen)

액체산소는 엷은 파랑색(pale blue), 투명 액체이다. 기체산소를 $-297°F(-183°C)$ 이하로 온도를 낮추거나 추가적으로 고압을 가해 액체로 만들 수 있다. 액체산소는 사이가 진공인 이중병(Dewar bottle)이라는 특수한 용기에서 생성되며 액체산소를 저장하고 운반하는 데 사용된다. 그림 2-2와 같이, 저온에서 액체산소를 보관하도록 진공 이중벽식 절연설계 용기이다. 액체산소 $1ℓ$가 기체산소 $798ℓ$로 확산되기 때문에 기체산소에 비해 적은 저장 공간이 요구된다는 장점이 있으나 액체산소 취급의 난해함과 운용비용으로 민간 항공기에서는 기체산소를 보편적으로 사용한다. 그러나 일부 군용기에서는 액체산소를 사용한다.

▲ 그림 2-2 군용기에 사용되는 액체산소 용기

3) 화학 또는 고체산소(Chemical or Solid Oxygen)

고체산소발생기는 여압이 되는 항공기의 예비 산소 장치로서 사용되며 동일한 양의 기체산소장치 저장탱크 무게의 1/3 정도를 차지한다. 또한, 염소산나트륨 화학적 산소발생기는 유통기한이 길어서 예비 산소 형태로서 사용 가능하며 $400°F$ 이하에서 비활성이며 사용 또는 유효기간이 도달할 때까지 정비와 검사로 계속 저장할 수 있다. 고체산소의 사용은 한 번 사용하면 교체해야 하기 때문에 비용을 크게 증가시킬 수 있다. 더욱이 화학적 산소 캔들은 위험물질로 특별한 주의를 기울여야 하며 이동 시 적절하게 포장되어야 하고 점화장치는 불활성화시켜야 한다.

4) 탑재용 산소 발생장치[Onboard Oxygen Generating System(OBOGS)]

공기에서 다른 가스로부터 산소를 분리시키는 분자여과방법(molecular sieve method)은 지상

뿐만 아니라 비행 중에도 적용되는데 무게가 비교적 가볍고 산소공급을 위해 지상지원업무를 경감시켜준다. 그림 2-3과 같은 탑재용 산소발생장치가 군용기에서 많이 사용되며 터빈엔진으로부터 공급된 추출공기가 체(sieve)를 거쳐 호흡용 산소를 분리시킨다. 분리된 산소 중 일부는 체 정화를 위해 질소와 다른 잔류 가스를 날려버린다.

▲ 그림 2-3 탑재용 산소발생장치

❸ 산소계통의 구성품(Oxygen System and Component)

항공에서는 고정식 또는 휴대형 산소장치가 주로 사용되는데 용도와 항공기에 따라 기체산소, 고체산소 또는 고체산소발생기가 사용된다. 액체산소장치와 분자여과산소장치는 현재 민간 항공기에서 적용이 제한적이다.

1) 기체산소계통(Gaseous Oxygen System)

대형 운송용 항공기에 사용하는 기체산소계통은 다음과 같이 분류한다.

① 승무원 산소계통(crew oxygen system)

② 승객 산소계통(passenger oxygen system)

③ 휴대용 산소장비(portable oxygen equipment)

승무원 산소계통은 비행승무원에게 충분한 산소를 공급하는 것이며, 적어도 한 명의 승무원에게는 전 비행에 필요한 산소를 그리고 나머지 승무원에게는 전 비행시간의 반 동안은 충분한 산소를 공급하게 되어 있다. 승객 산소계통은 객실고도가 14,000feet 이상일 때 객실 승무원과 승객에게 산소를 공급한다. 휴대용 산소장비는 조종실 압력이 낮을 경우에 승무원과 객실 승무원에게 산소를 공급하고 승객에게는 구급용으로 사용된다.

그림 2-4는 대형 운송용 항공기 승객 산소계통을 나타낸다.

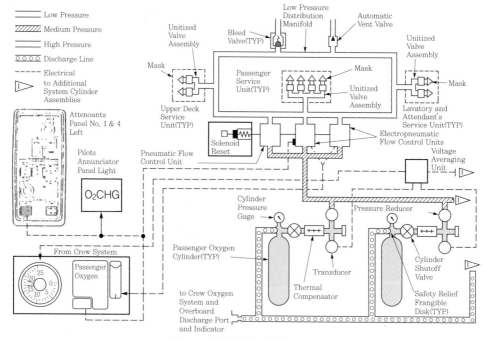

▲ 그림 2-4 운송용 항공기 승객 산소계통

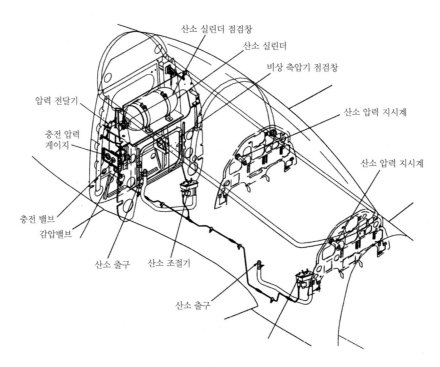

▲ 그림 2-5 경항공기 기체산소계통

(1) 산소저장 실린더(Oxygen Storage Cylinder)

　기체산소는 일반적으로 고압실린더에 저장되고 운반되며 1,800~1,850psi의 압력에 견디는 중량의 강철 탱크(steel tank)에 저장되어 최고 2,400psi 이상의 압력을 유지할 수 있다. 일부는 고압에 견디는 경량 탱크가 사용되는데 Kevlar® 복합소재에 의해 감싸여 있는 경량 알루미늄 쉘(shell)로 구성되어 강철탱크와 동일한 압력에서 동일한 양의 산소를 저장할 수 있지만 무게는 아주 가볍다. 또한, 경항공기에서 사용되는 휴대형 산소저장장치는 강화벽(heavy-walled)의 알루미늄 실린더가 사용된다.

　일반적으로 고압산소저장 실린더는 녹색으로 도색되어 있지만, 450psi 압력이 저장되는 저압기체산소 실린더는 노란색으로 채색되어 있다. 내구성 보장을 위해 실린더는 주기적으로 수압 테스트가 수행되어야 한다. 수압 테스트는 물을 용기에 채우고 산소저장 실린더에 인가된 압력의 5/3의 압력으로 가압하여 누설, 파열, 또는 변형이 없는지 확인한다. 그림 2-6에서는 운송용 항공기에 사용되는 기체산소 실린더를 보여주고 있다.

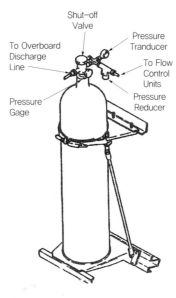

▲ 그림 2-6 기체산소 실린더

　표 2-2와 같이, 대부분 실린더는 수명연한(service life)을 가지고 있어서 그 이후에는 사용이 금지된다. 충전 횟수 또는 지정된 일자를 넘기면 실린더는 폐기되어야 한다. 항공에서 사용되는 가장 일반적인 고압강철산소 실린더는 3AA와 3HT이며 다양한 크기가 사용되지만 동일한 사양에 의해 인가된다. 또한, DOT-E-8162에 의거 인가된 실린더는 초경량으로 널리 보급되며 Kevlar® 복합소재에 감싸인 알루미늄 실린더로 구성된다. SP 증명서는 5년마다 수압시험을 통해 연장된다(이전에는 3년).

[표 2-2] 항공기 기체산소 실린더 수명연한(service life)

Certification Type	Material	Rated pressure (psi)	Required hydrostatic test	Service life (years)	Service life (fillings)
DOT 3AA	Steel	1,800	5	Unlimited	N/A
DOT 3HT	Steel	1,850	3	24	4,380
DOT-E-8162	Composite	1,850	3	15	N/A
DOT-SP-8162	Composite	1,850	5	15	N/A
DOT 3AL	Aluminum	2,216	5	Unlimited	N/A

제작일자와 인증번호(certification number) 그리고 차기 수압시험일자가 각각의 실린더 목(neck) 부위에 낙인된다. 복합재료 실린더는 낙인보다는 꼬리표(placard)를 이용한다. 꼬리표는 새로운 수압시험일자와 같은 추가적인 기록사항 발생 시 에폭시(epoxy)로 덧칠하여 새로운 정보를 기록한다.

산소 실린더는 내부 압력이 50psi 이하로 떨어질 때 비어 있는(empty) 것으로 간주되는데 이것은 실린더 내부에 습기가 침투하는 것을 방지하기 위함이다. 습기는 탱크 내부에 부식뿐만 아니라 얼음 생성으로 인한 실린더 밸브 또는 산소계통에 있는 좁은 통로 차단의 원인이 될 수 있다. 이 압력 이하로 떨어진 탱크는 정화작업을 수행해야 한다.

(2) 산소 조절기(Oxygen Regulator)

그림 2-7과 같은, 산소 조절기는 일반적으로 사용자의 허파 호흡량에 따라 요구되는 산소량만큼 공급시켜 주며 고도에 따라 마스크 밖의 공기압력보다 높은 산소압력으로써 사용자에게 산소를 공급해 준다. 산소압력 계기(oxygen pressure gage)의 눈금은 0~500psi까지 표시되었으며 450psi의 눈금에는 "FULL"의 부호가 표시되어 계통 내 최고 보충 압력을 표시하고 있다. 산소가 소모되면 압력은 떨어진다. 즉, 저장용기에 남아 있는 산소압력을 지시하여 준다.

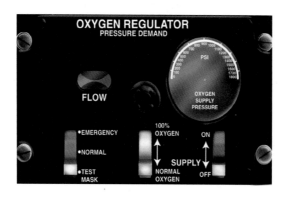

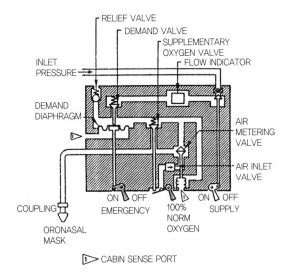

▲ 그림 2-7 산소 조절기

산소흐름 지시계(oxygen flow indicator)는 blinker type으로 산소 조절기를 통해서 마스크에 공급되는 산소의 상태를 지시한다. 즉, 조종사가 산소마스크를 착용하고 산소를 흡입 시에는 백색 판, 내쉬기 시에는 흑색 판이 된다.

조작 레버 3개 중 공급 레버(supply lever)를 "ON" 위치에 놓으면 산소가 공급되고 "OFF" 위치에 놓으면 차단되기 때문에 레버는 "ON" 위치에 있어야 한다.

희석 레버(diluter lever)를 "NORMAL OXY" 위치에 놓으면 조종석 공기와 저장용기의 산소를 혼합하여 사용하는데 고고도에서는 100%의 산소만 마스크에 공급되도록 조절하게 된다. "100% OXY" 위치에 놓으면 항공기의 고도에 관계없이 마스크에 일정한 압력으로 100% 산소만을 공급하게 된다. 마지막으로 비상 레버(emergency lever)를 "NORMAL" 위치에 놓으면 마스크에 일정한 압력으로 산소가 공급된다. "TEST MASK" 위치에 놓으면 산수가 계속 나온다. 이것은 산소가 마스크에 공급되는지를 시험하기 위해 사용된다. "EMERG" 위치에 놓을 때는 정상계통 고장 시 비상선으로 사용자에게 공급한다.

(3) 산소계통 배관과 밸브(Oxygen Plumbing and Valve)

산소계통의 배관은 대부분 튜브와 피팅으로 구성되어 있으며, 다양한 구성요소를 연결한다. 고압관은 보통 스테인리스강인데 산소계통에 주로 사용되는 저압 튜브는 일반적으로 알루미늄이며 마스크에 산소를 공급하기 위해 유연성 고무호스가 사용되는데 무게 감량을 위해 사용이 증가되고 있다.

산소계통에 사용되는 튜브 식별을 위해 끝단에 컬러 코드 테이프가 부착되는데 그림 2-8과 같이, "BREATHING OXYGEN"이라는 단어가 녹색밴드에 인쇄되고 백색 바탕에 검은색 장방형의 기호로 구성된다.

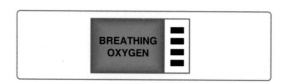

▲ 그림 2-8 산소계통 튜브에 사용되는 컬러 코드

튜브 연결 피팅은 보통 플레어 튜브(flared tube) 연결을 위해 직선나사로 연결된다. 튜브 연결에서 구성품 연결 피팅은 보통 구성품에 부착시키도록 튜브의 한쪽 끝에는 직선나사 그리고 다른 한쪽 끝에는 외부 파이프 나사를 갖고 있다. 피팅은 일반적으로 알루미늄 또는 강철 튜브(steel tube)와 같은 재료로 제작된다. 계통에 따라 플레어 피팅과 플레어리스 피팅(flareless fitting)을 사용한다.

고압 기체산소계통에서는 일반적으로 다섯 가지 유형의 밸브가 사용되는데 주입기밸브(filler valve), 체크 밸브(check valve), 차단밸브(shutoff valve), 감압기밸브(pressure reducer valve), 그리고 압력릴리프 밸브(pressure relief valve)이다. 특별히 차단밸브는 천천히 열리도록 설계된 것을 제외하고 각각의 밸브 기능은 다른 계통과 동일하다.

어떠한 물질의 발화점은 공기에서보다 순수산소에서 더 낮은데 고압산소가 저압구역으로 배출될 때 속도는 음속에 도달할 수 있고 음속의 산소가 밸브입구, 엘보(elbow), 오염 조각

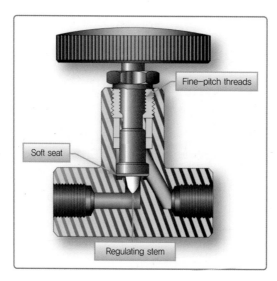

▲ 그림 2-9 고압 산소계통의 차단밸브

등과 같은 차단물에 급속히 막힌다면 산소는 압축되어 단열압축(adiabatic compression)이 발생하여 고온에 도달할 수 있다. 이 고온은 산소가 접촉하는 어떤 재료의 발화점을 넘어 화재 또는 폭발을 초래할 수 있다. 예를 들면 100% 산소가 사용되는 고압, 고온의 스테인리스 스틸에서도 발화될 수 있다.

그림 2-9와 같이, 모든 산소차단밸브는 속도를 감소하도록 설계된 저속개폐밸브이며 또한 정비사는 항상 모든 산소밸브를 천천히 열어야 한다. 특히 차압이 큰 산소압력을 열 때 더 큰 주의를 기울여야 한다.

산소실린더 밸브와 고압장치는 때때로 요구되는 압력을 초과하기 때문에 릴리프 밸브와 함께 장착된다. 밸브는 일반적으로 파열판(blowout disk)을 통해 압력을 배출하며 동체 외피와 같이 눈에 쉽게 띄는 곳에 위치한다. 그림 2-10과 같이 대부분 파열판은 녹색이며 녹색 디스크의 손상이나 결여는 릴리프 밸브가 열렸다는 것을 의미하고 차기비행 이전에 원인이 규명되어야 한다.

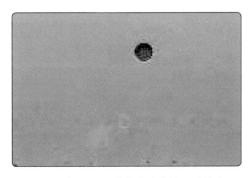

▲ 그림 2-10 동체에 장치된 산소 파열판

2) 화학적 산소계통(Chemical Oxygen System)

화학적 산소장치는 보통 두 가지로 분류되는데 휴대형 기체산소실린더와 여압계통 손상 시 보조로 사용되는 완전통합식 보충산소장치(fully integrated supplemental oxygen system)이다. 완전통합식 보충산소장치의 사용은 정기여객기에서 일반적인데 항공기에 탑승한 모든 승객을 위한 호스와 마스크가 머리 위에 승객서비스장치(PSU, passenger service unit)에 보관되어 있어서 감압 발생 또는 운항승무원이 스위치를 작동시킬 때 격실 문(compartment door)이 열리고 마스크와 호스가 승객의 앞쪽에 매달린 채 떨어진다. 마스크를 아래 방향으로 잡아당기면 전류 또는 점화 해머(ignition hammer)를 작동시켜 산소 캔들(oxygen candle)이 점화되고 산소의 흐름이 시작되어 일반적으로, 10~20분간의 산소가 사용자에게 공급된다. 이 시간은 항공기가 자력으로 호흡이 가능한 안전고도로 하강하는 데 충분한 시간이다.

화학적 산소장치는 사용하고자 하는 시점이 될 때까지 산소를 발생하지 않는 것이 장점이며 적은 정비행위로 산소공급의 이송을 보장한다. 또한, 기체산소장치에 비해 적은 공간과 적은 중량이 요구되고 튜브, 피팅, 조절기, 그리고 다른 구성품의 배관이 훨씬 짧다. 각각 승객들의 그룹별로 완전히 독립적인 화학적 산소발생기를 갖추고 있다. 1pound 이하의 발생기는 차폐되어 있어 고열 발생 없이 완전히 연소될 수 있다.

3) 액체산소계통(LOX System)

액체산소장치는 민간항공에서 드물게 사용되며 주로 군용기에서 사용된다. 액체를 사용하여 가스로 변환시키기 위해 특별한 용기를 필요하다. 기본적으로 튜브와 밸브의 제어식 열교환장치(controlled heat exchange assembly)로 구성되고 외부 압력릴리프(overboard pressure relief)는 과도한 온도 상황을 위해 제공된다. 기화 이후에는 액체산소장치는 기체산소계통과 동일하게 요구압력 조절기(pressure-demand regulator)와 마스크로 산소를 공급한다.

▣ 산소계통의 점검과 정비(Oxygen System Inspection and Maintenance)

1) 기체산소계통 누설검사(Leak Check)

연속흐름 산소장치(continuous-flow oxygen system)에서의 누설은 계통의 끝단에서 압력이 차단되지 않기 때문에 탐지하기에 어렵다. 그러므로 흐름을 차단하여 압력이 상승하게 하여 고압 누설 점검절차와 유사하게 수행할 수 있다. 그림 2-11과 같이, 누설의 탐지는 산소안전 누설 점검 용액으로 수행하여야 하는데 이것은 순수산소와 반응할 염려가 없고 계통 오염의 염려가 없는 비누 액체이다. 팽창한 타이어 또는 배관 연결부에서 누설검출과 같이, 산소누설 검출용액을 피팅과 접착면의 외부에 적용해 거품의 생성 여부를 확인해야 한다.

▲ 그림 2-11 산소계통 누출시험 용액

산소계통 구성품 조립 시 과도한 조임 또는 느슨한 조임이 되지 않도록 주의해야 하고 피팅에서 누설이 발견되면 적절한 토크의 적용 여부를 점검해야 한다. 만약 피팅이 적절하게 토크되었는데 아직도 누설이 있다면 계통에서 압력을 배출하고 피팅의 흠집 또는 오염 여부를 점검하여 필요 시 피팅이 교체되어야 한다. 배관, 그리고 피팅을 포함한 모든 계통 구성품은 규정된 제품으로 교체되어야 하고 장착 전에 완전히 세척 및 점검되어야 한다. 제작사 정비지시사항을 따르고 작업완료 시 누설점검을 반복 수행한다.

고압계통을 정비 시 특별한 주의를 기울여야 하는데 열린 탱크밸브는 최고 1,850psi의 산소 압력을 배관과 구성품에 공급하기 때문에 주의해야 한다. 또한, 계통이 충전되고 있는 동안 누설되는 산소 피팅을 조이면 안 된다. 산소공급은 실린더와 격리되어 수행되어야 한다.

2) 산소계통 정화작업(Oxygen System Purging)

산소계통의 내부는 산소가 완전히 포화된 상태이어야 깨끗하고, 냄새 없는 산소를 제공하고 오염에 의한 부식을 방지한다. 산소계통은 열려졌거나 2시간 이상 압력이 완전히 배출 또는 계통의 오염이 의심된다면 정화되어야 한다. 정화는 오염을 배출시키고 계통 내부에 산소포화도를 환원하기 위해 수행된다.

산소계통 오염의 주요 원인은 습기인데 매우 추운 날씨에는 호흡용 산소에 존재하는 소량의 습기만으로도 응축될 수 있으며 반복 충전으로 인해 응축할 정도의 습기가 유입된다. 또한 열린 계통은 유입된 공기로부터 습기가 포함되어 유입되며 충전장치의 덤프(dump) 또는 불충분한 재충전절차 또한 계통 내부에 수분을 유입시킨다. 산소계통의 정비, 재충전, 정화 작업을 수행 시 제작사 사용설명서에 따른다.

계통 내에 응축되는 수분을 완전히 없앨 수는 없기 때문에 정화작업이 주기적으로 요구된다. 정화작업 시 질소 또는 건조한 공기가 사용되며 최종 정화작업 시는 순수산소를 사용하여 정화작업을 수행해야 한다.

3) 마스크와 호스 점검(Mask and Hose Inspection)

항공용으로 사용되는 다양한 산소마스크는 정기검사가 요구된다. 비상상황에서는 작은 누설, 구멍, 그리고 찢어짐도 허용되지 않으며 대부분 이러한 결함은 손상된 부품의 교체로 수정될 수 있다.

일부 산소마스크는 일회용품으로 고안되었으며 항공기에 탑승 가능한 인원수만큼의 마스크 유무를 확인하라. 재사용하도록 제작된 마스크는 전염병 예방을 위해 청결하게 관리되어야 하고 세척을 통해 마스크의 수명이 연장 가능하다. 세척 시는 다양한 무알코올 중성세제와 살균제를 사용할 수 있다. 스트랩(strap)과 피팅은 마스크가 사용자의 얼굴에 안정되게 착용되도록 고정해야 한다.

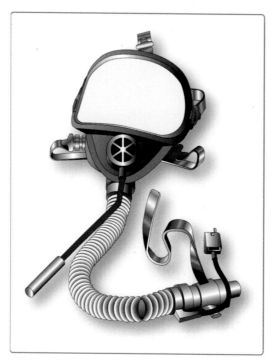

▲ 그림 2-12 방연마스크

　방연마스크(smoke mask)는 운송용 항공기에서 주로 사용되나 일부 소형 항공기에서도 사용되는데 그림 2-12와 같이 사용자의 눈, 코, 그리고 입까지도 덮어 연기를 동반한 화재 시 산소호흡을 원활하게 해주며 보통 승무원의 손에 쉽게 미치는 거리 이내에 위치해야 한다. 대부분 방연마스크는 고정식 마이크로폰(microphone)이 장착되고 일부 휴대형 산소장치와 연결 가능하다.

4) 튜브, 밸브 및 피팅 교환작업(Replacing Tubing, Valve, and Fitting)

　항공기 산소계통 튜브, 밸브, 그리고 피팅의 교체는 다른 항공기 계통에 있는 동일한 구성품의 교체와 같으나 오염방지를 위해 청결하게 작업해야 하며 적합한 밀폐제(sealant)를 사용해야 한다. 모든 산소계통 구성요소는 장착하기 전에 완전히 청결해야 한다. 세척은 비석유계 세제로 수행하여야 한다. 새로운 튜브 세척하기 위해 트리클로로에틸렌(trichloroethylene), 아세톤(acetone), 그리고 이와 유사한 세제가 사용될 수 있으며 세척 후 튜브를 장착하기 전에 완전히 건조시켜야 한다. 그 외의 산소계통 구성품 세척은 제작사절차를 따른다.

5) 산소의 화재 또는 폭발 방지작업(Preventing of Oxygen Fire or Explosion)

순수산소 자체 또는 그 주위에서 작업할 때는 주의를 기울여야 하는데 순수산소는 쉽고, 격렬하게 그리고 폭발적으로 다른 물질과 결합한다. 그래서 순수산소와 석유제품 사이에 일정한 거리를 유지하는 것이 아주 중요하다.

산소계통 정비 시에는, 적당한 소화기를 준비해야 하며 저지선을 치고 "금연"("NO SMOKING") 표지판을 붙여놓는다. 모든 공구와 보급용 장비는 청결해야 하고 점검 시에는 항공기 전원을 OFF 해야 한다.

6) 산소계통의 정비(Oxygen System Maintenance)

산소계통을 취급 시 안전을 위해 작업장 주위를 청결하게 유지해야 한다. 깨끗하고 그리스가 묻지 않은 손과 의복을 착용하고 작업을 수행하며 깨끗한 공구를 사용해야 한다. 작업구역에서 최소 50feet 이내에는 절대로 금연하고 개방된 화염이 없어야 한다. 산소실린더, 계통 구성품, 또는 배관을 작업할 때 항상 엔드캡(end cap)과 보호용 마개(protective plug)를 사용해야 하며 접착테이프 (adhesive tape)를 사용해서는 안 된다. 산소실린더는 석유제품 또는 열원으로부터 이격된 거리에, 격납고 안에 정해진 구역에, 시원하고, 그리고 환기가 잘되는 구역에 저장하여야 한다.

산소공급 실린더의 압력이 완전히 계통으로부터 배출될 때까지 정비작업을 수행하여서는 안 되며 피팅은 잔류압력이 완전히 사라지도록 천천히 나사를 풀어야 한다. 모든 산소계통 배관은 작동부위, 전기배선, 그리고 다른 유체 라인으로부터 적어도 2inch의 여유 공간이 있어야 하며 산소를 가열할 수 있는 뜨거운 덕트(hot duct)와 열원으로부터 적당한 여유 공간이 있어야 한다. 정비를 위해 계통이 열렸을 때마다 압력점검과 누설점검이 수행되어야 하며 산소계통을 위해 특별히 인가된 것이 아니라면 윤활제, 밀봉재, 세제 등을 사용하지 말아야 한다.

2-2 항공기 여압계통(Aircraft Pressurization System)

❶ 여압계통 소개(Pressurization System Introduction)

1) 대기압력(Pressure of the Atmosphere)

대기, 즉 공기의 가스는 비록 보이지는 않지만 무게를 갖고 있다. 그림 2-13과 같이 해수면에서 $1inch^2$ 기둥의 공기가 확장된 공간의 무게는 14.7pound이다. 그러므로 해수면에서 대기의 압력, 즉 대기압은 14.7psi이라고 한다.

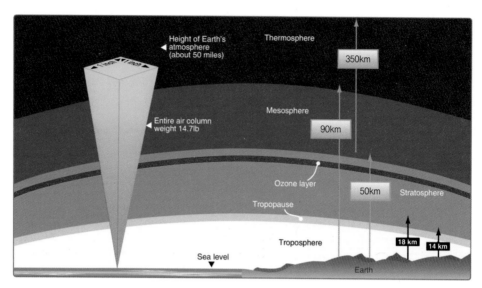

▲ 그림 2-13 1평방인치 기둥에 작용하는 공기 무게

　그림 2-14와 같이, 해수면에서 대기의 꼭대기까지의 공기의 무게는 동일한 단면적을 가지는 수은 기둥 29.92inch 무게와 동일하다.

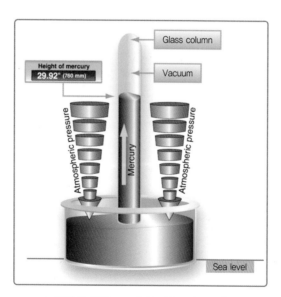

▲ 그림 2-14 The weight of the atmosphere

　표 2-3과 같이, 비행기 조종사는 대기 압력을 인치 수은계와 같은 직선의 변위를 psi와 같은 힘의 단위로 환산시킨다. 오늘날 기상학 분야에서 대기압의 단위로 힘의 단위가 보편화되었다. 그러나 기상학에서 대기압을 나타내기 위해 사용되는 국제단위(SI, international system of unit)는 헥토파스칼(hectopascalhpa)이며, 1013.2hpa는 14.7psi와 같다.

[표 2-3] 해수면에서의 대기압

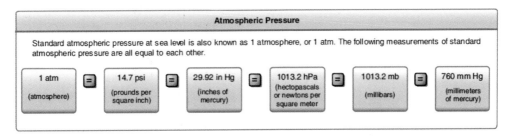

대기압은 고도가 증가함에 따라 감소한다. 그 이유는 아주 간단하다. 즉, 공기 기둥은 고도가 증가할수록 공기의 무게에 대한 원주높이가 더 짧아지기 때문이다. 그림 2-15에서 보여주는 것은 주어진 고도에 대한 압력 변화이다. 그림에서 보는 바와 같이 고도가 증가하면 압력은 급격히 내려가게 된다. 고도 5만feet에서의 대기압은 해수면에서의 압력 차이의 1/10 정도로 떨어진다.

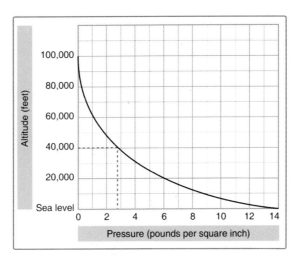

▲ 그림 2-15 고도 증가에 따른 대기압의 감소

2) 온도와 고도(Temperature and Altitude)

대기의 온도는 대부분 비행기 조종사에 관계되며 고도의 변화에 따라 변화된다. 대류권(troposphere)은 대기의 가장 낮은 층이며 평균적으로 지구의 표면에서 위로 약 3만 8,000feet까지의 범위이다. 극지에서 대류권은 2만 5,000~3만feet이고, 적도에서 대류권은 6만 feet 정도로 증가된다. 그림 2-16에서는 대류권의 타원형 형상을 잘 보여준다.

대부분의 항공기는 대류권에서 비행을 하며 이 권역에서는 고도가 증가할 때 온도가 감소되는데 고도 1,000 feet마다 약 −3.5℉(−2℃)씩 변화한다. 대류권의 위쪽 영역은 대류권계면(tropopause)이며 −69℉(−57℃)의 일정한 온도를 갖는다.

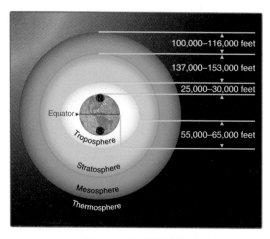

▲ 그림 2-16 지구를 둘러싼 대기권

대류권계면 위쪽은 성층권(stratosphere)이며 고도의 증가에 따라 온도가 증가하여 거의 0℃까지 증가된다. 또한 성층권은 유해한 자외선(UV, ultraviolet ray)으로부터 지구의 생명체를 보호하는 오존층(ozone layer)을 포함하며 일부 민간 비행과 많은 군용 비행이 이 권역에서 수행된다. 그림

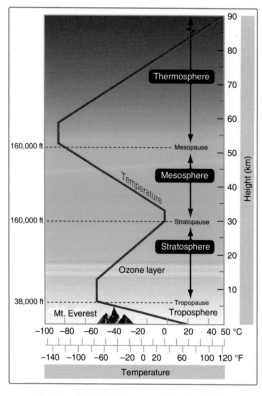

▲ 그림 2-17 대기권에서의 고도 변화에 따른 온도 변화

2-17에서는 대기의 서로 다른 층에서 온도 변화를 보여준다.

항공기가 고고도로 비행 시 저고도에서 동일한 속도로서 비행하는 것보다 연료를 덜 연소시킨다. 이것은 공기밀도의 감소로 인해 항력이 감소하기 때문이다. 또한, 대류활동이 발생하는 저고도를 피해 비행함으로써 악기상과 난류(turbulence) 그리고 폭풍우를 피할 수 있다. 항공기가 고고도를 비행함에 따라 극한의 온도와 저기압을 극복하기 위해 환경계통이 요구된다. 추가적인 산소와 충분한 난방을 유지하고 안락한 고고도 비행을 위해 항공기 여압과 공기조화계통(air conditioning system)이 발전하여 왔다. 표 2-4에서는 고도에 따른 온도와 압력의 변화를 보여준다.

[표 2-4] 고도 변화에 따른 압력과 온도

Altitude	Pressure			Temperature	
feet	psi	hPa	in Hg	°F	°C
0	14.69	1013.2	29.92	59.0	15
1,000	14.18	977.2	28.86	55.4	13
2,000	13.66	942.1	27.82	51.9	11
3,000	13.17	908.1	26.82	48.3	9.1
4,000	12.69	875.1	25.84	44.7	7.1
5,000	12.23	843.1	24.90	41.2	5.1
6,000	11.77	812.0	23.98	37.6	3.1
7,000	11.34	781.8	23.09	34.0	1.1
8,000	10.92	752.6	22.23	30.5	-0.8
9,000	10.51	724.3	21.39	26.9	-2.8
10,000	10.10	696.8	20.58	23.3	-4.8
12,000	9.34	644.4	19.03	16.2	-8.8
14,000	8.63	595.2	17.58	9.1	-12.7
16,000	7.96	549.2	16.22	1.9	-16.7
18,000	7.34	506.0	14.94	-5.2	-29.7
20,000	6.76	465.6	13.75	-12.3	-24.6
22,000	6.21	427.9	12.64	-19.5	-28.6
24,000	5.70	392.7	11.60	-26.6	-32.5
26,000	5.22	359.9	10.63	-33.7	-36.5
28,000	4.78	329.3	9.72	-40.9	-40.5
30,000	4.37	300.9	8.89	-48.0	-44.4
32,000	3.99	274.5	8.11	-55.1	-48.4
34,000	3.63	250.0	7.38	-62.2	-52.4
36,000	3.30	227.3	6.71	-69.4	-56.3
38,000	3.00	206.5	6.10	-69.4	-56.5
40,000	2.73	187.5	5.54	-69.4	-56.5
45,000	2.14	147.5	4.35	-69.4	-56.5
50,000	1.70	116.0	3.42	-69.4	-56.5

3) 여압 관련 용어(Pressurization Term)

(1) 객실 고도(Cabin Altitude)

객실 내부의 공기압이며 객실에 있는 것과 같은 동일한 압력을 갖는 표준일(standard day)에서의 고도이다.

(2) 객실 차압(Cabin Differential Pressure)

객실 내부에 공기압과 객실 외부에 공기압 사이에 차이이다. psid 또는 Δpsi이다.

(3) 객실 상승률(Cabin Rate of Climb)

객실 내부에 공기압 변화의 비율, feet per minute[fpm]로 표기된다.

4) 여압계통 쟁점(Pressurization Issue)

항공기 여압의 정도와 비행 고도는 임계설계요소(critical design factor)에 의해서 제한된다. 객실여압장치는 승객이 안전하고 안락하게 비행하도록 다음과 같은 기능을 수행할 수 있어야 한다. 항공기의 순항고도에서 객실압력고도를 약 8,000feet로 유지할 능력이 있어야 한다. 이것은 승객과 승무원이 충분한 산소 혈액포화도를 유지하기 위해 요구된다. 여압장치는 승객과 승무원에게 불쾌감 또는 건강에 해로움을 끼칠 수 있는 객실고도의 급격한 변화가 생기지 않도록 설계되어야만 된다. 또한, 여압장치는 항공기 객실 내부의 악취 또는 신선하지 못한 공기를 제거할 수 있는 성능이 있어야 한다. 객실공기는 가압된 항공기에서 가열 또는 냉각되어야 하며 일반적으로 여압원 안에서 이루어진다.

외부 대기압보다 더 높은 압력으로 가압되는 부분은 밀봉되어야 한다. 도어 주위에 압축성의 실(seal)과 그로밋(grommet), 그리고 밀폐제(sealant)는 기본적으로 항공기를 밀폐시켜 주는데 보통 객실, 조종실, 그리고 화물칸을 포함한다. 여압은 외부의 주위압력과 비교하여 항공기 내부압력을 견디기 위한 동체의 능력이다. 그림 2-18과 같이, 차압은 단발왕복항공기는 3.5psi, 고성능제트 항공기에서 약 9psi까지 다양한 범위를 가지고 있다. 만약 항공기의 무게를 고려하지 않는다면, 이

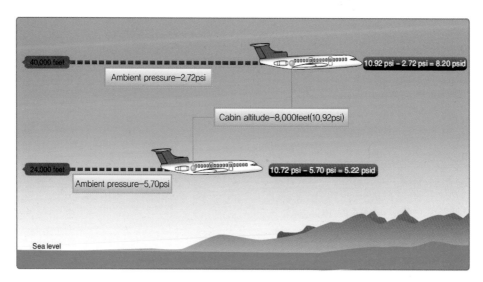

40,000 feet
Ambient pressure-2,72psi
10.92 psi - 2.72 psi = 8.20 psid
Cabin altitude-8,000feet(10.92psi)
24,000 feet
Ambient pressure-5,70psi
10.72 psi - 5.70 psi = 5.22 psid
Sea level

▲ 그림 2-18 고도 차이에 따른 차압 계산(psid)

것은 문제점이 되지 않지만 가벼우면서 여압에 견딜 수 있도록 항공기를 튼튼하게 제작하는 것은 1930년도 이래 기술적 도전을 해 왔으며 오늘날 항공기 구조물에 복합재료의 확산으로 이 기술 도전을 이어간다.

객실 내부 공기와 외부 공기 사이에 압력차와 반복되는 가압과 감압으로부터의 금속피로(metal fatigue)는 기체를 급속히 약화시킨다. 초기 항공기 구조물은 이로 인해 결함이 발생하고 치명적인 사고를 초래했다.

❷ 압축공기 공급원(Source of Pressure Air)

항공기를 가압하기 위한 공기의 공급원은 주로 엔진 종류에 따라 다르다. 공기의 압축은 공기의 온도를 올라가게 한다는 것에 주목해야 한다. 여압 공기를 냉각하기 위한 수단은 대부분 여압장치에서 이루어지며 열교환기(heat exchanger)의 활용으로 가능하게 된다.

1) 왕복엔진 항공기(Reciprocating Engine Aircraft)

왕복엔진 항공기의 전형적인 세 가지 여압 공기 공급원은 과급기(supercharger), 터보과급기(turbocharger), 그리고 엔진구동식 압축기(engine-driven compressor)이다. 과급기와 터보과급기는 흡입계통에서 공기의 양과 압력을 증가시켜 고고도에서 더 좋은 성능을 하도록 왕복엔진에 장착하며 생산되는 공기의 일부는 가압을 위해 객실로 공급된다.

그림 2-19와 같이, 과급기는 기계적으로 엔진에 의해 가동되며 구형 왕복엔진 항공기에서 주로 찾아볼 수 있다.

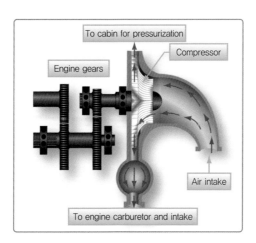

▲ 그림 2-19 여압 공기 공급원으로 사용되는 왕복엔진 과급기

그림 2-20과 그림 2-21과 같이, 터보과급기는 엔진배기가스에 의해 구동되며 최신 왕복엔진 항공기에서 여압 공기의 가장 일반적인 공급원이다.

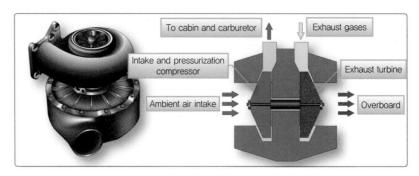

▲ 그림 2-20 터보과급기

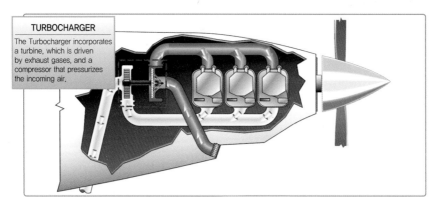

▲ 그림 2-21 왕복 항공기에 장착된 터보과급기

　과급기와 터보과급기는 오일을 사용하기 때문에 이들 여압원의 결점은 오일, 연료 또는 배기가스로부터 객실공기가 오염될 가능성이 있다.

　왕복 항공기에서 객실을 가압하기 위한 공기의 세 번째 공급원은 엔진구동 압축기이다. 액세서리 구동장치에 의해 구동되는 여압 전용의 압축기이며 벨트 구동식 또는 기어 구동식이 있다. 과급기와 터보과급기의 오일 오염 가능성이 없는 장점이 있으나, 항공기 무게를 크게 증가시키고 또한 엔진구동이기 때문에 엔진출력이 낭비된다.

2) 터빈엔진 항공기(Turbine Engine Aircraft)

　오염되지 않은 엔진의 압축기에서 추출된 공기(engine compressor bleed air)는 객실여압을 위한 공기의 주공급원이다. 엔진출력생산을 위한 공기의 체적이 다소 감소되지만, 연소를 위해 압축된 공기와 비교해 여압을 위해 사용되는 공기의 양은 비교적 적다. 그러나 여압을 위해 사용하는 공기는 최소화되어야 한다.

　소형터빈항공기는 주로 제트펌프(jet pump) 흐름배율기(flow multiplier)를 사용하는데 그림 2-22와 같이, 이 유형의 이점은 작동부분이 없다는 것이다. 단점은 이 방식으로 가압할 수 있는 공간의 체적이 비교적 작다는 것이다.

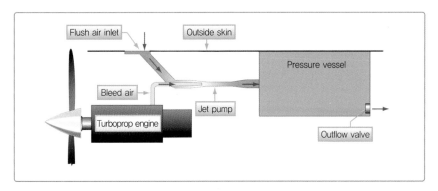

▲ 그림 2-22 소형터빈항공기에 사용되는 제트펌프

그림 2-23과 같이, 터빈엔진 압축기 추출공기를 이용하여 항공기를 가압시키는 또 다른 방법은 외기 공기흡입구를 갖춘 독자적인 압축기가 추출공기를 이용하여 가동시키는 것이다.

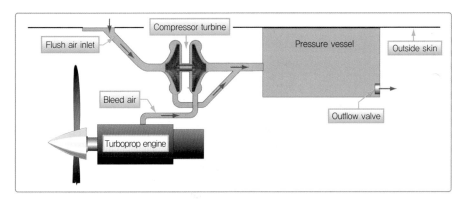

▲ 그림 2-23 대부분의 터보프롭 항공기 여압장치에 적용되는 터빈 압축기

그림 2-24와 같이, 터빈항공기를 가압하는 가장 일반적인 방법은 공기순환식 공기조화계통이다. 추출공기는 열교환기, 압축기, 그리고 팽창터빈을 포함하는 계통을 거쳐 사용되고, 객실여압과 가압되는 공기의 온도는 정밀하게 제어된다.

▲ 그림 2-24 상업용 제트기에 사용되는 공기순환식 공기조화장치

❸ 객실압력 제어(Control of Cabin Pressure)

1) 여압 방식(Pressurization Mode)

항공기 객실여압은 두 가지 작동방식에 의해 제어할 수 있다. 첫 번째는 변화하는 고도에도 불구하고 일정한 압력으로 객실고도를 유지하는, 등압방식(isobaric mode)이다. 두 번째 방식은 항공기 고도변경에 관계없이, 객실 내부에 공기압과 외기압 사이에 지속적인 차압을 유지하여 객실압력을 제어하는 정차동방식(constant differential mode)이다.

2) 객실압력 제어기(Cabin Pressure Controller)

그림 2-25와 같이, 객실압력 제어기는 객실공기압을 제어하기 위해 사용되는 장치이다. 구형 항공기는 객실압력을 제어하기 위해 공기압을 사용한다. 요구되는 객실압력, 객실고도 변화율, 그리고 기압 설정은 조종석에 있는 여압패널의 압력 제어기로 조절한다.

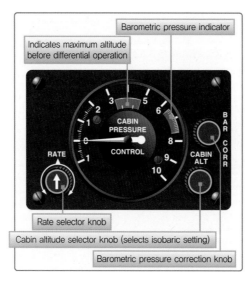

▲ 그림 2-25 여압계통의 객실압력 제어기

그림 2-26과 같이, 객실압력과 주위압력은 다른 압력값으로 입력된다. 이 정보를 사용하는 컴퓨터인 제어기는 여러 가지 비행 단계에 대한 여압 논리를 제공한다. 많은 소형 운송용과 사업용 제트기에서, 제어기의 전기출력신호는 일차 유출밸브(primary outflow valve)에 있는 토크모터를 가동시킨다. 여압 스케줄을 유지하기 위해 밸브의 위치를 정하고 밸브를 통해 공기압 공기흐름을 조정한다.

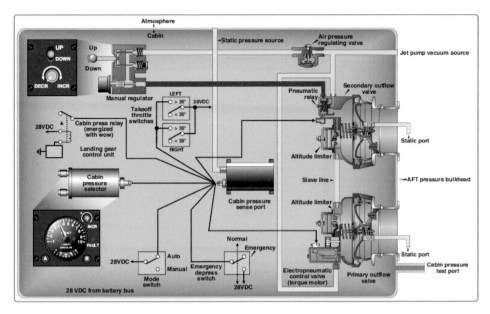

▲ 그림 2-26 소형 여객기와 상업용 제트기의 여압 제어계통

　그림 2-27과 같이 대부분 운송용 항공기에서 2개의 객실압력 제어기 또는 여분의 회로를 구비한 1개의 제어기가 사용되는데 전자장비실에 위치해 있고 패널선택기로부터 전기입력뿐만 아니라 주위압력 입력과 객실압력 입력을 받는다. 비행고도와 착륙장고도 정보는 여압제어패널에서 승무원이 직접 선택한다. 객실고도, 상승률, 그리고 기압은 내장논리회로(built-in logic) 그리고 대기자료컴퓨터(ADC, air data computer)와 비행관리시스템(FMS, flight management system)이 함께 교신을 통해 자동적으로 제어한다. 제어기는 정보를 처리하고 유출밸브를 직접 작동시키는 전동기로 전기신호를 보내준다.

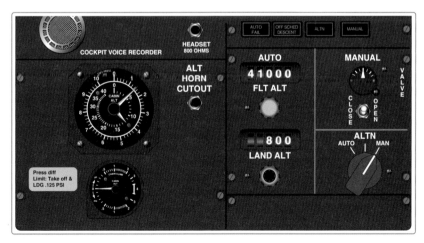

▲ 그림 2-27 B-737항공기 여압패널

모든 여압계통은 자동제어보다 우선시되는 수동 모드를 갖추고 있다. 이것은 비행 중 또는 정비 시에 지상에서 사용 가능한데 여압제어패널에서 수동 모드를 선택하여 수동 모드로 작동 가능하다. 각각의 스위치는 객실압력을 제어하기 위해 유출밸브의 OPEN 또는 CLOSE 위치 선택이 가능하다. 그림 2-27에서는 스위치뿐만 아니라 밸브의 위치를 지시하는 작은 계기를 보여준다.

3) 객실압력 조절기 및 유출밸브(Cabin Air Pressure Regulator and Outflow Valve)

객실여압 제어는 객실에서 빠져나가는 공기를 조절하여 수행된다. 그림 2-28과 같이, 객실 유출 밸브는 객실 기압을 안정시키기 위해 열거나 닫히게 하고 또는 조정된다. 일부 유출밸브는 압력조 절과 밸브기계장치를 포함하고 있다.

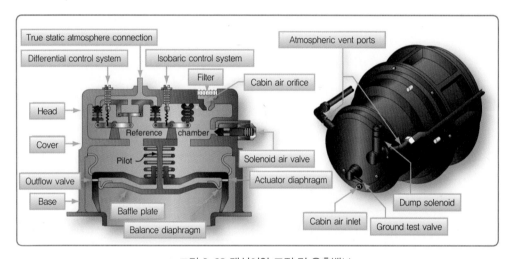

▲ 그림 2-28 객실여압 조절 및 유출밸브

압력조정기계장치는 또한 독자적인 장치로 구 성되어 있다. 그림 2-29와 같이, 대부분 운송용 항공기는 객실공기압제어기로부터 보내온 신호 를 이용하며 전기적으로 동작하고 원거리에서 압력조절기 역할을 수행하는 유출밸브를 갖추고 있다.

▲ 그림 2-29 운송용 항공기의 유출밸브

4) 객실 공기압력 안전밸브 작동(Cabin Air Pressure Safety Valve Operation)

항공기 여압계통은 오작동 또는 작동불가 시 구조물손상과 인명의 상해를 방지하기 위한 다양한 백업기능을 포함한다. 과여압(over-pressurization)을 방지하기 위한 수단은 항공기의 구조건전성을 보장한다. 객실공기 안전밸브는 미리 정해진 차압 발생 시 열리도록 설정된 압력릴리프 밸브이며 공기가 설계제한(design limitation)을 초과하는 내부압력을 초과하는 것을 방지하기 위해 객실 외부로 배출된다. 그림 2-30에서는 대형 운송용 항공기에서 객실공기 안전밸브를 보여준다. 대부분 항공기에서, 안전밸브는 8~10psid에서 열리도록 설정된다.

▲ 그림 2-30 보잉 737 항공기에 장착된 2개의 여압안전밸브

또한, 객실 고도제한기는 객실 내에 압력이 정상객실고도범위 이하로 떨어졌을 때 유출밸브를 닫는다. 부압릴리프밸브(negative pressure relief valve)는 항공기 외부에 기압이 객실공기압을 초과하지 않도록 하기 위해 가압된다. 일부 항공기는 여압덤프밸브(pressurization dump valve)를 갖추고 있다. 이들은 기본적으로 조종석에 있는 스위치에 의해 자동 또는 수동으로 작동되는 안전 밸브이며 보통 비정상 상태 또는 정비 요구 시, 또는 비상사태에서 객실로부터 공기압을 신속하게 제거하기 위해 사용된다.

비상여압 방식은 일부 항공기에서 사용된다. 공기조화팩(air conditioning pack)이 고장 났을 때 또는 비상여압이 선택되었을 때 밸브가 열린다.

5) 여압계기(Pressurization Gauge)

대부분 여압계통은 객실고도계(cabin altimeter), 객실상승속도계(cabin rate of climb indicator) 또는 승강계(vertical speed indicator), 그리고 객실차압계(cabin differential pressure indicator)에 관한 경고(warning), 주의(alert) 그리고 권고(advise) 사항을 라이트를 시현시켜 승무원에게 알려준다. 이 라이트들은 단독으로 지시하거나 2개 이상 게이지의 기능이 합쳐져서 시현될 수 있다. 때로는 다른 위치에 있기도 하지만 일반적으로 여압패널에 위치한다. 그림 2-31은 객실고도계, 승강계, 객실차압계가 함께 내장된 여압계기이다. 그림 2−32에서와 같이 현대의 항공기는 엔진표시 및 승무원경고장치(EICAS, engine indicating and crew alerting system) 또는 전자집중식 항공기감시장치(ECAM, electronic centralized aircraft monitoring system)와 같은 액정화면 시현으로 된 디지털 항공기 지시계통을 가지고 있어서 여압패널에는 계기가 없다. 그중 환경제어시스템(ECS, environmental control system) 페이지에서는 계통에 필요한 정보를 시현해 준다. 논리회로(logic)의 사용으로 인해 여압계통의 작동은 단순화 및 자동화되었다. 그러나 객실여압패널은 수동제어를 위해 조종석에 있다.

▲ 그림 2−31 객실고도계, 승강계, 객실차압계가 함께 내장된 여압계기

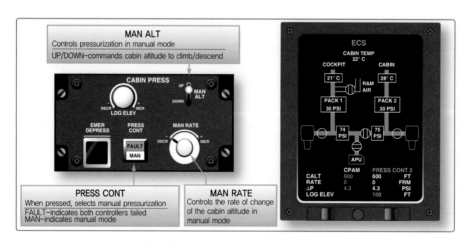

▲ 그림 2−32 환경제어계통 패널과 함께 위치한 여압패널

6) 여압 작동(Pressurization Operation)

대부분 여압제어장치를 위한 작동 모드는 정상 모드와 자동 모드가 있으며 예비 모드 또한 선택할 수 있다. 예비 모드에서 역시 다른 입력, 예비제어기, 또는 예비 유출밸브 작동으로서 여압의 자

동제어가 가능하다. 수동 모드는 일반적으로 자동 모드와 예비 모드가 고장 났을 때 사용한다. 이것은 승무원이 직접 계통에 따라 공기압제어 또는 전기제어를 통해 유출밸브의 위치를 선택한다.

비행을 하는 동안 모든 스위치와 라이트 등이 여압 구성품의 작동과 일치하는 것이 필수적이다. 착륙장치에 부착된 WOW(weight-on-wheel) 스위치와 스로틀 위치스위치는 수많은 여압제어장치의 필수적인 입력 요소이다. 지상작동 시 그리고 이륙에 앞서, WOW 스위치는 일반적으로 항공기가 이륙 때까지 여압 안전밸브의 위치를 열림 위치로 제어한다. 최신의 계통에서, WOW 스위치는 모든 여압 구성품의 위치와 작동을 번갈아 제어하는, 여압제어기로 입력을 제공하게 된다. 어떤 계통에서는 WOW 스위치는 안전밸브 또는 공압공급원밸브(pneumatic source valve)를 바로 제어하게 한다.

스로틀 위치스위치는 객실이 비여압에서 여압으로 매끄럽게 이동하도록 사용한다. WOW 스위치가 지상에서 닫히고 스로틀이 점진적으로 전진되었을 때 유출밸브가 부분적으로 닫히게 되고 여압이 시작된다. 이륙 이후 여압 스케줄은 유출밸브가 완전히 닫히도록 요구된다.

비행 중에, 여압제어기는 자동적으로 항공기가 착륙할 때까지 여압 구성품의 작동 순서를 제어한다. WOW 스위치가 착륙으로 다시 접속할 때, 안전밸브는 열린다. 일부 항공기에서, 유출밸브는 자동 여압모드에서 지상에서도 여압이 가능하게 한다. 계통의 작동점검은 수동 모드에서 수행한다. 이것은 정비사가 조종석 패널에서 모든 밸브의 위치를 제어하게 한다.

7) 공기분배(Air Distribution)

가압된 항공기에서 객실공기의 분배는 그림 2-33에서와 같이 여압원에서부터 객실 내부와 전체에 걸쳐서 배관된 공기덕트에 의해 관리한다. 일반적으로, 공기는 천정에 배관되어 천정배출구로부

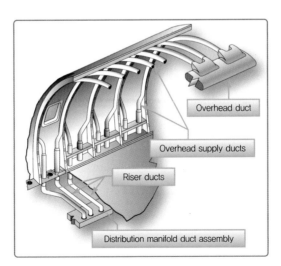

▲ 그림 2-33 공기가 분산 공급되는 중앙식 다기관

터 방출되고 순환되어 바닥배출구로 빠져나간다. 그다음에 공기는 화물칸과 바닥 부분 아래쪽을 통과하여 후방으로 흘러 후방압력격벽(aft pressure bulkhead) 주위에 설치된 유출밸브를 통과하여 외부로 나간다. 공기의 흐름은 거의 감지할 수 없다. 배관은 항공기와 계통설계에 따라 객실 바닥 아래쪽 그리고 객실 벽과 천장 패널 뒤쪽에 감춰져 있다. 공기분배장치(air distribution system)의 구성품은 여압 공기공급원, 환기공기, 온도트림공기들을 선택하는 밸브뿐만 아니라 인라인 팬(in-line fan)과 객실 일부의 흐름을 증진하기 위한 제트펌프(jet pump)가 있다. 온도센서, 과열스위치, 그리고 체크밸브 또한 구성품이며 공통적으로 사용되는 품목이다.

터빈항공기에서, 공기조화계통(air conditioning system)으로부터 공급된 온도 조절된 공기가 객실을 가압하기 위해 사용되는 공기이다. 덕트 또는 혼합실 내부의 공기는 추출공기와 함께 공기의 온도를 조절한 혼합공기이며 승무원이 객실에서 요구되는 정확한 온도를 조절하게 한다. 혼합을 위한 밸브는 조종석 또는 객실에 위치한 온도조절기에 의해 제어된다.

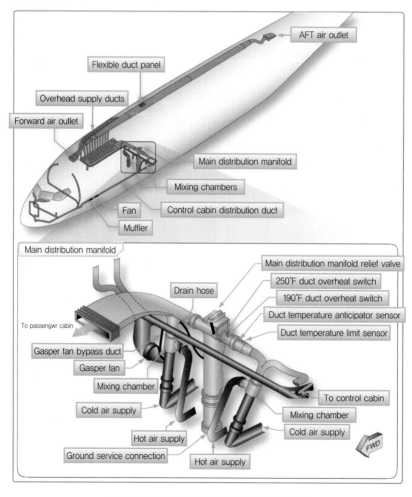

▲ 그림 2-34 보잉 737 항공기 공기분배계통

대형 항공기는 각각의 독립된 공기분배 구역으로 구분하게 된다. 각각의 구역은 독자적인 온도가 유지될 수 있도록 조화공기와 추출공기를 혼합하기 위한 밸브를 가지고 있다. 그림 2-34와 같이, 대부분 항공기 공기분배장치는 전자장비실로 냉각공기를 공급하기 위한 배관과 순환장치를 예비로 장착한다.

항공기가 지상에 있을 때, 공기조화계통에 공기를 공급하기 위해 엔진 또는 보조동력장치(APU)를 작동시키는 것은 항공기 운영유지 비용을 증가시킬 뿐만 아니라 구성품의 사용시간을 증가시키고 명시된 시간간격에 반드시 수행되어야만 하는 재생(overhaul) 정비 주기를 앞당긴다. 그림 2-35에서와 같이 대부분 고성능, 대형 터빈항공기는 공기분배장치에 리셉터클(receptacle)을 갖추어 조화된 공기를 지상에서 공급한다. 객실은 지상공급원으로부터 공급된 공기를 이용하여 가열하거나 또는 냉각할 수 있다. 비행 전 점검과 승객 탑승이 완료된 경우, 배관 호스는 비행을 위해 분리되어야 한다. 공기조화계통 상류부문으로 지상공급원공기가 역으로 흐르는 것을 방지하기 위해 체크 밸브가 사용된다.

▲ 그림 2-35 지상에서 정기여객기에 장착된 덕트

2-3 공기조화계통(Air Conditioning System)

일반적으로 항공기에 사용되는 두 가지 유형의 공기조화계통이 있다. 공기순환식 공기조화(air cycle air conditioning)는 대부분 터빈항공기에 사용되는데 조화과정 시에 엔진추출공기(engine bleed air) 또는 보조동력장치(APU) 공기압력을 사용한다. 증기순환식 공기조화계통(vapor cycle air conditioning system)은 일부 왕복항공기에 사용되는데, 이 유형의 계통은 가정이나 자동차에서 찾아볼 수 있는 것과 유사하며 또한 터빈항공기 역시 증기순환식 공기조화계통을 사용하기도 한다.

1 공기순환 공기조화계통(Air Cycle Air Conditioning)

공기순환식 공기조화는 항공기 객실에 압력을 가하기 위하여 엔진추출공기를 사용한다. 공기의 온도와 압력은 모든 고도와 지상에서 안락한 객실 환경을 유지하기 위해 제어되어야 한다. 공기순환방식은 공기조화패키지(air conditioning package) 또는 공기조화팩(air conditioning pack)이라고도 부르며 보통 동체의 하반부에 또는 터빈항공기의 꼬리부분(tail section)에 위치한다.

1) 계통 작동(System Operation)

엔진 압축기추출공기는 냉각절차 없이 객실에서 사용되기에 너무 뜨겁다. 그래서 추출공기를 공기순환계통으로 유입시켜 램공기(ram air)로 냉각시키기 위해 열교환기(heat exchanger)를 경유하게 한다. 이렇게 냉각된 추출공기는 공기순환장치 내부로 유입되게 된다. 거기에서 1차 냉각된 공기를 압축하여 냉각시키는 2차열교환기로 유로를 형성시키는데 2차 냉각 역시 램공기에 의해 냉각된다. 2차 냉각된 추출공기는 팽창터빈을 경유하여 더욱더 냉각된다. 그다음, 수분제거 과정을 거쳐 최종 온도조정을 위해 엔진에서 바로 추출된 공기와 혼합된다. 이렇게 최종온도 조절된 공기는 공기분배장치를 통해 객실로 보낸다. 공기순환과정에서 각각의 구성품의 작동을 세부적으로 확인하여, 객실 사용을 위해 조절된 추출공기가 어떻게 전개되는지 확인할 수 있다. 그림 2-36과 그림 2-37에서는 보잉 737 항공기의 공기순환계통과 계통도를 나타내었다.

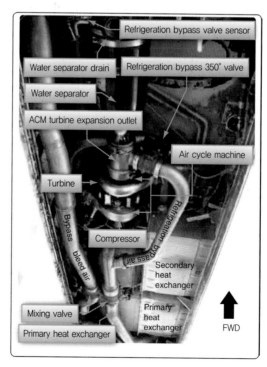

▲ 그림 2-36 보잉 737 항공기 공기순환계통

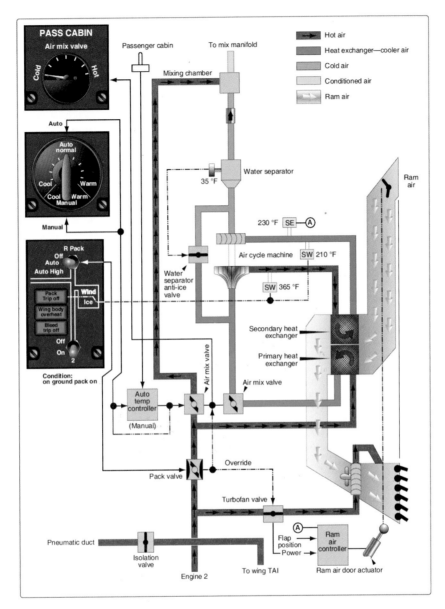

▲ 그림 2-37 보잉 73/ 항공기 공기순환계통도

2) 공기압계통 공급(Pneumatic System Supply)

공기순환식 공기조화계통은 항공기 공기압계통에 공기를 공급한다. 결과적으로, 공기압계통은 각각의 엔진압축기 구역에서 제공된 추출공기 또는 보조동력장치 공기압공급원으로부터 공급된다. 지상동력장치(GPU)에서 생성된 외부공기압은 항공기가 지상에 정지된 동안 연결되어 공급된다. 항공기가 정상비행 시에서, 공기압다기관(pneumatic manifold)은 밸브, 조절기, 그리고 배관의 경유를 통해 엔진추출공기가 공급된다. 공기조화팩은 방빙계통(anti-ice system)과 유압식 여압계통과 같은, 다른 중대한 기체계통으로 다기관(manifold)에 의해서 공급된다.

3) 구성품 작동(Component Operation)

(1) 팩 밸브(Pack Valve)

팩 밸브(pack valve)는 공기압다기관으로부터 공기순환식 공기조화계통 내부로 추출공기를 조절하는 밸브이며 조종석에 있는 공기조화패널 스위치의 작동에 의해 제어된다. 대부분 팩 밸브는 전기적 또는 공기압으로 제어되는 방식이다. 또한 그림 2-38과 같이 팩 밸브는 공기순환식 공기조화계통이 설계상 요구되는 온도와 압력의 공기 체적을 공급하도록 열리고, 닫히고, 그리고 조절한다. 과열 또는 다른 비정상 상황으로 공기조화 패키지가 정지가 요구될 때, 팩 밸브가 닫히도록 신호를 보낸다.

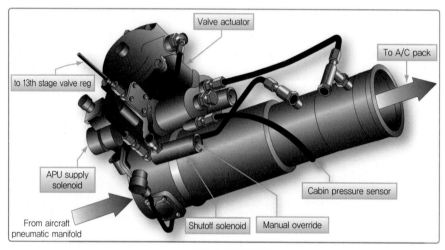

▲ 그림 2-38 팩 밸브

(2) 추출공기 바이패스(Bleed Air Bypass)

공급된 공기 중 일부는 공기순환식 공기조화계통을 우회하여 계통에 공급되어 최종 온도를 조절한다. 따뜻한 우회공기는 객실로 제공되는 공기가 쾌적한 온도가 되도록 공기순환방식에 의해 생성된 냉각공기와 혼합되며 자동온도 제어기의 요구조건에 부합하도록 혼합밸브에 의해 제어된다. 또한 수동 모드에서 객실 온도조절기에 의해 수동으로 제어할 수 있다.

(3) 1차 열교환기(Primary Heat Exchanger)

공기순환계통을 거쳐 지나가도록 독립적으로 제공된 따뜻한 공기는 우선 그림 2-39와 같은 1차 열교환기를 통과하는데 그것은 자동차의 방열기(radiator)와 유사한 방식으로 냉각 작용을 한다. 계통 내부에 공기의 온도를 낮추기 위해, 램공기(ram air)의 제어된 흐름은 교환기 외부 그리고 교환기 내부를 통과하여 덕트로 연결된다. 팬에 의해 강제로 유입된 공기는 항공기가 지상에서 정지되어 있을 때에도 열교환이 가능하도록 한다. 비행 중에 그림 2-40과 같은, 램공기 도어는 날개플랩의 위치에 따라 교환기로 유입되는 램공기 흐름을 증가시키거나 또는 감소시키도록 조절된다. 플랩이 펼쳐져 항공기가 저속으로 비행 시에 도어는 열려 요구되는 공기의 양을 보충해 주고 플랩이 수축되어 고속으로 비행 시에는 도어는 교환기로 제공되는 램공기의 양을 줄여 요구되는 공기의 양을 조절한다.

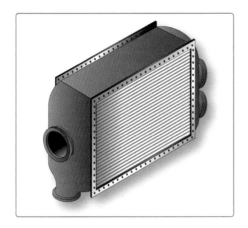

▲ 그림 2-39 1, 2차 열교환기

▲ 그림 2-40 램공기를 조절하는 도어

(4) 냉각 터빈장치, 공기순환장치 또는 2차 열교환기(Refrigeration Turbine Unit or Air Cycle Machine and Secondary Heat Exchanger)

그림 2-41과 같이, 공기순환식 공기조화계통의 핵심은 공기순환장치로 알려진 냉각터빈장치이다. 공기순환장치는 터빈에 의해 구동되며 공동축으로 연결된 압축기로 구성된다. 계통공기는 1차 열교환기로부터 공기순환장치의 압축기 내부로 유입된다. 공기가 압축되었을 때, 공기의 온도는 올라가는데 이때 가열된 공기를 2차열교환기로 보낸다. 공기순환장치에서 압축된 공기의 상승된 온도를 램공기를 이용하여 열에너지를 쉽게 전화시킨다. 공기순환장치 압축기로부터 가압된 냉각계통공기는 2차 열교환기를 빠져나와 공기순환장치의 터빈으로 향한다. 공기순환장치 터빈의 회전자 깃(rotor blade)의 피치각(pitch angle)은 공기가 터빈을 거쳐지나가고 터빈을 구동시킬 때 공기를 빠르게 확산시켜 더 많은 에너지를 추출해 낸다. 터빈을 통과하여 더욱 냉각된 공기는 공기순환장치 출구에서 팽창된다. 열과 운동의 복합에너지는 처음에는 터빈을 구동하고 그다음에 터빈 출구에서 팽창하며 결빙에 근접하도록 계통공기온도를 낮춤으로써 상실된다.

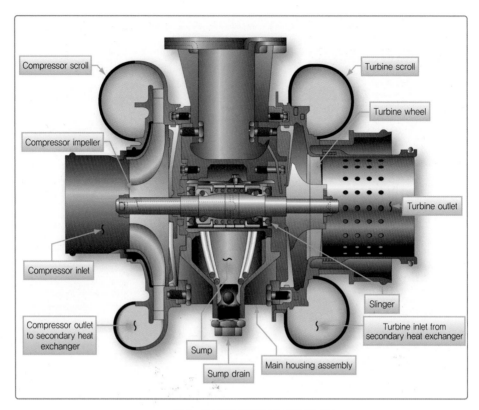

▲ 그림 2-41 냉각터빈의(ACM)의 단면도

(5) 수분 분리기(Water Separator)

그림 2-42와 같이, 공기순환장치에서 냉각된 공기는 다시 따뜻하게 되었을 때 수분을 포화시킬 수 없다. 공기가 항공기 객실로 보내지기 전에 수분 분리기는 포화공기로부터 수분을 제거하기 위해 사용된다. 분리기는 회전동력 없이 작동하는데, 공기순환장치로부터 공급된 연무가 낀 공기가 양말 모양의 유수분리장치(coalescer)을 통해 강제 유입되고 이때 연무가 응축되어 물방울이 형성된다. 분리기 나선형 내부구조물은 공기와 수분을 소용돌이치게 하여 수분은 분리기의 옆쪽에 모이고 아래쪽으로 흘러 외부로 배출되고 반면에 건조공기는 통과된다.

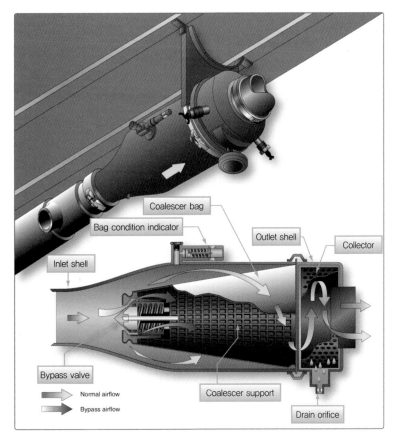

▲ 그림 2-42 수분 분리기 내부 모습

(6) 냉각 바이패스 밸브(Refrigeration Bypass Valve)

공기순환장치 터빈 내부에 있는 공기는 팽창하고 냉각된다. 공기가 너무 차가워져서 수분 분리기에서 분리된 수분을 결빙시켜 공기흐름을 억제하거나 또는 막을 수 있다. 수분 분리기에 위치한 온도감지기는 공기가 결빙온도 이상에서 흐르도록 유지해주는 냉각 바이패스 밸브를 제어하며 온도제어밸브(temperature valve), 35° 밸브, 방빙밸브 등으로 불린다. 열렸을 때 공기순환장치 주위에 따뜻한 공기를 우회시킨다. 우회된 공기는 수분 분리기의 바로 상류부문, 팽창도관으로 이입되어 공기를 가열시킨다. 냉각 바이패스 밸브는 공기가 수분 분리기를 거쳐 지나갈 때 결빙하지 않도록 공기순환장치 방출공기의 온도를 조절한다.

모든 공기순환식 공기조화계통은 추출공기로부터 열에너지를 제거하기 위해 팽창터빈과 함께 적어도 하나의 램공기 열교환기와 공기순환장치를 사용한다. 그러나 개별 항공기마다 조금씩 차이는 있을 수 있다. 그림 2-43에서는 DC-10 항공기 공기조화계통을 보여준다.

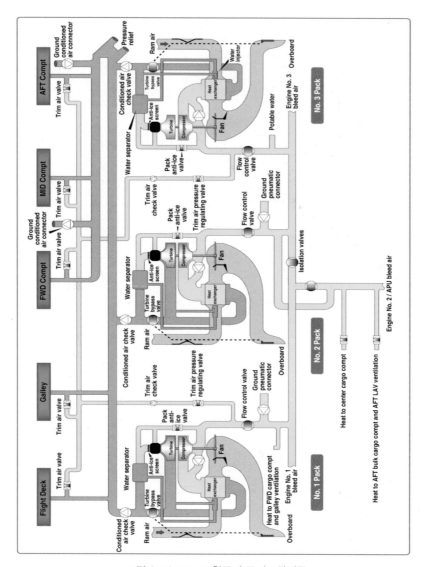

▲ 그림 2-43 DC-10 항공기 공기조화계통도

4) 객실온도 제어계통(Cabin Temperature Control System)

　대부분 객실온도 제어계통은 유사한 방식으로 작동한다. 온도는 객실, 조종석, 조화공기덕트, 그리고 분배공기덕트에서 감지되어 전자 장비실에 위치한 온도제어기 또는 온도제어조절기로 입력된다. 그림 2-44와 같이, 조종석에 있는 온도선택기는 요구되는 온도를 입력하기 위해 조정할 수 있다. 온도제어기는 설정온도입력과 함께 여러 가지의 감지기로부터 수신된 실제온도신호를 비교한다. 선택된 모드에 대한 회로논리는 이들 입력신호를 처리하고 출력신호는 공기순환식 공기조화계통에 있는 밸브로 보낸다. 생산된 냉각공기와 공기순환식 냉각과정을 우회한 따뜻한 추출공기를 혼

합하여 온도제어기로부터 신호에 상응하여 밸브를 조절하고 온도 조절된 공기는 공기분배장치를
통해 객실로 보낸다.

▲ 그림 2-44 온도제어패널

그림 2-45는 보잉 777 항공기 온도제어계통을 나타낸다.

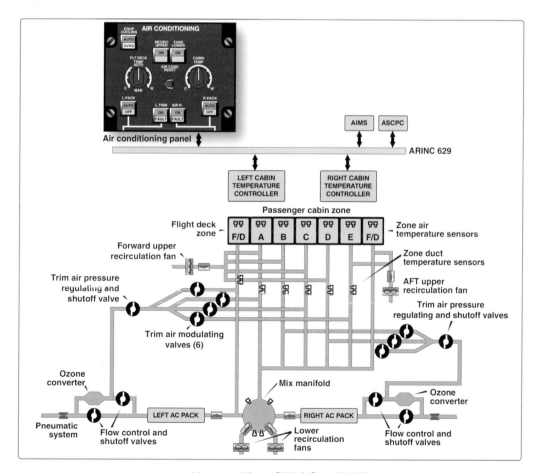

▲ 그림 2-45 보잉 777 항공기 온도제어계통도

❷ 증기순환 공기조화계통(Vapor Cycle Air Conditioning)

증기순환식 공기조화계통은 터빈항공기가 아니면서 공기조화계통을 갖추고 있는 대부분 항공기에 사용된다. 증기순환방식은 여압을 제외한 오직 객실 냉각만을 시킨다. 만약 증기순환식 공기조화계통을 갖추고 있는 항공기가 여압된다면, 그것은 이전에 여압 부분에서 설명했던 공급원 중 하나를 별도로 사용하고 있다.

1) 냉각 이론(Theory of Refrigeration)

그림 2-46과 같이, 에너지는 생성되거나 또는 소멸할 수도 있지만 변환되거나 이동할 수 있다. 이것이 바로 증기순환식 공기조화의 기본 원리이다. 객실공기의 열에너지는 액체냉매로 이동되고 추가적인 에너지로 인하여, 액체는 증기로 변환하여 증기는 다시 압축되고 뜨겁게 가열된다. 이렇게 압축 가열된 뜨거운 증기냉매는 외부공기에서 열에너지를 전환시킨다. 그런 다음, 냉매는 액체로 다시 냉각 응축되어, 에너지이동의 순환을 반복하기 위해 객실로 되돌아간다.

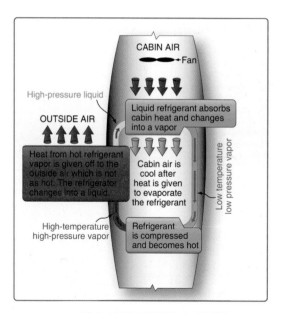

▲ 그림 2-46 증기순환 공기조화계통

2) 기본적인 증기순환(Basic Vapor Cycle)

그림 2-47과 같이 증기순환식 공기조화계통은 냉매가 다양한 배관과 구성품을 통해 순환되는 폐쇄계통이며 목적은 항공기 객실로부터 열을 제거하기 위함이다. 순환하는 동안에, 냉매의 상태가 변화한다. 이렇게 잠열을 이용하여, 항공기 객실의 뜨거운 공기는 냉각공기로 대체된다.

먼저 R134a 냉매는 여과되어 리시버 드라이어(receiver dryer)라고 알려진 저장소에서 압력하에 액체 형태로 저장된다. 이 액체는 리시버 드라이어로부터 배관을 거쳐 팽창밸브로 흐른다. 밸브 내부의 작은 오리피스(orifice) 형태에 의해 제한된 냉매는 대부분 차단되는데, 압력하에 있기 때문에 냉매의 일부는 오리피스를 통해 압송된다. 밸브의 배관 하류부문에서 압송된 냉매는 분무된 조그마한(tiny) 물방울 형태로 존재한다. 증발기라고 부르는 방열기 어셈블리(radiator-type assembly)에 배관이 감겨져 있으며 증발기의 표면에 객실공기를 불어주기 위한 팬이 위치한다. 팬이 작동할 때, 액체에서 증기로 상태를 변화하는데, 이때 객실공기의 열은 냉매에 의해 흡수된다. 팬에 의해 공급된 공기가 증발기를 통과하면서 상당히 많은 양의 열을 흡수하여 객실의 온도를 낮춘다.

증발기를 빠져나온 기화된 냉매는 압축기로 흡입되어 냉매의 압력과 온도는 증가한다. 고온, 고압 가스냉매는 배관을 통해 응축기로 흐른다. 응축기는 열전달을 용이하게 하기 위해 핀이 부착되고 길이가 긴 배관이며 방열기의 역할을 한다. 차가운 외기가 응축기로 향하게 된다. 내부 냉매의 온도가 외기의 온도보다 높기 때문에 열이 냉매에서 외기로 전달된다. 발산된 열은 냉매를 냉각시키고 원래의 고압 액체로 냉매를 응축시킨다. 마지막으로 냉매는 배관을 통해 흘러 리시버 드라이어로 귀유되며 증기순환을 완료하게 된다.

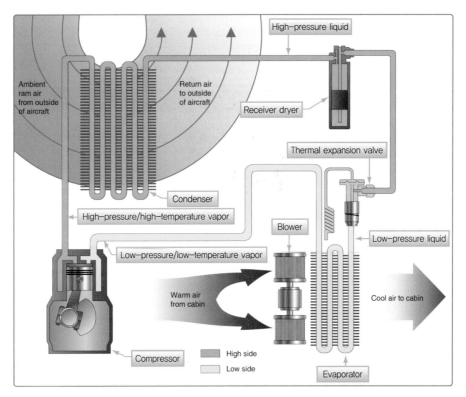

▲ 그림 2-47 기본 증기순환 공기조화계통

증기순환식 공기조화계통에서 두 가지 진영이 있다. 한쪽 진영은 온도가 낮아 열을 받아들이고 다른 한쪽 진영은 온도가 높아 열을 준다. 낮은 것과 높은 것은 냉매의 온도와 압력에 관련되어 있다. 압축기와 팽창밸브는 계통의 낮은 편 진영에 속한다. 낮은 편 진영에 있는 냉매는 저압, 저온도의 특성을 가지며 높은 쪽 진영의 냉매는 고압, 고온을 가지게 된다.

3) 냉매(Refrigerant)

여러 해 동안에, 디클로로디플루오로메탄(dichlorodifluoromethane, R12)은 항공기 증기순환식 공기조화계통에 사용되었던 표준냉매이었으며 이들 계통 중 일부는 오늘날까지도 사용되고 있다. R12는 환경에 부정적 효과를 갖는다고 알려져 있는데, 특히 R12는 지구의 보호오존층을 손상시킨다. 그래서 환경에 더욱 안전한, 그림 2-48과 같이 테트라플루오로에탄(tetrafluoroethane, R134a)으로 대체되었다. 하지만 R12와 R134a가 혼합되어 사용되는 것은 금기시되어 있다. 또한, 어떤 냉매라도 다른 냉매로 설계된 계통에서 사용되어서도 안 된다. 호스와 실 같은, 부드러운 성분의 손상이 발생할 수 있으며 누출 또는 기능불량의 원인이 될 수 있다. 증기순환식 공기조화계통을 보급하기 위해 명시된 냉매를 사용한다. R12와 R134a는 아주 유사하게 반응하고 따라서 R134a 증기순환식 공기조화계통과 구성품의 설명은 또한 R12 계통과 구성품에 적용할 수 있다.

▲ 그림 2-48 소형 R134a 냉매

R134a는 할로겐화합물(halogen compound, Cf_3CfH_2)이며 약 $-15°F$의 비등점을 갖는다. 소량을 흡입하는 것은 유독하지는 않다. 그러나 산소를 대치하기 때문에 많은 양을 흡입하면 질식할 수 있다. 듀폰사(Dupont Company) 소유권의 상표명인, Freon®(프레온)이라고 주로 부른다. 냉매를 취급할 때에는 반드시 주의를 기울여야 한다. 저비등점 때문에, 액체냉매는 표준 대기온도와 대기압에서 격렬하게 끓는다. 비등하면서 빠르게 모든 주위에 물질로부터 열에너지를 흡수한다. 만약 피부에 묻는다면, 냉각으로 인한 화상의 결과를 초래할 수 있으며 만약 사람의 눈에 들어가면 조직 손상의 결과를 초래할 수 있다. 그렇게 때문에 장갑과 피부 보호복뿐만 아니라 작업 전에 반드시 안전보호안경을 착용해야 한다.

4) 계통 서비싱(System Servicing)

증기순환식 공기조화계통은 신뢰성이 높아서 정비행위 없이 오랜 시간 동안 사용 가능하다. 단지 정기적인 육안검사, 시험, 그리고 냉매수준과 오일 수준 점검이 요구되며 검사기준과 검사간격에 대해서는 제작사 사용설명서를 따른다.

(1) 육안점검(Visual Inspection)

증기순환방식의 모든 구성품은 안전한 장착 여부가 점검되어야 한다. 어떠한 손상, 조정불량, 또는 누출의 시각적인 징후에 대해 주의를 기울여야 한다. 그림 2-49와 같이, 응축기와 증발기 핀은 깨끗하고 막히지 않았는지, 그리고 충격으로 인해 접혀지지 않았는지 확인 점검해야 한다. 핀을 통과하는 오염물로 인해 정체된 공기흐름은 냉매의 효율적인 열교환을 방해할 수 있기 때문에 요구된다면 물세척이 수행되어야 한다. 응축기는 덕트로 연결되어 외기로부터 램공기를 직접 받아들이기 때문에 공기흐름을 제한하게 되는 부스러기의 유무를 점검해야 하며 힌지가 장착된 구성품은 안전성과 마모 여부를 점검해야 한다. 응축기는 공기를 끌어당기기 위한 팬을 갖고 있는데 지상작동 시에 팬의 정확한 작동 여부를 점검해야 한다.

▲ 그림 2-49 응축기

증발기 출구에 단단히 고정된 팽창밸브에서 모세관 온도귀환센서를 확인한다. 또한, 계통에 장착되어 있다면, 압력센서와 온도조절센서(thermostat sensor)의 안전성 여부를 점검한다. 증발기는 외부에 결빙되지 않아야 하는데 결빙이 있으면 따뜻한 객실공기와 냉매 간에 원활한 열교환을 방해한다. 송풍기는 자유롭게 회전하는지 점검되어야 한다. 계통에 따라, 냉각스위치의 선택에 의해 회전 속도가 변화되어야 하며 증기순환식 공기조화계통의 외부의 결빙 생성은 원인이 규명되고 결함이 수정되어야 한다.

압축기의 안전성과 정열은 중요한 점검항목이므로 철저히 점검하여야 한다. 벨트에 의해 구동되는 압축기는 적절한 벨트장력 여부를 확인해야 한다. 벨트의 상태 점검과 장력 점검을 위해 제작사 자료를 참고하라.

(2) 누출시험(Leak Test)

증기순환식 공기조화계통에서 누출은 명백히 고장 탐구되고 수리되어야 한다. 누출의 가장 명백한 징후는 냉매 감소이다. 계통이 작동하고 있는 동안에 리시버 드라이어의 사이트 글라스(sight glass)에 거품이 생성되어 있는 것은 더 많은 냉매가 필요하다는 것을 지시한다. 증기순환방식은 정상적으로 매년 소량의 냉매가 유실된다는 것을 주목해야 한다. 그러나 연간 유실되는 양이 한도 이내라면 별도의 정비행위가 요구되지 않는다.

누출 위치를 알아내기 위해 계통 누설검출방법을 사용할 수 있으며 냉매가 완전히 누설되었다면 냉매의 부분적인 충전이 요구된다. 약 50psi의 냉매는 고압에서 저압으로 누설되는 압력을 점검하기 위해 충분하다.

증기순환식 공기조화계통에서 냉매가 모두 유실되었을 때 공기가 계통 내부에 유입된다. 또한, 공기에 함유된 수분 역시 계통으로 들어가게 된다. 따라서 계통의 수분 제거가 요구된다.

5) 정비사 자격(Technician Certification)

미환경보호청(EPA, environmental protection agency)은 현재의 규정을 준수하여 안전을 확보하기 위해 증기순환식 공기조화계통의 냉매와 장비를 취급하는 정비사에게 자격을 요구한다. 항공정비사는 자격을 갖추었거나 또는 이 작업을 전문으로 다루는 작업장(shop)에 증기순환식 공기조화계통 작업을 위탁할 수 있다.

2-4 항공기 가열기(Aircraft Heater)

항공기가 운용되는 고고도에서 온도는 0°F보다 상당히 낮을 수 있다. 계절적으로 냉온과 더해지면 평소보다 객실을 많이 가열하는 것이 요구된다.

🔳 전기 가열기 계통(Electric Heating System)

때때로 항공기를 가열하기 위해 전기난방장치를 사용한다. 발열소자를 통해 흐르는 전기에 의해 가열되며 소자의 열을 객실 내부로 보내기 위해 팬을 사용한다. 객실바닥 또는 개실측벽은 객실을 따뜻하게 하도록 열을 방사한다.

다른 전기장치의 작동보다 좋은 전용 전열소자식 가열기는 대용량의 발전기 출력을 필요로 한다. 이러한 이유 때문에, 전기난방장치는 아주 일반적인 것은 아니다. 그러나 지상 전원에 의해 동력이 공급될 때 지상에서 전기난방장치의 사용은 승객이 탑승하기 전에 객실을 예열하기 위해 이용되며 전기계통에 무리를 주지 않는다.

② 배기관 덮개식 가열기(Exhaust Shroud Heater)

그림 2-50과 같이 대부분 단발경항공기는 객실을 가열하기 위해 배기관덮개식 가열기를 사용한다. 외기는 엔진의 배기계통의 도관이 위치한 금속덮개, 또는 금속외피 내부로 흐르게 된다. 외부의 공기는 배기가스에 의해 따뜻하게 되고 방화벽(firewall) 난방밸브를 통해 객실 내부로 향하게 된다. 이러한 방법은 비교적 간단하면서 전력 또는 엔진동력을 필요로 하지 않고 오히려 허비되는 열에너지를 활용한다. 그림 2-51에서는 단발식 파이퍼 항공기의 환경계통을 나타내었다.

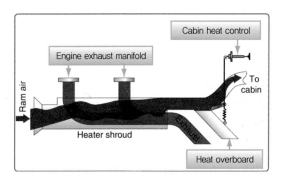

▲ 그림 2-50 항공기 배기관 덮개식 가열기 기본 배열

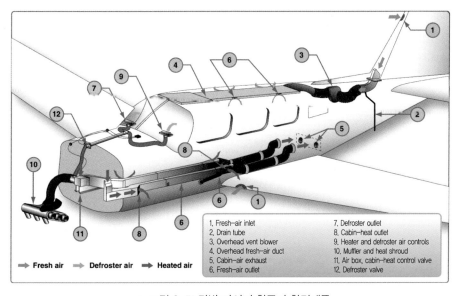

1. Fresh-air inlet	7. Defroster outlet
2. Drain tube	8. Cabin-heat outlet
3. Overhead vent blower	9. Heater and defroster air controls
4. Overhead fresh-air duct	10. Muffler and heat shroud
5. Cabin-air exhaust	11. Air box, cabin-heat control valve
6. Fresh-air outlet	12. Defroster valve

➡ Fresh air ➡ Defroster air ➡ Heated air

▲ 그림 2-51 단발 파이퍼 항공기 환경계통

배기관 덮개식 가열기의 주요결함 가능성은 배기가스가 객실공기를 오염시킬 수 있다는 것이다. 배기다기관의 미세한 균열(crack)로도 치명적인 결과를 초래할 수 있을 정도로 충분한 일산화탄소를 객실 내부로 보낼 수 있다. 엄격한 검사절차가 반드시 요구된다. 검사 방법은 공기를 이용하여 배기계통을 가압하고 가압된 계통을 비누액으로 누출 여부를 검사한다. 경우에 따라 누출을 탐지하기 위해 배기관을 장탈하여 가압된 상태로 물속에 넣는 방법이 요구되기도 한다. 배기관 덮개식 가열기 누설검사의 주기는 100시간마다 할 수 있다.

항공기의 연식 또는 상태에 관계없이, 배기관 덮개식 난방장치를 가지고 있는 항공기는 조종석에 일산화탄소 탐지장치를 반드시 장착해야 한다.

③ 연소식 가열기(Combustion Heater)

그림 2-52와 같은 연소식 가열기는 대부분 소형 또는 중형 항공기에 사용된다. 비록 항공기의 주 연료계통으로부터 연료를 사용하지만, 항공기 엔진과는 독자적인 열원이다. 가장 최신의 가열기는 전자점화장치와 온도제어스위치를 갖추고 있다.

▲ 그림 2-52 현대항공기 연소식 가열기

연소식 가열기는 외부 공기를 가열하여 객실로 보낸다는 점에서 배기관 덮개식 가열기와 유사하다. 열의 공급원은 난방기의 원통형 외부측판 안쪽에 위치한 독자적인 연소실이다. 정확히 계측된 양의 연료와 공기가 밀폐된 연소실 내부에서 발화된다. 연소실 배기장치는 깔때기 모양을 하고 있으며 항공기 외부에 돌출되어 있다. 외기는 연소실과 외부측판 사이로 유입되어 대류에 의해 연소 열을 흡수하고 객실 내부로 열에너지를 전달한다. 연소식 가열기 하부계통과 난방장치 작동에 대한 설명은 그림 2-53을 참고한다.

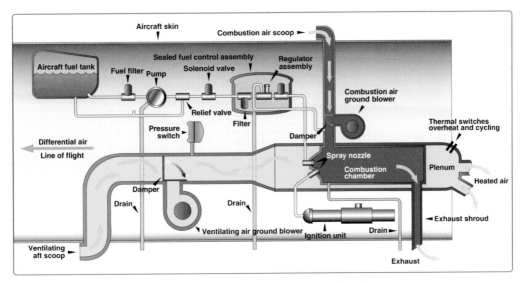

▲ 그림 2–53 연소식 가열기 구성품의 도해

1) 작동(Control)

연소식 가열기는 객실가열스위치와 온도조절기로 이루어진다. 객실가열스위치는 연료펌프를 구동시키고, 주 연료공급 솔레노이드를 개방하고 연소용 공기팬뿐만 아니라 만약 항공기가 지상에 있다면 환기공기팬을 구동시킨다. 연소용 공기팬이 압력을 형성하는 동안 점화장치가 작동된다. 온도조절기는 난방이 요구될 때 연료제어 솔레노이드를 개방하도록 전원을 보낸다. 이것은 가열기의 연소실 내부에 폭발을 일으키게 하여 열에너지를 객실로 보내준다. 미리 설정된 온도에 도달되었을 때, 온도조절기는 연료제어 솔레노이드의 전원을 차단하여 연소를 중지시킨다. 환기공기는 순환을 지속하여 열에너지를 운반한다. 설정된 온도 이하로 떨어졌을 때, 연소식 가열기는 다시 작동을 시작한다.

2) 안전 특성(Safety Feature)

자동연소식 가열기 제어는 위험한 상황에서 작동을 중지한다. 덕트 제한스위치는 미리 설정한 온도 이하로 가열기 덕트가 유지되도록 충분한 공기흐름이 없을 때 가열기에서 연료를 차단한다. 이러한 상황은 보통 환기공기흐름의 부족에 의해 일어난다. 과열스위치는 덕트 제한스위치보다 더 고온으로 설정되어 있으며 어떠한 종류의 과열에 대해서도 작동되며 화재가 일어나기 전에 연소식 가열기로 공급되는 연료를 차단하도록 설계되었다. 과열스위치가 작동되었을 때, 조종석의 경고등이 들어오고 가열기를 정비하여 원인을 규명할 때까지 재작동할 수 없다. 일부 가열기는 점화계통이 작동하고 있지 않다면 연소실로 공급되고 있는 연료를 차단하도록 설계되어 있다.

3) 정비와 점검(Maintenance and Inspection)

연소식 가열기의 정비 항목은 여과기 세척, 점화플러그 마모 여부 점검, 그리고 입구 막힘 여부 점검과 같은 통상적인 항목으로 이루어진다. 연소식 가열기의 모든 정비와 검사는 항공기 제작사 사용설명서에 따라 수행되어야 한다. 또한, 연소식 가열기의 제조사가 별도로 있다면 제조사의 정비지침 역시 준수되어야 한다. 가열기의 적절한 작동을 보장하기 위해 정비수행 항목과 점검주기 그리고 재생(overhaul) 주기가 반드시 준수되어야 한다.

연소식 가열기의 검사는 제조사에 의해 제시된 일정 또는 작동불량이 예상되었을 때에는 즉시 수행되어야 한다. 입구와 출구는 청결해야 하며 모든 조종 장치의 완전한 작동과 기능이 점검되어야 한다. 연소실 또는 덮개에서 연료누출 또는 균열 여부를 철저하게 관찰해야 하며 모든 구성품은 안전하게 고정되어야 한다. 요구된다면 작동점검을 수행할 수 있다.

CHAPTER 3

제빙 및 제우계통
Ice and Rain Protection System

3-1 결빙 제어계통(Ice Control System)

항공기의 비행 고도가 상승함에 따라 그림 3-1에서와 같이 날개와 조종면, 엔진흡입구의 앞전 표면 등에 결빙 현상이 발생할 수 있다. 이러한 현상은 공기 중의 작은 물방울이 빙점 이하로 과냉 (supercooled)되고 항공기에 의해 교란될 때, 작은 물방울은 곧바로 항공기 표면에서 얼음으로 바꾼다.

▲ 그림 3-1 항공기 날개 앞전 결빙 현상

항공기에서 결빙 또는 서리의 형성은 다음과 같은 위험요소가 있다.

(1) 양력의 부분적 감소로 인한 양력불균형

(2) 결빙으로 인한 무게의 증가와 불균형으로 항공기 조종을 어렵게 만드는 항공기 불안정

항공기 비행안전의 위험요소가 되는 결빙은 매우 단시간에 형성될 수 있기 때문에 결빙 방지 또는 제거를 위한 장치의 구비가 요구된다.

1 결빙의 영향(Icing Effect)

결빙은 항공기의 항력을 증가시키고 양력을 줄여 유해 진동의 원인이 되며 또한 정확한 계기 판

독을 방해한다. 비행 조종면(Flight Control Surface)이 불균형 또는 고착되게 되며 고정식 슬롯은 얼음으로 채워지고 가동식 슬롯은 고착된다. 또한 무선수신이 방해되고 엔진성능에 영향을 미친다. 더욱이 얼음, 눈, 그리고 진창 눈은 양력의 감소, 이륙거리의 증가, 그리고 항공기 기동성의 둔화와 같이 비행안전에 직접적인 영향을 미치게 된다. 만약 두꺼운 얼음 조각이 비행 중 떨어져 나간다면 엔진고장 및 기골손상의 원인이 될 수도 있다. 후방동체고정식 엔진은 특히 이들 외부물질손상(FOD, foreign object damage)이 발생하기 쉽다. 물론 날개고정식 엔진이라고 할지라도 손상이 없는 것은 아니다. 얼음은 항공기의 어떠한 부분에도 존재할 수 있고, 떨어져 나갔을 때, 엔진 내부로 들어갈 수 있는 충분한 가능성이 있다. 최악의 경우는 항공기 이륙 시 양력에 의한 날개의 굽힘으로 얼음이 떨어져 나가면서 엔진으로 유입되어 엔진의 떨림(surge), 진동, 그리고 완전한 추력손실의 원인이 될 수도 있다.

그림 3-2에서와 같이, 결빙조건에서 항공기의 성능특성이 저하된다. 공기역학적 항력의 증가는 항공기의 항속거리를 줄이고 속도 유지를 어렵게 만들며, 연료소비량을 증가시킨다. 또한, 날개와 꼬리부분(empennage)의 결빙으로 인한 상승률 감소뿐만 아니라 프로펠러의 효율 감소와 총중량의 증가로 인한 상승률의 감소도 예상된다. 항공기가 얼음 축적으로 인해 명시된 것보다 더 높은 속도에서 실속되기 때문에 저속에서 갑작스러운 기동이나 급격한 선회는 피해야 한다. 착륙 시에는 증가된 실속속도를 보정하도록 대기속도를 증가시켜야 한다. 얼음축적으로 인한 무게증가는 착륙속도를 증가시켜 착륙거리가 2배까지 길어질 수 있다.

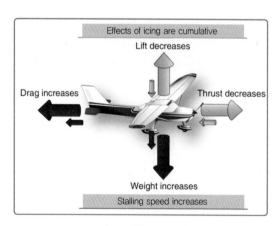

▲ 그림 3-2 항공기 결빙 영향

항공기 제빙·제우계통은 다음과 같은 항공기 구성품에 결빙 형성을 방지한다.

(1) 날개 앞전

(2) 수평안정판과 수직안정판 앞전

(3) 엔진 카울 앞전

(4) 프로펠러

(5) 프로펠러 스피너(spinner)

(6) 에어데이터 감지기(air data probe)

(7) 조종실 윈도우

(8) 급 · 배수계통관과 배수관

(9) 안테나

그림 3-3에서는 대형 운송용 항공기에 설치된 제빙 · 제우계통의 개요도를 나타낸다. 최신 항공기에서 이들 계통은 대부분 결빙탐지계통과 탑재 컴퓨터에 의해 자동적으로 제어된다.

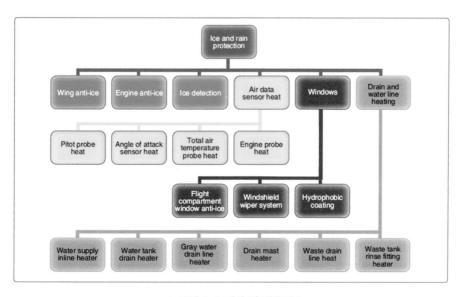

▲ 그림 3-3 제빙 및 제우계통

2 결빙 탐지계통(Ice Detector System)

얼음은 시각적으로 발견할 수 있지만, 대부분 최신 항공기는 그림 3-4와 같이, 결빙상태를 탐지

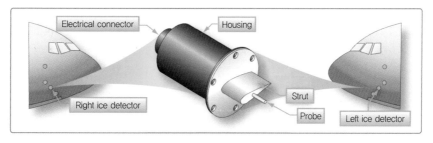

▲ 그림 3-4 비행 승무원에게 결빙 상태 경고하는 결빙 탐지장치

하여 운항승무원에게 경고하는 결빙 탐지센서를 갖추고 있고, 결빙 탐지계통은 결빙이 탐지되었을 때 날개 방빙계통을 자동으로 작동시킨다.

❸ 결빙 방지(Ice Prevention)

방빙장치(anti-icing equipment)는 결빙조건에 들어가기 전에 작동되어 얼음이 형성되는 것을 방지하는 것으로, 결빙을 방지할 정도로 가열하여 물이 흘러가도록 하는 방식과 가열에 의해 수분을 완전히 증발시키는 방식이 있다. 제빙장치(de-icing equipment)는 날개와 안정판 앞전 등에 축적된 얼음을 제거하도록 하는 방식이다.

결빙형성을 방지하거나 또는 제어하기 위한 몇 가지 수단은 다음과 같이 현대의 항공기에 사용된다.

(1) 뜨거운 공기를 사용한 표면 가열

(2) 발열소자(heating element)를 사용한 가열

(3) 일반적인 방식인 팽창식 부트(inflatable boot)를 활용한 제빙

(4) 화학물질 처리(chemical application)

표 3–1에서는 항공기 위치별 결빙 제어 방식의 종류를 나타내었다.

[표 3–1] 항공기 위치별 결빙 제어 방식의 종류

결빙위치	제어 방법
날개 앞전	열공압식, 열전기식, 화학약품식 방빙/공기식 제빙
수직안정판 및 수평안정판 앞전	열공압식, 열전기식 방빙/공기식 제빙
윈드실드, 창	열공압식, 열전기식, 화학약품식 방빙
가열기 및 엔진 공기 흡입구	열공압식, 열전기식 방빙
피토 정압관 및 공기자료 감지기	열전기식 방빙
프로펠러 깃 앞전과 스피너	열전기식, 화학약품식 방빙
기화기	열공압식, 화학약품식 방빙
화장실 배출 및 이동용 물 배관	열전기식 방빙

3–2 방빙계통(Anti-icing System)

대부분 항공기의 날개 앞전, 또는 앞전 슬랫(slat), 그리고 수평안정판과 수직안정판 앞전 등과 같은 구성품에 얼음의 형성을 방지하기 위해 방빙계통을 장비하고 있다. 가장 일반적으로 사용되는 방빙계통은 열공압식(thermal pneumatic), 열전기식(thermal electric), 그리고 화학약품(chemical) 방식이 있다.

1 열공압식 방빙(Thermal Pneumatic Anti-icing)

결빙 형성 방지 또는 날개골 앞전 제빙의 목적으로 열공압식 방빙장치가 일반적으로 사용되며 날개골 앞전 안쪽을 따라 설치된 덕트에 고온의 공기가 공급되고 덕트에 설치된 구멍을 통해 날개 앞전의 내부표면에 분사되어 방빙 또는 제빙을 한다. 열공압식 방빙계통은 터빈압축기 추출공기(turbine compressor bleed air), 왕복엔진배기가스(reciprocating engine exhaust gas) 열원 또는 연소기(heater)에 의해 가열된 뜨거운 공기와 외부에서 유입되는 램에어(ram air)를 활용하여 가열하며 날개 앞전 슬랫, 수평안정판과 수직안정판, 엔진 흡입구 등에 사용된다.

1) 날개 방빙장치(Wing Anti-ice(WAI) System)

상용제트기와 대형 운송용 항공기에서 날개 열방빙계통 또는 꼬리부분 열방빙계통은 대용량의 아주 고온 공기를 충분하게 공급해야 하기 때문에 일반적으로 엔진압축기로부터 공급된 뜨거운 공기를 사용한다. 공급된 뜨거운 공기는 방빙이 요구되는 구성품에 이르기까지 덕트, 매니폴드(manifold), 그리고 밸브를 통해 공급된다.

그림 3-5에서는 상용제트 항공기에 적용된 전형적인 날개 방빙계통 개략도를 보여준다. 추출공기는 각각의 날개 내부구역에 있는 배출기에 의해 각각의 날개 앞전으로 공급되고 분배를 위해 피콜로관(piccolo tube) 안으로 추출공기를 방출시킨다. 대기공기의 유입은 날개뿌리와 날개끝 근처에 매립설치식(flush-mounted) 램공기스쿠프(ram air scoop)에 의해 날개 앞전 안으로 유입된다.

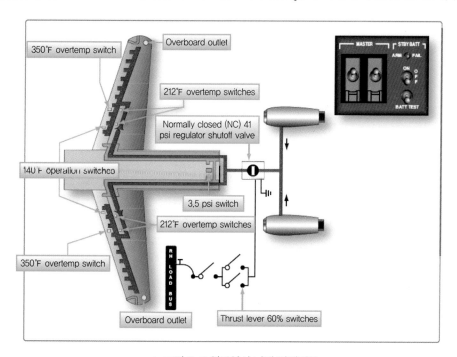

▲ 그림 3-5 열공압식 날개 방빙계통

배출기는 대기공기를 혼합하여 흡입, 추출공기의 온도 감소 그리고 피콜로관에서 대량의 공기흐름을 가능하게 한다.

그림 3-6과 같이, 날개 앞전은 좁은 통로에 의해 분리된 2장의 표피층으로 구성된다. 앞전을 향하여 분출된 공기는 날개 끝의 밑바닥에 있는 벤트를 통해 외부로 배출된다.

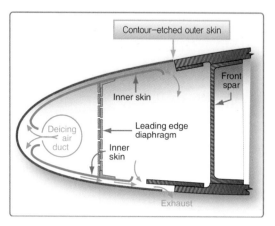

▲ 그림 3-6 날개 앞전 방빙

앞전 슬랫을 사용하는 항공기 역시 이들 표면에 얼음 형성을 방지하기 위해 엔진압축기로부터 추출된 추출공기를 공기압계통에서 조절하여 공급한다. 날개 방빙밸브는 공기압계통에서부터 날개

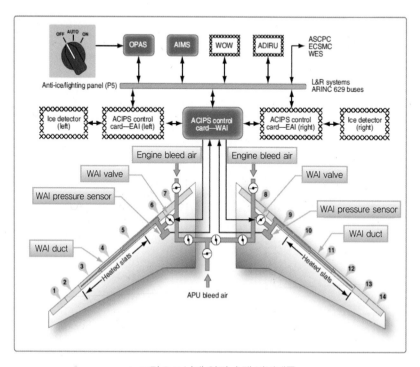

▲ 그림 3-7 날개 앞전 슬랫 방빙계통

방빙덕트까지의 공기흐름을 제어하고 날개 방빙덕트는 슬랫으로 공기를 이송시켜 준다. 각각의 슬랫 밑바닥에 있는 구멍으로 공기가 배출된다.

그림 3-7와 같이, 날개골 및 카울 결빙 탐지계통(ACIPS, airfoil and cowl ice protection system) 컴퓨터 카드는 날개 방빙밸브를 제어하고 압력센서가 덕트 공기압 데이터를 컴퓨터로 보낸다. 항공기승무원은 날개방빙 선택 스위치를 사용하여 자동 또는 수동 모드를 선택할 수 있다. 자동 모드에서 시스템은 결빙 탐지계통이 얼음을 감지했을 때 작동한다. OFF와 ON 위치는 날개 방빙계통의 수동 조작을 위해 사용된다. 날개 방빙계통은 지상 테스트를 제외하고 오직 비행 중에만 사용된다. WOW 계통(weight on wheel system)과 대기속도자료는 항공기가 지상에 있을 때 시스템을 작동 정지시킨다.

2) 날개 방빙계통 구성품(Wing Anti-icing System Component)

(1) 날개 방빙밸브(Wing Anti-icing Valve)

그림 3-8과 같이, 날개 방빙밸브는 공기압계통에서 날개 방빙덕트로 추출공기의 흐름을 제어해 준다. 밸브는 토크 모터(torque motor)에 의해 전기적으로 제어되고 공기압으로 작동된다. 토크 모터에 전원이 없을 때 작동장치의 한쪽 공기압이 밸브의 닫힘 상태를 유지시킨다. 토크 모터를 통과한 전류는 공기압이 밸브를 열도록 해준다. 토크 모터에 전류가 증가되면 밸브가 더 많이 열린다.

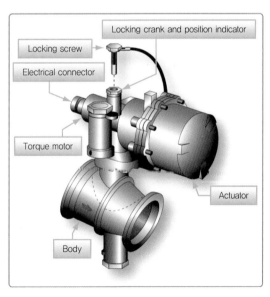

▲ 그림 3-8 날개 방빙밸브

(2) 날개 방빙 압력감지기(WAI Pressure Sensor)

날개 방빙 압력감지기는 날개 방빙밸브를 지나 날개 방빙덕트에 있는 공기압력을 감지한다. 날개골 및 카울 결빙 탐지계통(ACIPS)의 컴퓨터 카드는 날개 방빙계통을 제어하기 위해 압력정보를 활용한다.

(3) 날개 방빙덕트(WAI Duct)

그림 3-9와 같이, 날개 방빙덕트는 공기압계통에서 공급된 공기를 날개 앞전을 통과하여 앞전 슬랫으로 이송시킨다. 날개 방빙계통에서 날개에 앞전의 방빙 부분에 추출공기를 공급한다. 날개 방빙도관의 각 구역은 공기가 앞전 슬랫 안쪽의 공간으로 흐르게 하기 위해 구멍이 뚫려 있다. 공기는 각각의 슬랫 밑바닥에 있는 구멍을 통해 빠져나간다.

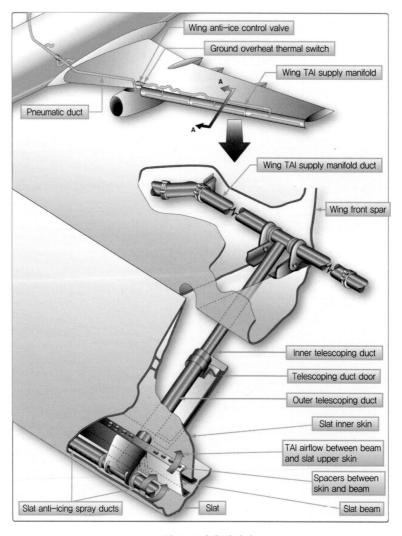

▲ 그림 3-9 날개 방빙덕트

(4) 날개 방빙 제어장치(WAI Control System)

날개 방빙계통은 날개골 및 카울 결빙 탐지계통(ACIPS) 컴퓨터 카드에 의해 제어된다. ACIPS 컴퓨터 카드는 양쪽 날개 방빙밸브를 제어한다. 날개 방빙밸브의 선택된 위치는 추출 공기 온도와 고도가 변화할 때 변경된다. 좌측과 우측 밸브는 동등하게 양쪽 날개를 가열하기 위해 동시에 작동한다. 이것은 결빙조건에서 공기역학적으로 안정된 비행자세를 유지시킨다. 날개 방빙 압력센서는 날개 방빙밸브 제어와 위치표시를 위해 날개 방빙 ACIPS 컴퓨터 카드로 피드백 정보를 제공한다. 만약 어느 압력센서 하나라도 고장 난다면, WAI ACIPS 컴퓨터 카드는 완전히 열리거나 또는 완전히 닫히도록 해당 날개 방빙밸브를 설정해 준다. 만약 어느 한쪽 밸브에서 결함이 발생하면, 날개 방빙 컴퓨터 카드는 다른 쪽 밸브를 닫는다.

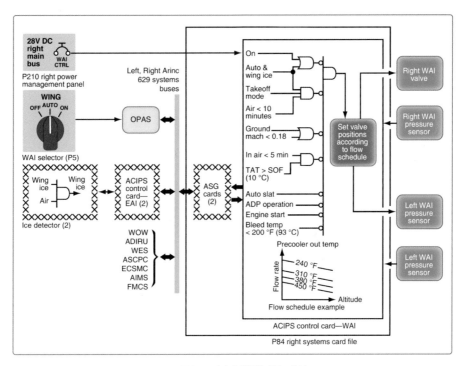

▲ 그림 3-10 날개 방빙계통 배선도

그림 3-10과 같이, 날개 방빙계통을 위한 1개의 선택기(selector)가 있다. 선택기는 AUTO, ON, 그리고 OFF 이렇게 세 가지 선택 모드를 가지고 있는데, 선택기가 AUTO 모드로 선택되면 날개 방빙 ACIPS 컴퓨터 카드는 결빙탐지기가 얼음을 감지할 때 날개 방빙밸브를 열도록 신호를 보낸다. 밸브는 결빙탐지기가 더 이상 얼음을 감지하지 않을 때 3분 지연 후에 닫힌다. 시간지연은 간헐적인 결빙조건 시에 빈번한 ON/OFF 반복을 방지한다. 선택기가 ON 모드에 있으면 날개 방빙밸브는 열리고 선택기가 OFF 모드에서는 날개 방빙밸브에 대한 작동모드는 다른 설정에 의해 제한될 수 있다.

작동모드는 다음 조건 중 모두가 발생하면 제한된다.

① AUTO 모드가 선택되었을 때

② 이륙 모드가 선택되었을 때

③ 비행기가 10분 이하로 공중에 있을 때

AUTO 또는 ON 선택 시, 작동모드는 아래의 조건 중 하나라도 발생하면 제한된다.

① 비행기가 지상에 있을 때(BIT 점검의 시작)

② 기체표면온도(TAT, total air temperature)가 50℉(10℃) 이상이고 이륙 이후 5분 이내

③ 자동슬랫 작동

④ 공기구동유압펌프 작동

⑤ 엔진시동

⑥ 추출공기 온도가 200℉(93℃) 이하일 때

(5) 날개 방빙 지시장치(WAI Indication System)

항공기 승무원은 탑재 컴퓨터 정비 페이지에서 날개 방빙계통을 식별할 수 있으며 아래와 같은 정보가 시현된다.

① WING MANIFOLD PRESS - psig 단위의 공압덕트압력

② VALVE - 날개 방빙밸브 열림, 닫힘, 또는 중간 위치

③ AIR PRESS - psig 단위의 날개 방빙밸브 하류의 압력

④ AIR FLOW - ppm(pound per minute) 단위의 날개 방빙밸브를 통과하는 공기 흐름량

(6) 날개 방빙계통 BITE 시험기(WAI System BITE(built-in test equipment) Test)

날개 방빙 ACIPS 컴퓨터 카드에 있는 BITE 회로는 지속적으로 날개 방빙계통을 감시한다. 항공기 운항에 영향을 주는 결함은 상태메시지를 시현시켜 준다. 그 외의 일상적인 결함은 중앙정비컴퓨터계통(CMCS, central maintenance computer system) 정비메시지를 시현시킨다. WAI ACIPS 컴퓨터 카드의 BITE는 파워업 점검과 정기점검을 수행한다. 운항에 영향을 주는 결함은 상태메시지를 시현시켜 주고 그 외의 결함은 중앙정비컴퓨터계통(CMCS)에서 정비메시지를 시현시켜 준다. 파워업 점검은 카드에 전원이 공급되면 시작된다. BITE 점검은 하드웨어와 소프트웨어 성능 그리고 밸브와 압력센서 상호작용 점검을 수행한다.

정기점검은 아래의 조건일 때 실행된다.

① 비행기가 1~5분 사이에 지상에 있었을 때

② 날개 방빙 선택기가 AUTO 또는 ON으로 선택 시

③ 공기구동유압펌프가 지속적으로 작동할 때

④ 추출압력이 날개 방빙밸브를 열기에 충분할 때

⑤ 최근 정기점검이 수행 후 24시간 경과 시

⑥ 점검 시에 날개 방빙밸브는 열림과 닫힘을 반복하며 밸브 작동불량을 감지한다.

② 열전기식 방빙(Thermal Electric Anti-icing)

항공기의 다양한 구성품을 전기로 가열하여 얼음이 형성되지 않도록 한다. 전기식 방빙은 높은 전류가 흐르기 때문에 일반적으로 소형 구성품으로 사용이 제한된다. 동압 관(pitot tube), 정압공(static air port), 총량공기온도 감지기(total air temperature probe)와 받음각 감지기, 얼음 검출기, 그리고 엔진 P2/T2 센서와 같은 대부분 공기자료 감지기의 방빙을 위해 열전기식을 사용한다. 일부 항공기의 터보프롭 inlet cowl의 방빙을 위해 전기식이 사용되기도 한다. 또한, 운송용 항공기와 고성능항공기는 윈드실드(windshield)에 열전기식 방빙장치를 사용한다.

열전기식 방빙장치에서, 전류는 일체성형전도성소자(integral conductive element)를 통해 흐르면서 열을 방생시켜 구성품의 온도가 빙점 이하로 내려가는 것을 방지한다.

주위의 기류에 돌출된 공기 자료 프로브는 비행 중 결빙형성에 특히 영향을 받기 쉽다. 그림 3-11에서는 여객기에서 열전기식 장치를 사용하는 감지기의 유형과 위치를 보여준다.

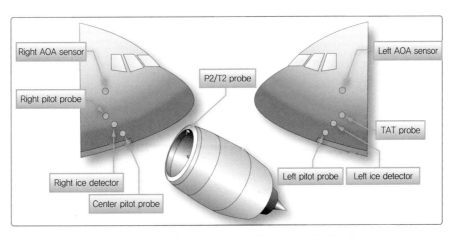

▲ 그림 3-11 상업용 항공기에 장착된 열전기식 감지기

대형 운송용 항공기는 회로를 작동하고 보호하기 위한 스위치와 회로차단기가 설치된 감지기열 회로(probe heat circuit)가 장치되어 있으며 최신 항공기는 컴퓨터에 의해 제어되는 더 복잡한 계

통을 가지고 있으며 열전기식 히터가 작동하기 전에 항공기 비행상태를 반영한다. 그림 3-12에서
는 피토관(pitot tube)의 가열 회로를 보여준다.

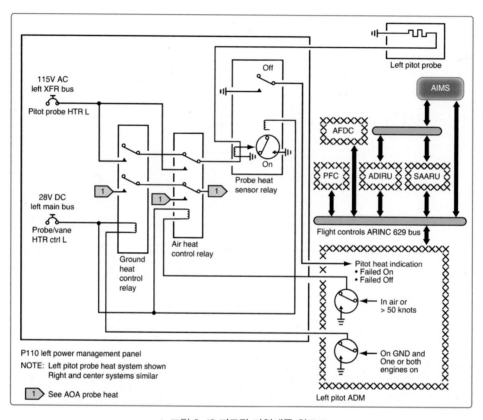

▲ 그림 3-12 피토관 가열계통 회로도

❸ 화학식 방빙(Chemical Anti-icing)

화학식 방빙은 날개, 안정판(stabilizer), 윈드실드, 그리고 프로펠러의 앞전을 방빙하기 위해 일
부 항공기에 사용된다. 날개와 안정판은 때로 나노기술의 적용이나 화학적으로 얼음이나 물의 고임
을 방해하는 삼출날개방식(weeping wing system)을 사용한다. 조종석에 있는 스위치에 의해 작
동된 계통은 부동액을 탱크(reservoir)로부터 날개와 안정판 앞전의 미세한 망을 통해 주입하고 부
동액은 얼음의 생성을 방지하기 위해 날개와 꼬리 표면으로 흐른다. 부동액은 구름 속의 과냉된 물
과 섞여 물의 빙점을 낮추고 혼합물이 결빙되지 않은 상태로 항공기로부터 흘러내리게 한다. 화학
식 방빙은 방빙을 목적으로 설계되었지만 제빙이 가능하다. 얼음이 앞전에 결빙되었을 때, 부동액
(antifreeze solution)은 화학적으로 얼음과 기체 사이의 접착을 약화시켜서 공기력이 얼음을 멀리
날려 버리게 한다. 그림 3-13에서는 화학시 방빙계통을 보여준다.

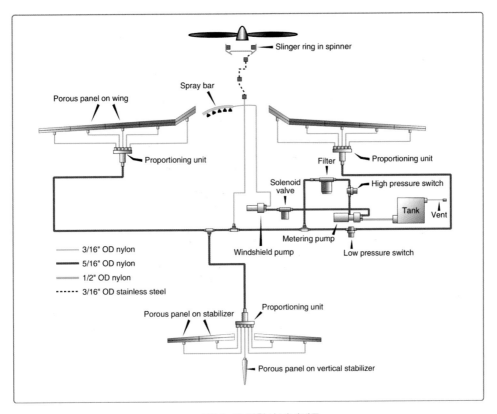

▲ 그림 3-13 화학식 방빙계통

삼출날개장치는 직경이 0.0025inch 이하의 미세한 레이저 구멍이 1인치당 800개 이상 뚫린 성형 티타늄판이 비천공(non-perforated) 스테인리스강 재질의 후면패널(rear panel)과 결합되어 있고 날개와 안정판 앞전에 사용된다. 부동액이 펌프에 의해 중앙저장탱크로부터 공급되어 미세 구멍을 통해 스며 나오면 공기력에 의해 부동액이 날개골의 윗면과 아랫면의 표면을 코팅하게 한다. 글리콜계 부동액은 항공기 구조물에 얼음이 형성되는 것을 방지한다.

3-3 제빙계통(De-icing System)

■ 공압식 제빙부트계통(Pneumatic Deice Boot System)

대형 운송용 항공기, 특히 쌍발엔진 모델은 일반적으로 공기압제빙장치방식(pneumatic de-icing system)을 갖추고 있다. 고무로 제작된 팽창부트(inflatable boots)는 날개와 안정판의 앞전에 접착제로 부착된다. 그림 3-14와 같이 작동 시, 튜브는 팽창과 수축을 반복한다. 팽창과 수축으로 얼음에 균열이 생겨 떨어져 나가게 하고 떨어져 나간 얼음은 기류에 의해 휩쓸려간다. 대형 운송용 항공기에 사용되는 부트는 전형적으로 날개의 길이방향을 따라 팽창하고 수축한다. 부트는 공기압에 의해 약 6~8초간 팽창되었다가 진공감압에 의해 공기가 빠지고 부트가 사용되지 않을 때는 형상유지를 위해 진공을 유지한다.

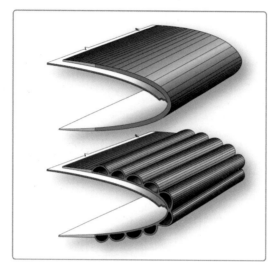

▲ 그림 3-14 공압식 제빙부트의 수축과 팽창 모습

제빙부트계통 작동을 위한 작동 공급원은 항공기에 장착된 동력장치의 유형에 따라 다양하다. 왕복엔진항공기는 엔진의 액세서리구동기어박스(accessary drive gear box)에 설치된 전용 엔진구동공기펌프(engine-driven air pump)를 이용한다.

터빈엔진항공기의 제빙부트 작동공기는 전형적으로 엔진압축기로부터 공급된 추출공기이다. 부트를 작동하기 위해 요구되는 공기량이 비교적 저체적이기 때문에 간헐적인 공기 공급이 요구된다. 독립된 엔진구동공기펌프를 추가하는 것 대신에 추출공기를 사용하기 때문에 엔진동력에 미세한 영향을 준다. 조종석에 있는 스위치에 의해 제어된 밸브는 부트에 공기를 공급한다.

그림 3-15에서는 터보프롭 항공기에 사용되는 공기압제빙계통을 보여준다. 2개의 내측날개부트와 2개의 외측날개부트, 그리고 수평안정판 부트를 팽창시키기 위해 사용되며 엔진 추출공기를 사용한다. 여분의 추출공기는 브레이크 제빙밸브를 위해 브레이크로 공급된다. 그림 3-15와 같이, 얼음이 축적되었을 때, 엔진 압축기로부터 추출공기 유량제어장치와 공기압차단밸브를 통해 날개부트를 팽창시키는 공기압제어 어셈블리로 공기를 공급한다. 6초간 팽창 후에 전기식 타이머는 날개부트를 수축시키기 위해 조절 어셈블리에 있는 배전기(distributor)를 연결하고 4초간 수평안정판 부트가 팽창하기 시작한다. 이렇게 부트가 팽창하고 수축하면 한 순기(cycle)가 완성된 것이고 모든 부트는 다시 진공에 의해 날개와 수평안정판에 흡착된다.

각각의 엔진은 추출공기 매니폴드(manifold)에 공기를 같이 공급한다. 계통 작동을 보장하기 위해, 만약 하나의 엔진이 작동하지 않으면, 유량제어장치의 체크 밸브(check valve)가 압력 손실을 방지한다.

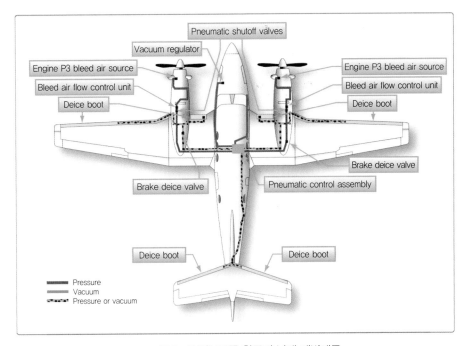

▲ 그림 3-15 터보프롭 항공기 날개 제빙계통

제빙계통 구성품은 항공기에 따라 계통 내에서 명칭과 위치가 조금씩 다르고 공간과 무게를 경감시키기 위해 기능을 결합하기도 한다. 체크 밸브는 계통에서 역류를 방지하기 위해 장착한다. 양쪽엔진 펌프로부터 저압공기의 공급을 허용하도록 다발항공기에서 매니폴드가 사용된다. 공기펌프압력은 공기압이 필요 없을 때 외부로 방출되고 터빈엔진 항공기의 추출공기는 제빙부트 작동계통에 필요하지 않을 때 밸브에 의해 차단된다. 타이머 또는 자동모드를 가지고 있는 조절기는 주기적으로 제빙순환(deice cycle)을 반복시키기 위해 사용된다.

1) 습식엔진구동 공기펌프(Wet-type Engine-driven Air Pump)

그림 3-16과 같이, 제빙부트 작동을 위해, 구형 항공기는 엔진의 보기품 구동 기어 케이스에 장착된 습식엔진구동 공기펌프를 사용한다. 일부 최신의 항공기는 내구성 때문에 습식 공기펌프를 사용하기도 한다.

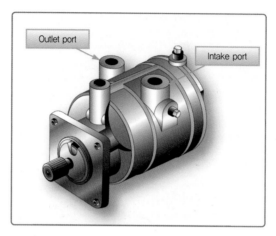

▲ 그림 3-16 습식 공기펌프 오일 흡입구와 배출구

2) 건식엔진구동 공기펌프(Dry-type Engine-driven Air Pump)

그림 3-17과 같이 가장 최신의 대형 운송용 항공기는 건식엔진구동 공기펌프를 갖추고 있다. 보기품 구동 기어 케이스에 장착되고, 펌프는 탄소 로터 베인(carbon rotor vane)과 베어링으로 구성되며 탄소재료는 오일 윤활을 수행할 필요가 없다. 습식펌프는 건식펌프보다 더 오랜 기간 동안 결함 없이 사용할 수 있지만 건식펌프는 제빙계통에 사용되는 공기가 오일에 오염되지 않는 장점이 있다.

▲ 그림 3-17 건식엔진구동 공기펌프

3) 오일 분리기(Oil Separator)

그림 3-18과 같이, 오일 분리기는 습식 공기펌프를 사용하는 계통에서 공기로부터 오일을 분리

하기 위해 장착한다. 습식 공기펌프에 의해 생산된 공기는 분리기를 통과하면서 대부분의 오일이 제거되고 분리된 오일은 배유관을 거쳐 엔진으로 다시 보낸다. 일부 계통은 제빙계통으로 공급되는 공기의 오일을 완전히 제거시키기 위해 분리기를 한 개 더 추가하는 경우도 있다.

▲ 그림 3-18 습식엔진구동 공기펌프에 사용되는 오일 분리기

4) 제어밸브(Control Valve)

그림 3-19와 같이, 제어밸브는 펌프로부터 공급된 공기가 계통으로 공급되도록 제어하는 솔레노이드 작동식 밸브이다. 조종석에 있는 제빙스위치에 의해 전원이 공급될 때 밸브는 열리고 사용 중에 있지 않을 때 외부로 펌프 에어를 내보낸다. 대부분 조절밸브는 정상 압력보다 높은 압력으로부터 제빙계통을 안전하게 보호하기 위해 압력릴리프 밸브(pressure relief valve)를 내부에 장착하고 있다.

▲ 그림 3-19 솔레노이드 작동 제어밸브

5) 수축밸브(Deflate Valve)

모든 제빙부트방식은 부트가 부풀려졌을 때 형성된 얼음을 떼어내기 위하여 부트의 공기를 빼내어 항공기 구조물에 대하여 단단히 밀착시킨다. 이때 공기를 빼내주는 것이 수축밸브이다.

6) 배전기 밸브(Distributor Valve)

조절밸브의 한 가지 유형인 배전기 밸브는 비교적 복잡한 제빙부트계통에서 사용된다. 타이머 또는 조절기에 의해 제어되는 전기작동식 솔레노이드 밸브이며 일부 계통에서 배전기 밸브는 제빙부트와 한 쌍으로 구성되어 있다. 배전기 밸브의 기능은 타이머나 제어기에서 제어하는 압축공기를 각 덕트에 공급하는 것이다.

7) 타이머/제어기(Timer and Control Unit)

모든 부트의 작동을 보장하기 위해 배전기 밸브의 작동을 제어하는 이 장치는 적절한 순서와 시간 동안 팽창을 가능하게 하며 축적된 얼음이 떨어지게 하기 위해 6초간 팽창시키고 팽창된 상태로 얼음이 고착되지 않도록 곧바로 수축시킨다. 최신 현대항공기 제빙부트계통에서는 제빙부트의 팽창을 지시하기 위해 압력 스위치를 사용하여 압력이 설정값만큼 형성되었을 때 조절밸브에 닫힘을 지시하고 부트에 진공 라인을 연결한다.

8) 조절기와 릴리프 밸브(Regulator and Relief Valve)

공기펌프에 의해 생성된 압력과 진공은 제빙부트계통에서 사용하기 위해 조절되어야 한다. 일반적인 부트팽창 공기 압력은 15~20psi이다. 진공압력은 공기펌프의 진공에 의해 작동되는 자이로 계기의 요구조건에 따라 설정되며 정상 진공압력은 4.5~5.5inHg이다.

제빙부트계통 공기 압력은 압력조절밸브에 의해 제어된다. 스프링작동식 밸브는 계통에 설계된 한도를 초과할 때 항공기 외부로 배출하여 압력을 경감시킨다.

9) 매니폴드 어셈블리(Manifold Assembly)

▲ 그림 3-20 다발 기관 항공기에 사용하는 매니폴드

그림 3-20에서 보여주는 매니폴드는 쌍발항공기에서 양쪽의 엔진구동펌프로부터 공급된 공기를 병합시키며 한쪽 펌프의 고장 시 백업을 제공한다. 체크 밸브는 한쪽 펌프가 고장 시 공기의 역류를 방지하며 위치는 설계 시 결정되나 다른 계통 구성품에 내장되기도 한다.

10) 흡입구 필터(Inlet Filter)

제빙부트방식에서 사용되는 공기는 외부공기이며 이 공기는 자이로를 공전시키고 제빙부트를 팽창시키기 때문에 오염물질이 없어야 한다. 흡입구 필터는 계통의 공기 흡입구 지점에 장착되며 제작사 사용법설명서에 의해 정기적으로 정비되어야 한다. 그림 3-21에서는 계통 구성품에서 진공 조절기와 흡입구 필터의 연결 상태를 보여주고 그림 3-22에서는 일반적인 흡입구 필터를 보여준다.

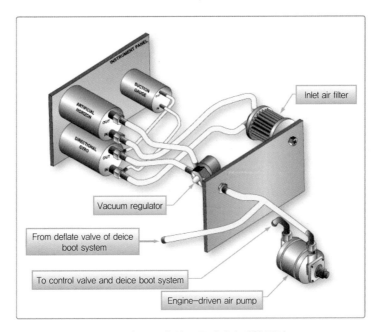

▲ 그림 3-21 흡입구 공기필터 장착 위치

▲ 그림 3-22 진공계통 공기필터

☑ 고무 제빙부트계통 점검, 정비 및 고장탐구
(Inspection, Maintenance and Troubleshooting of Rubber Deice Boot System)

1) 제빙부트 구성과 장착(Construction and Installation of Deice Boot)

그림 3-23과 같이, 제빙장치부트는 부드럽고, 유연한 고무, 또는 고무 천(fabric)으로 만들어지고 관 모양의 공기셀(air cell)을 가지고 있다. 외부층은 환경 요소와 수많은 화학약품에 의한 변질을 방지하기 위해 전도성 네오프렌(conductive neoprene, 합성고무의 일종)으로 제작된다. 정전기전하의 제거를 위해 전도성표면을 부착하여 무선설비의 전파방해간섭을 제거한다.

현대 항공기에서 제빙부트는 날개와 꼬리 표면의 앞전에 접착제로 접착된다. 뒷전에 장착되는 부트는 매끄러운 에어포일을 형성하기 위해 테이퍼 형태를 가지고 있다. 제빙부트 공기셀(air cell)은 비틀리지 않는 유연호스에 의해서 계통 압력 라인과 진공 라인에 연결된다.

▲ 그림 3-23 제빙부트의 팽창(좌측) 및 수축(우측)

2) 고무 제빙부트계통 점검(Inspection of Rubber Deice Boot System)

정비는 항공기 모델에 따라 상이하므로 제작사 사용설명서를 따라야 한다. 일반적으로 정비는 작동점검(operational check), 조정(adjustment), 고장탐구(trouble shooting), 그리고 검사(inspection)로 구성된다.

작동점검은 그림 3-24와 같이 항공기 엔진의 작동 또는 외부 공기의 공급으로 수행된다. 대부분의 계통은 지상점검이 가능하도록 테스트 플러그(test plug)를 가지고 있다. 점검 시 인증된 테스트 압력을 초과하지 않는지 확인해야 하며 점검 전 진공식계기의 작동 여부를 확인해야 한다. 만약 게이지 중 어떤 하나가 작동한다면 1개 이상의 체크밸브가 닫히지 않아 계기를 통하여 역류 현상이 일어나고 있음을 나타낸다. 점검 시 팽창순서가 항공기정비매뉴얼에서 지시한 순서와 일치하는지 점검하고 몇 번의 완전한 순환을 통하여 계통의 작동시간을 점검한다. 또한 부트의 수축은 그다음 팽창 이전에 완료되는지 관찰해야 한다.

▲ 그림 3-24 시험장비(좌측) 및 시험장비 경항공기에 장착장면

조정이 요구되는 작업의 예는 조종 케이블 링케이지, 계통 압력 릴리프 밸브와 진공 릴리프 밸브 즉 흡입 릴리프 밸브 등이 있으며 세부절차는 해당 항공기 정비 매뉴얼에 따른다. 주요 결함은 표 3-2에서 나열하고 있으며 결함내용, 원인, 그리고 수정작업으로 구성되고 고장탐구를 위해 필요시 작동점검이 요구된다.

비행 전 점검(preflight inspection)에서 제빙장치계통의 절단(cut), 찢어짐(tear), 변질(deterioration), 구멍 뚫림(puncture), 그리고 안전상태(security)를 점검하고, 계획정비(scheduled inspection)에서는 비행 전 점검 항목에 추가하여 부트의 균열(crack) 여부를 세밀하게 점검해야 한다.

[표 3-2] 날개 제빙계통의 고장탐구

결함	원인 (343 시험장비로 식별)	수정 작업
부트가 팽창되지 않음	• 회로차단기 열림	• 회로차단기 리셋
	• 팽창밸브 결함 – 솔레노이드 부작동 1. 솔레노이드 전압 부적합 2. 솔레노이드 공기 배출 막힘 3. 플런저(plunger) 작동불가 – 다이아프램 안착 불가 1. 다이아프램 중심 하부 리벳에 위치하는 배출 제한기(orifice) 막힘 2. 다이아프램 시일 주변 오염 3. 다이아프램 파손	• 팽창밸브 점검 – 솔레노이드 부작동 1. 전기계통 수정작업 2. 알코올세척 또는 교환 3. 알코올세척 또는 교환 – 다이아프램 안착 불가 1. 직경0.01 inch 와이어와 알코올 이용한 세척 2. 무딘 도구와 알코올 이용한 세척 3. 밸브 교환
	• 2단계 조절기 제빙 제어기 밸브의 두 가지 결함	• 지시에 의거 밸브 세척 또는 교환
	• 체크 밸브 결함	• 체크 밸브 교환
	• 릴레이 작동불가	• 전기선 점검 또는 릴레이 교환
	• 부트계통 누설	• 요구에 따라 수리

[표 3-2] 계속

결함	원인 (343 시험장비로 식별)	수정 작업
부트가 느리게 팽창	• 도관 막힘 또는 분리	• 도관 점검 및 교환
	• 공기펌프 용량 부족	• 공기펌프 교환
	• 하나 이상의 제빙제어밸브 불량	• 밸브 조립품 세척 또는 교환
	• 수축밸브 완전 닫힘 안 됨	• 밸브 조립품 세척 또는 교환
	• 수축밸브의 볼 체크 밸브 부작동	• 체크 밸브 세척 또는 수축밸브 교환
	• 계통 또는 부트 누설	• 요구에 따라 수리
계통이 반복되지 않음	• 계통 압력이 압력스위치를 작동하기 위한 압력에 도달하지 못함	• 제빙 제어 밸브 세척 또는 교환 • 제빙밸브 세척 또는 교환
	• 계통 또는 부트 누설	• 요구에 따른 수리 또는 호스 연결 조임 상태 확인
	• 수축밸브 압력스위치 작동 불능	• 스위치 교환
느린 수축	• 진공 약함	• 요구에 따른 수리
	• 수축밸브 결함(흡입 게이지의 일시적인 감소로 인지)	• 밸브 조립품 세척 또는 교환
부트압착을 위한 진공 불량	• 수축밸브 또는 제빙밸브 오작동	• 밸브 조립품 세척 또는 교환
	• 계통 또는 부트 누설	• 요구에 따른 수리
부트가 수축 않됨 (팽창은 가능)	• 수축밸브 결함	• 밸브 점검 후 교환
항공기 상승 시 부트 팽창	• 부트 압착을 위한 진공력 부작동	• 수축밸브의 볼 체크 밸브 작동점검
	• 진공된 좌석을 통과하는 도관의 풀림 또는 분리	• 진공 도관의 풀림 또는 분리 점검 및 수리

3) 고무 제빙부트계통 정비(Maintenance of Rubber Deice Boot System)

사용하지 않을 때 적절한 보관과 아래의 절차를 준수하여 제빙장치의 사용수명이 연장되도록 한다.

(1) 제빙장치 위에서 연료호스를 끌지 않는다.

(2) 가솔린, 오일, 윤활유, 오물, 그리고 기타 변질물질이 없도록 유지한다.

(3) 제빙장치 위에 공구를 올려놓거나 정비용 장비를 기대어 놓지 않는다.

(4) 마멸 또는 변질이 발견되었을 때 신속하게 제빙장치를 수리하거나 또는 표면재처리를 수행한다.

(5) 미사용 보관 시 종이 또는 천막으로 제빙장치를 포장한다.

　제빙장치계통에서 실제 작업은 세척, 표면재처리, 그리고 수리로 이루어진다. 세척은 항공기 세척 시 연성 비누와 물을 사용하고 윤활유와 오일은 비누와 물을 이용하여 세척 후 나프타(naphtha)와 같은, 세척제로 제거한다. 마멸로 인해 표면재처리 요구 시 전도성 네오프렌 접합제를 사용하고 세부절차는 제작사 항공기정비매뉴얼에 따른다.

❸ 전열식 제빙부트(Electric Deice Boot)

　그림 3-25와 같이 최신 항공기는 날개와 수평안정판에 전열식 제빙부트를 장비하고 있다. 앞전에 접착된 전기열소자를 포함하고 있어서 작동 시 부트가 뜨거워져 얼음을 녹인다. 전기열소자는 제빙 조절기에 있는 순차 타이머(sequence timer)에 의해 제어되며 공기역학적 균형을 유지하기 위해 대칭적으로 작동을 교번한다. 또한, 항공기가 지상에 있는 동안에는 과열로 인한 손상을 방지하기 위해 작동하지 않는다. 전열식 장치의 이점은 엔진 추출공기를 사용하지 않아 엔진효율을 높이고 작동 시에만 전원을 공급해 효율적이다.

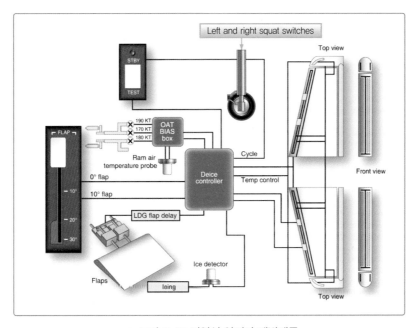

▲ 그림 3-25 전열식 안정판 제빙계통

❹ 프로펠러 제빙계통(Propeller Deice System)

　프로펠러 앞전, cuff, 그리고 spinner의 얼음 생성은 동력장치계통의 효율을 감소시키므로 이를 방지하기 위해 전기식 제빙계통과 화학식 제빙계통을 사용한다.

1) 전열식 프로펠러 제빙계통(Electrothermal Propeller Deice System)

그림 3-26과 같이 대부분 항공기에 장착된 전기식 프로펠러 제빙계통은 프로펠러의 깃에서 전기 가열식 부트에 의해 제빙된다. 견고하게 접착된 부트는 스피너 벌크헤드에 슬립링(slip ring)과 브러시 조립품(brush assembly)로부터 전류를 공급받으며 슬립링은 제빙부트로 전류를 보낸다. 프로펠러의 원심력과 분사기류는 가열된 블레이드로부터 떨어지는 얼음입자를 날려버린다.

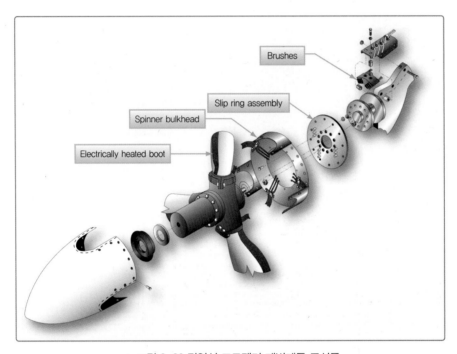

▲ 그림 3-26 전열식 프로펠러 제빙계통 구성품

2) 화학식 프로펠러 제빙(Chemical Propeller Deice)

일부 항공기 특히 단발 운송용 항공기는 프로펠러의 제빙을 위해 화학식 제빙계통을 사용한다. 얼음은 일반적으로 날개에서 형성되기 전에 프로펠러에 먼저 형성된다. 글리콜계(glycol-based, 글리세린과 에틸알코올과의 중간물질) 부동액이 소형 전기구동펌프에 의해 탱크로부터 미세여과기 (micro-filter)를 거쳐 프로펠러 허브에 분사된다. 화학식 프로펠러 제빙계통은 독립적인 계통으로 구성되거나 삼출계통(weeping system)과 같이 사용되기도 한다.

5 제우 제어계통(Rain Control System)

대부분 항공기 윈드실드(windshield)에서 강우(rain)를 제거하기 위해 다음과 같은 계통을 사용하는데 경우에 따라 몇 가지 조합을 사용하기도 한다. 윈드실드 와이퍼, 화학식 강우차단제, 공기압 강우제거, 즉 제트분사(jet blast), 또는 소수성 표면 실코팅(hydrophobic surface seal coating)으로 처리된 윈드실드이다.

1) 윈드실드 와이퍼계통(Windshield Wiper System)

그림 3-27과 같이, 전기식 윈드실드 와이퍼계통에서, 와이퍼 블레이드(wiper blade)는 항공기의 전기계통으로부터 전원을 받는 전기모터에 의해서 작동한다. 일부 항공기에서, 만약 한 개의 계통이 고장 나더라도 깨끗한 시야를 확보하기 위해 조종사와 부조종사의 윈드실드 와이퍼가 분리된 계통에 의해 작동한다. 각각의 윈드실드 와이퍼 조립체는 와이퍼, 와이퍼 암(arm), 그리고 와이퍼 모터/컨버터(converter)로 이루어져 있다. 대부분 윈드실드계통은 전기 모터를 이용한다. 일부 구형 항공기는 유압식 와이퍼 모터를 장착하고 있다.

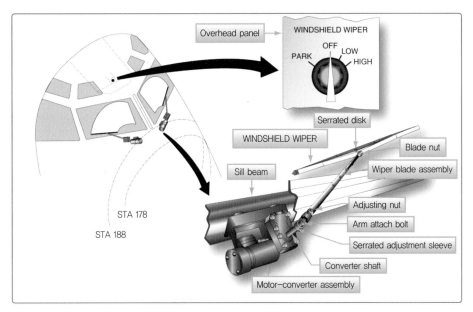

▲ 그림 3-27 운송용 항공기에 장착하는 윈드실드 와이퍼

윈드실드 와이퍼계통에서 수행되는 정비는 작동점검, 조정, 그리고 고장탐구로 이루어지고 작동점검은 계통 구성품이 교체되었을 때 또는 계통이 적절하게 작동하고 있지 않을 때 수행한다. 조정작업은 와이퍼 블레이드 장력, 블레이드 작동 각도, 그리고 와이퍼 블레이드의 적절한 위치의 정지로 구성된다.

2) 화학적 강우 차단(Chemical Rain Repellent)

깨끗한 유리 위의 물은 평탄하게 널리 펼쳐진다. 그러나 특정 화학약품으로 처리되었을 때, 물은 유리 위에서 수은과 같이 표면장력으로 인해 물방울 모양으로 나타내고 고속의 후류를 만나면 표면에서 쉽게 떨어져 나간다.

강우 차단계통은 조종석에 있는 스위치 또는 푸시 버튼(push button)에 의해서 화학 차단제가 도포된다. 강우 차단계통은 희석되지 않은 차단제가 창문에 적용되기 때문에 건조한 상태의 창문에 적용되면 시야를 방해한다. 건조한 날씨 또는 아주 약한 비에서 적용된 강우 차단제의 잔존물은 항공기 외피의 오염 또는 경미한 부식의 원인이 될 수 있다. 이것을 방지하기 위하여, 차단제 또는 잔존물은 신속히 완전하게 물로 제거되어야 한다. 도포 후에 차단제 피막은 계속적인 강우와의 충돌로 서서히 차단효과가 저하되기 때문에 주기적인 재도포가 요구된다.

3) 윈드실드 표면 밀폐코팅(Windshield Surface Seal Coating)

그림 3-28과 같이, 일부 항공기는 윈드실드 외부에 소수성코팅(hydrophobic coating)이라고 부르는 표면 밀폐코팅을 한다. 소수성이라는 용어는 물을 튀기는 또는 흡수하지 않는 것을 의미한다. 윈드실드 소수성 코팅은 창문 또는 윈드실드의 외측 표면에 적용되며 와이퍼의 사용 필요성을 감소시키고 큰 비가 내려도 운항승무원에게 우수한 시야를 제공한다.

대부분 신형 항공기의 윈드실드는 표면 밀폐코팅 처리되어 있다.

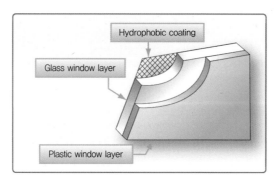

▲ 그림 3-28 윈드실드 소수성 코팅

4) 공압 제우계통(Pneumatic Rain Removal System)

윈드실드 와이퍼의 두 가지의 기본적인 문제가 있는데 한 가지는 후류의 공기력에 의한 와이퍼 블레이드의 하중압력 감소로 비효율적인 와이핑(wiping)과 스트리킹(streaking)이며 다른 한 가지는 매우 많은 비가 내리는 동안 강우를 효율적으로 제거하여 안전한 시야를 확보하기 위해 와이퍼를 신속하게 작동하도록 하는 것이다.

그림 3-29의 강우 및 서리 제거장치는 윈드실드 결빙을 제어하고 윈드실드 위에 가열공기의 흐름을 향하게 하여 서리를 제거한다. 이 가열공기는 두 가지의 기능을 제공하는데, 첫 번째, 공기가 빗방울을 작은 입자로 쪼개어 날려버리고 두 번째로 따뜻한 공기는 결빙을 방지하기 위해 윈드실드를 가열한다. 공기는 전기식 송풍기로 생산 또는 엔진 추출 공기가 사용된다.

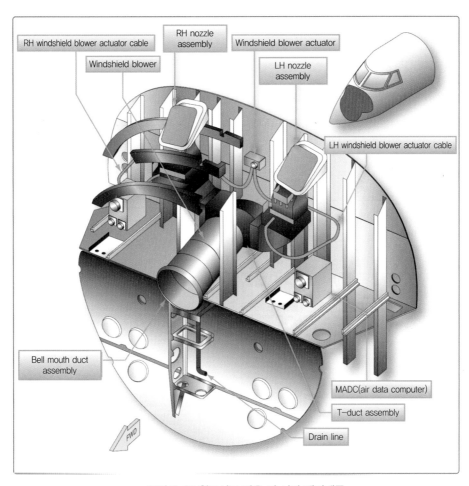

▲ 그림 3-29 윈드실드 강우 및 서리 제거계통

❻ 윈드실드 서리, 연무 및 결빙 제어계통
(Windshield Frost, Fog, and Ice Control System)

윈드실드에서 얼음, 서리, 그리고 연무가 없는 상태를 유지하기 위해, 창문 방빙계통, 서리 제거장치, 그리고 연무제거장치가 이용된다. 항공기에 따라 전기식, 공압식, 또는 화학식 계통이 장착된다.

1) 전열식(Electric)

고성능항공기와 운송용 항공기 윈드실드는 전형적으로 얇은 겹유리(laminated glass), 폴리카보네이트(polycarbonate), 또는 이와 유사한 적층재료로 제작된다. 일반적으로 성능특성 개선을 위해 투명비닐합판이 포함된다. 적층판은 방풍장치가 광범위한 온도와 압력에 견딜 수 있는 강도와 내충격성을 가지게 한다. 또한, 순항속도에서 4pound(약 1.8kg)의 조류 충돌의 충격을 극복해야 한다. 얼음, 서리, 그리고 연무로부터 깨끗한 윈드실드를 유지하기 위해 적층구조는 유리층 사이에 전열소자(electric heating element)를 장착한다. 저항선(resistance wire) 또는 투명전도재료(transparent conductive material)의 형태인 소자는 창문층(window ply) 중 하나로 사용된다. 충분한 가열을 보장하기 위해서, 발열소자는 외부유리판의 안쪽에 위치한다. 윈드실드는 전형적으로 접착제의 사용 없이 압력과 열의 적용으로서 함께 접착된다. 그림 3-30에서는 일반적인 운송용 항공기 윈드실드에 있는 유리와 비닐층을 보여준다.

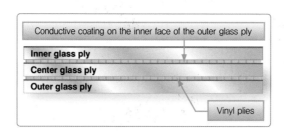

▲ 그림 3-30 운송용 항공기 윈드실드 단면

저항선 또는 성층전도피막이 사용된 항공기 창문가열계통은 전원을 공급하기 위한 변압기와 허용한도 이내에서 작동온도를 유지하기 위해 창열제어장치(window heat control unit)와 서미스터(thermistor) 같은, 귀환장치(feedback mechanism)를 갖추고 있다.

2) 공압식(Pneumatic)

일부 구형 항공기의 적층 윈드실드에 뜨거운 공기의 흐름이 유리 사이로 흐르게 하여 온도 유지와 서리를 제거한다. 공기의 공급원은 엔진 추출공기 또는 환경조절계통으로부터 조절된 공기를 사용하며 자동차에서 사용하는 것과 유사하다.

3) 화학식(Chemical)

화학식 방빙계통은 대개 소형 항공기에 적용한다. 이 유형의 방빙은 윈드실드에 사용되며 윈드실드 외부 노즐(nozzle)을 통해 분무된다. 화학약품은 이미 형성된 윈드실드의 얼음을 제빙할 수 있다. 계통은 액체 탱크, 펌프, 조절밸브, 필터, 그리고 경감밸브를 갖추고 있다. 그림 3-31에서는 항공기 윈드실드에 화학약품의 도포를 위한 분사도관(spray tube)을 보여준다.

▲ 그림 3-31 화학약품 제빙 분사 튜브

3-4 지상 항공기 제빙작업(Ground De-icing of Aircraft)

강우 또는 강설과 고고도에서 장시간 비행 시 연료탱크의 서리생성 또는 눈 위를 활주 시 항공기 바퀴다리에 얼음이 존재할 수 있다. 항공기 이륙 이전에 날개, 작동면, 프로펠러, 엔진 흡입구 또는 중요한 작동면에 결빙된 오염물질이 없어야 한다.

항공기 외부에 얼음, 눈, 또는 서리가 끈끈하게 달라붙어 있으면 항공기 성능에 심각한 영향을 주게 된다. 날개골 표면 위에 교란된 공기흐름으로 양력이 감소하고 항공기 무게의 증가로 불평형상태가 발생한다. 또한, 항공기 작동 시 조종장치, 힌지, 밸브, 마이크로 스위치에 있는 습기의 결빙으로 인한 영향과 엔진 내부로의 얼음 흡입으로 인해 F.O.D(foreign object damage) 가능성이 있다. 격납고 내에서 눈 또는 서리를 제거 후 건조 전에 영하의 온도에서 이동하면 재결빙된다. 따라서 흘러내린 물의 재결빙 방지조치를 취해야 한다.

1 서리 제거(Frost Removal)

서리 적층물은 따뜻한 격납고에 항공기를 위치시키거나 서리제거제 또는 제빙액(de-icing fluid)을 사용하여 제거할 수 있다. 제빙액은 일반적으로 에틸렌글리콜(ethylene glycol)과 이소프로필알코올(isopropyl alcohol)을 함유하고 있고 분무 또는 손으로 제거할 수 있고 비행 후 2시간 이내에 사용되어야 한다. 제빙액은 창문 또는 항공기 도장에 악영향을 미치게 되므로 제작사에서 권고된 제빙액이 사용되어야 한다. 운송용 항공기는 주기장 또는 공항의 전용제빙장소에서 제빙된다. 그림 3-32는 제빙트럭을 활용하여 항공기 표면에 제빙액을 분사하는 장면이다.

▲ 그림 3-32 항공기 지상 제빙 작업 장면

2 제빙 및 방빙(Deicing and Anti-icing)

1) 제빙액(Deicing Fluid)

제빙액의 사용은 지속시간, 공기역학적 성능, 그리고 재료적합성에 의해 허용되어야 한다. 또한, 제빙액의 색상은 표준화되어 있다. 일반적으로 글리콜(glycol)은 무색이며, Type-Ⅰ 제빙액은 오렌지, Type-Ⅱ 제빙액은 백색/엷은 황색, Type-Ⅳ 제빙액은 녹색이며, Type-Ⅲ 제빙액의 색상은 미정이다.

2) 지속시간(HOT, Holdover Time)

지속시간은 서리 또는 얼음의 생성과 눈의 축적을 방지할 수 있는 제빙·방빙액의 효능이 지속되는 예상시간이다. 표 3-3에서는 Type-Ⅳ 제빙액에 대한 지속시간표를 보여준다.

[표 3-3] 결빙 지속시간 지침(FAA Type-Ⅳ)

FAA Type Ⅳ 제빙 지속시간 지침

OAT와 기상조건에 따른 SAE Type Ⅳ 혼합물의 예상 지속시간 지침
CAUTION: 본 Table은 이륙계획을 위한 것이며 이륙 전 점검 절차와 함께 적용되어야 한다.

OAT		SAE Type Ⅳ농도/맑은 물	다양한 기상상태에 따른 대략적인 지속시간(시간:분)						
℃	℉	(vol.%/vol.%)	서리*	결빙성 안개	눈△	결빙성 이슬비**	가벼운 결빙성 비	차가운 비에 젖은 날개	기타*
0 이상	32 이상	100/0	18:00	1:05~2:15	0:35~1:05	0:40~1:10	0:25~0:40	0:10~0:50	
		75/25	6:00	1:05~1:45	0:30~1:05	0:35~0:50	0:15~0:30	0:05~0:35	
		50/50	4:00	0:15~0:35	0:05~0:20	0:10~0:20	0:05~0:10	CAUTION: 출발확인을 위해 결빙 세척이 요구될 수 있다.	CAUTION: 제빙 지속시간 지침 없음
0~-3	32~27	100/0	12:00	1:05~2:15	0:30~0:55	0:40~1:10	0:15~0:40		
		75/25	5:00	1:05~2:15	0:25~0:50	0:35~0:50	0:15~0:30		
		50/50	3:00	1:15~0:35	0:05~0:15	0:10~0:20	0:05~0:15		
-3~-14	27~7	100/0	12:00	0:20~0:50	0:20~0:40	**0:20~0:45	**0:10~0:25		
		75/25	5:00	0:25~0:50	0:15~0:25	**0:15~0:30	**0:10~0:20		
-14~-25	7~-13	100/0	12:00	0:15-0:40	0:15~0:30				
-25 이하	-13 이하	100/0	SAE type Ⅳ 액체의 어는점이 외기보다 최소 7℃(13℉) 이하이고 공기역학적인 허용기준을 충족할 때 -25℃(-13℉) 이하에서 사용할 수 있다. SAE type Ⅳ 액체가 사용불가할 때는 SAE type Ⅰ 사용을 검토하라.						

℃ = Celsius 온도 ℉ = Fahrenheit 온도 OAT = 외부공기 온도 VOL = 부피	본 자료의 적용에 관한 책임은 사용자에게 있다. * 활동성 서리를 위한 항공기 보호에 적용되는 상황 ** -10℃ (14℉) 이하에서는 제빙 지속시간을 위한 가이드라인이 없음 *** 결빙성 진눈깨비의 명확한 식별이 불가하면 가벼운 얼음비의 제빙 지속시간을 적용하라. ⵜⵜ 눈알갱이, 싸락눈, 대설, 중간 또는 강한 얼음비, 우박 △ 눈은 싸락눈을 포함한다. CAUTIONS: • 강한 강수 또는 강한 수분함량과 같은 악천후 상황에서 지속시간은 줄어든다. • 강풍 또는 엔진후류는 지속시간을 가장 낮은 시간 범위로 줄인다. • 항공기 Skin 온도가 외부공기 온도보다 낮으면 지속시간이 감소할 수 있다.

* 출처 Aviation Maintenance Technician Handbook-Airframe(2012)

3) 중요 표면(Critical Surface)

기본적으로 공기역학적 성능, 제어기능, 감지기능, 작동기능, 또는 측정기능을 갖는 모든 표면은 청결해야 한다. 제빙절차는 항공기 제한사항에 따라서 변경되어야 하며 착륙장치 또는 프로펠러 등

을 제빙하기 위해 고온의 공기가 요구될 수 있다.

그림 3-33에서는 항공기에 제빙·방빙액의 직접 분무가 제한되는 중요 구역을 나타낸다.

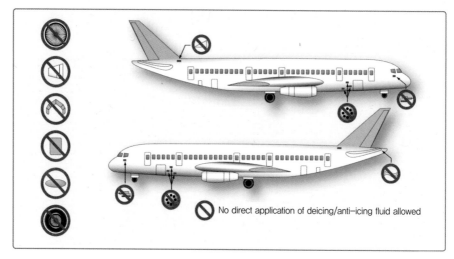

▲ 그림 3-33 제빙/방빙액 직접 분무 제한 구역

(1) wiring harness와 receptacle, junction box와 같은 전기부품, 제동장치, 바퀴, 배기구, 또는 역추력장치에 직접 분무되지 않아야 한다.

(2) 동압관, 정압공의 orifice 내부, 탐지 감지기(detector probe)의 공기흐름 방향, 받음각 공기흐름 센서에 직접 향하지 말아야 한다.

(3) 엔진, 그 외의 다른 입·출구, 그리고 조종면 동공(cavity) 내부로 유입되는 제빙/방빙액을 최소화할 수 있는 적절한 예방조치를 취해야 한다.

(4) 제빙/방빙액은 아크릴의 잔금 또는 창문 실(window seal)을 통한 침투의 원인이 될 수 있기 때문에 조종실 또는 객실창으로 향하지 않게 한다.

(5) 활주 또는 이륙 시에 창문 칸막이로 제빙/방빙액이 바람에 날릴 수 있는 전방구역은 출발 이전에 잔여 유체를 제거해 준다.

(6) 만약 Type-Ⅱ, -Ⅲ, 또는 -Ⅳ 제빙/방빙액이 사용되었다면, 조종실 창문에서 제빙/방빙액의 모든 흔적은 출발 이전에 제거되어야 하며 특히 와이퍼가 장비된 창문에 특별한 주의를 기울여야 한다.

(7) 바퀴다리와 바퀴격실(wheel bay)은 진창눈(slush), 얼음의 적층, 또는 눈의 축적이 없는지 확인해야 한다.

(8) 항공기 표면으로부터 얼음, 눈, 진창눈, 또는 서리를 제거할 때, 보조흡입구 뜨는 조종면 힌지(hinge) 부위에 눈이 쌓이거나 들어가는 것을 주의해야 한다.

CHAPTER 4

항공기 유압계통
Aircraft Hydraulic System

4-1 개요(Introduction)

항공기에서 유압계통은 큰 힘을 요구하는 항공기 구성요소의 작동을 위해 사용되는 하나의 수단이다. 착륙장치(landing gear), 플랩(flaps), 비행 조종면(flight control surface), 그리고 브레이크(brake)의 작동은 대부분 유압계통으로 이루어진다. 유압계통은 단순한 휠(wheel) 브레이크의 수동 조작(manual operation)을 하는 소형기로부터 시스템이 크고 복잡한 대형 운송용 항공기까지 다양하게 사용된다. 안전한 작동의 신뢰성을 얻기 위해, 유압계통은 몇몇의 하부 계통(subsystem)으로 이루어져 있다. 각각의 하부계통은 동력발생장치, 즉 펌프(pump), 저장소(reservoir), 축압기(accumulator), 열교환기(heat exchanger), 여과장치(filtering system) 등을 갖추고 있다. 작동 압력은 소형기와 회전익항공기에서 사용하는 200psi로부터 대형 운송용 항공기에서 사용하는 5,000psi까지 다양하다. 유압계통의 장점은 경량, 장착의 용이, 검사의 간소화, 그리고 정비의 용이함 등에 있다. 유압작동(hydraulic operation)은 또한 유체마찰(fluid friction)로 인한 손실이 매우 적어 거의 100%의 효과를 갖는다.

1 파스칼의 법칙(Pascal's Law)

이 물리법칙은 유압계통에서 수학적으로 계산하는 데 기본이 된다. 파스칼(1623~1662)은 프랑스의 수학자이며 물리학자로서 다음과 같은 사실을 발견하였다.

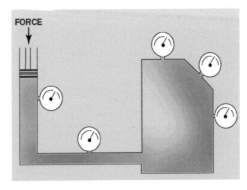

▲ 그림 4-1 파스칼의 원리

즉, 밀폐된 용기 속에 들어 있는 정지하고 있는 액체에 힘을 가하면 압력은 용기의 모든 면에 똑같이 전달되고 일정하다는 것이다. 이 법칙은 정지하고 있는 액체에만 적용되는 것이지 운동하는 액체에는 적용되지 않는다.

1) 힘(Force), 면적(Area) 및 압력(Pressure)과의 관계

힘(F)은 면적(A)과 압력(P)에 비례한다. 이것을 식으로 표시하면 아래 그림과 같다.

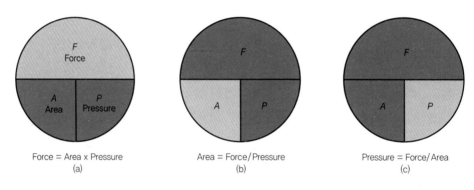

▲ 그림 4-2 힘(F), 면적(A), 압력(P) 관계

예제 1 5square inch인 피스톤 면적에 50psi의 압력이 작용하였다면 힘은 얼마인가?

풀이 힘, 면적, 압력 관계에서 $F = AP$이므로 $F = 5 \times 50$이 된다.

그러므로 힘은 250lbs가 된다.

예제 2 12square inch인 피스톤 면적에 작용한 힘이 480lbs이었다면 기통 내에 작용하는 압력은 얼마인가?

풀이 힘, 면적, 압력 관계에서 $P = F/A$이므로 $P = 480/12$이 된다.

그러므로 압력은 40psi가 된다(기통 내에 작용하는 힘).

2) 용량(Volume), 면적(Area), 거리(Distance) 관계

용량(V)은 거리(D)와 면적(A)에 비례한다. 이것을 식으로 나타내면 다음 그림과 같다.

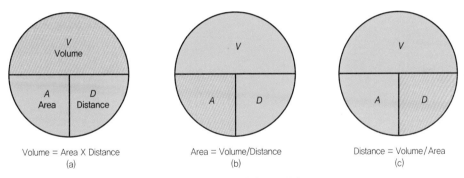

Volume = Area X Distance
(a)

Area = Volume/Distance
(b)

Distance = Volume/Area
(c)

▲ 그림 4-3 용량(V), 면적(A), 거리(D) 관계

예제 3 만약 피스톤 면적이 8 square inch이고 계통 내에서 피스톤이 10 inch 움직였다면 용량은 얼마인가?

풀이 거리, 면적, 용량 관계에서 $V = AD$이므로 $V = 8 \times 10$

그러므로 용량은 80 cubic inch가 된다.

3) 기계적 이득(MA: Mechanical Advantage)

기계적 이득이란 작은 힘으로 큰 힘을 얻는 것을 말한다. 예를 들면 우리가 일상 가정에서 사용하는 못 빼는 망치나 자동차 타이어 교환 시 자동차를 들어 올리는 잭(jack) 또는 기중기의 유압 작동계통은 다 기계적 이득을 갖는다.

아래 그림 4-4는 기계적인 이득의 예이다.

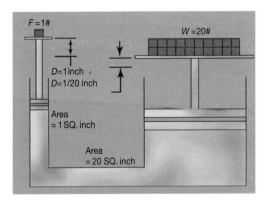

▲ 그림 4-4 기계적 이득(MA)의 예

① 피스톤의 면적이 A_1인 곳에 작용하는 힘을 F_1이라 할 때, 압력은

$$P = F_1/A_1$$

② 피스톤의 면적이 A_2인 곳에 작용하는 힘을 F_2라 할 때, 압력은

$$P = F_2/A_2$$

파스칼의 원리에 의해 모든 넓이에 같은 압력이 작용하므로, 즉 압력이 같으므로

$$F_1/A_1 = F_2/A_2 \qquad F_2 = A_2/A_1 \times F_1$$

여기서 A_2/A_1를 배력비(mechanical advantage)라 한다.

F_2에 작용하는 힘은 피스톤의 면적의 비에 비례한다.

즉, 피스톤의 면적의 비가 6:1이라면 F_2에 작용하는 힘은 F_1에 작용하는 힘의 6배가 작용한다.

4) 이동 거리

① 피스톤의 면적이 A_1인 곳에서 유체의 움직인 양을 Q_1이라 하면

$$Q_1 = A_1 L_1 \qquad (L_1 : \text{피스톤의 이동 거리})$$

② 피스톤의 면적이 A_2인 곳에서 유체의 움직인 양을 Q_2라 하면

$$Q_2 = A_2 L_2$$

여기서 유체의 움직인 양은 같으므로 $Q_1 = Q_2$이다. 따라서

$$A_1 L_1 = A_2 L_2, \qquad L_2 = A_1/A_2 \times L_1$$

❷ 용어 설명

(1) **면적**(Area): 평방 인치로 나타내며 피스톤 면적을 측정하는 데 사용한다. 면적을 알아야 기계 장치 작동에 필요한 힘의 양을 결정할 수 있다.

(2) **힘**(Force): 물체를 밀고 당기는 데 소요되는 힘의 양을 말하며, 이 힘의 양은 파운드로서 측정하고 "lbs"로 표시한다. 유압계통에서 힘은 piston head에 작용한 압력에서 얻어진다.

(3) **압력**(Pressure): 단위 면적에 작용한 힘의 양을 말하며, psi(pound per square inch)로 표시한다.

(4) **행정**(Stroke): 길이는 inch로 표시하며, 피스톤이 움직인 거리를 측정하는 데 사용한다.

(5) **용량**(Volume), **배출량**(Displacement): 용량은 저장소에 들어 있는 유압유의 총량을 측정할 때 사용되며, 배출량은 펌프 또는 작동기통에 의해서 배출된 유압유의 양을 측정하는 데 사용한다. 용량의 측정단위는 cubic inch 또는 G/L(gallon)이며, 배출량은 GPM(gallon per minute)이다.

❸ 유압유의 특성(Property of Hydraulic Fluids)

유압유는 조작하고자 하는 여러 가지의 구성요소에 힘을 전달하고 분배하는 데 주로 사용된다. 유압유는 비압축성의 특성을 갖고 있어 압력 손실이 없이 사용되는 구성요소에 균등하게 전달된다(Pascal의 법칙). 유압장치(hydraulic device)에 사용되는 유압유는 구성품의 동작조건, 작동에 필요한 양, 온도, 압력, 부식의 가능성 등을 고려하여 가장 알맞은 특성을 갖는 종류의 유압유를 사용하도록 명시되어 있다.

1) 점성(Viscosity)

유압유의 가장 중요한 성질 중 한 가지가 점성이다. 점성은 흐름에 대한 내부저항이다. 점성은 온도가 저하할 때 증가한다. 주어진 유압계통에서 만족스러운 유압유는 펌프, 밸브(valve), 그리고 피스톤에서 누출되지 않아야 하며, 동력상실과 너무 높은 작동 온도를 필요로 하는 등의 흐름에 저항을 일으켜서 구성품에 과부하 및 마모되지 않도록 너무 점도가 높지 않아야 한다. 유압유의 점성을 측정하는 데 사용되는 점도계(viscometer) 중 saybolt 점도계가 사용되는데, 100℃에서 시험을 거친 유압유 60mL에 대해 표준 오리피스(standard orifice)를 거쳐 지나가는 시간을 초단위로 측정한다.

2) 화학적 안정성(Chemical Stability)

화학적 안정성은 유압유를 선택하는 데 있어서 점성과 더불어 매우 중요한 요소이다. 화학적 안정성은 오랫동안 산화와 품질저하에 영향을 받지 않는 유압유의 기능을 말한다. 모든 유압유는 격한 작동 조건에서 불리한 화학 변화를 겪는 경향이 있다. 예를 들어, 유압계통이 고온에서 상당한 기간 동안 작동될 때의 경우이다. 과도한 온도는 액체의 수명에 커다란 영향을 끼친다. 작동하는 유압계통의 저장소(reservoir)에 있는 유압유의 온도는 작동부의 유압유의 온도와 다르다. 국부적으로 고열이 발생하는 부분, 즉 베어링(bearing), 기어(gear) 치차, 또는 압력이 걸린 유압유가 작은 오리피스(orifice)로 들어가는 지점에서는 고열로 인한 유압유의 탄화 또는 침전물이 발생할 수도 있다. 점성이 높은 액체는 점성이 낮은 액체보다 열에 대해 더 큰 저항력을 갖는다. 보통의 유압유는 저점성의 것을 사용하며 점성 범위를 충족하는 여러 종류의 유압유를 선택하여 사용할 수 있다. 압력이나 열을 받고 있는 유압유는 물, 소금, 또는 다른 불순물에 노출되면 분해된다. 아연(zinc), 납(lead), 황동(brass), 구리(copper)와 같은 일부 금속은 일부 유압유와 만나면 불필요한 화학반응을 일으킨다. 이런 화학반응은 침전물, 수지(gum), 그리고 탄소가 생성되어 밸브와 피스톤 부위의 교착(stick) 또는 누설(leak), 유관의 막힘(clog) 등을 유발시킨다. 이러한 불순물의 생성은 유압유의 물리적인 성질과 화학적인 성질을 어느 정도 변화시켜 유압유의 색이 어두운 색으로 변하고 점성도 더 높아지며, 산(acid)을 형성시킨다.

3) 인화점(Flash Point)

인화점이란 액체에 불길이 가해졌을 때 순간적으로 점화하기에 충분한 증기(vapor)가 방출되는 온도를 말한다. 유압계통에 사용되는 유압유는 증발성이 낮은 고인화점의 특성이 있어야 한다.

4) 발화점(Fire Point)

발화점이란 액체가 불길(flame)에 노출되었을 때 계속해서 연소하기에 충분한 양의 증기를 방출하는 온도를 말한다. 인화점(flash point)과 같이, 고발화점은 바람직한 유압유가 필요로 하는 특성이다.

❹ 유압유의 종류(Types of Hydraulic Fluids)

정상적 계통운용(system operation)을 보전하고, 유압계통의 비금속 부품에서의 손상을 방지하기 위해, 알맞은 유압유를 사용하여야 한다. 유압계통에 유압유를 보충할 때 항공기제작사 정비매뉴얼(aircraft manufacturer's maintenance manual) 또는 저장용기(reservoir)에 부착되어 있는 사용설명 표지판(instruction plate) 또는 구성 부품상에 명시된 특정 종류(type)의 유압유를 사용해야 한다. 유압유의 세 가지 주요한 범주는 다음과 같다.

① 광물질(mineral)

② 폴리알파올레핀(polyalphaolefin)

③ 인산염에스테르(phosphate ester)

유압계통에 유압유를 보급할 때, 정비사는 정확한 범주의 유압유를 사용하고 있는지 확인해야 한다. 유압유는 서로 다른 종류의 유압유를 섞어 쓰면 안 된다. 예를 들어, 내화성 유압유인 MIL-H-83282에 MIL-H-5606을 혼합하면 비내화성 유압유가 되어 버린다.

1) 광물질계 유압유(Mineral-Based Fluid)

광물유성계(mineral oil-based) 유압유인 MIL-H-5606은 가장 오래 전부터 사용되어 왔다. 수많은 system에 사용되어 왔으며, 특히 화재 위험이 비교적 적은 곳에 사용된다. MIL-H-6083은 단순히 MIL-H-5606에 녹 억제 기능이 추가된 유압유로 서로 호환하여 사용할 수 있다. 대체로 제품제조업자는 MIL-H-6083을 유압부품에 넣는다. 광물계 유압유인 MIL-H-5606은 석유에서 처리되어 제조된다. 침투유(penetrating oil)와 비슷한 냄새를 갖고 있으며 적색을 띠고 있다. 합성고무재질의 시일(seal)은 석유계 유압유와 함께 사용된다.

2) 폴리알파올레핀계 유압유(Polyalphaolefin-Based Fluid)

MIL-H-83282는 MIL-H-5606의 인화성 특성을 극복하기 위해 1960년도에 개발된 내화성 경화 폴리알파올레핀계 유압유이다. MIL-H-83282는 MIL-H-5606보다 더 큰 내화성을 갖고 있지만, 단점은 저온에서 고점성을 갖는다. 이 유압유의 사용은 대체로 −40°F까지로 제한된다. 그러나 MIL-H-5606과 같이 동일한 계통에서 그리고 동일한 시일(seal), 개스킷(gasket), 호스와 함께 사용할 수 있다. MIL-H-46170은 MIL-H-83282에 녹 억제 기능이 추가된 유압유이다. 소형 항공기는 대부분 MIL-H-5606을 사용하지만, 일부 항공기에서는 MIL-H-83282를 사용하기도 한다.

3) 인산염에스테르 유압유(Phosphate Ester-Based Fluid[Skydrol])

이 유압유는 대부분 상용 운송용 항공기에서 사용되고, 내화성이 뛰어나다. 2차 세계대전 이후 상용 항공기에서 유압 브레이크의 화재가 증가하면서 내화성이 높은 유압유의 개발이 필요하게 되었다. 새롭게 디자인된 항공기의 성능을 충족시키기 위한 유압유의 점진적인 발전으로 기체 제작사는 그들의 성능에 맞는 새로운 종류의 유압유를 만들었다. 오늘날 type IV 유압유와 type V 유압유가 사용된다. type IV 유압유는 밀도에 따라 두 가지로 분류되는데, class I 유압유는 저밀도이고 class II 유압유는 표준밀도이다. class I 유압유는 class II에 비해 무게경감의 이점이 있다. 현재 사용 중인 type IV 유압유에 부가하여, type V 유압유는 더 안정성이 높은 유압유이다. type V 유압유는 type IV 유압유보다 고온에서 가수분해 및 산화로 인한 품질저하에 더 내성이 있다.

▲ 그림 4-5 합성 유압유의 종류

⑤ 유압유의 취급(Handling of Fluid)

1) 유압유의 혼합(Intermixing of Fluid)

성분 차이로 인하여, 석유계와 인산염에스테르계 유압유는 혼합하여 사용해서는 안 된다. 항공기 유압계통에 규격이 다른 종류의 유압유를 보급했다면, 곧바로 유압유를 빼내고 유압계통을 씻어내야 하며 제작사의 명세서(specification)에 따라 밀봉을 유지해야 한다.

2) 항공기 재질과의 적합성(Compatibility with Aircraft Material)

스카이드롤(skydrol) 유압유에 적합하게 설계된 항공기 유압계통은 유압유가 올바르게 사용된다면, 사실상 결함이 없어야 한다. 스카이드롤은 monsanto company의 등록상표이다. 스카이드롤은 유압유가 오염 없이 유지되는 한 알루미늄, 은, 아연, 마그네슘, 카드뮴, 철, 스테인리스강(stainless steel), 동(bronze), 크롬(chromium) 등과 같은 일반적인 항공기 금속재질에 영향을 주지 않는다. 스카이드롤 유압유의 인산염에스테르계로 인하여, 비닐(vinyl) 성분, 니트로셀룰로즈 래커(nitrocellulose lacquer), 유성페인트(oil-based paint), 리놀륨(linoleum), 그리고 아스팔트(asphalt)를 포함하는 열가소성수지는 스카이드롤 유압유에 의해 화학적으로 연수화(softened)될 수도 있다. 그러나 이 화학작용은 보통 순간적인 노출에서는 일어나지 않으며 유출이 있다면 바로 비누와 물로 깨끗이 닦아주면 손상을 막을 수 있다. 스카이드롤 방염제인 페인트는 에폭시(epoxy)와 폴리우레탄(polyurethane)을 포함한다. 오늘날 폴리우레탄은 스카이드롤 유압유에 내성이 강해 항공기 산업에 표준이 되고 있다. 유압계통은 유압유에 적합하고 특별한 액세서리(accessory)의 사용을 필요로 한다. 적절한 시일(seal), 개스킷, 호스는 쓰이고 있는 유압유의 종류에 맞게 특별히 설계되어야 한다. 유압계통에 장착된 구성요소가 유압유에 적합한지를 보증하는 데 주의해야 한다. 개스킷, 시일, 그리고 호스가 교체될 때, 그들이 적절한 재료로 제작되었는지 보증되도록 확실하게 식별이 되어야 한다. 스카이드롤 type V 유압유는 천연섬유, 나일론, 폴리에스테르를 포함하고 있는 합성물질에 적합하다. 네오프렌(neoprene) 또는 buna-N의 석유계유분(petroleum oil) 재질의 유압계통 시일은 스카이드롤과 조화되지 않으며 부틸고무(butyl rubber) 또는 에틸렌프로필렌(ethylene-propylene) 탄성중합체(elastomer)의 시일로 교체되어야 한다.

3) 유압유의 오염(Hydraulic Fluid Contamination)

유압유가 오염되었다면 유압계통의 고장은 피할 수 없다. 오염의 종류에 따라 간단한 기능불량 또는 구성요소의 완전한 파괴가 발생한다. 두 가지 일반적인 오염은 다음과 같다.

① 심형모래(core sand), 용접 스패터(weld spatter), 기계가공 중 깎아낸 부스러기(machining chip), 그리고 녹(rust)과 같은 입자를 포함하는 연마제

② 시일(seal)과 다른 유기체부품으로부터 마모 입자 또는 오일 산화(oil oxidation)와 연한 입자의 결과로서 생기는 부산물을 포함하는 비 연마제

(1) 오염에 대한 점검(Contamination check)

유압계통이 오염되었을 때, 또는 명시된 최고치 온도를 초과해서 유압 시스템이 작동되었을 때 유압계통의 점검은 이루어져야 한다. 대부분 유압계통에 있는 필터(filter)는 육안으로 볼 수 있는 이물질을 대부분 제거하도록 설계되었다. 그러나 유압유의 육안검사는 유압계통

전체의 오염 양을 판단하지 못한다. 유압계통에 있는 큰 입자의 불순물은 하나 또는 그 이상의 구성요소가 과도하게 마모되고 있다는 지시이다. 결점이 있는 구성 요소를 찾아내기 위해서는 체계적 점검 과정이 필요하다. 저장소로 다시 돌아가는 유압유는 유압계통의 어떤 부품으로부터 불순물을 함유하게 된다. 구성요소의 결점을 판단하기 위해, 액체시료(liquid sample)는 저장소와 유압계통 내의 여러 곳에서 채취해야 한다. 시료는 특정한 유압계통에 적용하는 제작사 지침서(manufacturer's instruction)에 의하여 채취되어야 한다. 일부 유압계통은 액체시료를 채취하기 위해 영구적으로 장착된 블리드 밸브(bleed valve)가 구비되어 있고, 시료를 채취하기 용이한 곳에 채취용 관(line)이 분리 설치되어 있다.

(a) 시료 채취 일정(hydraulic sampling schedule)

① 정기 채취(routine sampling) : 각각의 유압계통은 적어도 1년에 한 번씩 또는 3,000 flight hour, 또는 기체제작사(airframe manufacturer)가 제안할 때는 언제나 채취하여 검사해야 한다.

② 비계획 정비(unscheduled maintenance) : 기능불량의 원인이 관련된 유압유로 판단될 때, 시료를 채취해야 한다.

③ 오염의 의심(suspicion of contamination) : 만약 오염이 의심된다면, 유압유는 정비절차(maintenance procedure)를 수행하기 이전 및 이후 모두 시료가 채취되어야 하고 오염이 되었다면 새로운 유압유로 교체해야 한다.

(b) 시료 채취 절차(sampling procedure)

① 10~15분 동안 유압계통을 가압하고 작동시킨다. 작동하는 동안에 밸브의 작동을 위해 여러 가지의 비행 조종장치(flight control)를 작동시키면서 유압유를 순환시킨다.

② 유압계통을 정지시키고 감압한다.

③ 시료를 채취하기 전에, 항상 보호안경(safety glass)과 안전장갑(safety gloves)을 포함하는 적절한 개인용 보호장구를 착용해야 한다.

④ 보푸라기가 없는 천(lint-free cloth)으로 시료 채취구 또는 관(tube)을 닦아낸다. 보푸라기를 발생시킬 수 있는 샵 타올(shop towel) 또는 종이제품은 시료를 오염시킬 수 있기 때문에 사용하지 않는다.

⑤ 저장소의 배수밸브(drain valve) 아래쪽에 폐기물 용기(waste container)를 놓고 유압유가 안정되게 흘러나오도록 밸브를 열어준다.

⑥ 약 1pint(250㎖)의 유압유를 배출시킨다. 이것은 시료 채취구에 있을지 모를 고착된 입자를 제거하기 위함이다.

⑦ 깨끗한 시료병(sample bottle)에 약간의 공간이 있을 정도로 시료를 채운 후 곧바로 마개를 채운다.

⑧ 배수밸브(drain valve)를 닫는다.

⑨ 항공사 이름(customer name), 항공기 종류(aircraft type), 항공기 등록 번호(aircraft tail number), 시료가 채취된 유압계통 명칭, 그리고 시료 채취 날짜를 시료채취 도구(sampling kit)에서 제공된 시료식별분류표시(sample identification label)에 기재한다. 그리고 정기 시료 채취인지, 오염이 의심되어 수행한 채취인지를 식별분류표시 아래쪽 비고란에 표시한다.

⑩ 빼낸 유압유를 보충하기 위해 저장소에 유압유를 보급한다.

⑪ 분석을 위해 실험실로 시료(sample)를 보낸다.

(2) 오염물 관리(Contamination control)

필터(filter)는 유압계통이 정상적으로 작동하는 동안 오염문제와 관련하여 계통의 안전한 작동을 보장한다. 유압계통으로 들어가는 오염원(contamination source)의 크기와 양의 제어는 장비를 정비하고 운용하는 사람의 책임이다. 그러므로 예방법은 정비, 수리, 보급운용 시에 오염을 최소화하도록 하여야 한다. 만약 시스템이 오염되었다면, 필터소자(filter element)를 장탈하여 청소하거나 교체해야 한다. 오염을 관리하는 데 도움을 주는, 다음의 정비 및 사용절차는 항상 준수되어야 한다.

① 모든 공구와 작업영역, 즉 작업대와 시험 장비를 청결히 유지한다.

② 구성요소 장탈 및 분해절차 중에 유출된 유압유를 받을 수 있도록 적당한 용기는 항상 구비되어 있어야 한다.

③ 유압관(hydraulic line) 또는 연결부(fitting)를 분리하기 이전에, 드라이클리닝용제(dry cleaning solvent)로 작업 부위를 깨끗이 청소한다.

④ 모든 유압관과 연결부(fitting)는 분리한 후 즉시 위를 덮거나 또는 마개를 해야 한다.

⑤ 유압계통 구성품을 조립하기 전에 인가된 드라이클리닝 용제로 모든 부품을 씻어낸다.

⑥ 드라이클리닝 용액으로 부품을 세척 후, 충분히 건조시키고 조립 전에 권고된 방부제(preservative) 또는 유압유로 윤활해 준다. 깨끗하고 보푸라기가 없는 천을 사용하여 부품을 닦아내고 건조시킨다.

⑦ 모든 시일(seal)과 개스킷은 재 조립절차 시에 교체되어야 한다. 반드시 제작사에서 권고한 시일과 개스킷을 사용한다.

⑧ 모든 부품은 나사산의 금속 실버(metal silver)가 벗겨지지 않도록 주의하여 연결해야 한다. 모든 연결부(fitting)와 유압관은 적용된 기술 지침서(technical instruction)에 따라 장착되어야 하고 규정된 토크를 가해야 한다.

⑨ 모든 유압 사용 장비(hydraulic servicing equipment)는 청결하고 양호한 작동상태로 유지되어야 한다.

미립자오염과 화학물질오염 모두는 항공기 유압계통에 있는 구성요소의 성능과 수명에 지장을 준다. 오염은 유압유의 보급 시 또는 정비 시 유압계통의 구성품을 교환/수리할 때, 마모된 시일(seal)을 통해 유입된 불순물에 의해 일어난다. 유압계통에서 미립자 오염을 막기 위해, 필터는 각 유압계통의 압력관(pressure line), 회수관(return line), 그리고 펌프케이스(pump case), 배수관(drain line)에 장착된다. 필터 등급은 여과할 수 있는 가장 작은 입자의 크기로 표시되며 micron 단위를 사용한다. 필터의 교체주기는 제작사에 의해 정해지고 정비매뉴얼에 명시되어 있다. 특정 교체 지침이 없는 경우, 필터소자(filter element)의 권고된 사용시간(service life)은 다음과 같다.

① 압력 필터(pressure filter) − 3,000hour

② 귀환 필터(return filter) − 1,500hour

③ 케이스 드레인 필터(case drain filter) − 600hour

4) 유압유의 취급 및 인체 영향(Health and Handling)

스카이드롤 유압유는 성능첨가제와 혼합된 인산염에스테르계 유압유이다. 인산염에스테르는 양질의 용제(solvent)이며 피부의 지방성물질 중의 일부를 용해시킨다. 유압유에 반복적으로 오랫동안 노출되면 피부염 또는 합병증을 일으켜, 건성 피부의 원인이 되게 한다. 스카이드롤 유압유는 피부의 가려움의 원인이 될 수 있지만 알러지성(allergic−type) 피부발진에 원인이 된다고 알려져 있지는 않다. 유압유를 취급할 때는 항상 적절한 보호 장갑과 보호 안경을 사용한다. Skydrol/Hyjet 유압유의 연무(mist) 또는 증기(vapor)에 노출 가능성이 있을 때는 유기물 증기와 유기물 연무를 막을 수 있는 방독면을 착용해야 한다. 유압유의 섭취는 절대로 피해야 한다. 적은 양은 크게 위험하지는 않으나 과도하게 섭취했을 때는 제작사 지침에 따라야 하고, 위 치료가 필요하다.

⑥ 유압 계통의 세정(Flushing)

유압필터의 검사 또는 유압유의 시료 채취 검사에서 유압유가 오염되었다고 판정되면 유압계통의 세정(flushing)이 필요하다. 세정은 제작사 지침서에 의거하여 수행되어야 하지만, 세정의 대표적인 절차는 다음과 같다.

① 유압계통의 시험구(test port) 입구와 출구에 지상 장비(hydraulic test stand)를 연결한다. 지상 장비의 유압유가 청결한지, 항공기와 동일한 유압유인지를 확인한다.

② 유압계통 필터를 교환한다.

③ 유압계통을 거쳐 깨끗하고 여과된 유압유를 주입하고, 필터에서 오염이 발견되지 않을 때까지 모든 하부계통을 작동시킨다. 오염된 유압유와 filter는 폐기한다. 필터의 육안검사는 항상 효과적인 것은 아니다.

④ 지상 장비를 분리하고 배출구의 마개를 덮는다.

⑤ 저장소가 가득(full level) 또는 적정한 보급수준으로 채워졌는지를 확인한다. 지상 장비에 있는 유압유는 세정작업(flushing operation)을 시작하기 전에 청결한지 반드시 점검해야 한다. 오염된 지상 장비의 사용은 항공기 유압 시스템을 오염시킬 수 있다.

4-2 유압계통(Hydraulic Power System)

■ 유압 시스템의 발전(Evolution of Hydraulic System)

소형 항공기는 비교적 비행 조종면의 하중(load)이 작기 때문에 조종사는 손으로 비행조종을 할 수 있다. 유압계통은 초기 항공기에 제동장치(brake system)에서 사용되기 시작했다. 항공기가 더욱 빠르게 비행하고, 대형화되면서 조종사는 더 이상 힘으로 조종면을 움직일 수 없어서 유압 시스템을 사용하게 되었다. 조종사의 힘을 덜어주지만 여전히 조종사는 케이블(cable) 또는 푸시 로드(push rod)를 움직여 조종면을 작동한다. 많은 현대 항공기는 동력공급장치(power supply system)와 플라이 바이 와이어(fly-by-wire) 비행 조종을 사용한다. 조종사 입력(input)은 전기적으로 비행 조종면에 장착된 서보(servo)로 보내지기 때문에 케이블 또는 푸시로드가 필요 없다. 소형 파워팩(power pack)은 유압계통의 최신의 발전물이다. 파워팩(power pack)의 사용은 유압관(hydraulic line)과 많은 양의 유압유를 줄이기 때문에 항공기 무게를 줄여준다. 일부 제작사는 유압시스템의 일부를 전기 제어식으로 대체하면서 항공기에서 유압계통을 줄이고 있다. Boeing 787은 유압계통보다 더 많은 전기계통(electrical system)으로 설계된 첫 번째 항공기이다.

■ 유압 파워팩 시스템(Hydraulic Power Pack System)

그림 4-6과 같이, 유압 파워팩(hydraulic power pack)은 전기펌프(electric pump), 필터, 저장소, 밸브, 그리고 압력안전밸브(pressure relief valve)로 이루어진 소형 장치이다. 파워팩의 이점은 중앙 공급식 유체 동력 공급장치가 필요 없고, 내량의 유압관(hydraulic line)을 줄일 수 있기 때

▲ 그림 4-6 유압 파워팩

문에 항공기 무게를 크게 경감시킬 수 있다. 파워팩은 엔진기어박스 또는 전기 모터에 의해 작동된다. 필수 밸브(essential valve), 필터, 센서(sensor), 그리고 변환기(transducer)의 통합은 유압계통의 무게를 줄이고 유압유의 외부누출이 적어지며, 고장탐구(trouble shooting)를 간결하게 해준다. 일부 파워팩 시스템은 통합된 작동기를 갖고 있어 직접 수평안정판 트림(stabilizer trim), 착륙장치, 또는 비행 조종면을 작동시킨다.

❸ 유압계통의 기본(Basic Hydraulic System)

그림 4-7과 같이, 기본적으로 유압계통은 펌프, 저장소, 방향밸브(directional valve), 체크밸브(check valve), 압력릴리프밸브(pressure relief valve), 선택밸브(selector valve), 그리고 필터로 이루어져 있다.

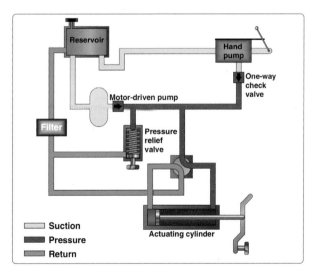
▲ 그림 4-7 기본 유압계통

1) 중심개방 유압계통(Open-Center Hydraulic System)

중심개방 유압계통(open-center system)은 유체 흐름이 있지만, 작동장치가 사용되지 않을 때는 시스템 내에 압력은 없다. 그림 4-8의 A와 같이, 펌프는 저장소로부터 선택밸브를 거쳐 유압유를 순환시키고 저장소로 되돌아가게 한다. 중심개방 유압계통은 각각의 선택밸브가 장착된 여러 개의 하부계통(subsystem)을 갖는다. 중심폐쇄 유압계통(closed-center system)과는 달리, 중심개방 유압계통의 선택밸브들은 항상 서로 직렬로 연결되어 있다. 유압계통의 압력관(pressure line)은 각각의 선택밸브를 거쳐 간다. 유압유는 항상 각각의 선택밸브를 통해 자유롭게 흐르고, 선택밸브가 기계장치를 작동시키지 않는 한 저장소로 되돌아온다. 그림 4-8의 B에서와 같이, 선택밸브 중 하나가 작동 위치로 됐을 때, 유압유는 펌프로부터 압력관을 거쳐 작동기(actuator)로 향하게 된다. 작동기 내 작동실린더의 피스톤을 움직이고, 작동기의 반대쪽 유압유는 선택밸브를 통해 저장소로 되돌아간다. 사용되고 있는 선택밸브의 종류에 따라 시스템의 작동이 결정된다. 중심개방 유압계통에는 몇 종류의 선택밸브가 사용되는데, 수동으로 작동되는 종류를 보면, 우선 밸브를 수동으로 운용위치로 작동시킨다. 그 다음 작동 기계장치에 압력이 가해지고 피스톤이 원하는 위치로 작동된다. 릴리프밸브(relief valve)의 설정압력에 도달되기 전까지 펌프의 압력은 피스톤에 가해지며 과도한 압력이 발생하면 릴리프밸브를 통해 저장소로 흐르게 한다. 계통압력은 선택밸브를 중립으로 위치시킬 때까지 릴리프밸브 설정압력으로 유지된다. 중립 위치에서는 개방중심 흐름을 다시 개방시켜 계통압력을 관저항압력(line resistance pressure)으로 떨어지게 한다. 수동타입 선택밸브 외에 밸브 작동은 수동으로 하지만 중립 위치로 움직임은 압력에 의해 작동하는 선택밸브도 사용된다.

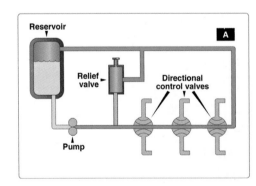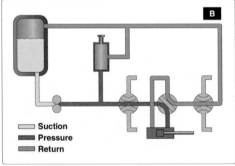

▲ 그림 4-8 중심개방 유압계통

2) 중심폐쇄 유압계통(Close-Center Hydraulic System)

중심폐쇄 유압계통의 유압유는 동력펌프가 작동하고 있을 때에는 언제나 압력이 걸려 있다.

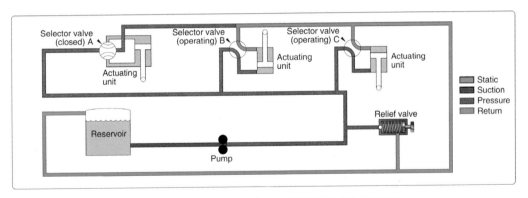

▲ 그림 4-9 가변 용량형 펌프를 장착한 중심폐쇄 유압계통

그림 4-9와 같이 3개의 작동기(actuator)는 병렬로 배치되어 있고 작동기 B와 C는 동시에 작동되고, 반면에 작동기 A는 작동하지 않는다. 이 유압계통은 중심개방 유압계통과 달리 선택밸브(selector valve) 또는 방향제어밸브(directional control valve)가 직렬로 배열되지 않고 병렬로 배열되어 있다. 펌프압력을 제어하는 수단으로, 만약 정량방출펌프(constant-delivery pump)가 사용되었다면, 계통압력은 압력조절기(pressure regulator)에 의해 조절되고, 릴리프밸브(relief valve)는 압력조절기가 고장이 났을 경우에 예비 안전장치로 작동된다. 만약 가변용량형펌프(variable-displacement pump)가 사용되었다면, 계통압력은 펌프의 통합 압력 장치 보정기(integral pressure mechanism compensator)에 의해 제어된다. 보정기(compensator)는 자동으로 출력 유량을 변화시키며, 압력이 정상계통압력에 다다를 때, 펌프의 출력 유량을 경감시키기 시작한다. 정상계통압력에 도달되면 출력 유량은 거의 0으로 감소한다. 이때 펌프의 내부 바이패스 기계 장치(internal bypass mechanism)는 펌프의 냉각(cooling)과 윤활(lubrication)을 위해 유압유를 순환시킨다. 그림 4-9와 같이 릴리프밸브는 예비 안전장치로 장착되어 있다. 중심폐쇄 유압계통에 비해 중심개방 유압계통의 이점은 시스템이 연속적으로 가압되지 않는다는 것이다. 압력은 선택밸브(selector valve)를 작동 위치로 움직인 후 압력이 점차적으로 증가되기 때문에, 압력서지(pressure surge)로 인한 충격은 매우 적다. 따라서 작동기는 더 부드럽게 작동된다. 반면 중심폐쇄 유압계통은 순간적으로 정상 압력으로 증가된다. 대부분 항공기 유압 시스템은 즉각적인 작동을 요하기 때문에 중심 폐쇄 유압계통이 아주 폭넓게 사용되고 있다.

4-3 유압계통의 구성품(Hydraulic System Component)

그림 4-10은 대형 상업용 항공기에 사용하는 유압계통의 전형적인 예이다. 다음 장에서 이러한 유압계통의 구성요소에 대해 자세히 설명한다.

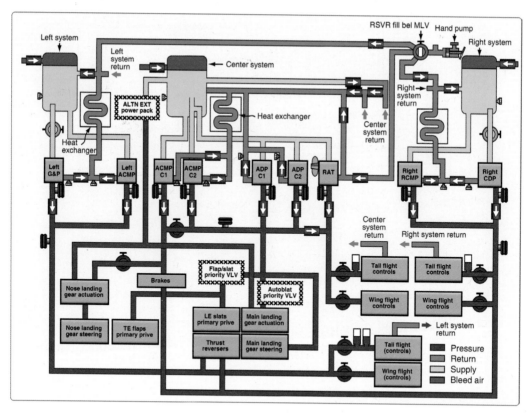

▲ 그림 4-10 대형 상업용 항공기 유압계통

1 저장소(Reservoir)

저장소는 유압계통을 위해 사용되는 유압유의 저장탱크이다. 저장소는 유압계통이 작동할 때 유압유를 공급해 주며, 누출로 인한 유동체의 손실이 있을 때 다시 채울 수 있다. 저장소는 온도변화에 의한 체적 증가, 축압기(accumulator) 및 피스톤의 작동 등으로 인한 유량의 증가도 모두 수용할 수 있다. 저장소는 또한 유압계통에 들어갈 수 있는 기포를 없애는 역할을 한다. 시스템 내의 이물질은 저장소에서 분리된다. 저장소 안에 배플(baffle) 또는 핀(fin)은 저장소 내의 유압유의 소용돌이를 막아준다. 유압유를 보급하는 동안 이물질의 유입을 방지하기 위하여 주입구에 필터(strainer)를 장착한 저장소도 있다. 저장소 내에는 역중력(negative-G) 상태에서도 유압유가 펌프로 갈 수 있도록 내부 트랩(trap)을 갖추고 있다. 대부분 항공기는 주 유압계통(main hydraulic system)이 고장 났을 경우에 대신할 비상 유압계통(emergency hydraulic system)을 갖고 있다. 주 유압계통이나 비상 유압계통의 펌프는 동일한 저장소의 유압유를 사용하므로, 비상펌프(emergency pump)로의 유압유 공급관은 저장소의 밑바닥에 설치되어 있고, 주 유압계통 펌프는 바닥으로부터 일정한 높이에 있는 저수탑(standpipe)으로부터 유압유를 공급받는다. 이렇게 함으

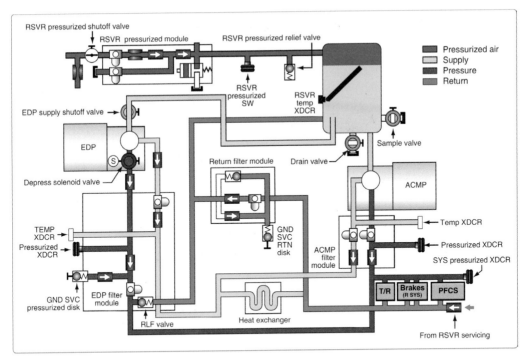

▲ 그림 4-11 유압유 저장소와 비상 작동을 위한 저수탑

로써 만일 주 유압계통의 유압유가 누출로 소실되어도 저수탑 높이만큼은 유압유가 남아 있게 되고 비상유압계통을 작동할 수 있게 한다. 그림 4-11에서는 만약 저장소 유량이 저수탑보다 낮게 고갈 되었을 경우 엔진구동펌프(engine-driven pump)가 더 이상 유압유를 공급받을 수 없다는 것을 설명한다. 교류 모터 구동펌프(ACMP, Alternating Current Motor-driven Pump)는 비상작동을 위해 유압유를 계속 공급받도록 되어 있다.

1) 비가압식 저장소(Non-pressurized Reservoir)

비가압식 저장소(non-pressurized reservoir)는 고고도로 비행하지 않거나 또는 저장소가 여압 이 되는 부위에 장착되었거나, 설계상 격한 방향조종(maneuver)이 되지 않는 항공기에 사용된다. 고고도(high-altitude)란 대기압이 유압펌프에 유압유의 충분한 흐름을 유지하기에 부적당한 고 도를 의미한다. 대부분 비가압식 저장소는 원통형 모양으로 외부의 틀(housing)은 부식에 강한 금 속으로 제작된다. 필터소자(filter element)는 정상적으로 되돌아오는 유압유를 깨끗하게 하기 위 해 저장소 내에 장착된다. 일부 구형 항공기에 장착된 필터 바이패스밸브(filter bypass valve)는 필터가 막히게 될 경우에 유압유가 필터를 우회하여 저장소로 가도록 한다. 보통 비가압식 저장소 에는 유압유 양을 나타내는 육안 게이지가 장착되어 있다. 일부 항공기에는 유량 전송기(quantity transmitter)를 이용해 조종실에서 유량을 확인할 수 있다.

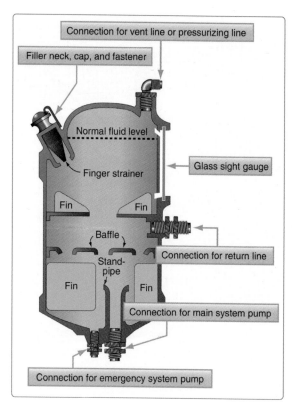

▲ 그림 4-12 비가압식 저장소

그림 4-12는 전형적인 비가압식 저장소이다. 이 저장소는 용접된 몸체와 덮개(cover assembly)로 이루어져 있다. 비가압식 저장소는 유압유의 열팽창 및 주 유압계통으로부터 저장소로 돌아오는 유압유로 인해 약간 압력이 가해진다. 이 압력에 의해 유압유는 펌프의 흡입구로 원활하게 흐르게 된다. 저장소 계통은 압력릴리프밸브(pressure relief valve)와 진공릴리프밸브(vacuum relief valve)를 갖고 있다. 이런 밸브들의 목적은 저장소와 객실 사이의 차압(differential pressure)을 정상 범위로 유지해 주기 위함이다. 수동 공기 블리드밸브(manual air bleed valve)는 저장소의 압력을 배출시키기 위해 저장소의 맨 위에 장착되어 있다. 저장소에 유압유를 보급할 때나 유압 시스템 구성품을 교환할 때는 반드시 이 밸브를 열어서 저장소 내의 압력을 빼줘야 한다.

2) 공기 가압식 저장소(Air-pressurized Reservoir)

고고도 비행을 위해 설계된 항공기는 저기압 상태에서 유압유가 펌프로 원활하게 흐를 수 있도록 저장소에 압력이 가해진다.

그림 4-13, 4-14와 같이 공기 가압식 저장소는 수많은 상업 운송용 항공기에 사용된다. 대부분 저장소가 바퀴 칸(wheel well) 또는 항공기의 비여압지역(non-pressurized area)에 장착되어 있

▲ 그림 4-13 공기 가압식 저장소

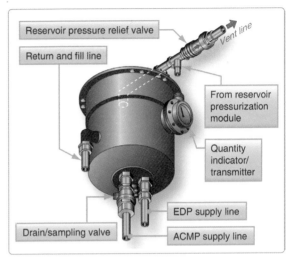
▲ 그림 4-14 공기 가압식 저장소 구성품

어 고고도 비행 시 낮은 대기압으로 인해 펌프로의 유압유 흐름이 원활하지 못해 가압이 되어야 한다. 가압에 사용되는 공기압은 엔진 또는 APU에서 나오는 공기압을 이용한다. 저장소는 전형적으로 원통형 모양으로 일반적으로 다음의 구성요소가 장착되어 있다.

① 저장소 압력 릴리프 밸브(Reservoir pressure relief valve)

저장소가 과도하게 가압되는 것을 방지한다. 밸브는 미리 정해진 압력에서 열린다.

② 육안 창(Sight glass)

운항승무원과 정비사에게 저장소 내의 유량이 부족한지 또는 과한지를 알려 준다.

③ 저장소 시료채취 밸브(Reservoir sample valve)

유압유의 시료(sample)를 채취하기 위해 사용된다.

④ 저장소 배출 밸브(Reservoir drain valve)

정비를 위해 저장소 밖으로 유압유를 배출시키기 위해 사용된다.

⑤ 저장소 온도 변환기(Reservoir temperature transducer)

조종실에 유압유의 온도 정보를 준다.

⑥ 저장소 유량 전송기(Reservoir quantity transmitter)

운항승무원이 비행하는 동안 유압유 양을 확인할 수 있도록 조종실에 유량을 전송한다(그림

▲ 그림 4-15 저장소 유량 전송기

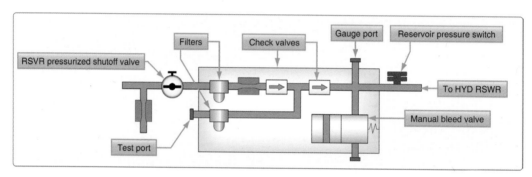

▲ 그림 4-16 저장소를 가압하는 데 필요한 구성품 일체(module)

4-15 참조). 그림 4-16은 저장소를 가압하는 데 필요한 구성품 일체(module)를 보여주며, 구성품 들은 저장소 근처에 장착되어 있다. 구성품은 다음과 같이 구성되어 있다.

① 2개의 필터(filter)

② 2개의 체크밸브(check valve)

③ 시험구(test port)

④ 수동 블리드밸브(manual bleed valve)

⑤ 게이지 공(gauge port)

수동 블리드 밸브는 구성품 일체(module)에 장착되어 있다. 유압계통의 구성품을 장·탈착할 때 저장소의 공기압을 빼기 위해 사용된다. 저장소 바깥 케이스(case)에 이 밸브를 작동시키는 작은 푸 시 버튼(push button)이 있으며, 버튼을 누르고 있는 동안 저장소 가압공기는 외부로 배출된다. 가 압공기가 배출될 때 유압유 일부도 배출되므로 안전을 위해 배출구 부위에 천 조각 등으로 배출되는 유압유를 모아야 한다. 유압유 분무(spray)는 인명피해의 원인이 될 수 있다.

3) 유압유 가압식 저장소(Fluid-pressurized Reservoir)

일부 항공기 유압계통 저장소는 유압계통 압력에 의해 가압된다. 그림 4-17은 유압유 가압식 저장소의 개념을 설명한다.

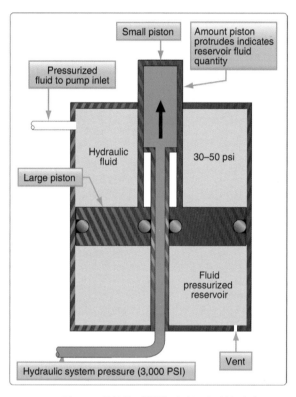

▲ 그림 4-17 유압유 가압식 저장소의 가압 방법

저장소는 5개의 포트(port)를 갖추고 있는데, 펌프부문포트(pump section port), 귀환포트(return port), 가압포트(pressurizing port), 외부 배유포트(overboard drain port), 그리고 블리드포트(bleed port)이다. 유압유는 펌프부문포트를 통해 펌프로 공급된다. 유압유는 귀환포트를 통해 유압계통으로부터 저장소로 되돌아간다. 펌프 압력은 가압구(pressurizing port)를 통해 저장소의 가압 실린더로 들어간다. 외부 배출구(overboard drain port)는 정비 작업 등 저장소의 유압유 배출이 필요할 때 유압유가 배출되는 통로이다. 저장소에 유압유를 보급할 때 공기 없는 유압유가 블리드포트로 나올 때까지 보급한다. 저장소 내 유압유 레벨(level)은 저장소 커버(cover)를 통해 움직이는 가압 실린더 상에 지시 마크를 보고 확인할 수 있다. 3개 레벨 표시가 있는데, 유압계통 압력이 0에서 full(full zero press), 유압계통이 가압될 때 full(full sys press), 그리고 보충(refill)이 표시되어 있다. 유압계통이 가압되거나, 비가압 시의 한계 유량 레벨이 표시되어 있다. 유압유를 보급할 때 한계 유량 레벨까지 보급한다.

4) 저장소의 보급(Reservoir Servicing)

그림 4-18과 같이 소형 항공기는 유압유 카트(Hydraulic cart)를 이용하여 유압유를 보급한다. 그림 4-19와 같이 대형 항공기에서 유압유를 저장소로 보급할 때 불순물을 걸러 주는 주입기 필터(filler strainer)를 통해 저장소 안으로 직접 유압유를 보급할 수도 있으나 대부분 항공기는 저장소의 바닥에 있는 분리가 빠른 보급 포트(quick disconnect service port)를 통해 보급한다. 이 방법은 저장소의 오염을 많이 줄여준다. 가압식 저장소를 사용하는 항공기는 별도의 지상 보급대(ground service station)에 장착되어 있는 하나의 보급 포트를 통해 모든 저장소를 보급한다. 유압유 보급을 위해 장착된 별도의 핸드 펌프(hand pump)를 이용해 흡입관을 통해 용기(container)로부터 유압유를 저장소 안으로 주입한다. 부가하여 유체 뮬(hydraulic mule) 또는 서빙 카트(serving cart)와 같은 외부 펌프를 이용하여 압력 보급구(pressure fill port)를 통해 보급할 수도 있다. 핸드 펌프 또는 외부 펌프를 이용하여 보급할 때 불순물 유입을 막아주는 한 개의 필터가 압력 충전구와 핸드 펌프 양쪽의 하류부문에 장착되어 있다. 유압유를 보급할 때는 정비지침서를 따라야 하며, 유량 레벨을 점검할 때나 저장소에 유압유를 보급할 때는 항공기의 자세 및 상태가 정비 매뉴얼에 명시된 대로 유지되어야 한다. 그렇게 하지 않으면 저장소가 과 보급될 수 있다. 이런 항공기의 상태(configuration)는 기종에 따라 서로 다를 수 있다. 다음의 예는 대형 운송용 항공기의

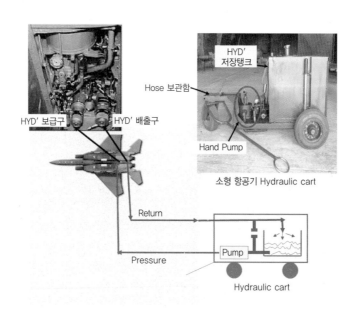

▲ 그림 4-18 소형 항공기 유압유 보급식 카트와 보급리인 연결 장면

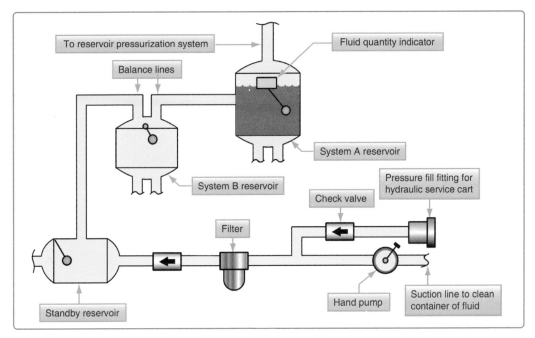

▲ 그림 4-19 보잉 737 항공기 지상 유압유 보급 위치

유압유 보급지침서(service instruction)이다. 보급하기 전에 항상 다음을 확인한다.

① 스포일러(spoiler)는 작동되지 않아야 한다.

② 착륙장치(landing gear)는 down되어 있어야 한다.

③ 착륙장치 도어(door)는 close되어 있어야 한다.

④ 역추력장치(thrust reverser)는 작동되지 않아야 한다.

⑤ 파킹 브레이크 축압기(parking brake accumulator)의 압력은 적어도 2,500psi를 유지해야
한다.

❷ 필터(Filter)

그림 4-20과 같이 필터는 유압유 보급 과정에서 생길 수 있는 이물질 및 유압계통 내에서 마모에
의해 발생하는 이물질을 걸러주는 장치이다. 만약 이러한 이물질이 제거되지 않는다면, 항공기의
해당 유압계통을 사용하지 못하게 하는 고장을 유발시킬 수 있다.

유압계통의 구성요소들은 작동 허용 공차(tolerance)가 대단히 작기 때문에, 신뢰성과 전체 유압
계통의 효율을 위해 필터의 역할은 반드시 필요하다.

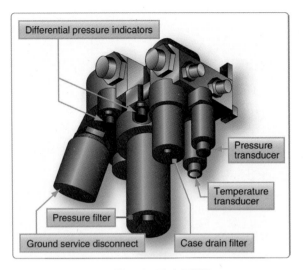

▲ 그림 4-20 필터 구성품

　유압계통 내에는 여러 개의 필터가 장착되어 있다. 저장소, 압력관, 회수관, 그리고 항공기 특성에 맞게 필요한 위치에 설치되어 있다. 그림 4-21과 같이 최신의 일부 항공기는 여러 개의 필터와 다른 구성요소들로 이루어져 있는 필터모듈(filter module)을 사용한다. 필터에는 많은 모델과 유형이 있는데, 항공기의 설계 및 장착될 위치에 따라 모양과 크기가 결정된다.

　최신의 항공기에 사용되는 필터 대부분은 인라인(inline) 타입이다. 인라인 타입 필터는 3개의 기본적인 구성요소(unit)로 이루어져 있는데, 인라인 필터를 포함해 헤드 어셈블리(head assembly), 볼(bowl)로 구성되어 있다. 헤드 어셈블리 내에는 필터가 막혔을 경우 유압유가 필터를 돌아 흐를 수 있도록 해주는 우회밸브(bypass valve)가 있다. 볼은 필터 헤드에 필터 소자(filter element)를

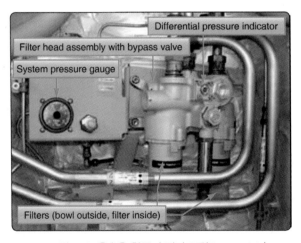

▲ 그림 4-21 운송용 항공기 필터모듈(filter module)

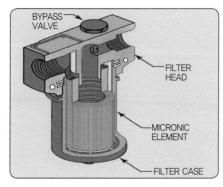

▲ 그림 4-22 필터 구조와 필터 소자의 종류

잡아주는 틀이며 필터 소자를 교환할 때 먼저 장탈해야 한다.

　그림 4-22에서와 같이 필터 소자의 종류에는 미크론형(μ, micron-type), 다공질 금속형(porous metal-type), 또는 자석형(magnetic-type)이 있다. 미크론형은 특수 처리된 종이로 만들어졌으며 보통 교환 후 폐기한다. 다공질 금속형과 자석형은 여러 가지 방법으로 청소 후 다시 사용할 수 있도록 설계되었다.

1) 미크론형 필터(Micro-type Filter)

　일반적으로 미크론형 필터는 주름 모양의 특수 처리된 종이로 만든 소자(element)를 이용한다. 미크론 소자는 크기가 10micron 이상의 입자가 통과할 수 없도록 설계되었다. 필터 소자가 막히게 되었을 경우에, 필터 헤드에 있는 스프링 작동식(spring-loaded) 우회밸브(bypass valve)는 50psid 이상의 차압이 생기면 필터를 우회한다.

2) 필터의 정비(Maintenance of Filter)

　필터의 정비는 비교적 쉽다. 주로 필터와 소자의 세정 또는 필터 세정과 소자의 교환으로 이뤄진다. 미크론형 소자는 적용지침서에 따라 주기적으로 교체해야 한다. 저장소 필터는 미크론형이기 때문에 수기석으로 교환하거나 세정을 해야 한다. 세정 시에는 정밀한 검사도 같이 이뤄져야 한다. 필터 소자를 교환할 때, 필터 볼(bowl)에 압력이 없는지를 확인한다. 교환 시 유압유가 눈에 접촉되지 않도록 방호복과 안면 보호대를 착용해야 한다. 필터 소자를 교환 후 재조립 부위는 누유(leak check)검사를 해야 한다. 펌프와 같은 주요 구성품이 고장 났을 경우 고장 난 구성품뿐만 아니라 유압계통 내의 필터 소자도 교환해야 한다.

3) 필터 우회밸브(Filters Bypass Valve)

　필터 우회밸브는 만약 필터가 막혔을 경우에는 열리게 된다. 그림 4-23에서는 필터 우회밸브의

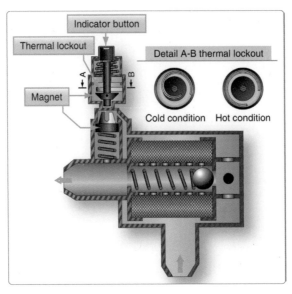

▲ 그림 4-23 **필터 우회밸브**

작동의 원리를 보여준다. 볼 밸브(ball valve)는 필터가 막히거나 필터에 압력이 과도하게 걸릴 때 열린다.

4) 필터 차압 지시기(Filter Differential Pressure Indicator)

필터 차압 지시기는 적정한 유압유의 흐름 상태에서 필터 소자를 지나간 유압유의 압력이 일정량 이상 떨어졌을 때 이를 지시해 주는 지시기이다. 이 지시기는 전기스위치(electrical switch)식, 연속관측 시각지시기(continuous reading visual indicator) 그리고 기억장치를 갖춘 시각지시기(visual indicator) 등 많은 형상을 갖고 있다.

그림 4-23의 윗부분과 같이 기억장치를 갖춘 시각지시기는 보통 차압이 허용 범위를 초과할 때 자석식(magnetic) 또는 기계적인 버튼(button) 또는 핀(pin)이 튀어나오도록 되어 있다. 필터가 막혀 차압이 특정한 값에 도달하면 입구압력은 지시기 버튼과 자성피스톤 사이에 자석의 연결장치를 끊게 하여 스프링 작동식 자성 피스톤(spring-loaded magnetic piston)을 아래쪽 방향으로 끌어내리고 이때 적색 지시 버튼(red indicator button)을 튀어나오게 한다. 버튼 또는 핀이 튀어나왔을 경우 수동으로 리셋(reset)할 때까지 그 상태를 유지한다. 일부 버튼지시기(button indicator)는 특정 온도 이하에서는 지시기의 작동을 방지하는 온도잠금장치(thermal lockout device)를 갖추고 있다. 온도에 따라 변하는 차압으로 인해 오작동되는 것을 방지해 준다.

3 펌프(Pump)

모든 항공기 유압계통은 1개 이상의 동력구동펌프(power-driven pump)를 갖고 있고, 엔진 구동펌프(engine-driven pump)가 작동되지 못할 때 추가의 장치로서 1개의 핸드 펌프(hand pump)를 갖고 있다. 동력구동펌프는 에너지의 일차 공급원이고 엔진구동(engine-driven), 전동 구동(electric motor-driven), 또는 공기구동(air-driven)펌프가 사용된다. 일반적으로 전동펌프 는 비상시나 지상 작동을 위해 사용된다. 일부 항공기는 RAT(ram air turbine)를 장착하여 일차 공 급원인 유압펌프가 고장 났을 경우 사용한다.

1) 핸드 펌프(Hand Pump)

핸드 펌프는 유압 하부계통의 작동을 위해 일부 구형 항공기에서 사용되며, 신형 항공기에서는 예비(backup) 장치로서 사용된다. 핸드 펌프는 일반적으로 유압시스템을 테스트할 때나 비상시에 사용한다. 핸드 펌프는 또한 단일 유압유 보급대(single refilling station)를 장착한 항공기에서 저 장소를 보급하기 위해 사용된다.

핸드 펌프의 종류에는 단동식(single-action), 복동식(double-action), 그리고 회전식(rotary) 이 있다. 단동식(single-action) 핸드 펌프는 한 번의 행정으로 펌프 안으로 유압유를 빨아들이고 유압유는 다음의 행정에서 펌핑(pumping)된다. 이런 비효율로 인해 사용하는 항공기가 드물다. 그 림 4-24와 같이 복동식 핸드 펌프는 핸들의 행정마다 유체흐름과 압력을 생산한다.

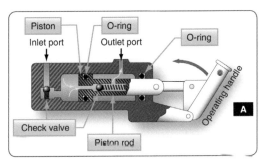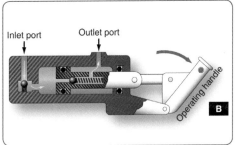

▲ 그림 4-24 복동식 핸드 펌프

2) 동력구동펌프(Power-Driven Pump)

현대 항공기에서 대부분 동력구동 유압펌프는 가변형(variable-delivery compensator-controlled type)과 고정형(constant-delivery pump type)으로 나뉜다. 작동 원리는 두 타입 이 같다. 고정형 펌프는 작동 시 배출되는 유량이 일정하여 유량을 변화시키려면 회전수를 조절 하여야 하나, 가변형은 작동 중에 회전수를 바꾸지 않고 행정을 조절하여 유량을 조절할 수 있다.

▲ 그림 4-25 엔진구동펌프(EDP)

▲ 그림 4-26 전기구동펌프

그림 4-25와 그림 4-26과 같이, 최신의 항공기는 엔진구동펌프, 전기구동펌프, 공기구동펌프, 동력전달장치(PTU, power transfer unit), 그리고 RAT에 의해 구동되는 펌프를 사용한다. 예를 들어, A380과 같은 대형 항공기는 2개의 유압계통, 8개의 엔진구동펌프, 그리고 3개의 전기구동펌프를 갖추고 있다. Boeing 777은 2개의 엔진구동펌프, 4개의 전기구동펌프, 2개의 공기구동펌프, 그리고 RAT에 의해 구동되는 유압 펌프모터(hydraulic pump motor)를 갖춘 3개의 유압계통을 갖추고 있다.

3) 펌프(Pump)의 분류

동력구동형 펌프는 크게 정용량형 펌프(constant displacement pump)와 가변용량형 펌프(variable displacement pump)로 분류된다. 정용량형 펌프는 펌프가 회전할 때마다 배출구를 통하여 일정한 또는 고정된 양의 유압유를 보낸다. 이 펌프는 압력 요구(demand)에 관계없이 회전마다 일정량의 유압유를 공급하기 때문에, 유압유의 양은 펌프 RPM에 달려있다. 이 펌프는 일정한 압력유지가 필요한 유압계통에 사용될 때는 압력조절기가 장착되어야 한다.

종류에는 기어(gear)형, 제로터(gerotor)형, 베인(vane)형 및 피스톤(piston)형이 있으며 1,500psi 이하의 낮은 압력에는 기어형, 제로터형, 베인형을 사용하나, 3,000psi의 높은 압력에는 일반적으로 피스톤형 펌프를 사용한다.

동력구동형 펌프를 구동하는 방법은 엔진 보기 구동축에 의하여 구동하거나 전기 전동기에 의하여 구동시키는 방법이 있으며, 일반적으로 엔진에 의하여 구동하는 펌프를 주 계통에 사용하고, 보조나 비상계통에는 전동기에 의하여 구동하는 펌프를 사용한다.

(1) 정용량형 펌프(Constant-displacement pump)

정용량형 펌프는 펌프가 회전할 때마다 배출구를 통하여 일정한 또는 고정된 양의 유압유를 보낸다. 정용량형 펌프는 때로는 constant-volume pump 또는 constant delivery pump라고 부르기도 한다. 이 펌프는 압력 요구에 관계없이 회전마다 일정량의 유압유를 배달한다. 정용량형 펌프는 펌프의 회전마다 일정량의 유압유를 공급하기 때문에, 유압유의 양은 펌프 RPM에 달려 있다. 이 펌프는 일정한 압력유지가 필요한 유압계통에 사용될 때는 압력조절기가 장착되어야 한다.

(2) 기어식 동력펌프(Gear-type power pump)

기어식 동력펌프는 일종의 정용량형 펌프이다. 이 펌프는 틀(housing) 내에서 회전하는 2개의 톱니바퀴가 맞물린 기어로 이루어져 있다. 구동기어(driving gear)는 항공기 엔진 또는 일부 다른 동력장치에 의해 구동된다. 피동기어(driven gear)는 구동기어와 톱니바퀴로 맞물리고, 구동기어에 의해 가동된다. 톱니바퀴가 맞물릴 때 톱니 사이에 공간과 톱니와 틀 사이의 공간은 아주 작다. 펌프의 흡입구(inlet port)는 저장소와 연결되고 배출구(outlet port)는 압력관에 연결된다. 그림 4-27은 기어식 동력펌프의 작동 원리를 보여준다.

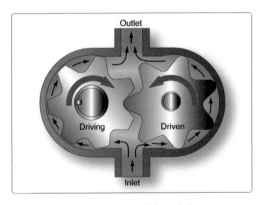

▲ 그림 4-27 기어식 동력펌프

(3) 제로터 펌프(Gerotor pump)

그림 4-28과 같이 "generated rotor"에서 따온 제로터형(gerotor-type) 동력펌프는 본질적으로 편심형 고정덧쇠(stationary liner)를 갖고 있는 틀(housing), 짧은 높이의 7개의 폭넓은 톱니를 가진 내부기어 로터(internal gear rotor), 6개의 좁은 톱니를 가진 평구동기어(spur driving gear), 그리고 2개의 초승달 모양의 포트(port)를 갖고 있는 펌프덮개로 이루어져 있다. 한쪽 포트는 흡입구(inlet port)로 연결되고, 다른 포트는 배출구(outlet port)

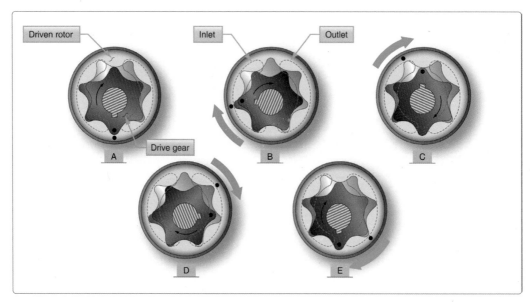

▲ 그림 4-28 제로터 펌프

로 연결되어 있다. 펌프가 작동 시에 기어는 함께 시계방향으로 돌아간다. 펌프의 왼쪽에 기어 사이의 포켓(pocket)이 최저의 위치에서 최고의 위치로 움직일 때, 이들 포켓 내에 부분 진공이 형성되어 흡입구(inlet port)를 통해 유압유를 포켓 안으로 빨아들인다. 최고 위치에서 최저 위치 쪽으로 움직이는 동안, 유압유로 가득 찬 동일 포켓이 펌프의 오른쪽으로 회전할 때, 포켓은 크기가 감소한다. 이때 배출구(outlet port)를 통해 포켓으로부터 유압유가 방출된다.

(4) 피스톤 펌프(Piston pump)

피스톤형 구동펌프(piston-type power-driven pump)는 항공기 엔진의 액세서리 기어 박스(accessory gear box)에 장착된다. 펌프를 돌리는 펌프 구동축은 구동 동력을 제공하는 엔진과 펌프를 연결시켜 준다. 엔진 기어 박스로부터 구동 토크(torque)는 구동 연결장치 (drive coupling)에 의해서 펌프 구동축으로 보낸다. 구동 연결장치는 안전장치로서 역할을 하도록 설계되었다. 그림 4-29에서와 같이, 만약 펌프의 구동이 힘들어지거나 움직이지 않게 된다면(jammed), 펌프 또는 구동장치인 엔진 기어 박스에 손상을 방지하도록 구동 연결 장치의 전단 부분이 전단된다(sheared). 피스톤형 펌프의 기본적인 구성은 다중 내경 실린더 블록(cylinder block), 각각의 내경에 적합한 피스톤, 그리고 흡입 슬롯(inlet slot)과 배출 슬롯(outlet slot)으로 된 밸브 판(valve plate)으로 이루어져 있다.

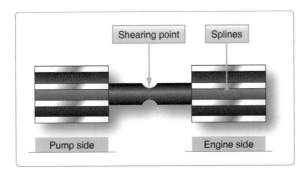

▲ 그림 4-29 유압펌프 전단 축(shear shaft)

밸브 판에 있는 슬롯의 목적은 펌프가 작동할 때 내경(bore)의 안과 밖으로 유압유를 통과시키는 것이다.

(a) 축방향 피스톤형 펌프(Inline piston pump)

축방향 피스톤형 펌프는 피스톤과 회전축 사이의 회전방향에 따라 평행축형(in-line type)과 경사축형(incline shaft type)이 있다. 평행축 피스톤 펌프는 그림 4-30과 같이 원형의 회전 경사판(피스톤 로드가 연결)과 원통으로 된 실린더 블록(7개~9개의 실린더가 있음)이 조합을 이루고, 구동축에 의하여 회전한다. 펌프가 엔진구동 또는 전동기에 의하여 구동을 시작하면 회전 경사판에 있는 피스톤이 반주기 동안은 피스톤이 흡입행정을 하고 나머지 반주기는 압축행정을 한다.

펌프의 입구와 출구가 있는 밸브시트에는 원주의 반은 흡입구로, 나머지 부분은 출구로 된

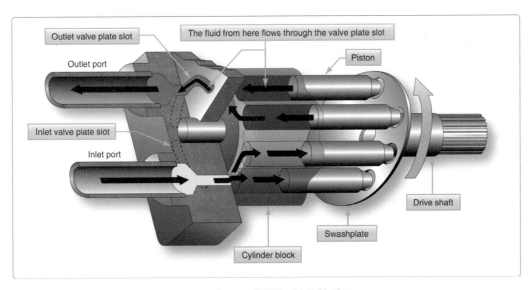

▲ 그림 4-30 축방향 피스톤형 펌프

슬롯(slot) 모양을 하고 있다. 피스톤의 행정과 압력을 만드는 과정은 그림 4-30과 같이 피스톤과 실린더가 회전할 때 아래쪽 실린더는 입구로부터 유압유를 흡입하고 다시 반주기가 진행하면서 피스톤이 압축행정에 들어가 압력이 만들어지면서 출구로 나가게 된다.

회전경사판은 고정식과 가변식이 있으며, 고정식은 정량형 펌프에 사용되고, 가변식은 가변용량식 펌프에 사용한다. 가변 회전경사판은 경사판 한쪽에 유압 작동기를 장착하여 계통에서 유압을 사용하지 않을 때에는 피스톤의 행정거리를 같게 만들어 흐름이 없도록 하여 펌프의 하중을 덜어주고, 계통에 과도한 압력이 걸리지 않게 한다.

회전경사판에 연결된 유압 작동기는 펌프의 출력압력을 받아 일정한 압력 이상이 되면 작동기가 움직여 가변 회전판을 실린더 블록과 평행하게 만들어 피스톤의 행정이 일정하게 되고, 계통에서 유압을 사용하면 압력이 떨어지고 압력이 떨어지면 다시 경사를 만들어 피스톤 행정이 발생하여 모자라는 압력을 만들어준다.

(b) 경사축형 피스톤 펌프(Bent axis piston pump)

그림 4-31에서는 전형적인 경사축형 피스톤 펌프를 보여준다. 경사축형 피스톤 펌프는 경사 회전판이 고정된 상태의 펌프로 용량이 일정하다. 작동방법은 위에서 설명한 방법과 동일

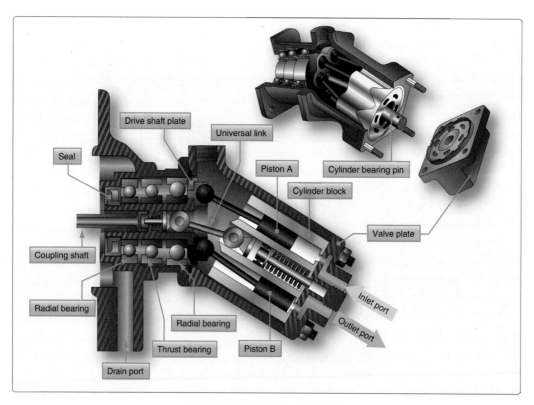

▲ 그림 4-31 경사축형 피스톤 펌프

하나 용량이 변하지 않고 일정용량이 나오므로 계통으로 들어가기 전에 압력조절기를 장착하여 흐름의 양이나 압력을 조절하여 준다.

(5) 베인형 펌프(Vane pump)

베인형 동력펌프도 정용량형 펌프(constant displacement pump)의 한 종류이다. 그림 4-32와 같이, 베인형 펌프는 4개의 날개(vane)를 갖고 있는 틀(housing), 날개와 슬롯을 이뤄 장착된 속이 빈 스틸 로터(steel rotor), 그리고 로터를 돌려주는 커플링(coupling)으로 이루어져 있다. 로터는 슬리브(Sleeve) 내에 편심되게 장착되어 있다. 날개는 슬리브 내경을 4개의 부분으로 나눈다. 로터가 회전할 때 각각의 부분은 그것의 체적이 가장 작은 지점과 최대인 지점을 지나간다. 체적은 점차적으로 회전의 첫 1/2바퀴 동안 최소에서 최대로 증가하고, 회전의 두 번째 1/2바퀴 동안 최대에서 최소로 점차적으로 감소한다. 부분의 체적이 증가할 때, 그 부분은 슬리브에 있는 슬롯을 통해서 펌프흡입구(pump inlet port)로 연결되어 유압유를 부분(section) 안으로 빨아들인다. 부분의 체적이 감소할 때 유압유는 배출구(outlet port)와 일직선으로 맞춰진 슬리브에 있는 슬롯을 거쳐 펌프의 밖으로 배출된다.

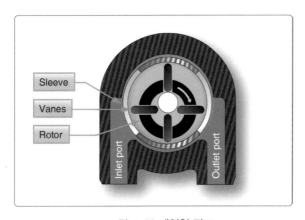

▲ 그림 4-32 베인형 펌프

(6) 가변용량형 펌프(Variable displacement pump)

그림 4-33과 같이 가변용량형 펌프(variable displacement pump)는 유압계통의 필요 압력에 맞춰 유압유 배출량이 변화한다. 펌프의 송출량은 피스톤 내에 펌프 보정기(compensator)에 의해 자동적으로 변화된다. 다음은 2단(two-stage) 비커스(vickers) 가변용량형 펌프를 설명한다. 펌프의 첫 번째 단계는 유압유가 피스톤 펌프에 들어가기 전에 압력을 끌어 올려주는 원심펌프(centrifugal pump)로 이루어져 있다.

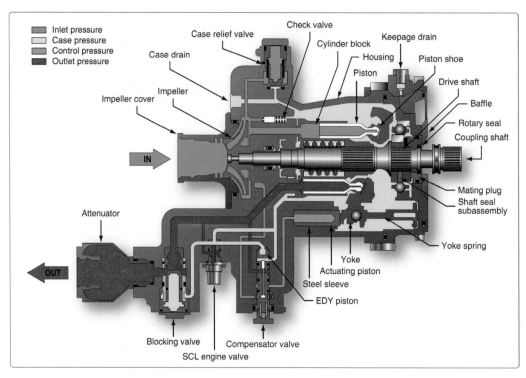

▲ 그림 4-33 가변용량형 펌프

(a) 펌프 작동의 기본(Basic pumping operation)

항공기의 엔진은 기어 박스(gear box)를 통해 펌프 구동축과 실린더 블록, 그리고 피스톤을 돌려준다. 펌프 작동은 요크 어셈블리(yoke assembly)에 있는 슈 베어링 판(shoe bearing plate)에서 제한적으로 움직이는 피스톤 슈(shoes)에 의해 발생한다. 요크는 구동축(drive shaft)과 각도를 이루고 있기 때문에, 축의 회전운동은 피스톤의 왕복운동으로 전환된다. 구동축과 실린더 블록의 회전마다 각각의 피스톤은 한 번의 흡입행정(intake stroke)과 한 번의 방출(discharge) 행정을 함으로써 펌핑을 한다. 고압의 유압유는 밸브 판(valve plate)을 통해 차단밸브(blocking valve)를 지나 펌프출구로 배출된다. 차단밸브는 펌프가 정상적으로 작동할 때는 열려 있다. 펌프의 내부누출(internal leakage)은 회전부품의 윤활과 냉각을 위해 펌프 틀(housing)을 항상 채우고 케이스 드레인 포트(case drain port)를 통해 유압계통으로 되돌아간다. 케이스 릴리프 밸브는 과도한 케이스압력(case pressure)이 걸렸을 때 펌프를 보호하기 위해 압력을 펌프 입구로 빼준다.

(b) 정상 작동 모드(Normal pumping mode)

그림 4-34와 같이, 압력 보정기(pressure compensator)는 조절스프링의 힘(adjustable spring load)에 의해 닫힌 위치를 유지하는 스풀 밸브(spool valve)이다. 펌프출구압력, 즉

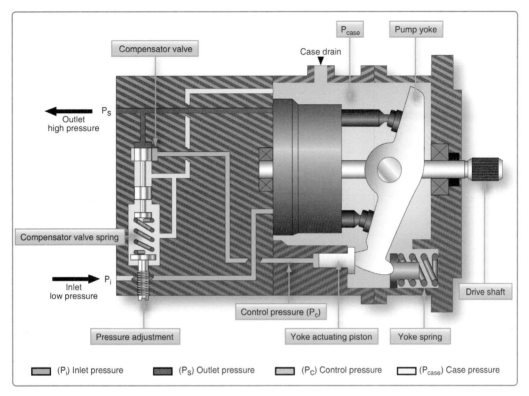

▲ 그림 4-34 정상 작동 모드

계통압력(system pressure)이 최대 설정 압력(2850psi)을 초과할 때, 압력 보정기 내부의 스풀은 펌프 출구의 압력을 요크로 작동하는 피스톤(yoke actuating piston)으로 보내 요크의 각도를 작게 해준다.

그림 4-35와 같이 요크의 각도가 작아지면 펌프 피스톤의 변위가 작아지고 결국 출구 압

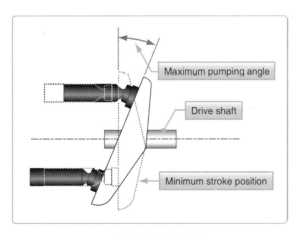

▲ 그림 4-35 요크 각도

력이 떨어지게 된다. 출구 압력 상한선인 3,025psi에 도달되면 요크의 각도는 거의 0이 된다.

(c) 비가압 모드(De-pressurized mode)

그림 4–36과 같이, EDV(end-diastolic volume) 솔레노이드 밸브(solenoid valve)가 자화 시, 출구 압력은 솔레노이드 밸브를 거쳐 보정기 밸브(compensator valve)를 아래로 밀어 주고 동시에 블로킹 밸브(blocking vave)를 닫아 준다. 이것은 출구압력으로 하여금 요크의 각도를 0으로 만들게 되어 펌프 출력을 0으로 만든다. 이 상태를 비가압 모드라 한다. 이 모드는 펌프가 처음 작동하기 시작할 때 엔진의 부하를 덜어주기 위해 사용되며 또한 2개 이상의 펌프가 장착된 유압 시스템에서 각각의 펌프 출구 압력을 점검하기 위해 점검할 펌프 이외의 펌프들을 격리할 때 사용된다.

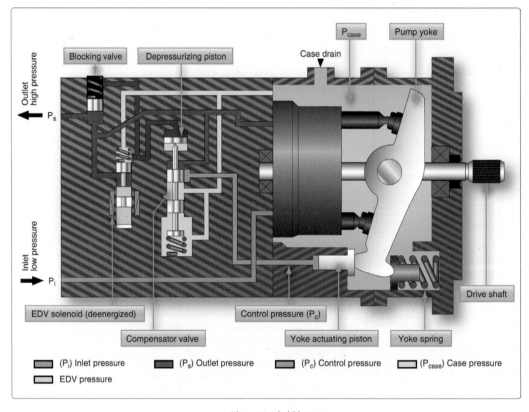

▲ 그림 4–36 비가압 모드

❹ 밸브(Valve)

1) 유량제어밸브(Flow Control Valve)

유량제어밸브는 유압계통에서 유체흐름의 속도 또는 방향을 제어한다. 유량제어밸브로 사용되는 밸브로는 선택밸브(selector valve), 체크밸브(check valve), 순서제어밸브(sequence valve), 우선권 제어밸브(priority valve), 셔틀 밸브(shuttle valve), 빠른 분리밸브(quick disconnect valve), 그리고 유압 퓨즈(hydraulic fuse) 등이 있다.

(1) 선택밸브(Selector valve)

그림 4-37의 A와 같이 선택밸브(selector valve)는 유압작동실린더 또는 유사한 장치의 움직이는 방향을 제어하기 위하여 사용된다. 이 밸브는 항공기 유압 시스템에 가장 보편적으로 사용되고 있다.

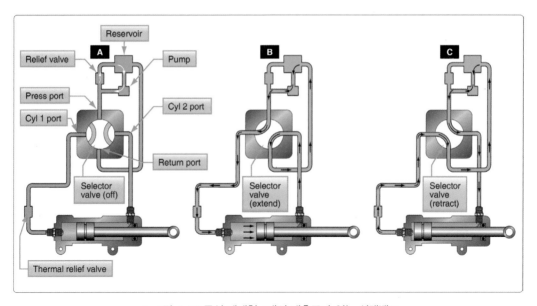

▲ 그림 4-37 중심 폐쇄형 4개의 배출구가 있는 선택밸브

그림 4-38과 같이 선택밸브는 포핏형(poppet type), 피스톤형(piston type), 스풀형(spool type), 로터리형(rotary type), 플러그형(plug type)이 있다. 각각의 선택밸브는 특정한 수의 배출구를 갖고 있다.

그림 4-39와 같이 4개의 배출구(4-way valve)가 있는 선택밸브를 항공기 유압계통에서 가장 많이 쓰고 있다. 그림 4-40과 같이, 대부분 선택밸브 레버(lever)에 의해 기계적으로 제어되거나, 솔레노이드(solenoid) 또는 서보(servo)에 의해 전기적으로 제어된다.

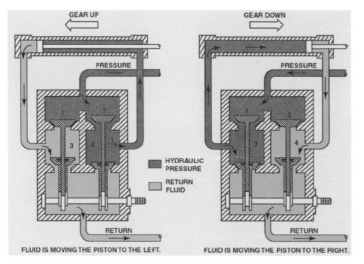

(a) 포핏형

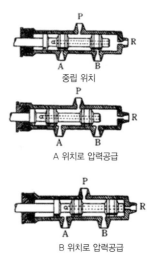

(b) 피스톤형

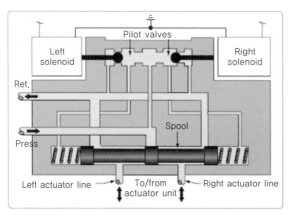

(c) 스풀형

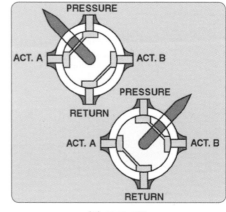

(d) 로터리형

▲ 그림 4-38 선택밸브 종류

▲ 그림 4-39 포핏형 4-way 선택밸브

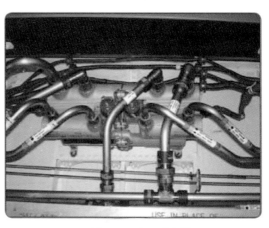

▲ 그림 4-40 서보 제어 밸브

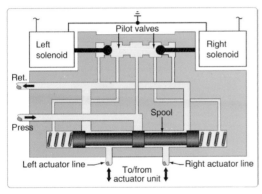 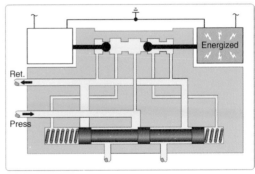

(a) 비자화 상태(not energized)　　　　(b) 자화상태(energized)

▲ 그림 4-41 솔레노이드 작동형 선택밸브

그림 4-41의 (a)에서는 솔레노이드 작동형 선택밸브(solenoid-operated selector valve)가 비자화된 상태의 내부를 보여준다. 중심폐쇄 선택밸브(closed-center selector valve)의 위치가 중립 또는 off 위치에 있을 때 솔레노이드는 비자화 상태이다.

그림 4-41의 (b)와 같이, 조종실에 있는 스위치를 작동하면, 오른쪽 솔레노이드에 전압이 흘러 자화된다. 그러면 오른쪽 파일럿 밸브(pilot valve)는 주 스풀(main spool)의 오른쪽 공간(chamber)으로 가는 압력을 차단해 스풀은 오른쪽으로 미끄러진다. 스풀의 왼쪽 공간을 통해 왼쪽 유압 작동기(actuator)를 가압한다. 이때 오른쪽 관의 유압유는 회수관(return line)을 통해 저장소로 돌아간다.

(2) 체크밸브(Check valve)

유압계통에서의 또 다른 일반적인 유량제어밸브(flow control valve)는 체크밸브이다. 체크밸브는 유압유를 한쪽 방향으로만 흐르게 해준다. 그림 4-42와 같이, 밸브의 바깥 면에 표시된 화살표는 유체흐름 방향을 나타낸다.

(3) 오리피스형 체크밸브(Orifice-type check valve)

그림 4-42와 같이 일부 체크밸브는 한쪽 방향으로는 유체흐름을 자유롭게 해주고 반대 방향으로는 제한된 흐름을 허용한다. 이러한 체크밸브를 오리피스형 체크밸브 또는 감쇠밸브(damping valve)라 한다. 오리피스형 체크밸브는 유압착륙장치(hydraulic landing gear)에서 사용된다. 착륙장치가 올라갈 때 체크밸브는 최대 속도로 무거운 기어(gear)를 들어올리기 위해 전체 유체흐름을 주고, 기어를 내릴 때는 체크밸브에 있는 오리피스를 통해 유압유의 흐름을 제한하여 기어가 급격하게 떨어지는 것을 막는다.

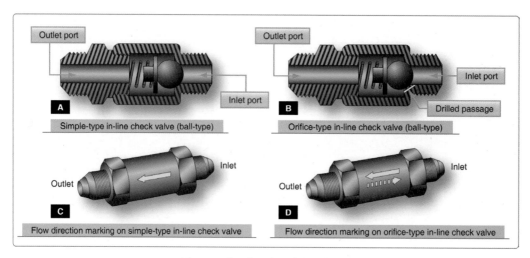

▲ 그림 4-42 체크밸브와 오리피스형 체크밸브

(4) 순서제어밸브(Sequence valve)

순서제어밸브는 유압 시스템 회로에서 2개의 구성품이 작동하는 데 순서(sequence)를 제어한다. 순서제어밸브 사용의 예로서, 착륙장치 작동 계통에서, 착륙장치도어(landing gear door)는 착륙장치가 내려지기 전에 열려야 한다. 또한 착륙장치가 접힐 때는 도어(door)가 먼저 열려야 한다. 각각의 착륙장치 작동 유압관에 장착된 순서제어밸브가 이 기능을 수행한다. 순서제어밸브는 제어하는 형태에 따라 압력식(pressure controlled), 기계식(mechanically controlled), 전기식(electric controlled)이 있다.

(a) 압력식(Pressure-controlled sequence valve)

그림 4-43에서는 전형적인 압력 제어식(pressure controlled) 순서제어밸브의 작동 원리이다. 첫 번째 작동장치(actuating unit)가 작동을 완료할 때, 작동장치의 관 압력이 증가되

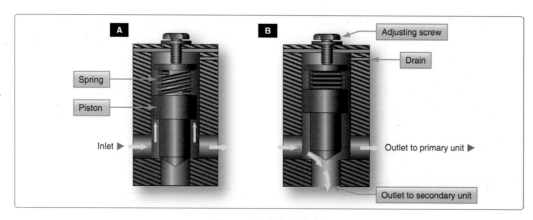

▲ 그림 4-43 압력식 순서제어밸브

어 스프링의 힘을 이기고 피스톤을 올린다. 그림 4-43의 B와 같이 그때 밸브는 열림 위치로 되고 유압유는 두 번째 작동장치로 흐른다. 배수통로(drain port)는 밸브 피스톤이 올라갈 때 유압유를 주 회수관(main return line)으로 가게 한다.

(b) 기계식(Mechanically operated sequence valve)

그림 4-44와 같이 기계식 순서제어밸브는 밸브의 몸체 밖으로 나와 있는 플런저(plunger)에 의해서 작동된다. 첫 번째 작동 부품(actuating unit)의 작동이 끝나면 플런저를 밀어 포트 B의 유압유가 포트 A로 흐르게 하여 두 번째 작동 부품이 작동된다.

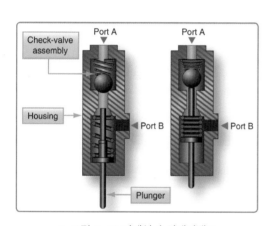

▲ 그림 4-44 기계식 순서제어밸브

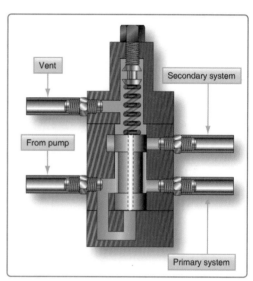

▲ 그림 4-45 우선권 제어밸브

(5) 우선권 제어밸브(Priority valve)

우선권 제어밸브(Priority valve)는 계통압력이 정상보다 낮을 때, 덜 중요한 계통보다 중요한 계통에 우선권을 주는 밸브이다. 그림 4-45와 같이 만약 우선권 제어밸브의 설정 압력이 2,200psi라면 계통 압력이 2,200psi 이하로 떨어지면 우선권 제어밸브는 닫히고 덜 중요한 계통으로는 유체압력이 걸리지 않는다.

(6) 빠른 분리밸브(Quick-disconnect valve)

그림 4-46과 같이 빠른 분리밸브는 유압계통의 구성품이 장탈될 때 유압유의 손실을 방지하기 위하여 유압관에 장착되는 밸브이다. 이러한 밸브는 주로 동력펌프에 연결되어 있는 압력관(pressure line)과 흡입관(suction line) 등에 장착된다. 이 밸브는 유압관이 구성품과 분리될 때 스프링 힘에 의해 닫힌다.

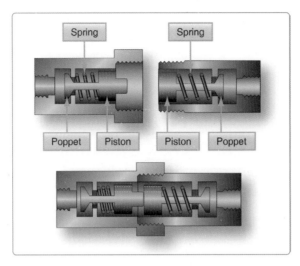

▲ 그림 4-46 빠른 분리밸브

(7) 유압 퓨즈(Hydraulic fuse)

그림 4-47과 같이, 유압 퓨즈는 안전장치이다. 유압 퓨즈는 유압계통의 중요한 위치에 장착되어 있다. 그들은 하류의(downstream) 유압관에서 파열이 발생 시, 흐름에서 갑작스런 증가를 감지하고 유체흐름을 차단하여 저장소의 유압유가 전부 소실되는 것을 막아준다. 유압 퓨즈는 브레이크 계통, 앞전 flap과 slat의 펼침관(extend line)과 접힘관(retract line), 앞쪽 착륙장치(nose landing gear)의 접힘관(up line)과 펼침관(down line), 그리고 역추력장치(thrust reverser) 압력관(pressure line)과 회수관(return line)에 장착되어 있다. 닫혔던 퓨즈는 퓨즈로 가는 압력을 차단하거나 또는 리셋 레버(reset lever)에 의해 다시 열린다.

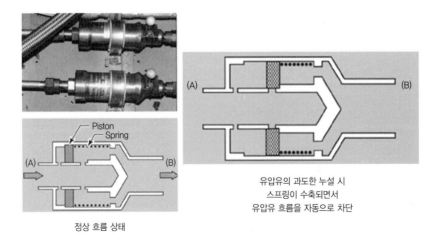

▲ 그림 4-47 유압 퓨즈

2) 압력 제어 밸브(Pressure Control Valve)

유체동력계통, 계통구성요소, 그리고 관련 장비의 안전하고 효율적인 운용을 위해 압력을 제어하는 수단이 필요하다. 수많은 type의 자동압력제어밸브(automatic pressure control valve)가 있다. 그들 중 일부는 설정압력을 유지시켜 주거나 정상 압력보다 낮게 유지시켜 주기도 하고, 필요한 압력 범위 이내로 계통 압력을 유지시켜 주는 역할을 한다.

(1) 안전밸브(Relief valve)

유압은 요구되는 임무를 수행하도록 하기 위해 적절하게 압력이 조절되어야 한다. 이 밸브는 과도한 압력에 의한 구성요소의 파손 또는 유압관의 파열을 방지하기 위해 사용된다. 그림 4-48과 같이 안전밸브는 압력조절 스크류(screw)에 의해 작동 최대 압력을 설정할 수 있다. 만일 계통 압력이 설정압력을 초과하면 압력관의 유압유를 회수관을 통해 저장소로 되돌아가게 한다. 압력 릴리프밸브는 구조 및 용도에 따라 분류된다. 가장 일반적인 타입으로 볼형(ball type), 슬리브형(sleeve type), 포핏형(poppet type)이 있다.

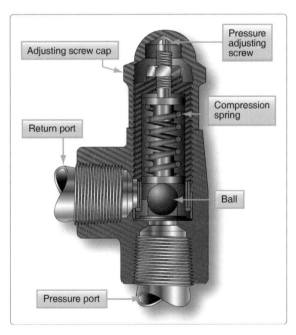

▲ 그림 4-48 안전밸브

엔진구동펌프를 주공급원으로 하는 대형 유압계통에서는 엔진이 작동하는 한 유압펌프는 계속 압력이 걸리게 되고 이는 안전밸브(relief valve) 내부의 온도를 증가시켜 유압유 및 패킹(packing)의 기능을 급격히 저하시키기 때문에 압력 안전밸브(pressure relief valves)는 압력조절기 용도로 사용될 수 없다. 그러나 소형, 저압계통, 또는 펌프가 전동식이고 간헐적으로 사용된다면 압력조절기로써 사용할 수 있다.

압력안전밸브는 다음과 같은 용도로 사용된다.

(a) 계통 안전밸브(System relief valve)

가장 일반적인 사용은 펌프 보정기(compensator) 또는 다른 압력조절장치(pressure regulating device)의 고장을 대비한 안전장치로 쓰인다.

(b) 열적 안전밸브(Thermal relief valve)

유압유의 열팽창으로 인한 과도한 압력을 제거하는 데 사용된다.

(2) 압력조절기(Pressure regulator)

그림 4-49와 같이 압력조절기의 목적은 미리 결정된 범위 이내로 계통작동압력을 유지하기 위해 펌프의 출력을 관리하고, 유압계통에 있는 압력이 정상작동범위 이내에 있을 때 펌프의 부하를 덜어주어 펌프가 저항 없이 돌아가게 해주는 데 있다.

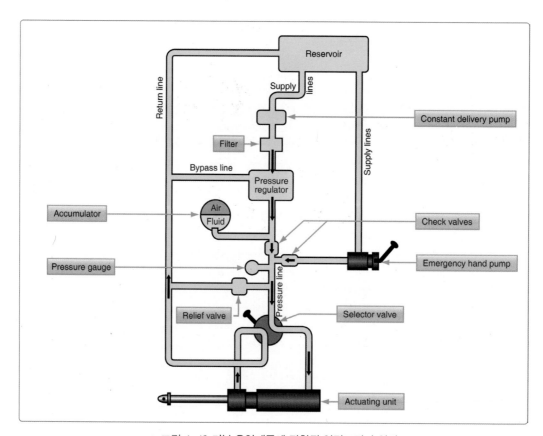

▲ 그림 4-49 기본 유압계통에 장착된 압력조절기 위치

(3) 압력 감압기(Pressure reducer)

그림 4-50과 같이, 감압밸브(pressure reducing valve)는 정상 계통작동압력보다 더 낮은 압력을 필요로 하는 유압계통에 사용된다.

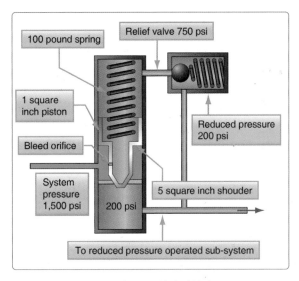

▲ 그림 4-50 압력 감압기

3) 셔틀 밸브(Shuttle Valve)

유체동력계통은 하부계통으로 유압유를 공급하기 위해 1개 이상의 공급원을 갖고 있어야 한다. 일부 유압계통에서 비상용 계통(emergency system)은 정상 계통이 고장 날 경우 압력의 공급원으로 사용된다. 그림 4-51과 같이 셔틀 밸브(shuttle valve)의 주목적은 대체계통(alternate system) 또는 비상용 계통으로부터 정상 계통을 격리시키는 것이다. 셔틀 밸브는 크기가 작고 단순하지만, 매우 중요한 구성요소이다. 밸브 틀에는 정상계통 흡입구(inlet port), 대체계통 흡입구 또는 비상계

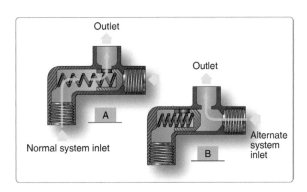

▲ 그림 4-51 셔틀 밸브

통 흡입구, 그리고 배출구(outlet port) 등 총 3개의 포트가 있다.

4) 차단 밸브(Shutoff Valve)

그림 4-52와 같이 차단 밸브(shutoff valve)는 특정한 계통 또는 구성요소로 가는 유압유의 흐름을 차단하는 데 사용된다. 일반적으로 이 밸브는 전기로 작동한다.

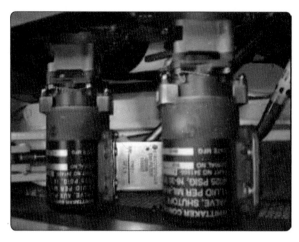

▲ 그림 4-52 차단 밸브

5 축압기(Accumulator)

축압기는 대부분 합성고무 재질의 다이어프램(diaphragm)에 의해 2개의 공간으로 나누어진 강구(steel sphere)이다. 위 공간(upper chamber)에는 계통압력의 유압유를 담고 있고, 반면에 아래쪽 공간(lower chamber)에는 가압된 질소(nitrogen) 또는 공기로 채워진다. 원통형(spherical type)은 고압 유압계통에서 사용된다. 많은 항공기는 유압계통에 여러 개의 축압기를 갖는다. 주 계통 축압기와 비상계통 축압기가 있게 된다. 또한 여러 가지의 하부계통에 위치한 보조축압기(auxiliary accumulator)가 있다.

축압기의 기능은 다음과 같다.

① 구성품의 작동으로 발생하는 유압계통의 압력서지(pressure surge)를 완화시켜 준다.

② 몇 개의 구성품이 동시에 작동할 때 축압기의 저장된 압력으로 동력펌프를 보조하거나 또는 보충한다.

③ 펌프가 작동하지 않을 때 유압장치의 제한적인 작동을 위해 압력을 저장한다.

④ 구성품 내부에서 미세한 유압 누출이 있을 때 이를 보상해 주어 압력 스위치의 계속적인 작동을 막아 준다.

1) 원통형(Spherical Type)

이 축압기는 그림 4-53과 같이 2개의 중공을 가지고 있는 철강으로 된 반구형 모양을 하고 있으며, 2개의 중공 사이에는 다이어프램으로 격리되어 있다.

다이어프램의 아래 부분에 공기압(약 작동유압의 1/3 작동유압이 3,000psi일 때 1,000psi)을 넣은 상태에서 유압이 작용하면 계통유압이 공기압력보다 높으므로 다이어프램을 밑으로 밀고 유압이 채워진다. 이때 공기압력은 유압과 같은 압력으로 된다. 이렇게 저장된 압력은 계통압력이 없는 상태에서 필요한 작동기의 선택밸브가 열리면 저장된 공기압력이 다이어프램에 작용하여 유압유를 공기압과 같은 힘으로 밀어내게 되고, 유압유는 압력이 만들어져 계통으로 공급되어 작동기를 움직이게 한다. 공기 압력이 정해진 값 이하로 떨어지면 아래쪽에 있는 가스보급밸브(gas servicing valve)를 통하여 보충할 수 있다.

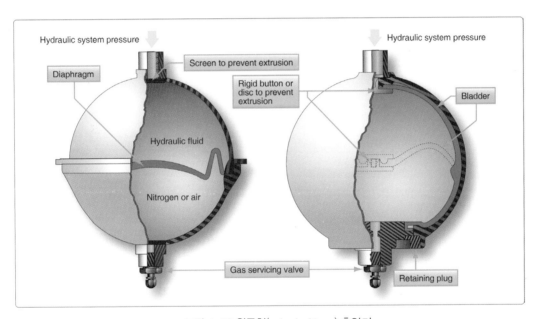

▲ 그림 4-53 원통형(spherical type) 축압기

2) 실린더형(Cylindrical Type)

그림 4-54와 같이 실린더형 축압기는 구형의 축압기에 비하여 구조가 간단하며 실용적이기 때문에 널리 사용되고 있다. 실린더형 축압기는 원통형의 실린더 안의 피스톤에 의하여 공기실과 유압실이 격리되어 있고 피스톤에는 2중으로 실이 장착되어 누설을 방지한다. 계통압력이 최대일 때 공기와 유체의 체적비가 1:2의 비율로 저장된다. 축압기의 작동 범위는 위에서 명한 구형 축압기와 동일하다.

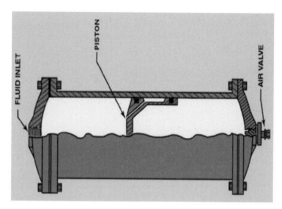

▲ 그림 4-54 피스톤형 축압기

3) 축압기 정비(Maintenance of Accumulator)

축압기 정비에는 검사(inspection), 소수리(minor repairs), 구성요소의 교체 그리고 시험(test)이 있다. 축압기 정비는 위험 요소가 있으므로 부상 및 항공기 손상을 방지하기 위해 준수 사항을 엄격히 따라야 한다. 축압기는 분해하기 전에 모든 공기압은 제거되어야 한다. 공기압을 제거할 때는 제작사 지침서에 따라 공기밸브(air valve)를 작동시켜야 한다.

6 열교환기(Heat Exchanger)

그림 4-55와 같이 운송용 항공기는 유압펌프로부터 나오는 유압유를 냉각시키기 위해 유압공급계통(hydraulic power supply system)에 있는 열교환기(heat exchanger)를 사용한다. 이것은 유압유와 유압펌프의 수명을 연장시켜준다. 일반적으로 열교환기는 항공기의 연료탱크에 장착된다. 열교환기는 차가운 연료를 이용하여 유압유의 열을 식힌다. 따라서 유압펌프를 작동할 때는 연료탱크 내에 일정량의 연료는 항상 유지되어야 한다.

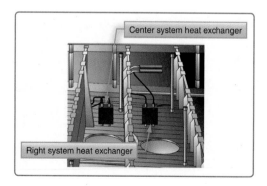
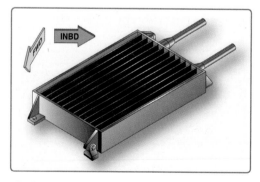

▲ 그림 4-55 열교환기

7 유압 작동기(Actuator)

유압 작동기는 가압된 작동유를 받아 기계적인 운동으로 변환시키는 장치로, 운동 형태에 따라 직선운동 작동기(linear actuator)와 유압모터(hydraulic motor)를 이용한 회전운동 작동기(rotary actuator)로 구분한다.

1) 직선운동 작동기(Linear Actuator)

직선운동 작동기는 실린더와 피스톤으로 구성되어 있으며, 일반적으로 실린더는 항공기 구조에 고정되고 피스톤이 움직이는 작동기를 말한다. 직선운동 작동기는 작동방법에 따라 단방향 작동기, 양방향 작동기로 구분하며, 양방향 작동기에는 밸런스형 작동기와 언밸런스(unbalance)형 작동기가 있다.

단방향 작동기는 그림 4-56의 A에서와 같이 한쪽에는 유압이 작용하고, 다른 한쪽에는 스프링이 내장되어 유압에 의하여 피스톤이 작동하고 유압이 없을 때에는 스프링에 의하여 귀환되는 작동기의 형태이다. 3방향 제어밸브(3-way control valve)는 단방향(single-action) 작동실린더를 제어하는 데 사용된다.

그림 4-56의 B에서와 같이 양방향 작동기는 피스톤의 움직임이 양방향 모두 유압에 의하여 움직이는 작동기이다. 언밸런스형 작동기는 유압이 작용하는 피스톤 면적의 차이에 의하여 작동하는 힘이 다른 작동기이고, 밸런스형 작동기는 유압이 작용하는 피스톤의 면적이 같아 작동하는 힘도 똑같은 형태의 작동기이다. 양방향 작동기는 보통 4방향 선택밸브(4-way selector valve)에 의해서

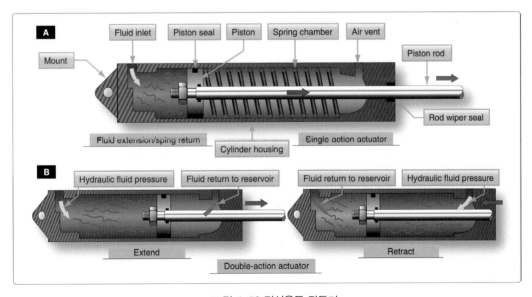

▲ 그림 4-56 직선운동 작동기

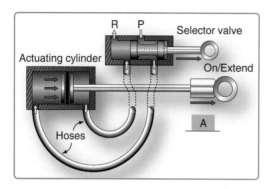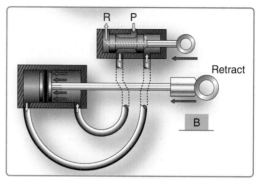

▲ 그림 4-57 양방향 작동기

제어된다.

그림 4-57은 양방향 작동기로 선택밸브(selector valve)의 위치에 따라 작동기 피스톤의 작동 방향이 바뀌는 것을 보여준다.

2) 회전운동 작동기(Rotary Actuator)

회전운동 작동기(rotary actuator)는 그림 4-58과 같이, 실린더 안에 치차로 되어 있는 랙(rack)이 유압에 의해 좌우로 움직이면서 출력축(output shaft)인 피니언 기어(pinion gear)를 돌려준다.

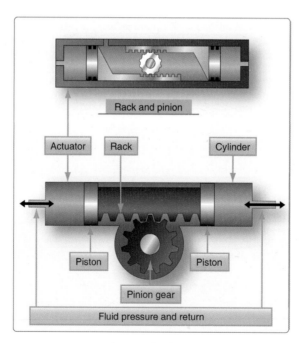

▲ 그림 4-58 회전운동 작동기

출력축(pinion gear)의 작동 각도는 랙과 피니언의 배열에 따라 필요에 맞게 90°, 180°, 270°, 360°, 심지어 720°까지 다양하다.

8 유압 모터(Hydraulic Motor)

그림 4-59와 같이 유압 모터의 종류 중에 피스톤형(type)이 유압계통에서 가장 일반적으로 사용된다. 기본적으로 유압 모터는 유압펌프(hydraulic pump)와 같은 구조이며, 유압 에너지를 기계 에너지로 변환시켜준다. 유압 모터는 뒷전 flap, 앞전 flap, 수평안정판 트림(stabilizer trim) 작동에 사용된다. 아주 폭넓은 속도범위가 요구되는 일부 유압계통에서는 가변용량(variable-displacement) 피스톤형을 사용한다.

기계 모터에 비해 유압 모터의 장점은 다음과 같다.

① 넓은 범위의 빠르고, 쉬운 속도조절

② 신속하고, 매끄러운 가속과 감속

③ 최대 토크(torque)와 power에 대한 제어

④ 충격하중을 감소시키는 완충효과(cushioning effect)

⑤ 운동의 매끄러운 반전

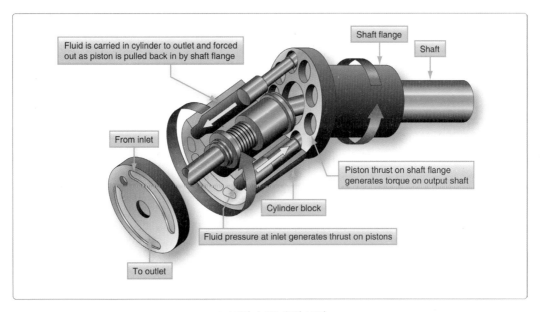

▲ 그림 4-59 유압 모터

⑨ 램 에어 터빈(Ram Air Turbine, RAT)

그림 4-60과 같이 RAT는 항공기 동력의 일차공급원(primary source)이 상실되었을 때, 전기와 유압을 제공해 준다. 항공기가 비행할 때 빠른 외부 공기를 이용하여 터빈의 블레이드(blade)를 돌려서 유압펌프와 발전기(generator)를 작동시킨다. 터빈과 펌프 어셈블리(pump assembly)는 일반적으로 동체에 장착되고 접근 도어가 있다. 조종실에 있는 작동레버(lever)를 당기면 터빈의 날개가 항공기 외부로 돌출하여 외부 공기(ram air)에 의해 빠른 속도로 회전한다. 일부 항공기에서, RAT는 주 유압계통(main hydraulic pressure system)이 고장 났을 때 또는 전기계통의 고장 났을 때 자동으로 펼쳐진다.

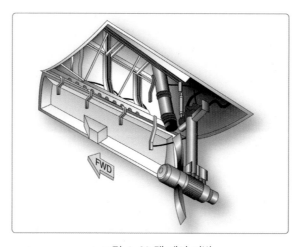

▲ 그림 4-60 램 에어 터빈

⑩ 동력전달장치(Power Transfer Unit, PTU)

그림 4-61과 같이 동력전달장치는 2개의 유압계통 사이에 동력을 전달한다. 구성은 유압 모터와 유압 펌프가 하나의 축으로 연결되어 있는 구조로 되어 있다. 한쪽 유압계통에는 유압 모터가, 다른 유압계통에는 유압 펌프가 장착되어 두 유압계통 사이에 동력을 전달한다. 동력을 전달할 방향에 따라서 유압 모터 또는 유압펌프로 작동할 수도 있다.

⑪ 유압전동발전기(Hydraulic Motor-Driven Generator, HMDG)

유압전동발전기는 교류발전기가 내재된 서보 제어식(servo-controlled) 가변용량전동기(variable displacement motor)이다. 유압전동발전기는 400Hz의 출력주파수를 유지한다. 전기계통이 고장 났을 때, 전기의 대체공급원으로 사용된다.

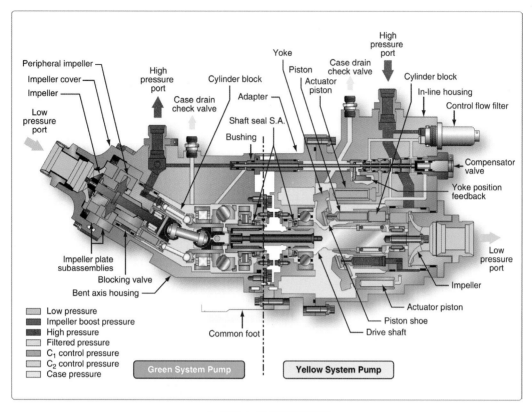

▲ 그림 4-61 동력전달장치

12 시일(Seal)

시일(seal)은 유압유의 누출을 막기 위해 사용되고, 계통이 공기 또는 불순물에 노출되지 않게 한다. 항공기의 유압계통과 공압계통에는 작동 온도 및 속도의 변화에 충족하는 패킹(packing)과 개스킷(gasket)이 필요하다. 다양한 형상 또는 종류의 시일이 필요한 이유는 다음과 같다.

① 계통의 작동 압력

② 계통에 사용되는 유압유 종류

③ 인접 부품 사이에 금속 처리 상태(finishing)와 여유 공간

④ 회전운동 또는 왕복운동 등 운동의 형태

시일(seal)은 크게 세 가지로 분류되는데, 패킹, 개스킷, 그리고 와이퍼(wiper)이다. 시일은 한 개이상의 O-링(ring)과 보조(backup) 링 또는 1개의 O-링과 2개의 보조 링의 구조로 사용하도록한다. 그림 4-62와 같이, 미끄러지거나 움직이는 구성품의 내부에 사용되는 시일을 일반적으로 패킹이라고 부른다. 움직이지 않는 피팅(fitting)과 보스(boss) 사이에 사용되는 유압 시일은 일반적으로 개스킷(gasket)이라 부른다.

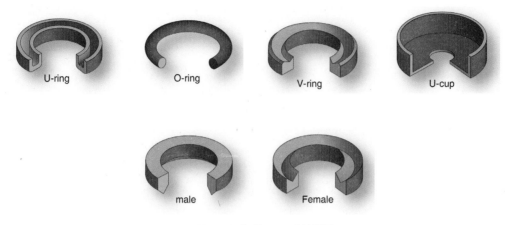

▲ 그림 4-62 패킹(packing)의 종류

1) V-링 패킹(V-ring Packing)

V-링 패킹은 한쪽방향(one-way) 시일이고 항상 V의 열린 면이 압력을 받도록 장착한다.

2) U-링(U-ring)

U-링 패킹과 U-컵(cup) 패킹은 브레이크 어셈블리와 브레이크 마스터 실린더(brake master cylinder)에 사용된다. 한쪽방향(one-way) 시일이고 항상 패킹의 립(lip)이 압력을 받도록 장착한다. U-링은 보통 1,000psi 이하의 압력에 사용되는 저압용 패킹이다.

3) O-링(O-ring)

항공기에 사용되는 대부분의 패킹과 개스킷은 O-링의 형태로서 제작된다. 항공기 디자인을 충족하기 위해 고온(275°F) 및 저온(-65°F)에서 제 역할을 할 수 있게 제작된다.

O-링의 색 부호화(O-ring color coding)는 크기를 나타내지는 않지만, 유압계통에 사용되는 유압유 또는 제조사를 표시해 준다. MIL-H-5606 유압유에 적합한 O-링의 색은 항상 청색이고, 스카이드롤(skydrol) 유압유에 적합한 패킹과 개스킷은 항상 녹색 줄무늬로 코드화되어 있다. 그러나 색 부호의 일부로서 청색, 빨간색, 녹색 또는 노란색 점(yellow dot)을 갖는다. 탄화수소 유압유에 적합한 O-링의 색 부호는 항상 빨간색을 함유한다. 줄무늬의 색은 사용 유체에 대한 적합성을 나타내는데, 연료에는 빨간색, 유압유에는 청색으로 표시된다.

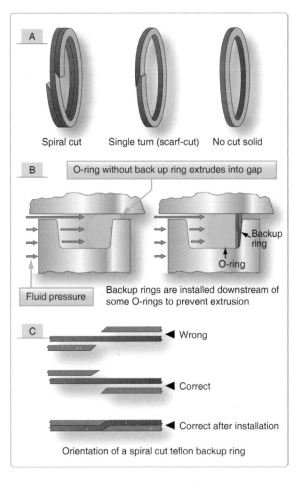

▲ 그림 4–63 보조 링

4) 보조 링(Backup Ring)

시간 경과에 따라 기능이 저하되지 않는 테프론(teflon)으로 만들어진 보조 링은 접촉하는 유압유의 종류에 영향을 받지 않고, 고압, 고온에 견딜 수 있다. 보조 링은 O-링의 하류(downstream)에 장착되어야 한다. 그림 4–63은 보조 링의 올바른 장착을 보여준다.

5) 개스킷(Gasket)

개스킷은 서로 상대적인 움직임이 없는 2개의 평면(flat surface) 사이에 고정되는 시일(seal)이다. 그림 4–64는 다양한 종류의 개스킷을 보여준다.

▲ 그림 4-64 개스킷의 종류

6) 시일의 재질(Seal Material)

대부분의 시일은 사용하는 유압유(hydraulic fluid)에 적합한 합성물질(synthetic material)로 제작된다. 광물질계 유압유(Mineral-Based Fluid)인 MIL-H-5606 유압유에 사용하는 시일은 인산염에스테르 유압유(Phosphate Ester-Based Fluid)계열인 Skydrol에 적합하지 않다. 유압유 성분에 적당하지 않은 시일을 사용하면 유압유의 누설(leak)과 계통(system)의 기능불량(malfunction)을 유발할 수 있다. MIL-H-5606 유압유를 사용하는 계통에는 네오프렌(neoprene) 또는 Buna-N으로 제작된 시일을 사용한다. Skydrol을 위한 시일은 부틸고무(butyl rubber) 또는 에틸렌프로필렌(ethylene-propylene) 탄성중합체(elastomer)로 제작된다.

7) O-링의 장착(O-ring Installation)

그림 4-65의 (1)과 (2)는 같이 O-링을 제거하거나 장착할 때는, O-링이 장착된 구성품의 표면에 긁힘이나 훼손 또는 O-링에 손상을 줄 수 있는 뾰족하거나 예리한 공구는 사용하지 말아야 한다. O-링이 장착되는 부위는 오염으로부터 깨끗한지 확인해야 한다. 새로운 O-링은 밀봉된 패키지에 보관되어 있어야 한다. 장착하기 전에 O-링은 적절한 조명과 함께 4배율 확대경을 사용하여 흠이 있는지 검사해야 한다. 장착 전에 깨끗한 유압유에 O-링을 담근 후 장착한다. 장착 후에 O-링의 뒤틀림을 바로잡기 위해서는 손가락으로 O-링을 서서히 굴린다.

8) 와이퍼(Wiper)

와이퍼는 피스톤축의 노출된 부위를 청소하고 윤활하기 위해 사용된다. 그들은 계통 내로 불순물의 유입을 막아 피스톤 축을 보호한다.

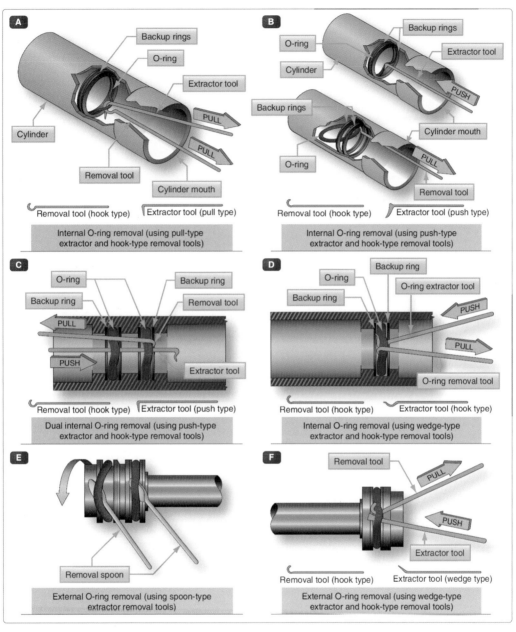

▲ 그림 4-65(1) O-링의 장착기술

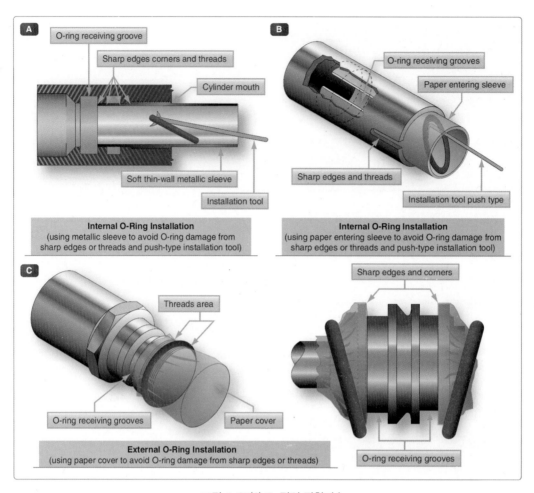

▲ 그림 4-65(2) O-링의 장착기술

4-4 B737NG 항공기 유압계통
(Boeing 737 Next Generation Aircraft Hydraulic System)

그림 4-66에서는 대형 항공기에 있는 유압계통 전체의 구성품을 보여준다.

B737NG 항공기는 3개의 3,000psi 유압계통을 갖추고 있는데, 계통 A(system A), 계통 B(system B), 그리고 standby이다. standby 계통은 만약 계통 A 또는 계통 B의 압력이 상실되었을 경우 사용된다. 유압계통은 다음의 항공기 계통에 동력을 공급한다.

① 비행 조종(Flight control)

② 앞전(leading edge) flap과 slat

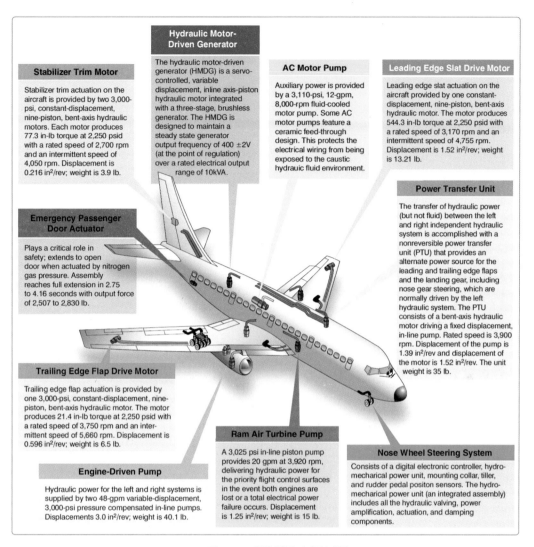

Stabilizer Trim Motor

Stabilizer trim actuation on the aircraft is provided by two 3,000-psi, constant-displacement, nine-piston, bent-axis hydraulic motors. Each motor produces 77.3 in-lb torque at 2,250 psid with a rated speed of 2,700 rpm and an intermittent speed of 4,050 rpm. Displacement is 0.216 in²/rev; weight is 3.9 lb.

Hydraulic Motor-Driven Generator

The hydraulic motor-driven generator (HMDG) is a servo-controlled, variable displacement, inline axis-piston hydraulic motor integrated with a three-stage, brushless generator. The HMDG is designed to maintain a steady state generator output frequency of 400 ±2V (at the point of regulation) over a rated electrical output range of 10kVA.

AC Motor Pump

Auxiliary power is provided by a 3,110-psi, 12-gpm, 8,000-rpm fluid-cooled motor pump. Some AC motor pumps feature a ceramic feed-through design. This protects the electrical wiring from being exposed to the caustic hydrauic fluid environment.

Leading Edge Slat Drive Motor

Leading edge slat actuation on the aircraft provided by one constant-displacement, nine-piston, bent-axis hydraulic motor. The motor produces 544.3 in-lb torque at 2,250 psid with a rated speed of 3,170 rpm and an intermittent speed of 4,755 rpm. Displacement is 1.52 in²/rev; weight is 13.21 lb.

Power Transfer Unit

The transfer of hydraulic power (but not fluid) between the left and right independent hydraulic system is accomplished with a nonreversible power transfer unit (PTU) that provides an alternate power source for the leading and trailing edge flaps and the landing gear, including nose gear steering, which are normally driven by the left hydraulic system. The PTU consists of a bent-axis hydraulic motor driving a fixed displacement, in-line pump. Rated speed is 3,900 rpm. Displacement of the pump is 1.39 in²/rev and displacement of the motor is 1.52 in²/rev. The unit weight is 35 lb.

Emergency Passenger Door Actuator

Plays a critical role in safety; extends to open door when actuated by nitrogen gas pressure. Assembly reaches full extension in 2.75 to 4.16 seconds with output force of 2,507 to 2,830 lb.

Trailing Edge Flap Drive Motor

Trailing edge flap actuation is provided by one 3,000-psi, constant-displacement, nine-piston, bent-axis hydraulic motor. The motor produces 21.4 in-lb torque at 2,250 psid with a rated speed of 3,750 rpm and an inter-mittent speed of 5,660 rpm. Displacement is 0.596 in²/rev; weight is 6.5 lb.

Ram Air Turbine Pump

A 3,025 psi in-line piston pump provides 20 gpm at 3,920 rpm, delivering hydraulic power for the priority flight control surfaces in the event both engines are lost or a total electrical power failure occurs. Displacement is 1.25 in²/rev; weight is 15 lb.

Nose Wheel Steering System

Consists of a digital electronic controller, hydro-mecharical power unit, mounting collar, tiller, and rudder pedal positon sensors. The hydro-mecharical power unit (an integrated assembly) includes all the hydraulic valving, power amplification, actuation, and damping components.

Engine-Driven Pump

Hydraulic power for the left and right systems is supplied by two 48-gpm variable-displacement, 3,000-psi pressure compensated in-line pumps. Displacements 3.0 in²/rev; weight is 40.1 lb.

▲ 그림 4–66 대형 항공기 유압계통

③ 뒷진(Trailing edge) flap

④ 착륙장치(landing gear)

⑤ 휠브레이크(Wheel brake)

⑥ 조향장치(Nose wheel steering)

⑦ 역추력장치(thrust reverser)

⑧ 자동조종장치(Auto-pilot)

◻1 저장소(Reservoir)

그림 4-67과 같이 계통 A, B, 그리고 standby 저장소는 바퀴 칸(wheel well area)에 위치한다. 저장소는 가압모듈을 통해 공기압으로 가압된다. standby 계통 저장소의 가압 및 유압유 보급은 계통 B 저장소를 통한다. 저장소의 가압은 펌프로 유압유의 흐름을 원활하게 해준다. 저장소 안에는 엔진구동펌프 또는 관련된 관에서 누설이 발생할 때 모든 유압유의 소실을 방지하는 저수탑(standpipe)을 갖추고 있다. 엔진구동펌프는 저수탑을 통해 유압유를 흡입하고, 교류동력펌프(ACMP, AC Motor Pump)는 저장소의 밑바닥으로부터 유압유를 흡입한다.

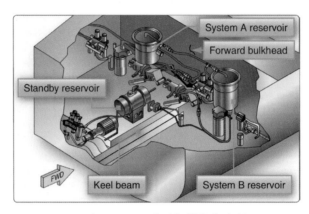

▲ 그림 4-67 B737 유압유 항공기 저장소

◻2 펌프(Pump)

다음 설명에 대해서는 그림 4-68을 참조한다. 계통 A와 B는 모두 엔진구동펌프와 교류동력펌프(ACMP, AC Motor Pump)를 갖추고 있다. 계통 A 엔진구동펌프는 No.1 엔진에, 계통 B 엔진구동펌프는 No.2 엔진에 장착되어 있다. 교류동력펌프는 조종실에 있는 스위치로 제어한다. 그림 4-69와 같이 케이스 드레인(case drain) 유압유는 펌프를 윤활하고 냉각시킨 후 연료탱크에 장착된 열교환기(heat exchanger)를 거쳐 저장소로 되돌아간다. 계통 A를 위한 열 교환기는 No.1 연료탱크에, 그리고 계통 B를 위한 열 교환기는 No.2 연료탱크에 장착되어 있다. 교류동력펌프의 지상운전을 위해 각 탱크에는 1,675파운드(pound) 이상의 연료가 있어야 한다. 엔진구동펌프와 교류동력펌프 송출관에 장착된 압력스위치는 펌프송출압력이 낮을 때 관련 "LOW PRESS" 등(light)이 들어오도록 신호를 보낸다.

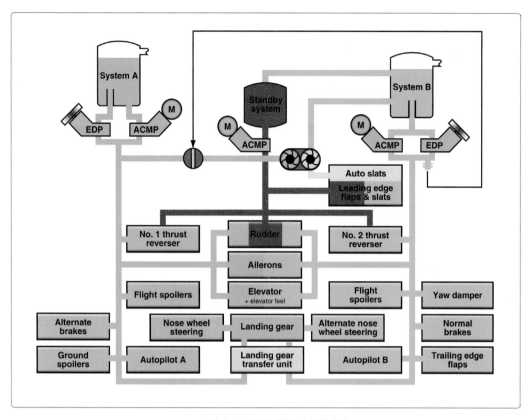

▲ 그림 4-68 B737 항공기 유압계통

❸ 필터모듈(Filter Module)

필터모듈(filter module)은 유압유를 깨끗하게 하기 위해 압력관, 케이스 드레인관(case drain line) 그리고 회수관(return line)에 장착되어 있다. 필터모듈에는 필터에 이물질이 있거나 교체가 필요할 때를 알려주는 튀어나오는(pop out) 차압 지시기(differential pressure indicator)를 갖고 있다.

❹ 동력전달장치(Power Transfer Unit, PTU)

PTU의 목적은 계통 B 엔진구동펌프가 고장 시 auto-slat과 앞전 flap/slat을 정상적으로 작동시키기 위함이다. PTU는 유압모터와 유압펌프가 하나의 축으로 연결되어 있다. PTU는 계통 A의 압력을 이용해 유압모터를 가동시키면 계통 B의 유압유를 사용하는 유압펌프를 작동시켜 계통 B의 유압을 발생시킨다. PTU는 오직 동력만 전달하며 유압유를 이동시키지는 않는다. PTU는 다음의 조건이 모두 충족할 때 자동적으로 작동한다.

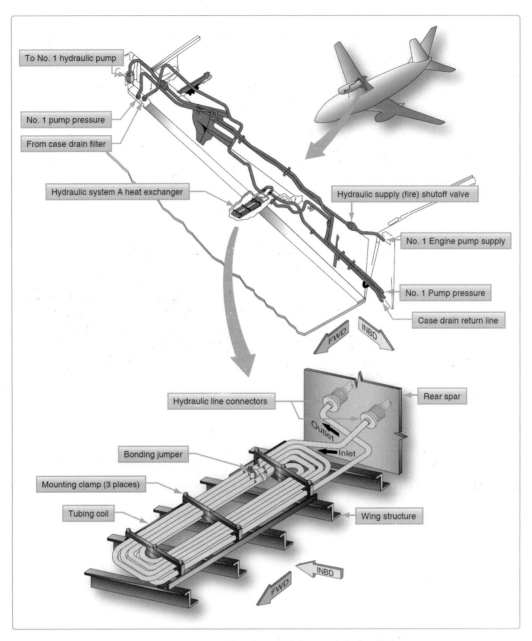

▲ 그림 4-69 B737 항공기 유압 케이스 드레인 열 교환기

① 계통 B 엔진구동펌프의 압력이 한계 이하로 떨어질 때

② 항공기가 이륙했을(airborne) 때

③ Flap 레버의 위치가 15°에서 이하에서 "UP" 사이에 있을 때

5 Standby 유압계통(Standby Hydraulic System)

Standby 유압계통은 계통 A 또는 계통 B 압력이 상실되었을 경우 사용되는 보조(backup) 장치이다. standby 계통은 수동 또는 자동으로 작동되는 하나의 교류동력펌프(ACMP, AC Motor Pump)에 의해 다음의 장치에 유압을 공급한다.

① 역추력장치(thrust reverser)

② 러더(rudder)

③ 앞전 flap과 slat(펼칠 때만 사용)

④ standby yaw damper

6 지시(Indication)

유압유가 과열(overheat)되면 조종실에 "OVHT" 등과 "master caution" 등이 들어오고, 계통 A 또는 계통 B의 유압이 낮으면 "LOW PRESS" 등과 "master caution" 등이 동시에 들어온다.

4-5 항공기 공압계통(Aircraft Pneumatic Systems)

1 서론(Introduction)

과거에 일부 항공기 제작사는 3,000psi의 고압 공압계통(pneumatic system)을 장착하였다. 이러한 형태의 시스템을 이용한 마지막 항공기가 Fokker F-27이다. 이러한 시스템은 동력을 전달하는 데 유압유 대신 공기를 쓰는 것을 제외하고는 유압계통과 아주 흡사하게 작동한다. 공압계통은 때때로 다음과 같은 곳에 사용된다.

① 브레이크(brake)

② 도어(door)를 열고 닫을 때

③ 유압펌프, 교류발전기(alternator), 시동기(starter), 물 분사펌프(water injection pump) 등을 가동시킬 때

④ 비상장치(emergency device)를 작동할 때

밀봉된 폐쇄유로를 통해 공기나 유압유를 동력 전달 매체로 사용한다. 액체와 공기는 모두 흐르기 때문에 유체로 간주한다. 그러나 액체는 특성상 실제로 거의 비압축성인 반면, 공기는 상당히 압축할 수가 있다. 이런 차이점에도 불구하고, 공기와 액체는 모두 유체이고 동력(power)을 전달하는 데 사용된다. 공압계통에 가압공기를 공급하기 위해 사용되는 구성품의 형태는 공압계통에 필요한 공기압에 의해 결정된다.

2 고압 계통(High Pressure System)

그림 4-70과 같이, 공기는 고압 시스템을 위해 보통 1,000~3,000psi 범위의 압력으로 금속 공병(bottle)에 저장된다. 이 형태의 공기 공병은 2개의 밸브를 갖고 있는데, 그중 하나가 충전밸브(charging valve)이다. 지상 작동식(ground operated) 압축기(compressor)를 이 밸브(valve)에 연결해 공병에 공기를 보급할 수 있다. 또 다른 하나의 밸브는 제어밸브(control valve)로, 공압계통이 작동될 때까지 공병 내에 공기 압력을 유지하는 차단밸브(shutoff valve)로서의 기능을 한다. 비록 고압 저장 공병은 가벼운 장점이 있지만, 비행 중 공압계통을 재충전할 수 없기 때문에, 작동은 공병에 넣어진 공기의 공급량으로 제한된다. 공압계통의 연속작동을 위해 사용할 수 없다. 대신 착륙장치 또는 브레이크 계통의 비상작동을 위해 사용된다.

그림 4-71과 같이 항공기에 별도의 공기가압장치가 장착된다면 이런 형태의 공압계통은 유용성이 더욱 증가된다.

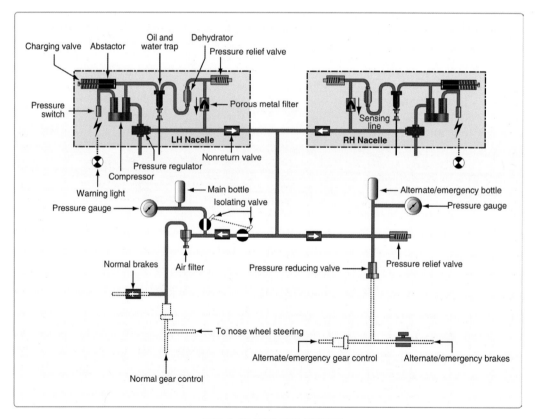

▲ 그림 4-70 B737 고압 공압계통

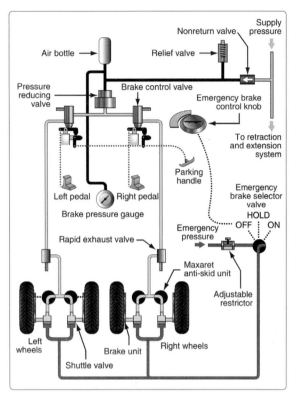

▲ 그림 4-71 공압 제동계통

1) 공압계통 구성품(Pneumatic System Component)

공압계통은 유압계통과는 달리 저장소, 핸드 펌프, 축압기, 압력조절기, 정상 압력을 발생시키는 엔진구동펌프(EDP) 또는 전기구동펌프(electrically-driven power pump)를 사용하지 않는다. 그러나 일부 구성요소에는 유사점이 있다.

(1) 공기압축기(Air compressor)

일부 항공기에는 공기압축기(air compressor)를 장착하여 부품을 작동할 때마다 공기 공병을 재충전한다. 압축기의 형태는 최대로 사용되는 공기압에 따라 2단(two-stage) 또는 3단(three-stage)의 압축기가 있다.

(2) 안전밸브(Relief valves)

안전밸브는 계통의 손상을 방지하기 위해 사용된다. 이 밸브는 압력을 제한하는 기능을 하며, 과도한 압력으로 인한 공압관의 파열 및 시일(seal)의 이탈을 막아 준다.

(3) 제어밸브(Control valve)

제어밸브(control valve)는 전형적인 공압계통에 필요한 구성품이다. 그림 4-72는 밸브가 비상용 공기 제동장치(emergency air brake)를 어떻게 제어하는지를 보여준다. 제어밸브(control valve)는 3-port가 있는 틀(housing), 2개의 포핏 밸브(poppet valve), 그리고 2개의 로브(lobe)를 갖춘 조절 레버(control lever)로 이루어진다.

그림 4-72의 A는, 제어밸브가 off 위치에 있을 때 압축공기가 브레이크로 흐를 수 없도록 닫혀 있는 상태로, 이때 브레이크는 풀리게 된다. 그림 4-72의 B는 제어밸브가 on 위치에 있을 때 압축공기가 비상용 공기 제동장치로 공급되는 상태로, 이때는 브레이크가 걸리게 된다.

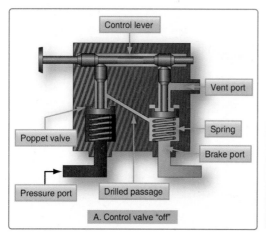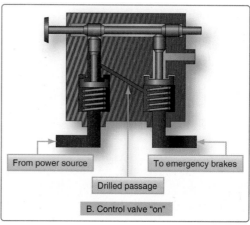

▲ 그림 4-72 제어밸브

(4) 체크밸브(Check valve)

체크밸브는 유압계통 및 공압계통 모두에 사용되는 구성품으로, 한쪽 방향으로만 흐름을 가능하게 해주기 위해 사용된다.

(5) 흐름제한장치(Restrictor)

흐름제한장치는 공압계통에 사용되는 제어밸브(control valve)의 한 가지 형태이다. 그림 4-73은 큰 흡입구(inlet port)와 작은 배출구(outlet port)를 갖춘 오리피스형 흐름제한장치를 보여 준다. 작은 배출구는 공기흐름의 비율(rate)과 작동장치의 작동속도를 줄여준다.

(6) 가변 흐름제한장치(Variable restrictor)

그림 4-74는, 또 다른 형태의 속도조절장치인 가변 흐름제한장치(variable restrictor)를

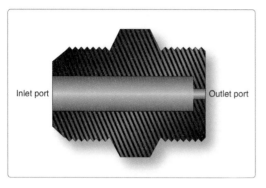

▲ 그림 4-73 공압 흐름제한장치

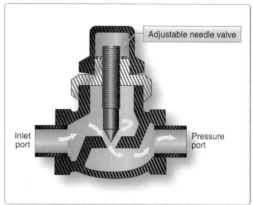

▲ 그림 4-74 가변 흐름제한장치

보여 준다. 이 흐름제한장치는 윗부분에 장착된 조절 가능한 니들 밸브(needle valve)로 흐름제한장치를 통과하는 공기흐름의 비율을 결정한다.

(7) 필터(Filter)

공압계통은 여러 가지 형태의 필터에 의해 불순물로부터 보호된다. 미크론 필터(micron filter)는 2개의 포트(port)를 갖춘 틀(housing), 교체할 수 있는 카트리지(cartridge), 그리고 안전밸브(relief valve)로 구성된다. 스크린형 필터는 미크론 필터와 비슷하지만, 교체할 수 있는 카트리지 대신에 영구적인 망사스크린필터(wire screen filter)를 갖고 있다. 망사스크린필터는 교환할 수 없으나 청소는 가능하다.

(8) 수분 건조기(Desiccant/Moisture separator)

공압계통에서 수분 분리기(moisture separator) 또는 수분 건조기(desiccant)는 항상 압축기(compressor)의 하류에 장착되어 압축기에 의해 발생하는 습기를 제거한다.

(9) 화학 건조제(Chemical drier)

화하 건조제는 공압계통 내 다양한 상소에 설치되어 있으며, 계통의 관과 다른 부품으로부터 모여지는 수분을 흡수한다. 화학 건조제의 정상적인 색은 청색이며, 다른 색으로 변하면 습기로 오염된 것으로 간주하여 카트리지를 교체해야 한다.

2) 비상용 보조 계통(Emergency Backup System)

많은 항공기는 만약 주 유압제동장치(main hydraulic braking system)가 고장 났을 경우, 착륙장치를 펼치고 브레이크를 작동하기 위해 고압의 보조 공압동력을 사용한다. 고압의 질소 가스는

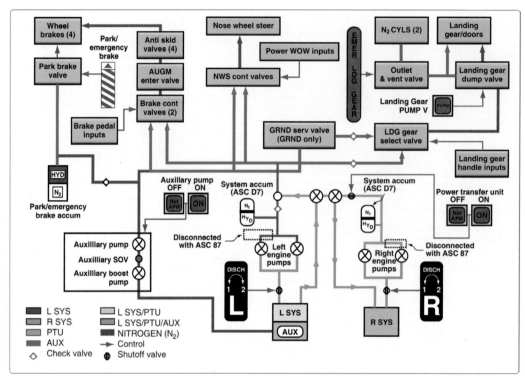

▲ 그림 4-75 공압에 의한 비상 착륙장치 펼침 계통도

직접 착륙장치의 작동기(actuator) 또는 브레이크를 작동시키기 위해 사용하지 않고, 작동기에 유압유가 가도록 유압유를 가압한다. 이를 pneudraulic(공기압과 유압 모두 작용을 하는 기구)이라고 부른다. 그림 4-75는 사업용 Jet 항공기에 사용되는 공압에 의한 착륙장치 펼침 계통(extension system)의 작동 및 구성품을 보여준다.

(1) 질소 공병(Nitrogen bottle)

비상 착륙장치의 펼침(extension)을 위해 사용되는 2개의 질소 공병(bottle)이 앞 바퀴칸(nose wheel well)의 양쪽에 위치된다. 공병의 질소는 출구밸브의 작동에 의해 방출된다. 질소 가스의 고갈 시 공병은 재충전되어야 한다. 완전히 보급된 압력은 착륙장치를 한 번 펼치는 데 충분한 약 3,100psi이다.

(2) 착륙장치 비상 펼침 케이블과 핸들(Gear emergency extension cable and handle)

출구밸브는 케이블을 통해 핸들과 연결되어 있다. 핸들은 부조종사의 콘솔(console) 옆쪽에 있으며 "EMER LDG GEAR"라는 데칼(decal)이 부착되어 있다. 핸들을 위로 당기면 출구

밸브가 열려 압축질소가 착륙장치의 펼침 계통으로 공급된다. 핸들을 다시 아래쪽으로 밀면 출구밸브는 닫히고 비상 착륙장치의 펼침 계통에 사용된 질소는 항공기 밖으로 배출된다. 배출에 걸리는 시간은 약 30초이다.

(3) 덤프 밸브(Dump valve)

압축질소가 착륙장치의 비상 펼침을 위해 착륙장치 선택/덤프 밸브(selector & dump valve)로 방출될 때, 착륙장치계통에 사용되는 주 유압계통을 차단하기 위해 선택/덤프 밸브는 dump 위치로 작동된다. 이때 조종실 위쪽 패널(overhead panel)에 있는 "LDG GR DUMP" 스위치에 청색 "DUMP" 등이 들어온다. 착륙장치의 비상 펼침(emergency extension)이 수행된 후 덤프 밸브는 다음 번 사용을 위해 "LDG GR DUMP" 스위치를 눌러 리셋(reset)해야 한다.

(4) 비상 펼침(Emergency extension) 순서

① 착륙장치 핸들은 down 위치로 놓는다.

② 착륙장치 핸들에 있는 빨간색 등이 들어온다.

③ "EMER LDG GEAR" 핸들을 완전히 바깥쪽으로 당겨준다.

④ 압축질소는 착륙장치 선택/덤프 밸브에서 방출시킨다(released).

⑤ 착륙장치 선택/덤프 밸브가 dump 위치로 작동된다.

⑥ 청색 "DUMP" 등이 "LDG GR DUMP" 스위치에 들어온다.

⑦ 착륙장치계통(landing gear system)의 유압계통이 차단된다.

⑧ 압축질소는 착륙장치 도어 작동기(door actuator)를 open 쪽으로, 착륙장치 up-lock 작동기(actuator)를 unlock 쪽으로, 그리고 주 착륙 기어 side-brace 작동기와 앞 착륙 기어(nose landing gear)의 펼침/접힘(extend/retract) 작동기를 펼침 쪽으로 작동시킨다.

⑨ 착륙장치도어(landing gear door)가 열린다.

⑩ Up-lock 작동기의 잠금 상지가 풀린다(unlock).

⑪ 착륙장치는 아래쪽으로 펼쳐진 후 잠긴다.

⑫ 착륙장치 제어판에 3개의 녹색 "DOWN AND LOCKED" 등이 들어온다.

⑬ 착륙장치도어(landing gear door)는 열림을 유지한다.

❸ 중압계통(Medium-Pressure System)

50~150psi의 중압 공압계통은 보통 공기 공병(bottle)을 사용하지 않고, 터빈엔진의 압축기(compressor)로부터 나오는 공기 압력을 사용한다. 이 공기를 추출 공기(bleed air)라 부르며, 엔진시동(engine start), 엔진 제빙(engine de-icing), 날개 제빙(wing de-icing)에 사용된다. 만약 유압계통이 공기구동식 유압펌프를 갖추고 있다면 유압펌프를 구동시키는 데 사용하고, 유압계통의 저장소를 가압을 하는 데 사용한다.

❹ 저압계통(Low-Pressure System)

많은 왕복엔진을 장착한 항공기는 저압공기(low pressure air)를 얻기 위해 베인형 펌프(vane-type pump)를 장착하고 있다. 이런 펌프들은 전기 모터 또는 항공기 엔진에 의해 가동된다. 그림 4-76은 2개의 배출구, 구동축(drive shaft), 그리고 2개의 날개(vane)를 가지고 있는 틀(housing)로 이루어진 베인형 펌프를 보여준다. 구동축과 날개에는 슬롯(slot)이 있어 날개는 구동축을 통해 앞뒤로 미끄러질 수 있다. 구동축은 틀 내에 편심으로 장착되어, vane으로 하여금 A, B, C, D의 서로 다른 크기의 공간(chamber)을 형성하게 한다. B는 가장 큰 공간이며 외부 공기가 들어갈 수 있는 공급포트가 있다. 펌프가 작동되면 구동축은 회전하고 vane의 위치와 공간의 크기를 바꾼다. 가장 큰 공간 B는 회전하면서 압축되고 가장 작은 공간을 형성할 때 압축된 공기는 압력 포트로 배출된다. 이런 원리로 펌프는 110psi까지의 압축공기를 연속적으로 공압계통에 공급한다. 저압 계통은 날개제빙 부트 계통(wing deicing boot system)에서 사용된다.

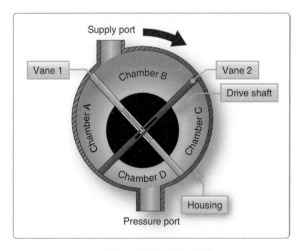

▲ 그림 4-76 베인형 공기 펌프

⑤ 공압계통 정비(Pneumatic Power System Maintenance)

공압계통의 정비는 보급하기(servicing), 고장탐구하기(trouble shooting), 구성품의 장탈(remove)과 장착(installation), 그리고 작동시험하기(operation testing)로 이루어진다. 공기압축기의 윤활유 유량의 레벨(level)은 제작사 지침서에 따라서 매일 점검되어야 한다. 유면(oil level)은 육안게이지(sight gauge) 또는 dipstick으로 표시된다. 압축기의 oil tank를 채울 때는 관련 사용지침서에 명시된 종류의 오일을 사용하고, 명시된 레벨까지만 채운다. 오일을 보급한 후 보급플러그(filler plug)는 적정 값으로 토크를 해야 되고, 안전결선을 해야 한다.

공압계통은 구성품과 공압관에 있는 오염, 습기, 또는 오일을 제거하기 위해 주기적으로 정화되어야 한다. 만약 과도한 양의 이물질, 특히 오일이 어떤 하나의 계통에서 나왔다면, 그 시스템을 구성하는 관과 구성품을 장탈하여 깨끗이 청소하거나 교체해야 한다.

공압계통을 정화(purging)하고 모든 계통 구성품을 다시 연결한 후, 공기 공병 안에 축적된 습기 또는 불순물을 전부 배출해야 한다. 배출한 후, 질소 또는 깨끗하고 건조한 압축공기로 보급한다. 그다음에 계통은 철저한 작동점검(operational check)과 누설(leak), 안전에 대한 검사를 실시해야 한다.

Aircraft Airframe

PART 03

기체 구조의 강도

CHAPTER 1

비행상태와 하중
Flight Condition and Load

항공기는 비행 중에 외력이 작용하고 기체구조에는 하중이 가해진다.

이때 비행속도(V)와 하중계수(n)의 관계를 직교좌표축에 나타낸 그래프를 $V-n$선도라고 하며 그 목적은 항공기의 제작자에 대한 지시로서, 항공기를 어느 정도의 하중에 대하여 구조상 안전하게 설계하고 제작해야 한다는 내용과 항공기의 사용자에 대한 지시로서, 항공기가 구조상 안전하게 운항하기 위하여 어떤 범위에서 비행해야 한다는 내용을 제시하는 것이다.

1-1 기체의 하중(Airframe Load)

항공기 기체에는 비행하는 동안에는 공기력, 무게, 추력, 관성력 등이 작용하며 지상에서 이동 시에는 무게, 추력, 충격력, 반력, 관성력 등 작용한다.

★기계적인 하중 → 힘이나 모멘트에 의한 하중을 말하는 것으로 부재 내에 작용하는 인장력, 압축력, 전단력, 휨 모멘트, 비틀림 모멘트와 같은 것을 말한다.

항공기가 비행 중 기체에 작용하는 하중의 구분은 아래와 같다.

① 공기력에 의한 하중

비행 중에는 공기력에 의한 하중이 날개, 꼬리날개, 동체에 작용하는데 이 공기력은 항공기의 진행 방향에 대하여 수직방향과 진행방향으로 나타난다. 또 날개와 꼬리 날개에 작용하는 공기력에 의해 날개와 꼬리날개 사이의 구조부재에는 전단력, 비틀림 모멘트, 휨 모멘트가 발생한다.

② 관성력에 의한 하중

관성력에 의한 하중은 가속도와 반대방향으로 물체가 받는 힘으로서 항공기가 이륙하여 목적지에 착륙하기 까지 비행상태는 계속적으로 변하는데, 이와 같은 비행상태에서는 항공기를 가속하거나 또는 감속하게 되면 아래 식과 같은 관성력이 발생하는데,

$$F = ma = \frac{W}{g} \cdot \frac{dv}{dt}$$

여기서, F : 힘, m : 질량, W : 무게, a : 가속도

이때 관성력의 방향은 가속도 방향과 반대이고 관성력의 특성은 다음과 같다.

관성력은 가속도 운동을 하고 있는 관측자에게만 느껴지는 힘이다.

관성력은 관측자의 가속도 방향과 정반대 방향으로 작용한다.

관성력은 가상적인 힘(힘의 원인인 물체가 없다)이므로 작용, 반작용 법칙은 성립되지 않는다.

③ 돌풍(GUST)에 의한 하중

항공기는 비행 중 자연현상의 하나인 돌풍(GUST)을 받게 되는데 현재 수평등속도(n=1)로 비행하는 항공기에 밑으로부터 돌풍이 불어온다면 받음각이 달라지고 양력이 커진다.

보통 돌풍은 순식간에 지나므로 단시간에만 양력이 커지는 것이다.

돌풍하중은 항공기가 $L = W$인 상태로 비행하다가 $L+\Delta L$인 양력이 증가된 상태로 비행하게 되는 하중을 말한다.

항공기의 속도를 V, 돌풍의 속도를 Ku, 양력계수를 C_L이라 하면

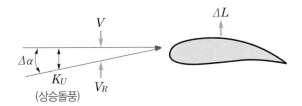

받음각 $\Delta \alpha$가 증가하면 ΔL이 증가하여 $\tan\Delta\alpha = \dfrac{Ku}{v}$가 된다.

★ 돌풍으로 인한 양력의 변화

$$L+\Delta L = L+\Delta C_L \frac{1}{2}\rho V^2 S = L+\left(\Delta\alpha\frac{\Delta C_L}{\Delta\alpha}\right)\frac{1}{2}\rho V^2 S = L+KuVa\frac{1}{2}\rho S$$

$$\left(\Delta\alpha \text{가 작다면 } \Delta\alpha = \frac{Ku}{V}, \ a = \frac{\Delta C_L}{\Delta\alpha} \ (\text{양력곡선의 기울기})\right)$$

이때 돌풍에 의한 하중배수는 돌풍의 세기에 따라 다르지만 $V-n$ 선도에서 기울기를 가진 직선이 돌풍하중배수를 나타낸다.

일반적으로 돌풍은 20.1m/s, 15.25m/s, 7.6m/s의 상승 및 하강속도를 선택한다.

1-2 속도-하중배수 선도($V-n$ Diagram)

$V-n$ 선도란 항공기의 속도와 하중배수를 직교좌표축으로 하여 항공기의 속도에 대한 한계하중계수를 나타내어 항공기의 안전한 비행 범위를 정해 주는 도표를 말한다.

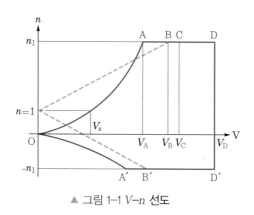

▲ 그림 1-1 $V-n$ 선도

① 설계하강속도(V_D)는 $V-n$ 선도에서 최대속도를 나타내며, 구조 강도의 안정성과 조종면에서 안전을 보장하는 설계상의 최대 허용 속도로서 항공기 운항에서 여러 속도를 정하는 데 기준이 되는 속도이다.

② 설계순항속도(V_C)는 항공기가 이 속도에서 순항성능이 가장 효율적으로 얻어지도록 정한 설계 속도를 말한다. 즉 비행성능, 연료소모율 등이 효율적인 경제적 속도이며 구조강도상 문제가 없는 속도를 말한다.

③ 설계기동속도(V_A)는 설계운용속도라고도 하며 플랩 올림 상태에서 설계무게에 대한 실속속도를 말한다. 즉, 항공기가 특정속도로 비행하다가 조종간을 당겨 최대양력계수 상태가 될 때 날개에 작용하는 하중배수가 해당 항공기의 설계 제한하중배수와 같게 되는 경우 이 수평속도를 설계운용속도라고 한다.

설계운용속도 이하에서는 급격한 조작을 해도 항공기 구조상 안전하다는 뜻이다.

이때 n을 n_1으로 바꾸면 V는 V_A가 되므로 $V_A = \sqrt{n_1} \times V_S$로 구할 수 있다.

④ 실속속도(V_S)는 항공기에 따라 상수이며 C_{Lmax}인 상태로 $L=W$이므로 하중배수 $n=1$이 된다. 따라서 하중배수가 1인 지점의 속도 V_S가 실속속도인 것이다.

항공기는 실속속도 이하로는 비행할 수 없다.

또한 $V-n$ 선도상에서 각 속도 성분과의 관계는 $V_S < V_A < V_C < V_D$로 볼 수 있다.

1-3 하중배수와 안전계수(Load Factor and Safety Factor)

기체는 여러 하중이 작용하는 구조물로서 이 하중의 값은 비행상태에 따라 달라진다. 그러나 기체의 구조는 항상 최대 하중에 대하여 충분한 강도를 유지하도록 설계한다.

기체에 작용하는 하중의 크기는 $V-n$ 선도의 하중배수로 나타내며, 정상 수평비행상태, 즉 1g 상태에서 작용하는 자체무게의 배수로 나타낸다.

하중배수는 항공기의 기종에 따라 제한되어 있는데, 이것을 한계(제한)하중배수(limit load factor)라 한다.

잘 훈련된 전투기의 조종사가 견딜 수 있는 최대 가속도는 (+)로 약 8g이고, (−)로는 약 3g으로 알려져 있다. 따라서 전투기에 대한 한계하중배수는 약 8g에서 −3g이다.

미국연방항공국의 규정(FAR23, federal aviation regulation 23)에 의하면 민간항공기는 4가지 유형으로 구별하고 있다.

[표 1-1] 항공기 유형별 제한하중배수

유형	제한하중배수	규정
A류(곡예기, acrobatic)	+6.0 ~ −3.0	최대이륙무게 5,700kg 이하인 항공기로서 보통기에 적합한 비행과 곡예비행에 적합한 것
U류(실용기, utility)	+4.4 ~ −1.76	최대이륙무게 5,700kg 이하인 항공기로서 보통기에 적합한 비행 및 60도 경사를 넘는 선회, 레지에이트, 찬델 등의 제한된 곡예비행에 적합한 것
N류(보통기, normal)	+3.8 ~ −1.52	최대이륙무게 5,700kg 이하인 항공기로서 보통의 비행(60도 경사를 넘지 않는 선회 및 실속)에 적합한 것
T류(수송기, transport)	+2.5 ~ −1.0	항공운송사업용으로 적합한 항공기

일반적으로 항공기는 한계하중보다 큰 하중을 받지는 않으나 기체의 강도는 한계하중보다 좀 더 높은 하중에서 견딜 수 있도록 설계해야 하는데 이것을 설계하중(design load)이라 하고 이때의 하중계수를 설계하중계수라 한다.

이러한 설계하중을 고려해야 하는 이유는 다음과 같다.

① 항공역학 및 구조역학 등의 이론적 계산에서 많은 가정이 있었고

② 재료의 기계적 성질 등이 실제의 값과 약간씩 차이가 있으며

③ 세작가공 및 검시방법 등에 따라 측정한 수치에는 항상 오차가 있기 때문이다.

④ 기체구조에는 비상시이거나 돌풍 시에 예상한 값보다 더 높은 하중이 발생할 가능성이 있기 때문이다.

항공기의 하중배수(load factor)란 어떤 비행상태에서 기체에 작용하는 하중(양력)을 무게로 나눈 값으로서 양력이 중력의 몇 배가 되는가를 나타내는 값이다.

★ 등속 수평비행에 있어서 하중배수는 공기력에 의한 하중, 즉 양력을 무게로 나눈 값으로 정의 되는데 다음과 같다.

$$하중계수\,(n) = \frac{L}{W} = \frac{C_L \frac{1}{2} \rho V^2 S}{W} = 1$$

항공기가 V_1의 비행속도로 수평 비행하다가 V_2 다른 속도로 비행하는 경우

$$하중계수\,(n) = \frac{V_2^2}{V_1^2} \ (\Rightarrow \frac{C_L \frac{1}{2} \rho V_2^2 S}{W} = \frac{C_L \frac{1}{2} \rho V_2^2 S}{C_L \frac{1}{2} \rho V_1^2 S} = \frac{V_2^2}{V_1^2})이\ 된다.$$

여기서 V_1을 항공기의 실속속도 V_S를 가하는 경우

$$하중계수\,(n) = \frac{V^2}{V_S^2}$$

선회 비행에 있어서의 하중계수

$$하중계수\,(n) = \frac{1}{\cos\theta}$$

여기서, θ : 선회비행에서 경사각, R : 선회반지름

$$하중계수\,(n) = \frac{L + \Delta L}{W} = 1 + \frac{\Delta L}{W} = 1 + \Delta n = 1 + \frac{ku V\alpha \rho}{2 \frac{W}{S}} \ (= 1 + \frac{Ku V\alpha \frac{1}{2} \rho S}{W})$$

① 제한하중배수(Limit Load Factor)

　항공기에 여러 번 반복하여 하중이 작용하더라도 기체 구조 부분에 영구 변형이 일어나지 않는 제한된 설계상의 하중으로서 항공기의 제한하중은 항공기의 유형에 따라 감항성 규정으로 정한다. 즉 항공기의 사용목적이나 과격한 비행상태에 따라 국제적 규정에 따라 분류된다.

② 안전계수(Factor of Safety)

　항공기의 각 구조물이 안전성을 가지도록 하기 위한 설계목적으로 구조물의 종류에 따라 정한 값으로서 현대 항공기에서는 일반적인 구조물의 경우 안전계수 S는 1.5의 값을 선택한다.

　그러나 특별한 경우, 주물부품, 연결부품 또는 조종계통의 힌지 등은 표 1-2에 의해 특별 안전계수를 다시 곱해 설계한다.

[표 1-2] 안전계수

항목			내 용
안전계수	일반		S = 1.5
	주물		(1.25 ~ 2.0) S
	결합부		>1.15 S
	힌지면압		>6.67 S
	조종계통힌지	막대	>3.33 S
		케이블	>2.0 S

③ 극한하중배수(ultimate load factor) = 설계하중배수

　　항공기의 설계자는 구조설계 시 구조강도상의 안전계수를 감안하여 제한하중에 안전계수(보통 1.5)를 곱한 하중배수를 계산하여야 하는데 이것을 설계하중 또는 극한(종극)하중이라고도 한다.

　　　　※ 종극(설계)하중 = 제한하중배수 × 안전계수

④ 안전여유

　　구조부재가 받을 수 있는 최대하중을 허용하중(allowable load)이라 하고 실제로 발생하는 최대하중을 실제하중(actual load)이라 하면 안전여유(MS, margin of safety)는 다음과 같다.

$$안전여유 = \frac{허용하중(또는 허용응력)}{실제하중(또는 실제응력)} - 1$$

원칙적으로 기체구조의 설계에서 안전여유는 음의 값을 가지지 않도록 해야 한다.

예제 1 실속속도가 140km/h인 비행기를 200km/h의 속도로 수평비행을 하다가 갑자기 조종간을 당겨 최대 받음각의 자세를 취하여 $C_{L\max}$인 상태로 하였다. 이때 하중배수는 얼마인가?

$$\rightarrow n = \frac{V^2}{V_S^2} = (\frac{200}{140})^2 = 2$$

예제 2 항공기가 경사각 60°로 정상 선회할 때의 하중배수를 구하시오.

비행기가 선회하기 위한 경사각 $\theta = 60°$

$$\rightarrow n = \frac{1}{\cos\theta} = \frac{1}{\cos60°} = 2$$

예제 3 실속속도가 220km/h인 전투기의 설계 제한하중 배수가 8인 경우, 이 전투기의 설계 기동속도는 얼마인가?

$$\rightarrow n = \frac{V^2}{V_S^2}$$

$$\therefore V = \sqrt{n} \times V_S = \sqrt{8} \times 220 = 622km/h$$

1-4 항공기 기체에 작용하는 하중(Affecting Load to Airframe)

❶ 동체 구조에 작용하는 하중(Effecting Load of Fuselage Structure)

1) 정상 기본 비행 하중(Normal Basic Flight Load)

(1) 항공기 운영 중 발생하는 하중에 영향을 주는 요소는 추력(thrust), 항력(drag), 양력(lift), 중량(weight), 돌풍(gust), 바람(wind), 객실 여압(cabin pressurization) 그리고 공중 조작에 따른 관성력(inertial force)으로 인한 가속력(accelerating force)과 원심력(centrifugal force) 등이다.

(2) 항력과 양력은 각 부분에서 공기력에 의해 발생되는 불균등 분포 하중으로 기체 결합부에 집중 하중으로 작용한다.

(3) 항공기 자체 중량은 구조부재 각 섹션의 합성력으로 각각의 구조부분에 개별적으로 하중이 작용한다.

(4) 객실여압은 동체 외피에 원주 방향의 힘으로 작용하여 전단류(shear flow)를 유발하여 동체에 유해한 뒤틀림(warping), 좌굴(buckling) 등을 발생시킨다.

(5) 관성력(inertia force)은 공중 조작에 의한 상승(climbing), 하강(descent), 옆놀이(rolling)시에 발생하는 가속 관성력과 원심력으로 주로 조종면에서 발생하여 날개와 꼬리날개로 전달된다.

(6) 크리프 응력(creep stress)은 일정한 응력을 받는 재료가 일정한 온도에서 시간이 경과함에 따라 하중이 일정하더라도 변형률(strain)의 변화가 발생하는 것을 말한다. 그림 1-2에서는 크리프-파단 곡선을 보여준다.

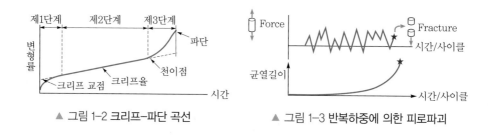

▲ 그림 1-2 크리프-파단 곡선   ▲ 그림 1-3 반복하중에 의한 피로파괴

(7) 그림 1-3에서와 같이 피로응력(fatigue stress)은 반복적인 하중이 횟수 증가로 인하여 발생하는 응력으로, 실험적 고찰에 따르면 금속재료는 원래의 강도보다 낮은 수준의 하중에서 손상이 발생됨을 알 수 있다. 이러한 파괴를 피로파괴(fatigue fracture)라 하고 이때 작용하는 반복적인 하중을 피로하중이라 한다. 피로파괴에 대한 다양한 추정 원인이 존재하며, 많은 파

괴가 재료결함, 제작결함, 운용 중의 결함으로부터 발생한다.

(8) 그림 1-4에서는 항공기가 비행 중 발생하는 여러 가지 하중을 보여주고 있다.

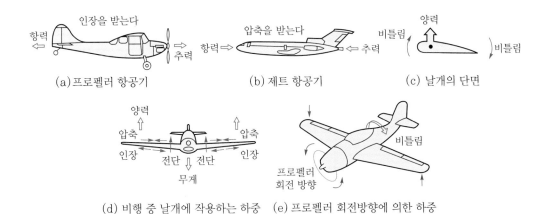

▲ 그림 1-4 항공기에 작용하는 하중

(9) 양력은 불균등 분포 하중으로 발생하여 날개와 동체 결합부에 인장, 압축, 굽힘, 전단, 비틀림, 응력을 유발한다.

2) 동체의 굽힘 모멘트와 강도(Fuselage Bending Moment and Strength)

(1) 수평비행 중 가해지는 동체의 굽힘 모멘트는 그림 1-5에서와 같이 날개가 장착된 부분에서 최대가 되며, 비행 중 조종이나 돌풍으로 g가 가해질 때는 동체의 아래방향으로 굽힘 모멘트도 증가하게 된다. 따라서 날개 장착부 부근은 굽힘에 대하여 강하게 설계, 제작하여야 한다.

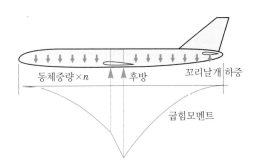

▲ 그림 1-5 동체에 작용하는 굽힘모멘트의 예

(2) 그림 1-6에서와 같이 날개에 작용하는 하중의 합은 양력에서 날개의 자체 중량을 뺀 다음 하중배수 n을 곱한 값으로 구한다. 따라서 전체중량에서 날개중량을 빼고 하중배수 n을 곱한 값이 되며, 동체 중량에 하중배수 n을 곱한 값이다.

(3) 실제 비행 시 꼬리부분에서는 기수부분에서보다 g가 1.5배 정도 크게 발생한다(그림 1-7 참조)

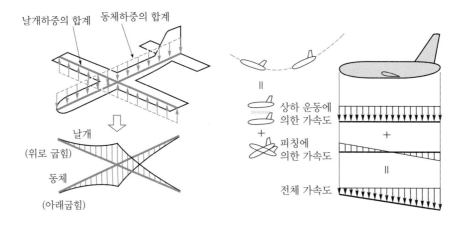

▲ 그림 1-6 굽힘모멘트의 단순화된 개념도　　　▲ 그림 1-7 실제로 동체에 가해지는 하중

(4) 그림 1-8에서와 같이 착륙에 의한 굽힘 하중은 여객기의 강하율 3m/s를 제한하중으로 설정하면 가속도는 보통 2g에서 3g 정도가 된다. 2g나 3g의 관성력 중 1g만큼의 하중은 날개의 양력과 균형을 이루고, 남은 1g나 2g가 착륙장치에서 지면 반력과 균형을 이루어 충격을 흡수한다. 지면 반력의 대부분을 받는 것이 주 착륙장치이며, 주 착륙장치를 기준으로 동체는 아래방향으로 굽힘 하중을 발생한다.

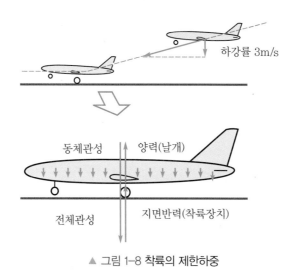

▲ 그림 1-8 착륙의 제한하중

(5) 동체구조의 굽힘 강도는 날개에 비해 얇은 외피에 얇은 스트링거가 배치된다. 그 이유는 동체는 날개보다 단면 높이가 커서 굽힘에 의해 상하 부재에 걸리는 인장력이나 압축력이 날개보다 훨씬 작기 때문이다. 동체에 아래로 굽힘 모멘트가 걸리면 상부는 인장을, 하부는 압축을 받게 된다. 많은 항공기에서 동체의 하부에 상부보다 강한 스트링거를 배치한 이유는 하부 외피는 압축응력이 커지면 좌굴이 발생하여 그 이상은 압축력을 감당하지 못하는 경우가 발생하기 때문이다.

(6) 스트링거는 단면적이 작고 길기 때문에 구멍을 뚫을 경우 응력집중으로 인한 파손이 발생할 수 있으므로 주의가 필요하다. 특히 중앙부분 플랜지에 구멍을 뚫는 것은 위험하다. 스트링거는 프레임의 간격이 클수록, 스트링거의 높이가 낮을수록, 스트링거의 폭과 높이에 비해 두께가 얇을수록 좌굴하중이 낮아진다. 또한 스트링거에 수직한 힘을 가하는 것은 위험하다. 그림 1-9에서는 전형적인 여객기 동체 구조를 보여주고 있다.

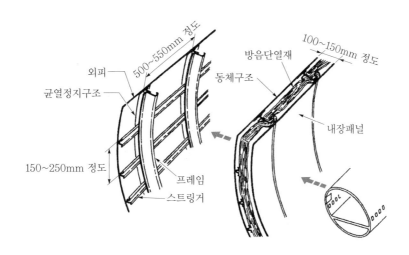

▲ 그림 1-9 전형적인 여객기 동체의 구조

3) 동체의 전단력(Fuselage Shearing Force)

(1) 동체 아래 방향의 굽힘 모멘트를 지지하는 구조부재는 상면과 하면의 스트링거와 외피이며, 동체에 걸리는 전단력을 지지하는 주요 구조물은 동체 양 측면의 외피이다.

(2) 그림 1-10에서와 같이 동체의 전단력은 날개 장착부에 가까워짐에 따라 점점 증가하며, 격자위 한 면에 외피가 있을 경우, 이 외피가 전단력을 지지하여 격자는 직각으로 유지한다.

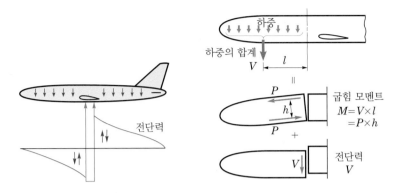

▲ 그림 1-10 동체에서의 전단력 분포의 예와 전단력이 발생하는 이유

(3) 동체의 외피 두께는 보통 0.5~1.5mm 정도로 얇기 때문에 전단력이 증가되면 좌굴이 발생한다. 좌굴 발생 시의 외피도 전단하중에 견디며, 하중 감소 시 원상태로 복귀한다. 그림 1-11에서는 전단력에 대한 외피의 효과를 보여주고 있다.

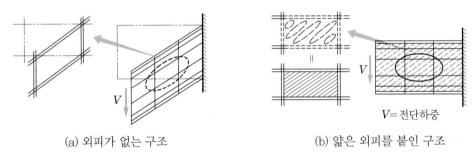

(a) 외피가 없는 구조   (b) 얇은 외피를 붙인 구조

▲ 그림 1-11 전단력에 대한 외피의 효과

(4) 동체의 전단강도는 전단하중이 아래, 위 방향인 경우, 동체 중앙 측면 외피의 중요성이 증가된다. 수송기의 스트링거 간격은 200mm 정도, 프레임의 간격은 약 50mm이다. 동체 외피의 두께는 위치에 따라 다르다. 날개 주위의 외피는 두껍게, 출입문 주위 등은 국부적으로 보강한다. 경비행기의 외피 두께는 0.5mm 이상이며, 스트링거 간격은 400mm, 프레임의 간격은 1m 정도이다.

4) 동체의 비틀림 모멘트와 강도(Fuselage Torsional Moment and Strength)

(1) 항공기의 방향키(rudder)를 조작하거나 옆에서 돌풍이 올 경우 수직꼬리날개가 옆으로 향하는 힘을 내어 동체에는 좌우 굽힘 모멘트와 비틀림 모멘트가 동시에 발생한다.

(2) 그림 1-12와 같이 굽힘 모멘트는 아래, 위, 옆으로 작용하며, 날개 장착부 부근에서는 크게 발생하지만, 동체 전방과 후방에서는 작아져서 최종적으로는 "0"이 된다.

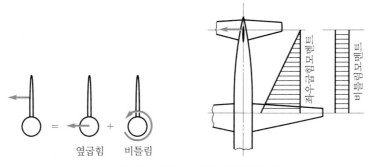

▲ 그림 1-12 수직꼬리날개 하중의 효과

(3) 수직꼬리날개(vertical tail wing)의 힘에 의한 비틀림 모멘트는 수직꼬리날개 설치부에서 날개 설치부까지 동일한 크기로 작용한다.

(4) 동체 미부(empennage)의 단면적이 작은 부분은 외피를 두껍게 제작하여야 한다.

5) 동체 바닥 적재 하중(Fuselage Floor Loading Capacity)

(1) 여객기에서는 바닥판 바로 아래 바닥판 받침보의 웹에 뚫은 구멍 사이로 조종 케이블과 같은 중요한 시스템이 작동하고 있는 것이 보통이므로, 바닥이 파손되지 않도록 설계해야 한다.

(2) 바닥 구조에 작용하는 하중의 전달 원리는 바닥판 위의 적재량에 비행 중 발생하는 g를 곱한 만큼의 하중을 바닥판이 우선 받고, 그것을 받침보가 지탱하여 프레임에 전달하며, 프레임에 전달된 하중은 양 측면의 외피로 이동한다.

(3) 그림 1-13에서와 같이 여객기는 바닥 면적당 제한 적재하중을 정할 뿐만 아니라 전체 적재화물의 무게를 제한하는 것이 일반적이다.

(4) 연료는 주로 날개 내부에 싣기 때문에, 연료를 싣지 않고 화물만 실려 있으면 날개의 굽힘 모멘트가 과대해질 우려가 있으므로 날개의 강도 측면을 고려하여 적재하중을 제한한다.

(5) 동체 바닥판에 가장 빈번하게 문제를 일으키는 것은 화물의 모서리와 여성의 하이힐에 의한 손상이다. 따라서 바닥판재는 두꺼워야 하고, 탄성변형에 의한 에너지 흡수능력이 커야 한다.

(6) 이 때문에 최근까지 벌집형 샌드위치 구조보다 무거운 판금구조의 바닥판과 나무 합판의 상판이 많이 사용되었다. 벌집형 구조의 상판은 정적인 굽힘에 강하고 가볍지만 충격에 약하기 때문에 적용되기 어려웠으나 표면패널과 코어에 에너지 흡수능력이 뛰어난 복합재료를 사용함으로써 문제점을 해결하였다.

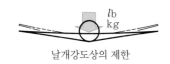

날개강도상의 제한

(a) 최대적재하중(최대무연료중량–운항자중)

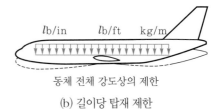

lb/in lb/ft kg/m

동체 전체 강도상의 제한

(b) 길이당 탑재 제한

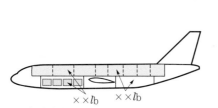

$\times \times lb$ $\times \times lb$

동체 전체 강도
각 화물실 또는 하중 시스템의 강도 } 에 의한 제한

(c) 각 화물실의 허용 탑재용량

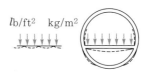

lb/ft^2 kg/m^2

바닥구조, 프레임의 강도에 의한 제한

(d) 바닥면적당 허용 탑재용량

▲ 그림 1–13 적재하중의 제한

② 날개에 작용하는 하중(Effecting Load of Wing)

1) 날개의 구조부재는 날개보와 리브의 배치로 시작된다. 굽힘모멘트가 커지는 날개와 동체의 결합부로부터 날개 부분과 동체 앞 밑부분의 부재배치를 고려하여 각 부재의 전단력이 무리없이 흐를 수 있도록 하는 것이 구조배치계획의 기본이 된다.

2) 기동과 돌풍의 하중배수가 정해지면 내부하중이라 불리는 전단력과 굽힘모멘트, 비틀림모멘트를 산출하고, 이와 병행하여 날개의 구조배치에 들어간다. 특히, 오늘날의 고성능 항공기에서는 공기력 등 외부하중의 크기를 기체구조의 강성과 처짐을 고려하여 계산하기 때문에 구조배치계획과 하중 해석은 밀접한 관계를 가지고 있다.

3) 실제로는 구조가 정해지지 않으면 강성도 결정되지 않으므로 구조설계자는 공학적 방법으로 계산하여 굽힘모멘트와 전단력의 근사치를 잡아서 초기 단계의 구조배치계획을 진행한다.

1) 날개에 작용하는 굽힘모멘트와 전단력(Effecting Bending Moment and Shear Force of Wing)

1) 날개에 작용하는 굽힘모멘트와 전단력의 크기는 기동과 돌풍에 의한 제한하중배수가 결정되면, 날개에 굽힘모멘트를 일으키는 외력의 크기는 1 g 상태의 양력에서 날개의 중량을 제한 값에 제한하중배수를 곱한 값, 즉 항공기 총 중량에서 날개중량을 제한 값에 제한하중배수를 곱한 값으로 결정된다.

2) 또한, 이것이 날개 뿌리에 작용하는 최대전단력을 결정한다. 그러나 이것만으로 날개의 구조를 결정할 수는 없다.

3) 물체에 가해지는 굽힘모멘트는 힘의 크기뿐만 아니라 그 힘이 어느 정도 멀리서 걸리는가에 따라 달라지기 때문이다.

4) 날개에서 굽힘모멘트가 최대인 곳, 즉 가장 튼튼히 해야만 하는 곳은 보통 동체의 양쪽에 해당하는 날개의 부착 부분이다.

5) 그림 1-14는 양력과 날개 중량의 분포가 날개 전체에 걸쳐 일정하다고 가정한 상태이다. 동체에 겹쳐 있는 부분도 양측 날개의 기류 영향으로 상당한 양력을 발생하기 때문에 여기도 같다고 가정하자.

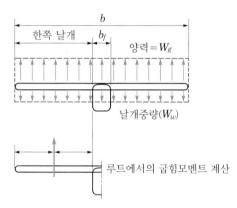

▲ 그림 1-14 외력의 분포가 일정하다고 가정한 경우의 날개 하중분포

6) 그러나 실제 날개에서 그림 1-15에 보인 바와 같이 양력의 분포가 균일하지 않고, 대부분의 항공기 날개에는 테이퍼가 있기 때문에 면적당 양력도 위치에 따라 불균일하며 날개끝에서는 양력이 작다.

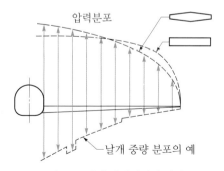

▲ 그림 1-15 실제 날개에서의 외력 분포

7) 날개의 굽힘모멘트는 그림 1-16과 같이 날개뿌리 부근에서 멀어지면 점점 감소한다. 날개뿌리에서 날개끝 방향으로 30% 정도 가면 날개에 작용한 최대 굽힘모멘트의 절반 정도, 날개의 가운데 정도에서는 1/4 정도로 줄어들고 날개끝에서는 "0"이 된다.

8) 또 좌우 피팅 사이의 동체와 겹쳐 있는 부분(중앙날개)은 굽힘모멘트가 똑같기 때문에, 굽힘 강도는 날개뿌리부분과 같다고 생각한다.

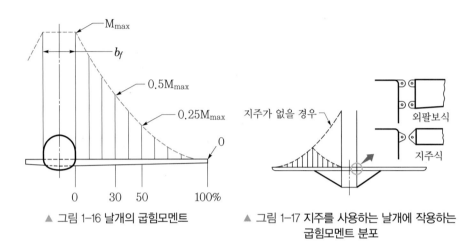

▲ 그림 1-16 날개의 굽힘모멘트   ▲ 그림 1-17 지주를 사용하는 날개에 작용하는
                                             굽힘모멘트 분포

9) 소형 저속기에 많이 사용되는 지주부착 날개의 경우는 그림 1-17과 같이 지주 바깥쪽의 굽힘모멘트는 지주가 없는 경우와 다르지 않지만 지주 안쪽에서는 작아지고 핀으로 체결하면 날개뿌리에서의 모멘트가 "0"이 된다.

10) 따라서 지주 내측은 굽힘강도를 줄여도 상관없기 때문에 지주가 없는 외팔보식과 같이 날개뿌리 부분을 튼튼히 할 필요가 없다.

11) 동체에 설치하는 전방 날개보, 후방 날개보 고정 볼트는 상하의 하중(전단력과 비틀림모멘트)에 견디게 설치한다.

12) 지지대와 버팀대를 사용한 지주식 날개는 매우 가볍지만 비틀림 하중은 지주가 감당할 수 없고 지지대에 의한 공기 저항을 고속에서는 견딜 수 없기 때문에 저속기에 적합하다.

2) 날개의 비틀림모멘트(Wing Torsional Moment)

1) 날개를 굽히려는 힘과 함께 간과할 수 없는 것이 날개를 비틀려고 하는 힘, 즉 비틀림모멘트이다.

2) 날개를 비틀려고 하는 힘은 그림 1-18에 나타나 있듯이 날개에 작용하는 압력의 합력 중심과 날개 각 부분의 비틀림 중심(탄성축: elastic axis)이 일치하지 않기 때문에 발생한다.

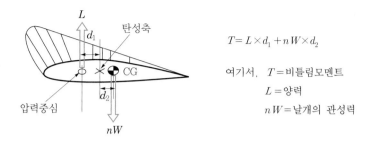

▲ 그림 1-18 날개에 가해지는 비틀림모멘트

3) 압력중심(center of pressure)과 탄성축을 일치시키면 비틀림모멘트는 "0"이 된다. 그러나 탄성축은 구조에 따라 다르고 기체 자세와 관계없는 일정한 위치에 있지만 압력중심은 기체의 자세가 변하면 전후로 이동하여(그림 1-19 참조) 급강하시에는 뒤로 움직이고 큰 받음각을 받도록 항공기 자세를 취하면 앞쪽으로 이동한다.

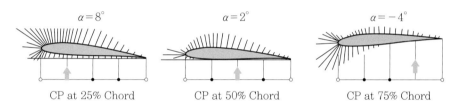

▲ 그림 1-19 받음각과 압력중심(NACA 4412)

4) 또한 도움날개를 조작해도 바뀌고 플랩을 내리면 뒤로 간다. 현실적으로 날개에 비틀림모멘트가 추가되는 것을 피할 수 없다.

5) 굽힘이나 전단하중에 대한 강도를 기본으로 하여 설계하면 강성이나 진동수가 낮아지는 일은 발생하지 않으나 비틀림 하중에 대하여는 강도보다 강성과 변형에 주의하고 고유진동수를 높게 하는 것을 우선적으로 고려해야 한다.

6) 날개가 비틀리면서 하중이 점점 늘어나는 방향으로 진행되어 마침내 파괴되는 다이버전스(divergence)나 고속에서 도움날개를 움직여도 원히는 방향으로 옆놀이 운동(rolling motion)이 일어나지 않고 오히려 반대방향으로 옆놀이 운동이 발생하는 조종면 역전(aileron reversal)현상 혹은 플러터(flutter)라는 도움날개의 회전과 관련된 날개 진동에 의한 공중분해 등은 모두 비틀림 강성의 부족에 의한 것이다.

7) 판과 같이 얇은 형상임에도 불구하고 굽힘, 전단력뿐만 아니라 큰 비틀림 하중에도 동시에 견뎌야 하는 것이 날개 구조의 특색이고 날개 구조설계의 과제라 할 수 있다.

🔳 꼬리날개에 작용하는 하중(Effecting Load of Empennage)

1) 항공기의 비행자세에 따라 꼬리날개에 작용하는 하중은 다양하게 변화한다. 그림 1–20에서 보여지는 바와 같이 비행자세가 바뀌면 하중은 꼬리날개의 위 또는 아래로 방향이 바뀌어 발생한다.

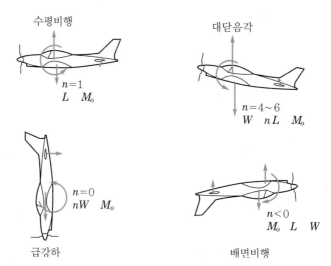

수평비행
$n=1$
$L \quad M_o$

대담음각
$n=4\sim6$
$W \quad nL \quad M_o$

급강하
$n=0$
$nW \quad M_o$

배면비행
$n<0$
$M_o \quad L \quad W$

▲ 그림 1–20 비행자세와 꼬리날개 하중

2) 항공기 꼬리날개에 부가되는 하중은 복잡하다. 꼬리날개의 작동형태에 따라 나눌 수 있는데, 일반적인 정상비행상태의 하중은 항공기 자세의 균형을 맞추기 위한 균형하중(조합하중)이며, 갑자기 불어오는 돌풍 등에 의해 발생하는 돌풍하중과 비행 자세를 변경하기 위하여 조종면을 작동시킬 때 발생하는 조타하중의 세 가지로 나눌 수 있다.

3) 이러한 하중은 모두 항공기의 비행속도, 관성력의 크기, 중량 및 무게중심, 공력계수 등에 의해 크게 달라진다. 또한 조종면의 작동 초기와 기체가 움직이는 중기, 그리고 움직임을 멈추는 후기 등 시간에 따라 다르다.

CHAPTER 2

중량과 평형
Weight & Balance

2-1 중량과 평형 일반(General)

▌1▐ 중량과 평형 목적(Purpose)

1) 항공기에 적재하는 중량은 항공기 성능에 크게 영향을 미치고, 최근의 항공기들은 대량의 인원과 화물을 적재하기 때문에 얼마만큼의 중량을, 어디에 싣는지 고려해야 한다.

2) 항공기마다 탑재할 수 있는 중량은 다르지만, 한계를 초과하여 중량을 싣게 되면 항공기 성능의 감소는 물론이고, 구조적으로도 손상을 주게 된다. 또 다른 고려 사항으로 어디에 싣는지가 중요하다.

3) 항공기마다 제작사가 정해 놓은 무게중심(C.G, Center of Gravity)한계라는 범위가 있다.

4) 이 무게중심 한계를 넘어갔다면 승객, 연료, 화물을 재배치하거나 중량을 줄여야 안전하고 효과적인 비행을 할 수 있다. 부적절한 하중은 고도, 기동성, 상승률, 속도 그리고 연료소비율 면에서 효율을 저하시킨다.

5) 지상에서 정비 과정이나 비행 중에 항공기의 무게중심을 알아내는 작업을 하고, 무게중심이 정해진 위치에 놓이도록 중량을 조절하여 평형을 이루도록 하는 작업을 항공의 중량 및 평형관리라고 한다.

6) 기장은 비행마다 최대허용중량과 무게중심한계를 반드시 알고 있어야 할 책임이 있다.

▌2▐ 중량 관리(Weight Control)

1) 중량은 항공기 제작과 운항에 있어서 관리되어야 할 주요 요소이고, 중량 초과는 항공기의 효율성을 저하시키고, 비상사태가 발생하는 경우에 대비한 안전 여유를 감소시킨다.

2) 항공기 중량이 증가되면 날개와 로터는 양력을 추가적으로 발생시켜야 하고, 구조는 추가 정하중뿐만 아니라, 기동에 의한 동하중도 지지할 수 있어야 한다.

3) 예를 들어, 3,000lb 날개는 수평 비행에서는 3,000lb를 지지하지만, 항공기가 완만하거나 급

격하게 60도 각도로 선회 비행을 한다면 동하중은 2배인 6,000lb가 필요하다.

4) 감항분류 "N(normal)" 항공기는 중량의 3.8배에 견딜 수 있을 만큼 강해야 한다. 즉, 항공기 1lb 중량에 대해 기체 구조는 3.8lb 이상을 지지할 수 있는 기체 구조의 강도가 필요하다는 것이다.

5) 감항분류 "U(utility)" 항공기는 4.4의 하중배수(load factor)를 지지하는 구조 강도를 가져야 하고, 감항분류 "A(Acrobatic)" 항공기는 중량의 6배를 견딜 만큼 강한 구조이어야 한다.

6) 날개에서 발생하는 양력은 에어포일 모양, 받음각(angle of attack), 대기 속도, 공기밀도 등에 따라 결정된다. 낮은 밀도, 곧 높은 고도에 위치한 공항에서 항공기 이륙은 해면고도 공항에서 이륙 시에 필요한 만큼 충분한 양력을 얻기 위해서는 항공기 속도를 높여야 하므로 활주거리가 더 길어질 수도 있다. 이 때문에, 고도가 높은 공항에서는 반드시 비행교범 등에 명시된 고도, 온도, 바람의 크기와 방향 및 활주로 상태 등을 고려하여 최대허용중량 이내에서 항공기를 운용하여야 한다.

❸ 중량 효과(Effects of Weight)

최대비행거리가 필요한 경우에 탑재량을 제한해야 하며, 최대탑재량을 수송해야 하면, 탑재 연료량에 의해 결정되는 최대항속거리를 줄여야 할 것이다. 하중 초과로 나타나는 문제는 다음과 같다.

① 더 큰 이륙속도를 얻기 위해 더 긴 이륙활주를 하여야 한다.

② 상승각, 상승률 모두 감소한다.

③ 서비스 최대고도가 낮아진다.

④ 순항속도가 감소한다.

⑤ 순항거리가 짧아진다.

⑥ 기동성능이 감소한다.

⑦ 착륙속도가 커지므로 착륙거리가 길어진다.

⑧ 초과하중으로 착륙장치 등 기체 구조부에 무리가 따른다.

❹ 중량 변화(Weight Changes)

1) 항공기 최대허용중량(maximum allowable weight)은 설계 고려 요소다. 최대운용중량(maximum operational weight)은 활주로면의 상태, 고도와 길이 등에 제한을 받는다. 비행 전에 또 하나의 고려할 사항으로 항공기 탑재중량의 분배 문제가 있다.

2) 최대착륙중량은 최대허용중량 이하이어야 하고, 비행교범이 조종사 운용 핸드북에 규정된 한

계값 이내로 무게중심이 유지되도록 탑재중량의 적정한 분배가 필요하다. 만약에 무게중심이 전방으로 치우치면, 몸중량이 무거운 승객은 뒷쪽 좌석으로 이동시키거나, 전방화물칸의 화물을 후방 화물칸으로 이동시켜야 한다. 만약에 무게중심이 후방으로 치우치면, 승객이나 화물을 전방으로 이동시켜야 한다.

3) 연료는 항공기 횡축에 따라 균형적으로 탑재되어야 한다. 비행 중에 항공기 평형 유지를 위하여 조종사는 특히 연료계통 작동에 주의를 기울여야 한다. 장시간 비행하기 전에 반드시 착륙을 대비한 연료 및 무게중심이 허용 범위에 있는지 반드시 점검하고 확인하여야 한다.

4) 일렬식의 의자 배치 항공기의 단독 비행에서 조종사가 전방석에 앉거나 후방석에 앉을 수도 있도록 할 수 있다. 어떤 회전익 항공기는 특정한 의자, 즉 좌측, 우측, 중앙 의자에 앉아 단독 비행을 한다. 이러한 착석 제한 사항은 계기판에 플래카드로 붙여 있으므로 반드시 준수하여야 한다.

5) 항공기는 사용 연수가 증가하면 중량도 증가하는 경향이 있다. 접근이 곤란한 곳에 이물질이 축적되기도 하고, 객실의 보호 설비에 습기가 축적되기 때문이다. 중량 증가량은 크지 않지만, 추정하기보다는 중량을 실측하여 정확하게 알아야 한다.

6) 항공기의 개조, 특히 장비의 변경은 항공기 중량이 변하게 되는 주요 요인이다. 여분의 통신 기기, 계기의 추가 장착으로 오버로드가 되기도 한다. 이러한 중량 변화는 무게중심의 이동을 초래하므로 이동값을 산출하여 중량과 평형 기록에 기록하여 두어야 한다.

7) 수리와 개조는 중량변화의 주요 근원이며, 중량 변화를 수반하는 수리나 개조를 수행한 정비사는 중량과 위치를 확인하여 새로운 자중 및 자중 무게중심 위치를 산출하여 중량과 평형 보고서에 반영하여야 한다.

8) 산출된 무게중심이 제작 시의 무게중심범위를 초과하다면, 탑재의 불합리성을 반드시 점검해야 한다. 무게중심이 무게중심 전방 범위로 이동했는지, 후방으로 이동한 것인지, 그리고 최대 중량을 점검해야 한다. 이 중량과 평형의 극단 상태는 항공기의 최대 전, 후방무게중심 위치를 말한다. 점검결과 탑재 무게중심 위치가 벗어나면, 위치를 재배열하고, 부적절한 탑재를 방지하도록 플래카드를 붙여야 한다.

9) 정상 무게중심 범위 내에서 항공기를 운용하기 위해 평형추(ballast)를 장착하기도 한다. 정비사는 중량과 평형기록이 현재 상태이고 정확한지 연간 또는 수시로 상태검사를 실시해야 한다. 항공기 운항에 있어 현재의 중량과 평형 자료를 사용해야 한다.

⑤ 안정성과 평형 관리(Stability and Balance Control)

무게중심은 항공기 총중량이 집중되는 지점이고, 특정의 한계 내에 위치해야 한다. 종적, 횡적 평형은 모두 중요하지만 종적 평형이 주 관심사이다.

1) 무게중심과 종적 안정성

1) 종적 안정성은 무게중심이 양력중심의 전방에 위치하도록 하여 항공기 기수를 하향으로 누르는 힘을 생성되도록 하는 것이다. 그림 2-1과 같이 기수를 들어 올리는 힘과 수평 미익을 아래로 누르는 힘과 평형을 이룬다.

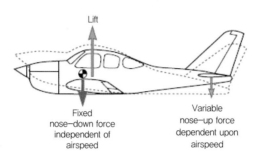

▲ 그림 2-1 비행중 비행기에 작용하는 세로방향의 힘

2) 만약 상승기류가 기수를 들게 하는 요인이 발생하면 항공기는 속도가 줄어들고 꼬리날개에 걸리는 아래로 누르는 힘이 줄어들 것이다.

3) 그림 2-2와 같이 무게중심에 집중된 중량은 기수를 다시 아래로 끌어내릴 것이다. 만약 비행중 기수가 아래로 떨어진다면 항공기 속도는 증가하고 꼬리날개에 증가된 아래 방향의 하중은 기수를 다시 위쪽으로 들게 하여 수평비행을 하게 된다.

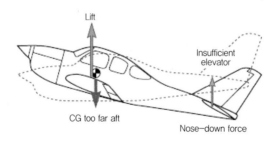

▲ 그림 2-2 저속 실속속도에서 CG가 너무 후방에 위치한다면 회복하기 위해 nose down을 하기 위한 승강키의 nose-down 허용값이 충분하지 않을 수 있다.

4) 무게중심 위치가 너무 앞쪽에 있으면 항공기 앞이 너무 무거워지고, 무게중심 위치가 너무 뒤쪽에 있으면 꼬리가 무거워진다. 무게중심이 매우 앞쪽에 위치하면 수평자세를 유지하기 위해 항공기 꼬리를 누르는 힘이 증가한다.

5) 이는 꼬리 쪽에 중량을 추가하는 것과 같은 효과를 낸다. 즉, 항공기는 더 큰 받음각으로 비행하게 되고, 항력도 증가한다. 무게중심 위치가 앞쪽에 치우치면 상승성능이 감소한다. 저속 이

류 시에 승강타(elevator)는 부양을 위한 충분한 기수 상승력을 생성하지 못하고, 착륙 시에는 최종단계에서 항공기를 들어 올리는, 즉 플레어하는 상승력을 생성하지 못한다.

6) 그림 2-3과 같이 무게중심이 앞쪽에 치우치면 이착륙 활주 길이도 늘어난다.

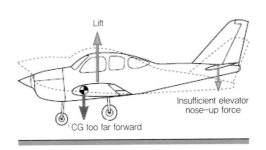

▲ 그림 2-3 CG가 너무 전방에 위치하면, 착륙하는 항공기를 들어 올리는데 필요한 승강키의 nose-up force가 충분하지 않을 것이다.

2) 무게중심과 횡적 안정성

1) 종축을 중심으로 좌우 방향, 같은 위치, 높이에 같은 중량의 장비가 장착되도록 설계한다. 횡적 불안정성은 균등하지 않은 연료 탑재나, 소모에서 발생한다. 항공기 횡적 무게중심 위치는 일반적으로 산정하지 않아도 되지만, 조종사는 횡적 불안정성에 의한 비행 특성 변화 효과를 알아야 한다.

2) 그림 2-4와 같이 횡적 안정성은 항공기 평형 유지를 위해 무거운 쪽 연료탱크 연료가 충분히 소모될 때 에일러론 트림 탭(Aileron trim tab)을 사용한다. 무거운 쪽에 양력을 추가 발생시키고 동시에 항력도 발생되어 비효율적이다.

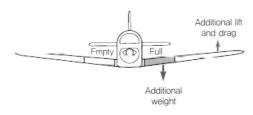

▲ 그림 2-4 Aileron의 작동에 의해 수정이 가능한 날개 무게에 의한 측면 불균형

3) 회전익 항공기는 횡적 안정성에 크게 영향을 받는다. 연료나 탑재 중량이 한쪽으로 치우치면 평형 유지가 어려워 비행 안전을 해칠 수도 있고, 외부에서의 수송 중량으로 횡적 안정성이 변화되면 수평비행을 유지하기 위한 주기조종효과(cyclic control effectiveness)를 해칠 수도 있다.

4) 뒤젖힘 날개를 가진 항공기(Sweptwing airplanes)는 연료 중량의 불균형에 의한 영향이 매우 크다. 바깥쪽 탱크 연료를 사용하면 무게중심이 전방으로 이동하게 되고, 안쪽 탱크 연료를 사용하면 무게중심이 후방으로 이동한다(그림 2–5 참조).

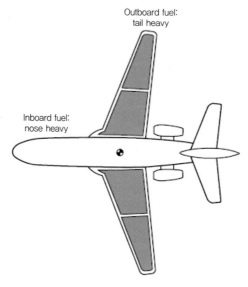

▲ 그림 2–5 뒤젖힘 날개에 적재된 연료

2-2 중량과 평형관리 이론(Weight and Balance Management Theory)

항공기 중량과 평형에 있어 필수적 고려 요소는 2가지다.

① 항공기의 형식별 총중량은 감항당국이 허용한 총중량보다 크면 안 된다.

② 무게중심 또는 항공기의 모든 중량이 집중되는 지점은 항공기의 운용중량의 허용범위 내에 유지되어야 한다.

1 항공기 중량, 거리, 모멘트(Aircraft Weights, Arms & Moments)

1) 거리(arm)는 기준선(Datum line)과 중량 사이의 수평거리이다. 기준선의 앞과 좌측은 음(−)으로 기준선의 뒤와 오른쪽은 양(+) 부호를 붙여 사용한다.

2) 항공기 전방에 기준선이 있다면 모든 거리는 양의 값을 가지게 된다. 중량은 파운드 단위로 측정하고, 항공기에서 중량이 감소하면 음(−)으로, 중량이 추가되면 양(+)으로 표현한다.

3) 항공기 제작사는 최대중량과 기준선과의 거리로 무게중심의 범위를 설정한다.

4) 기준선으로부터 특정 거리에 위치하는 평균공력시위(MAC, Mean Aerodynamic Chord)의 백분율(%)로 규정하기도 한다.

5) 기준선은 날개의 앞전이나 쉽게 식별할 수 있는 무게중심에서 특정 거리가 떨어진 곳에 정하기도 한다. 일반적으로 항공기 전방의 특정한 거리에 정하며, 예를 들어 항공기 기수로부터, 날개의 앞전부 또는 엔진 방화벽에서 일정 거리의 가상적 면으로 설정하기도 한다.

6) 회전익 항공기는 기준선을 로터 마스트(Rotor Mast)의 중심에 정하기도 하는데 이 위치로 부터의 거리는 양과 음의 값이 병존한다. 항공기 제작사가 측정과 장비의 장착 위치, 중량과 평형 계산이 편리한 곳에 기준선의 위치를 결정한다.

7) 그림 2-6은 기준선이 날개 앞전(Leading Edge)에 있는 항공기로 전방으로는 양의 값, 후방으로는 음의 값을 갖는 거리를 보여주고 있다.

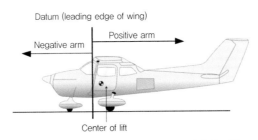

▲ 그림 2-6 기준선 위치와 양의 방향에서의 영향

8) 모멘트는 물체를 회전시키려는 힘으로 파운드-인치(lb-in) 부호는 방향을 나타낸다.

9) 표 2-1은 중량, 거리, 모멘트의 부호와 회전과의 관계를 나타낸다. 양의 모멘트는 항공기 기수를 들어 올리는 회전력, 음의 모멘트는 기수를 내려 누르는 회전력이다.

[표 2-1] 중량, 거리, 모멘트의 부호와 회전과의 관계

Weight	Arm	Moment	Rotation
+	+	+	Nose Up
+	−	−	Nose Down
−	+	−	Nose Down
−	−	+	Nose Up

2 무게중심 찾기(Determining the Center of Gravity)

1) 그림 2-7과 같이 기준선은 전방 일정 지점에 설정하고 여러 중량이 작용할 때 무게중심을 다음 순서로 구해 보자.

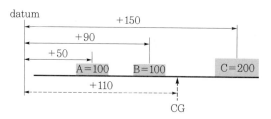

▲ 그림 2-7 판 외부에 위치한 기준선에서 C.G 판단

① 기준점에서의 각 중량까지 거리를 측정한다.

② 각각의 중량에서 작용하는 모멘트를 계산한다.

③ 중량의 합과 모멘트의 합을 구한다.

④ 총 모멘트를 총 중량으로 나누어 C.G를 구한다.

[표 2-2] 판 외부에 위치한 기준선에서 C.G 판단

Item	Weight(lb)	Arm(inch)	Moment(lb-in)	C.G
Weight A	100	50	5,000	
Weight B	100	90	9,000	
Weight C	200	150	30,000	
	400		44,000	110

2) 무게중심이 기준점으로부터 110inch에 있음을 증명하기 위해 기준을 110inch로 변경하면 그림 2-8과 같고, 표 2-3과 같이 계산된다.

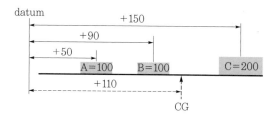

▲ 그림 2-8 C.G로 이동된 기준선으로부터의 암

[표 2-3] 기준선 우측 110 inch 위치(C.G)에서 판의 균형

Item	Weight(lb)	Arm(inch)	Moment(lb-in)
Weight A	100	−60	−6,000
Weight B	100	−20	−2,000
Weight C	200	+40	+8,000
			0

3) 모멘트 합이 "0"일 때 평형상태이다. 기준선 위치는 어디에 정해도 되나, 이 기준선으로부터 각 각의 중량까지 거리를 측정하여야 한다는 것을 알 수 있다.

4) 항공기의 무게중심도 같은 방법으로 구한다.

5) 그림 2-9와 같이 중량 측정 준비를 하고, 저울 위에 항공기를 올려놓고 중량을 측정한다. 항공 기 및 저울을 고정하기 위한 도구(받침목 등)의 중량은 제외되어야 한다. 형식증명서에 기준선 에서 인치 단위로 표시되는 위치선(Station No.)으로 중량과 무게중심 위치를 나타낸다.

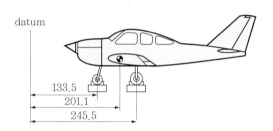

▲ 그림 2-9 전방에 기준선이 위치한 비행기의 C.G 판단

[표 2-4] 전방에 기준선이 위치한 비행기의 C.G 판단을 위한 Chart

Item	Weight(lb)	Arm(inch)	Moment(lb-in)	C.G
Main wheels	3,540	245.5	869,070	
Nose Wheels	2,322	133.5	309,987	
Total	5,862		1,179,057	201.1

❸ 항공기 무게중심 이동(Center of Gravity)

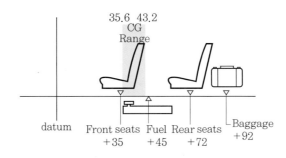

▲ 그림 2-10 대표적인 single-engine 비행기의 적재 도해

1) 다음과 같은 항공기 자료와 그림 2-10 항공기의 무게중심 이동을 알아보자.

① 항공기 자중: 1,340 lbs

② 무게중심: +37 inch

③ 최대총중량: 2,300 lbs

④ 무게중심 범위: +35.6 inch ~ +43.2 inch

⑤ 전방좌석 2개 위치: +35

⑥ 후방좌석 2개 위치: +72

⑦ 연료량 및 위치: 40 gal @ +48 inch

⑧ 최대탑재 화물 중량: 60 lbs @ +92 inch

2) 140 lb 조종사와 115 lb 승객이 전방 좌석에 앉고, 212 lb와 97 lb 승객이 후방석에 앉는다. 수하물은 50 lb, 연료는 최대항속거리를 보증하기 위해 최대로 탑재한다.

3) 이 자료로 무게중심을 구하기 위한 계산표는 표 2-5와 같다.

[표 2-5] 적재 chart 합계는 무게가 한계 이내에 있으나 C.G는 너무 후방에 위치

Item	Weight(lb)	Arm(inch)	Moment(lb-in)	C.G
Airplane	1,340	37	49,580	
Front Seats	255	35	8,925	
Rear Seats	309	72	22,248	
Fuel	240	48	11,520	
Baggage	50	92	4,600	
	2,194		96,873	44.1

4) 항공기 총중량은 최대중량 2,300lb 이내인 2,194lb이지만 무게중심이 +0.9inch 초과한다.

5) 무게중심 범위 이내로 변경을 위해 212lb 승객과 115lb 승객의 좌석을 바꾸고 △C.G를 구하면, △C.G = (214−115)×(72−35)÷2,194=1.6inches이다.

6) 즉, 무게중심이 전방으로 1.6inch 이동한다. 이를 증명하기 위해 무게중심 계산을 하면 표 2−6과 같다.

[표 2-6] 본 적재 chart에서는 무게와 균형이 허용 가능한 한계 이내에 있음을 나타냄

Item	Weight(lb)	Arm(in)	Moment(lb−in)	C.G
Airplane	1,340	37	49,580	
Front Seats	352	35	12,320	
Rear Seats	212	72	15,264	
Fuel	240	48	11,520	
Baggage	50	92	4,600	
	2,194		93,284	42.5

2-3 중량과 평형관리 용어(Weight & Balance Terminology)의 이해

1 기준선(Reference Datum)

1) 기준선은 수평비행 자세에서 정해지는 가상의 수직면으로, 항공기 종축과 수직축과 평행한 종축 위 어떤 지점의 가상의 면이다.

2) 항공기의 도면, 또는 사진에서 보면 수평축 위의 수직선으로 나타난다. 항공기에 장착되는 모든 장비, 부품들은 이 기준선에서의 거리로 표현된다.

3) 예를 들어, 연료 탱크의 연료는 기준선의 뒤쪽 60inch에 있게 되고, 조종실에 있는 통신 라디오는 기준선의 앞쪽 방향으로 90inch에 있게 된다.

4) 기준선의 위치를 정하는 규칙은 없다. 기준선은 항공기의 기수, 기수의 앞쪽 방향으로 특정한 거리, 엔진 방화벽, 회전익 항공기의 주 회전날개의 축의 중심 등에 정하게 된다. 항공기 제작사가 측정과 장비의 장착 위치, 중량과 평형 계산이 편리한 곳 기준선의 위치를 결정한다.

5) 그림 2−11은 기준선이 날개 앞전(Leading Edge)에 있는 항공기이다. 기준선 위치는 항공기 설계규격 도면 또는 형식증명자료집에서 알 수 있다. 항공기 설계규격서에는 항공기에 장착된 장비목록도 포함되어 있다. 형식증명서에는 장비목록을 별도로 갖고 있다.

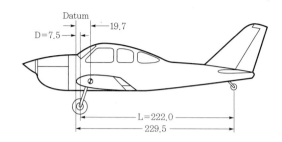

▲ 그림 2-11 본 후방 wheel 비행기의 기준선은 wing root 앞전에 위치함

② 중량변화에 따른 모멘트(Moment)

1) 항공기의 무게중심으로부터 수평거리에 중량을 곱하면 무게중심에서의 모멘트가 된다.

Moment : Arm × Weight(inch-pound, 또는 cm-kg)

2) Arm은 기준선으로부터 중량이 작용한 곳까지의 거리, inch, 또는 mm로 나타낸다. 기준선 후방에 위치하면 (+), 전방에 위치하면 (−)가 된다.

3) 중량증감에 따른 모멘트의 대수적 부호는 기준선의 위치에 따라, 그리고 중량이 증가되었는지 또는 제거되었는지 여부에 따라 다음과 같다.

① 기준선 뒤쪽방향으로 증가된 중량은 (+)모멘트를 만들어낸다.

② 기준선 앞쪽방향으로 증가된 중량은 (−)모멘트를 만들어낸다.

③ 기준선 뒤쪽방향으로 감소된 중량은 (−)모멘트를 만들어낸다.

④ 기준선 앞쪽방향으로 감소된 중량은 (+)모멘트를 만들어낸다.

③ 무게중심(Center of Gravity)

1) 항공기의 무게중심은 그 지점에서 수방향의 모멘트와 미익 방향의 모멘트가 정확하게 일치하여 평형을 이루는 지점이다. 수평비행상태에서 무게중심에서의 모멘트의 합은 "0"이다.

2) 자중무게중심(Empty Weight Center of Gravity)은, 항공기의 자중무게중심은 자중조건에 있을 때 무게중심을 이룬 지점을 중심으로 평형을 이루게 된다. 항공기의 중량을 측정하는 이유는 바로 이 자중무게중심을 알고자 함이다. 비행을 위해 항공기에 승객 탑승, 화물의 탑재, 장비 장착이나 장탈로 무게중심 변화를 계산하는 점검 등 중량과 평형 계산은 알고 있는 자중과 자중무게중심에서 시작된다.

4 평균공력시위(MAC)와 % MAC

1) 평균공력시위는 항공기 날개의 공기역학적 특성을 대표하는 시위로, 항공기의 무게중심을 대표하는 기본단위로 쓰이기도 한다.

2) 한쪽 날개 평면의 도심을 지나는 시위이다.

3) 항공기의 무게중심 위치는 비행안정성을 위해 MAC상 풍압중심의 전방에 위치한다. MAC 위의 어떤 점이나 기준선을 나타낼 때 기준선에서 미터 단위로 표기할 수도 있지만 중량과 평형에서는 MAC 길이의 백분율로, 즉 % MAC으로 나타낸다. 만약 날개 길이가 1m이고, 항공기의 무게중심이 MAC 위의 30cm에 있다면, 30% MAC에 무게중심이 있다고 한다.

4) MAC은 항공기 날개의 면적을 날개 Span의 길이로 나누어 구한다.

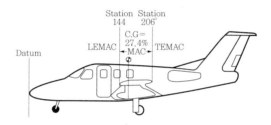

▲ 그림 2-12 항공기 무게와 균형 계산 도해

그림 2-12에서

$$MAC = 206 - 144 = 62\,inches$$

$$LEMAC = station\ 144$$

$$C.G = 160 - 144 = 17.0\,inches$$

$$C.G\ in\ \%\ MAC = (17 \times 100)/62 = 27.4\%$$

5 중량(Weight)

1) 최대중량(Maximum Weight)

최대중량은 항공기설계명세서 또는 형식증명자료집에 명기되어 있으며 항공기 중량에 대한 용어 정의는 다음과 같다.

① 최대램프중량(Maximum Ramp Weight)

최대램프중량은 항공기가 지상(ground)에 주기하고 있는 동안 적재할 수 있는 가장 무거운 중량이다. 최대지상이동중량(maximum taxi weight)이라고도 한다.

② 최대이륙중량(Maximum Takeoff Weight)

최대이륙중량은 항공기가 이륙활주를 시작할 때 허용 가능한 최대항공기중량으로 가장 무거운 중량이다. 이 중량과 최대램프중량(maximum ramp weight) 사이에 차이는 이륙 이전에 지상 이동 중에 소모되는 연료의 중량과 같게 된다.

③ 최대착륙중량(Maximum Landing Weight)

최대착륙중량은 항공기가 정상적으로 착륙할 수 있는 최대중량이다. 대형 상업용 항공기는 최대이륙중량과 100,000lb 이상 적다.

④ 최대무연료중량(Maximum Zero Fuel Weight)

최대무연료중량은 처리할 수 있는 연료와 오일을 탑재하지 않은 상태로 승객, 화물을 최대로 실을 수 있는 중량으로 가장 무거운 중량(weight)이다.

2) 자중(Empty Weight)

항공기의 자중은 항공기에 장착되어 동작되는 모든 장비 중량을 포함한 항공기 자체의 중량이다. 기체(airframe), 동력장치(powerplant), 필요한 장비(equipment), 선택장비(optional equipment), 또는 특별장비(special equipment), 고정 발라스트(Fixed Ballast), 유압유, 잔류연료와 잔류오일의 중량을 포함한다. 잔류연료와 잔류오일은 그들이 연료관(fuel line), 오일관(oil line) 등 계통 내에 갇혀 있기 때문에 정상적으로 사용(배출)되지 못한 유체로 항공기 자중에 포함된다. 엔진윤활 계통의 냉각을 위해 사용되는 연료량도 자중에 포함된다. 항공기자중 용어 중 기본자중(basic empty weight), 허가자중(licensed empty weight), 표준자중(standard empty weight)이 있는데, 기본자중은 엔진오일계통의 전용량이 포함되었을 때이고, 허가자중은 잔류오일의 중량이 포함되었을 때로 1978년 이전에 인가 제작된 항공기에서 사용한다. 표준자중은 항공기 제작사가 제공하는 값으로, 특정한 항공기에만 장착되는 항공기 구매 옵션 장비품의 중량이 포함되지 않은 항공기 자중이다.

6 유용하중(Useful Load)과 유상하중(Payload)

항공기 이륙중량과 표준운항중량 간의 차이, 여기에는 유상하중, 유용한 연료, 및 기타 운항용 물품에 포함되지 않은 유용한 액체들이 포함된다. 감항분류 카테고리를 2개로 인가 받은 항공기는 두 가지 유용하중이 있을 수 있다. 예를 들어 900lbs 자중 항공기가 감항분류 N의 최대허용중량이 1,750lbs이면, 850lbs의 유용하중을 갖는다. 감항분류 U로 운항할 때, 최대허용중량은 1,500lbs

가 되고 유용하중은 600lbs로 감소한다. 유용하중은 연료, 자중에 포함되지 않는 액체(fluid), 승객, 수하물, 조종사, 부조종사, 그리고 승무원으로 구성된다. 엔진오일 중량이 유용하중으로 간주되는 지 여부는 항공기가 인증될 때에 좌우되며 항공기설계명세서 또는 형식증명자료집에 명기되어 있다. 항공기의 유상하중(payload)은 연료를 포함하지 않는 것을 제외하면 유용하중과 유사하다.

■7 최소연료(Minimum Fuel)

무게중심전방한계의 앞쪽에 모든 유용하중이 적재되고, 연료탱크가 무게중심전방한계 뒤쪽에 위치한 경우에는 연료량이 최소연료이다. 최소연료는 순항출력으로 30분 동안 비행에 필요한 양이다. 피스톤동력항공기에서 최소연료는 엔진의 최대허용이륙(METO, Maximum Except Take-Off) 마력을 기반으로 계산된다. 엔진 METO 마력당 1/2lbs 연료가 소모된다. 이 연료량은 순항비행에서 피스톤엔진 1마력당, 1시간당, 1lb]의 연료를 연소시킬 것이라는 가정에 근거한 것이다. 현재 소형 항공기에 사용되는 피스톤 엔진은 더 효율적이지만, 그러나 최소연료에 대한 기준은 여전히 동일하다.

$$Minimum\ Fuel[pound] = Engine\ METO\ Horsepower\ /\ 2$$

전방 유해 상태점검이 500METO 마력을 가진 피스톤 동력식 쌍발 엔진에서 수행되었다면, 최소 연료는 250lbs가 된다. 터빈엔진 동력식 항공기에서 최소연료는 엔진마력에 근거하지 않지만 수행된다면 항공기 제작사는 최소연료 정보를 제공한다.

■8 무부하 중량(평형추, Tare Weight)

항공기를 저울 위에 놓고 중량을 측정할 때에 항공기를 고정하는 보조장치가 필요하다. 예를 들어, 항공기 꼬리날개 쪽이 처진 항공기는 수평 자세를 확보하기 위해 잭(Jack)으로 받쳐야 하고, 잭은 저울 위에 위치하게 된다. 잭의 중량이 항공기 중량에 포함되어 측정된다. 이 여분의 잭 중량을 무부하 중량이라 하고 측정된 중량에서 제외하여야 정확한 항공기 중량이 측정된다. 무부하 중량의 예는 저울 위에 놓여있는 버팀목(wheel chock)과 착륙장치의 고정핀(Ground Lock Pin) 등이나.

■9 중심 한계(C.G Limit)

항공기가 이·착륙 및 비행 중 중심이 벗어나서는 안 되는 전·후방 고정 지점을 전방 중심 한계와 후방 중심 한계가 있다.

🔟 부적절한 부하상태

1) 기수 중(Nose Heaviness): 중심이 앞쪽에 치우친 상태이다.

2) 미부 중(Tail Heaviness): 중심이 후방에 치우친 상태이다.

3) 과부하(Over Loading): 항공기 총 중량이 설계상의 최대중량을 초과한 상태로 실속 속도 증가, 이륙거리 증가 등의 원인이 된다.

2-4 중량과 평형측정장비(Weight and Balance Equipment)

1 저울(Scale)

1) 항공기 중량을 측정하는 저울은 기계식과 전자식이 있다. 기계식 저울은 균형추와 스프링 등으로 기계적으로 동작된다. 전자식 저울은 로드 셀(Load Cell)이라고 부르는 것으로서 전기적으로 동작하는 것이다.

2) 경항공기 등 소형기는 기계적 저울로 중량측정을 한다. 전자저울은 착륙장치 아래에 놓고 측정하는 플랫폼형과 잭(Jack)의 상부에 부착하는 잭 부착형이 있다.

3) 플랫폼 위에 착륙장치를 안착시키는 플랫폼형 저울은 내부에 중량을 감지하여 전기적 신호를 발생시키는 로드셀이 있다. 로드셀 내부에는 가해진 중량을 전기 저항으로 변환하는 전자그리드(electronic grid)가 있다.

4) 이 저항값은 케이블에 의해 지시계기로 연결되고, 지시계기는 저항의 변화량을 디지털 숫자로 지시한다. 그림 2-13은 플랫폼형 저울로 Piper Archer 항공기 중량을 측정하는 사진이다.

▲ 그림 2-13 전자 플랫폼 저울을 사용한 Piper Archer 항공기의 중량측정

5) 그림 2-14는 Mooney M20 항공기 중량을 휴대용 플랫폼 저울로 측정하고 있다. 항공기 수평비행 자세 유지를 위해 노즈 타이어의 압력을 제거한 상태에 유의하라. 이 서울은 이동하기 쉽

▲ 그림 2-14 이동용 전자 플랫폼 저울으로 무게가 측정되는 Mooney M20 항공기

고 가정용 전기 또는 내장되어 있는 배터리로 작동한다.

6) 그림 2-15는 중량측정기의 지시부이다. 전력공급 스위치, 중량의 단위 선택 스위치, Power On/Off 스위치가 있다. 색이 칠해진 노브(Knob) 3개는 영점을 조정하는 전위차계로 항공기의 중량을 가하기 전에, 지시장치가 "0"을 나타낼 때까지 전위차계를 돌려준다.

▲ 그림 2-15 Mooney M20 항공기 앞바퀴에서 측정된 중량을 시현시켜 주는 지시계

7) 그림 2-15의 지시값 546lbs는 그림 2-14의 Mooney 항공기 앞바퀴(Nose Wheel)에서 측정된 중량이다. Power On/Off 스위치 3개를 모두 켜면 항공기 총중량을 지시한다.

8) 두 번째 형태의 전자저울은 잭의 맨 위쪽에 로드 셀을 부착하는 형태이다. 잭 상부의 항공기 잭 패드(Jack Pad) 로드셀이 장착된다. 모든 로드셀은 지시계기로 전기케이블에 의해 연결된다. 이 저울의 장점은 항공기 수평을 잡기가 쉽다는 것이다.

9) 플랫폼 형태의 저울은 수평을 잡는 방법으로 항공기의 타이어 공기압력을 제거하거나 착륙장치 스트러트(landing gear strut)를 이용하여 수평을 잡는다.

10) 잭에 로드셀을 부착하여 중량측정할 때, 항공기 수평은 잭의 높이를 조정하면 된다(그림 2-16).

▲ 그림 2-16 로드셀을 장착한 잭 위의 비행기

2 수평측정기(Spirit Level)

1) 정확한 중량측정값을 얻기 위해서는 항공기가 수평 비행자세에 있어야 한다. 항공기 수평 상태 확인에 사용하는 방법은 수평측정기로 수평 상태를 확인하는 것이다. 수평측정기는 작은 기포와 액체를 채운 유리관으로 되어 있다. 기포가 2개의 검은 선 사이에 중심으로 모아질 때, 수평 상태임을 나타낸다.

2) 그림 2-17은 수평측정기로 항공기 수평비행자세를 점검하고 있다. 이 수평 점검 위치는 항공기 형식증명자료집에서 구할 수 있고 표식(Marking)이 있다.

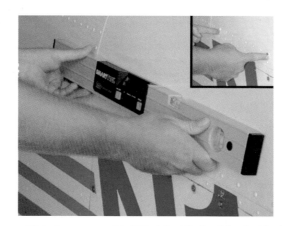

▲ 그림 2-17 Mooney M20 항공기에 사용되고 있는 수평측정기

3 측량추(Plumb Bob)

1) 측량추는 한쪽 끝이 무겁고 날카로운 원추형 추를 줄에 매단 형태이다. 줄을 항공기에 고정하

고 추의 끝이 지면에 거의 닿을 정도로 늘어뜨린다면, 추 끝이 닿는 지점과 줄이 부착된 곳은 직각을 이룰 것이다.

2) 측량추를 이용하여 항공기의 기준선으로부터 주착륙 장치 바퀴축의 중심까지 거리를 측정하는 방법이 있다. 날개의 앞전이 기준점이었다면, 측량추를 앞전에서 내려뜨려 격납고 바닥에 표시를 하고 또 다른 측량추는 주 착륙장치의 바퀴축 중심에서 내려뜨려 격납고 바닥에 표시를 하고, 줄자로 2개 지점 사이의 거리를 잰다면 기준점에서 주 착륙장치까지의 거리를 구할 수 있다.

3) 측량추는 항공기를 수평을 유지하는 데 사용할 수 있다. 그림 2-18은 항공기 날개의 앞전에서 내려진 측량추이다.

▲ 그림 2-18 날개의 앞전에서 내려진 측량추

④ 비중계(Hydrometer)

1) 항공기 연료탱크에 연료가 가득 찬 상태로 중량을 측정하는 경우에는 해당 연료를 산술적으로 저울의 지시중량에서 연료중량을 제외하여야 실제 항공기 중량이 될 것이다. 따라서 연료량을 중량으로 환산하여야 한다.

2) 항공용 가솔린(AVGas)의 표준중량은 6.0lb/gal, 제트연료는 6.7lb/gal로 법적으로 정해져 있지만, 비중은 온도의 영향을 크게 받으므로 항상 이 표준중량을 사용할 수는 없다. 예를 들어, 기온이 높은 여름철에 비중계로 측정한 AVGas 중량은 5.85~5.9lb/gal 정도이다. 100gal의 연료를 탑재하고 중량이 측정되었다면 표준중량으로 환산한 연료의 중량의 차이는 10~15lb 정도가 난다.

3) 갤런당 연료의 중량은 비중계로 점검한다. lb/gal의 값을 지시한다.

2-5 웨잉작업(Weighing) 시 준비 및 안전절차

1) 정확한 중량 측정 및 무게중심을 찾으려면 철저한 준비를 요한다. 철저한 준비는 시간을 절약하고, 측정오차를 방지한다. 중량측정을 위한 장비는 다음과 같다.

① 저울, 기중기, 잭, 수평측정기

② 저울 위에서 항공기를 고정하는 블록, 받침대, 또는 모래주머니

③ 곧은 자, 수평측정기, 측량추, 분필, 그리고 줄자

④ 항공기 설계명세서와 중량과 평형 계산 양식

⑤ 중량측정은 공기 흐름이 없는 밀폐된 건물 속에서 시행해야 한다. 옥외에서 측정은 바람과 습기의 영향이 없는 경우에만 가능하다.

2) 연료계통(Fuel System)

항공기의 자중을 측정할 경우에 연료는 잔존연료 또는 사용할 수 없는 연료의 중량을 포함하여도 된다. 잔존연료는 다음의 세 가지 조건 중 한 가지 상태이다.

① 항공기 연료탱크 또는 연료관에 연료가 전혀 없는 상태

② 연료탱크나 연료관에 연료가 있는 상태로 측정

③ 연료탱크가 완전히 가득 찬 상태로 중량을 측정

잔존연료의 중량을 계산할 수 있고, 항공기설계명세서 또는 형식증명서에 명시된 잔존연료량을 더 해야 한다. 사용할 수 있는 연료 중량은 빼야 한다. 잭 부착형 로드셀 저울을 사용하는 경우에는 잭의 용량도 점검해야 한다.

3) 엔진 윤활유계통(Oil System)

1978년 이후에 제작된 항공기의 형식증명서에는 엔진 윤활유 탱크가 가득 찬 상태에서의 윤활유 중량이 항공기 자중에 포함되었다. 항공기 중량측정을 준비하는 단계에서 항공기 엔진 윤활유량을 점검하여 만충 상태로 서비스한다. 형식증명서에 잔존오일이 항공기 자중에 포함된 항공기라면, 다음의 두 가지 방법 중 한 가지를 적용해야 한다.

① 잔존오일량이 남을 때까지 엔진 오일을 배출한다.

② 엔진 윤활유량을 점검하여, 잔존오일량만 남기고 산술적으로 뺀다. 윤활유의 표준중량은 7.5 lb/gal(1.875 lb/qt)이다.

4) 기타 유체(Miscellaneous Fluids)

항공기설계명세서 또는 제작사 사용 지침에 특별한 주석이 없다면, 작동유 리저버, 엔진의 정속

구동장치 윤활유는 채워야 하고, 물탱크, 오물탱크는 완전히 비워야 한다.

5) 조종계통(Flight Controls)

조종계통의 스포일러, 슬랫, 플랩, 회전익 항공기 회전날개의 위치는 제작사의 지침에 따라야 한다.

6) 기타 고려해야 할 사항(Other Considerations)

자중에 포함되도록 하는 장비나 물품이 해당 장소에 장착되어 있는지 항공기 상태 검사를 실시해야 한다.

① 비행 시에 정기적으로 갖추지 않는 물품은 제거해야 한다.

② 수하물 실은 비어 있는 상태이어야 한다.

③ 점검 구, 점검 창, 점검 커버, 오일탱크 뚜껑, 연료탱크 뚜껑, 엔진 카울, 출입문, 비상구 문, 창문, 케노피는 정상비행상태의 위치에 있도록 한다.

④ 과도한 먼지, 윤활유, 그리스, 습기는 제거해야 한다.

⑤ 측정 작업 중에 구르거나 떨어지는 물건에 의해 항공기, 장비, 인명이 손상을 입지 않도록 유의한다.

⑥ 저울에 Wheel을 올려놓고 측정하는 경우에 사이드로드(side load)에 의한 오차 발생을 방지하도록 항공기 제동장치는 풀어 놓는다.

⑦ 모든 항공기는 수평 상태 확인 가능한 수준기 또는 러그 등이 있으므로 이를 참고하여 수평 비행과 같은 상태에서 측정 작업이 실시되어야 한다.

⑧ 고정익 경항공기에서 가로축의 수평이 그다지 중요하지 않지만 세로축 수평은 유지된 상태이어야 한다.

⑨ 회전익 항공기는 가로, 세로 모두 수평 상태에서 작업이 이루어져야 한다.

2-6 무게중심(C.G) 계산

◼ 중량측정 지점(Weighing Points)

1) 중량을 측정할 때 항공기의 중량이 저울로 전달되는 지점을 알아야 기준선으로부터의 거리를 정확히 산출할 수 있다.

2) 착륙장치가 3개인 경항공기를 플랫폼형 저울로 측정할 때 항공기 중량은 엑슬의 중심을 통해 전달된다. 잭에 저울을 부착하여 측정하는 경우는 잭 패드 중심부를 통해 전달된다.

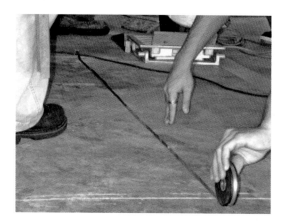

▲ 그림 2-19 세스나 310 항공기 앞바퀴 암 측정

3) 착륙 스키드를 가진 회전익 항공기의 경우는 이 중량점을 알기 위해 스키드와 저울 사이에 파이프를 삽입하고 측정한다. 이러한 조치가 없다면 저울의 상면 전체와 스키드가 접촉하여 하중 이동의 중심을 정확히 알 수 없을 뿐더러 기준선으로부터의 중량측정점까지 거리도 알 수 없다.

4) 중량측정점까지 거리를 알 수 없다면 이전 측정하였을 때의 기록이나, 실측을 하여야 한다.

5) 측량추를 기준점과 중량측정점 중심부에서 떨어뜨려 측정장소 바닥에 표식을 하고 거리를 재는 것이다. 그림 2-19는 세스나 310 항공기의 앞바퀴 중심선에서 기준선까지 거리를 측정하고 있는 모습이다.

② 무게중심범위(C.G Range)

1) 항공기 무게중심범위는 수평비행상태에서 무게중심이 이 범위 안에 유지되어야 하는 한계로 전방한계와 후방한계로 구별된다.

2) 파이퍼 세네카 항공기의 형식증명서에 무게중심범위는 다음과 같다.

[표 2-7] Piper Seneca 항공기 C.G 범위

C.G Range(Gear Extended)
S/N 34-E4, 34-7250001 through 34-7250214(See NOTE 3):
(+86.4inch) to (+94.6inch) at 4,000lb
(+82.0inch) to (+94.6inch) at 3,400lb
(+80.7inch) to (+94.6inch) at 2,780lb
Straight line variation between points given.
Moment change due to gear retracting landing gear(−32inch−lb)

① 이 항공기는 착륙장치가 전개되었을 때 범위로, 착륙장치가 들어간다면 총 모멘트는 32inch 감소된다고 명기되어 있다. 착륙장치가 들어갔을 때 무게중심의 변화를 알려면 탑재된 중량으로 나누면 된다.

② 항공기가 3,500lb 중량이라면, 무게중심은 전방으로 32÷3,500=0.009inch 이동된다. 항공기에 탑재된 중량이 증가할 때, 무게중심범위는 점점 더 작아진다. 전방한계는 뒤로, 후방한계는 동일하여 작아지는 것이다.

그림 2-20은 중량과 무게중심 간의 관계를 나타내는 무게중심영역도이다.

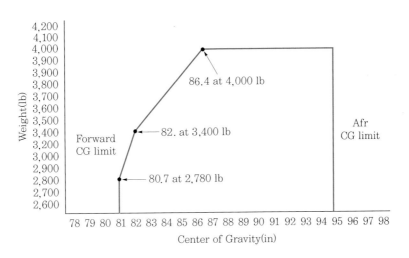

▲ 그림 2-20 Piper Seneca 항공기 C.G 범위

❸ 표준중량(Standard Weights used for Aircraft Weight and Balance)

중량과 평형에서 사용되는 표준중량은 다음 표 2-8과 같다.

[표 2-8] 중량과 평형 표준중량

1	Aviation Gasoline	6.0 lb/gal
2	Turbine Fuel	6.7 lb/gal
3	Lubricating Oil	7.5 lb/gal
4	Water	8.35 lb/gal
5	Crew and Passengers	170 lb per person

❹ 무게중심 부하 원칙

1) 기준선(DL)으로부터가 아닌 항공기 무게중심(C.G)으로부터 부하 품목까지의 거리가 항공기

무게중심에 대한 영향을 결정한다.

2) 어떤 품목의 이동에 의한 항공기 무게중심의 변경은 그 품목의 이동거리와 중량에 의해 직간접적으로 영향을 받는다.

3) 항공기 무게중심 전방에 어떤 품목이 장착될 경우 항공기 무게중심은 전방으로 이동한다.

4) 항공기 무게중심 전방에 어떤 품목이 장탈될 경우 항공기 무게중심은 후방으로 이동한다.

5) 어떤 품목이 전방으로 이동 시 무게중심이 전방으로, 후방 이동 시 후방으로 이동한다.

6) 중량이 작은 품목이 먼 거리로 이동될 경우, 무거운 중량이 작은 거리로 이동한 만큼 항공기 무게중심에 영향을 받는다.

5 무게중심 계산

1) 무게중심은 기준선(RD)으로부터 inch 또는 mm 거리로 표시한다.

2) 각 지점의 무게를 측정하여 총무게를 구한다.

3) 기준선에서부터 각각의 무게 측정점까지 거리를 곱하여 모멘트를 구한 다음 합하여 총모멘트를 구한다.

4) 구해진 총 모멘트를 총 무게로 나누어 무게중심의 위치를 구한다.

→ C.G = Gross Moment / Gross Weight

5) MAC의 백분율(%)로 표시할 때는 다음 공식을 대입하여 구한다.

$$\% \text{ of MAC} = \frac{H - L}{C} \times 100$$

여기서, H: 기준선에서 무게중심(C.G)까지의 거리

L: 기준선(RD)에서 MAC의 앞전(L/E)까지의 거리

C: MAC의 길이

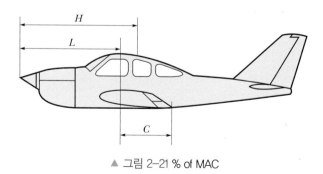

▲ 그림 2–21 % of MAC

예제 1 기준선에서 무게중심(C.G)까지의 거리(H) = 170 inch

기준선(RD)에서 MAC의 L/E까지의 거리(L) = 150 inch

MAC의 길이(C) = 80 inch 일 때의 % MAC는?

풀이 $(170-150) \div 80 \times 100 = 25\% \, MAC$

즉, 무게중심의 위치가 평균 공력 시위의 25%에 위치

⑥ 무게측정 예(Example Weighing of an Airplane)

1) 그림 2-22의 플랫폼 저울로 중량을 측정하고 있는 항공기 설계명세서의 중량 자료는 다음 표 2-9와 같다.

[표 2-9] 항공기 설계명세서 목록

1	Aircraft Datum	Leading edge of the wing
2	Leveling Means	Two screws, left side of fuselage below window
3	Wheelbase	100 inch
4	Fuel Capacity	30gal aviation gasoline at (+)95inch
5	Unusable Fuel	6lb at (+)98inch
6	Oil Capacity	8qt at (−)38inch
7	Note 1	Empty weight includes unusable fuel and full oil
8	Left Main Scale Reading	650lb
9	Right Main Scale Reading	640lb
10	Nose Scale Reading	225lb
11	Tare Weight	5lb chocks on left main 5lb chocks on right main 2.5lb chocks on nose
12	During Weight	Fuel tanks full and oil full Hydrometer check on fuel shows 5.9lb/gal

① 항공기는 가득찬 연료탱크로 중량을 재었으므로 연료 중량은 빼야 하고 사용할 수가 없는 연료 중량은 더한다. 이 중량은 비중, 즉 5.9lb/gal에 산정한다.

② 고임목 중량은 무부하중량으로 저울 지시값에서 빼야 한다.

③ 주륜 중심점은 기준선 뒤쪽 70inch에 있기 때문에 거리는 + 70inch이다.

④ 전륜 거리는 − 30inch이다.

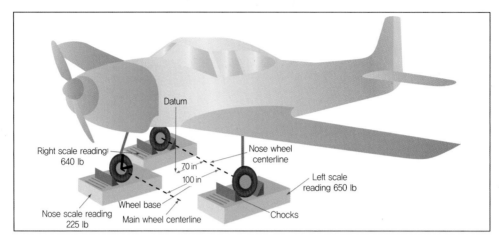

▲ 그림 2-22 무게측정 비행기 실례

2) 항공기의 자중과 자중무게중심을 계산표는 표 2-10과 같고, 무게중심은 기준선의 뒤쪽 50.1 inch이다.

[표 2-10] C.G 계산

Item	Weight(lb)	Tare(lb)	Net Wt.(lb)	Arm(inch)	Moment(in-lb)
Nose	225	−2.5	222.5	−30	−6,675
Left Main	650	−5	645	+70	45,150
Right Main	640	−5	635	+70	44,450
Subtotal	1,515	−12.5	1,502.5		82,925
Fuel Total			−177	+95	−16,815
Fuel Unuse			+6	+98	588
Oil			Full		
Total			1,331.5	+50.1	66,698

7 평형추 사용(The Use of Ballast)

1) 평형추는 평형을 얻기 위하여 항공기에 사용된다. 보통 무게중심 한계 이내로 무게중심이 위치하도록, 최소한의 중량으로 가능한 전방에서 먼 곳에 둔다.

2) 영구적 평형추는 장비제거 또는 추가 장착에 대한보상 중량으로 장착되어 오랜 기간 동안 항공기에 남아 있는 평형추다. 그것은 일반적으로 항공기 구조물에 볼트로 체결된 납봉이나 판(Lead Bar, Lead Plate)이다. 빨간색으로 "PERMANENT 평형추 −DO NOT REMOVE"라 명

기되어 있다. 영구평형추의 장착은 항공기 자중의 증가를 초래하고, 유용하중을 감소시킨다.

3) 임시평형추 또는 제거가 가능한 평형추는 변화하는 탑재 상태에 부합하기 위해 사용한다. 일반 적으로 납탄 주머니, 모래주머니 등이다. 임시평형추는 "평형추 xx LBS. REMOVE REQUIRES WEIFGHT AND BALANCE CHECK"라 명기되고 수하물실에 싣는 것이 보통이다.

4) 평형추는 항상 인가된 장소에 위치하여야 하고, 적정하게 고정되어야 한다.

5) 영구평형추를 항공기의 구조물에 장착하려면 그 장소가 사전에 승인된 평형추 장착을 위해 설계된 곳이어야 한다. 대개조 사항으로 감항당국의 승인을 받아야 한다.

6) 임시평형추는 항공기가 난기류나 비정상적 비행상태에서 쏟아지거나 이동되지 않게 고정한다.

7) 필요한 평형추 중량은 다음과 같이 구한다.

$$평형추\ 무게 = \frac{항공기\ 총중량 \times (무게중심\ 한계\ 벗어난\ 거리)}{기준선에서\ 평형추\ 장착하는\ 장소까지의\ 거리}$$

예제 2 표 2-11과 같은 조건의 무게중심을 원하는 곳에 이동시킬 때, 평형추의 무게를 구하라.

① 표 2-13과 같은 조건의 항공기 무게중심이 0.6inch만큼 한계를 벗어난 상태에서 항공기의 앞쪽에 임시평형추를 장착을 하게 된다.

② 이 평형추는 전방수하물실(기준선에서 39inch)에 장착한다.

[표 2-11] 극단 상태 점검

Item	Weight(lb)	Arm(inch)	Moment(in-lb)
Empty Weight	1,850	+92.45	171,032.5
Pilot	170	+88.00	14,960.0
2 passengers	340	+105.00	35,700.0
2 passengers	340	+125.00	42,500.0
Baggage	100	+140.00	14,000.0
Fuel	234	+102.00	23,868.0
Total	3,034	+99.60	302,060.5

풀이

① 평형추 중량은 3,034lbs(0.6inch)/39inch = 46.68lbs, 따라서 평형추의 무게는 47lbs이다.

② 표 2-12와 같이 평형추 장착 후의 무게중심은 후방한계 99inch 이내인 98.96inch이다.

[표 2-12] 평형추 계산

Item	Weight(lb)	Arm(inch)	Moment(in-lb)
Loaded Weight	3,034	+99.60	302,060.6
Ballast	47	+60.00	2,820.0
Total	3,081	+98.96	304,880.5

8) 다른 방법으로 평형추 무게를 계산하는 방법은 다음과 같다.

$$평형추\ 무게 = 항공기\ 총중량 \times \frac{이동하고자\ 하는\ 무게중심 - 현재\ 무게중심}{평형추\ 장착위치 - 이동하고자\ 하는\ 무게중심}$$

예제 3 **다음과 같은 조건에서 평형추의 무게는 얼마인가?**

① 항공기 총중량: 25,000lbs

② 이동하고자 하는 무게중심: 기준선에서 295.2inch

③ 현재 무게중심: 298.9inch

④ 장착하여야 할 ballast 위치: 기준선에서 22.09inch

풀이

① 평형추 $= 25,000 \times \left[\dfrac{295.2 - 298.9}{22.09 - 295.2}\right] = 25,000 \times \left[\dfrac{-3.7}{-273.11}\right] = 338\text{lbs}$

② 계산 결과 기준선에서 22.09inch 지점에 338lbs 평형추를 장착한다.

③ 그러면 무게중심은 298.9inch 지점에서 295.2inch 지점으로 이동한다.

예제 4

1. 다음과 같은 조건에서 무게중심의 위치를 구하라.

가. 기준선에서부터 Nose Tire까지의 거리: 120cm

나. 기준선에서부터 Main Tire까지의 거리: 230cm

다. 무게 측정위치는 Nose Tire와 양쪽 Main Tire이다.

라. 측정 무게는 다음과 같다.

　① Nose Tire: 112kg

　② L/H Main Tire: 248kg

　③ R/H Main Tire: 245kg

마. 측정 시 무부하중량(Tare Weight)의 무게는 다음과 같다.

① Nose Tire: 2kg

② L/H Main Tire: 3kg

③ R/H Main Tire: 5kg

2. 기준선에서 203cm 위치에 110kg의 무게를 추가하여 장착 시 무게중심의 위치는 어떻게 변화하는가?

풀이 1

가. 각 지점에서 측정한 측정무게에서 무부하중량을 제한 수정무게를 기록한다.

나. 각각의 수정무게와 Arm을 곱한 값, 모멘트를 구하여 기록한다.

[표 2-13] 중량 측정 결과

위치	측정 Weight [kg]	수정 Weight [kg]	Arm [cm]	Moment [kg · cm]	비고
Nose Tire	112	110	120	13,200	
L/H Main Tire	248	245	230	56,350	
R/H Main Tire	245	240	230	55,200	
계	605	595		124,750	

다. 수정한 총무게와 총모멘트를 구하여 기록한다.

라. 총모멘트를 총무게로 나눈다.

① Gross Weight = 595kg

② Gross Moment = 124,750kg · cm

답: C.G = 209.67cm

풀이 2

가. 추가된 무게와 변경모멘트를 구한다.

① 추가 무게: 110kg

② 추가 모멘트: $110 \times 203 = 22,330$kg · cm

나. 추가된 무게와 모멘트값을 기존 무게와 모멘트값에 더하여 변경된 C.G를 구한다.

① New Gross Wight = 705kg

② New Gross Moment = 147,080kg · cm

답: New C.G = 208.62cm 따라서 C.G가 1.05cm (전방)으로 이동하였다.

2-7 대형 항공기의 중량과 평형(Weight and Balance for Large Airplane)

대형 항공기에 대한 중량과 평형은 소형기에서와 매우 유사하다. 잭과 저울은 더 커질 것이고, 더 많은 개수가 소요된다. 이 장비들을 다루는 더 많은 사람을 동반하게 되지만, 개념과 과정은 동일하다.

1 부착식 전자 중량측정(Built-in Electronic Weighting)

1) 대형 항공기에서 찾아볼 수 있는 한 가지 차이점은 항공기의 착륙장치에 전자로드셀(electronic load cell)이 부착되어 있다는 것이다. 이러한 시스템으로 항공기가 활주로에 안착될 때, 자체의 중량측정을 할 수가 있다.

2) 로드셀을 착륙장치의 액슬(axle), 또는 스트럿(strut)에 부착하여 측정한다.

3) Wide Body 항공기 대부분이 이 시스템를 채용하고 있다. 보잉-777 항공기의 경우 비행관리컴퓨터(flight management computer)에 비행정보를 공급하는 2개의 독립된 시스템을 활용한다. 이 2개의 시스템의 중량과 무게중심에 일치한다면, 정보의 정확성을 신뢰하고 항공기를 출발시키는 것이다. 조종사는 비행관리컴퓨터의 중량과 평형 자료를 디스플레이시키고 확인한다.

2 평균공력시위에 의한 무게중심(Mean Aerodynamic Chord)

1) 대형항공기의 무게중심과 범위는 % MAC으로 나타낸다.

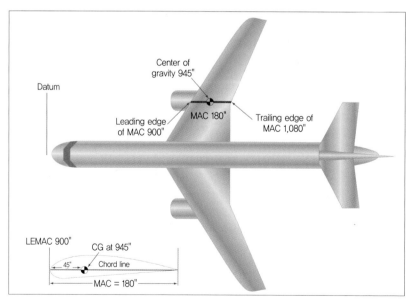

▲ 그림 2-23 대형 항공기 C.G 위치

2) 중량과 평형에서는 평균공력시위 길이의 백분율인 % MAC으로 나타낸다. 만약 날개 길이가 100inch이고, 항공기의 중심이 평균공력시위 위의 20inch에 있다면 20% MAC에 무게중심이 있다고 한다. 그것은 뒤쪽 방향으로 1/5 떨어져 있다는 의미이다.

3) 그림 2-23 항공기에서 중량과 평형을 살펴보자. 기준선은 항공기 기수의 앞쪽에 있고, 이 지점에서 모든 중량까지의 거리가 나타나 있다. %MAC으로 무게중심 위치를 변환해보자.

　① 기준선으로부터 무게중심까지의 거리(C.G)

　② 기준선으로부터 평균공력 시위의 앞전까지 거리(LEMAC)

　③ C.G에서 LEMAC를 뺀다.

　④ 평균공력시위 값으로 ③을 나눈다.

　⑤ 100을 곱하여 퍼센트로 변환시킨다.

$$\% \text{ of MAC} = \frac{H-L}{C} \times 100 = \frac{945-900}{180} \times 100 = 25\%$$

이 식을 이용하여 평균공력시위를 길이단위로 구할 수 있다.

$$\text{C.G in inches} = \frac{\text{MAC}\%}{100} \times \text{MAC} + \text{LEMAC} = \frac{32.5}{100} \times 180 + 900 = 958.5$$

❸ 중량과 평형 기록(Weight and Balance Records)

1) 정비사는 항공기의 중량과 평형과 관련된 작업을 할 때 자중과 자중무게중심을 산출한다. 빈도는 낮지만 평형추가 필요한지, 극단 탑재상황에서 무게중심을 계산하기도 한다. 자중과 자중무게중심 계산은 저울로 중량을 측정하거나, 새로운 장비를 항공기에 장착한 후에 계산적으로 산출하기도 한다.

2) 감항당국은 비행안전을 위해 현재 상태의 항공기 자중과 자중무게중심을 알고 있는지 감독활동을 한다. 이것은 반드시 항공기 영구 보존 기록인 중량과 평형보고서에 포함되어야 한다.

3) 이 중량과 평형보고서는 비행하고 있는 항공기에 있어야 한다. 이 보고서의 형식은 규정하지 않지만 대부분 표 2-14와 같다. 일반적인 형식의 양식으로 항공기별로 중량과 평형 산출란을 변경하여 사용하면 된다.

[표 2-14] 항공기 중량과 평형 보고서

Aircraft Weight and Balance Report
Results of Aircraft Weighing

Make _____ Model _____

Serial # _____ N# _____

Datum Location _____

Leveling Means _____

Scale Arms: Nose _____ Tail _____ Left Main _____ Right Main _____

Scale Weights: Nose _____ Tail _____ Left Main _____ Right Main _____

Tare Weights: Nose _____ Tail _____ Left Main _____ Right Main _____

Weight and Balance Calculation

Item	Scale (lb)	Tare Wt. (lb)	Net Wt. (lb)	Arm (inches)	Moment (in-lb)
Nose					
Tail					
Left Main					
Right Main					
Subtotal					
Fuel					
Oil					
Misc.					
Total					

Aircraft Current Empty Weight: _____

Aircraft Current Empty Weight CG: _____

Aircraft Maximum Weight: _____

Aircraft Useful Load: _____

Computed By: _____ (print name)

_____ (signature)

Certificate #: _____ (A&P, Repair Station, etc.)

Date: _____

CHAPTER 3 부재의 강도
Material Strength

항공기의 기체 구조는 서로 다른 많은 부재들이 모여 전체의 구조를 이루고 있다.

기체의 구조에는 비행 중 또는 지상에서 여러 종류의 힘이 작용하므로, 기체 구조의 각 부재들은 이 힘에 잘 견딜 수 있도록 설계되어야 한다.

3-1 구조 하중(Structure Load)

1 항공기의 하중

항공기의 기체는 크기, 모양, 재질 등이 다른 많은 구조물로 이루어져 있는데, 이 구조물의 단위 요소를 구조 부재, 또는 간단히 부재라 한다.

항공기에 작용하는 외부의 힘, 즉 하중(load)이 기체에 작용하면 각 부재는 하중에 견디면서 변형을 일으킨다. 그러므로 항공기의 구조는 이러한 하중에 충분히 견딜 수 있는 강도(strength)와 강성(stiffness)을 유지해야 한다.

강도란, 부재의 재료가 하중에 대하여 견딜 수 있는 저항력이고, 강성은 부재의 외형이 하중에 대하여 변형되지 않는 정도를 말한다.

항공기의 하중은 공기력에 의한 하중, 추진 기관에 의한 하중, 관성력에 의한 하중, 이륙 또는 착륙 하중, 그리고 돌풍에 의한 하중 등이 있다.

그리고 항공기가 고공을 비행힐 때, 동체의 내부에는 지상의 압력에 가까운 압력을 유지해야 하므로, 동체 외피 구조에 여압 하중이 작용한다. 이 밖에, 기체는 지상에 주기하거나 견인할 때, 연결고리 부분에 하중이 집중적으로 발생하므로, 강도 계산을 할 때 주의해야 한다.

2 구조 하중

하중은 구조 부재에 작용하는 상태와 방법에 따라 분류할 수 있는데, 이것을 구조 하중이라 한다. 구조에 작용하는 상태에 따라 표면 하중(surface load)과 물체 하중(body load)이 있다.

표면 하중은 한 점 또는 한 면에 접하여 작용하는 것이며, 접촉면이 매우 작아 한 점에 작용하면 집중 하중이라 하고, 표면에 분포되면 분포 하중이라 한다.

물체 하중이란, 중력, 자기력 및 관성력과 같이 물체 전체에 작용하는 것을 말한다.

또, 구조 하중은 작용하는 방법에 따라 정하중(static load)과 동하중(dynamic load)으로 나뉜다.

정하중은 일정한 크기로 오랜 시간 동안 지속적으로 작용하는 하중을 말한다.

동하중은 시간에 따라 크기가 변화하면서 작용하는 하중으로서, 구조에 진동을 일으키게 되는데, 반복 하중, 교번 하중 및 충격 하중 등은 이에 속한다.

동하중에 의한 계산은 복잡하여 별도로 고려하며, 일반적으로 구조 강도의 계산은 정하중에 의한 경우만을 고려한다.

3-2 구조 부재와 내력(Structural Member and Proof Stress)

❶ 부재의 종류

하중에 대한 구조 강도의 계산은 부재의 기하학적인 형상에 따라 다르다. 일반적으로, 구조 부재는 봉재, 판재, 셸의 세 가지로 나뉜다.

봉재는 두께나 나비에 비하여 길이가 긴 1차원 구조 부재이다. 봉재는 그 자신이 외력에 저항하면서 다른 부재와 연결된 부분에서 힘을 전달한다.

특히, 봉재의 길이 방향으로 힘이 작용될 때의 힘을 축력이라 하며, 축력을 받는 봉재를 축력 부재라 한다. 축력 부재만으로 연결된 부재를 트러스 구조라 한다. 그리고 길이 방향에 대하여 수직으로 힘의 성분이 작용하여 휨 작용이 생기는 봉재를 휨 부재라 하고, 휨 부재의 대표적인 것에는 보가 있다.

휨 부재들로 결합된 구조를 뼈대 구조라 한다. 또, 봉재 중 비교적 길이가 긴 부재로서, 길이 방향으로 압축을 받는 부재를 기둥이라 한다.

판재는 가로와 세로의 길이가 두께에 비하여 매우 큰 2차원 구조 부재이다.

얇은 판재로서, 두께에 일정한 힘이 생기면 막이라 한다. 그러나 비교적 두꺼운 판재는 그 면에 수직이 되게 힘을 받으면 휨에 대하여 저항하며, 두께에 따라 힘의 분포도 균일하지 않게 된다.

셸은 구부러진 판재로 되어 있는 부재로서, 동체, 둥근 천장 또는 압력용 탱크 등은 이러한 부재를 사용한 구조의 보기이다.

❷ 부재가 받는 하중

부재에 작용하는 하중의 종류는 인장력, 압축력, 전단력, 휨 및 비틀림의 다섯 가지로 나눌 수 있다.

인장력이란, 부재를 길이 방향으로 늘어나게 하려는 힘이며, 압축력은 이와 반대로 부재를 줄어들게 하려는 힘이다.

두 판재가 리벳이나 볼트에 의해 결합되었을 때, 판재에 인장력을 가하면 리벳이나 볼트의 단면에는 서로 미끄러지려는 힘이 생기는데, 이것을 전단력이라 한다.

부재를 구부러지게 하는 휨 작용의 원인이 되는 것은 휨 모멘트이다. 휨 모멘트에 의하여 부재의 단면에는 인장력과 압축력이 동시에 생긴다.

부재를 비틀어지게 하는 비틀림 작용의 원인이 되는 것은 비틀림 모멘트이며, 비틀림 모멘트에 의하여 부재의 단면에는 전단력이 생긴다.

3-3 힘과 모멘트(Force and Moment)

1. 힘(Force): 물체에 작용하여 그 물체의 형태와 운동 상태를 변화시키려는 것

⦿ 벡터(Vector) : 크기, 방향, 작용점의 3대 기본 요소로 정의하고 이러한 물리량을 벡터라 하며 그림으로 나타낼 때는 화살표로 나타내고 고딕체 F 또는 $\vec{F}$ 기호로 표시한다.

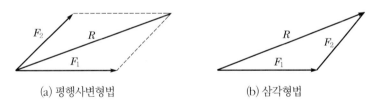

(a) 평행사변형법   (b) 삼각형법

▲ 그림 3-1 두 힘의 합성

⦿ 힘의 합성 : $F_1 + F_2 = R$(Resultant) → 합력

⦿ 힘의 분력 : 분해된 힘 → 각각의 분력 또는 성분이라 함

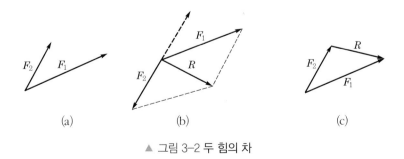

(a)   (b)   (c)

▲ 그림 3-2 두 힘의 차

수평 분력 $F_x = F\cos\theta$ 수직 분력 $F_y = F\sin\theta$

$$F_1 = F_{1_x} + F_{1_y} \qquad\qquad F_2 = F_{2_x} + F_{2_y}$$

$$R = F_1 + F_2 = (F_{1_x} + F_{2_x}) + (F_{1_y} + F_{2_y}) = R_x + R_y$$

2. 모멘트(Moment): 힘의 회전 능률, 즉 모멘트는 길이와 힘의 벡터곱으로 표시

　가) $M = r \times F$

　　　r: 한 점에서 힘이 작용한 거리

　　　F: 작용하는 힘

　나) $M = |M| = F \cdot d = F\,r\sin\theta$

　　　θ: 길이와 힘의 벡터가 이루는 각도

　　　d: 힘의 작용선과 일 지점까지의 거리

　다) 짝힘에 의한 Moment의 크기 : $M = d \cdot F$

　　※ 짝힘 : 크기가 같고 방향이 반대인 두 힘이 일정거리 d만큼 떨어져 작용하는 것

　라) 모든 힘의 합력을 R, 절댓값을 $|R|$이라 할 때

　　　$R_x = |R|\cos\theta$ 　　　　　　　　$R_y = |R|\sin\theta$

　　　∴ 합력의 모멘트 $M = R\,d$

　　　d : 합력 R의 작용선과 임의의 점까지의 수직거리

※ 힘의 직교 좌표축 방향의 성분이 양의 방향을 취할 때 (+), 반대의 경우를 (−)로 표시하고 모멘트는 물체를 회전시키므로 반시계 방향으로 회전할 때를 (+)로 하고, 시계 방향으로 회전할 때를 (−)로 한다.

3-4 평형방정식(Equation of Equilibrium)

■ 지지점과 반력

물체에 힘이 가해지면 그 물체는 힘의 방향으로 이동하거나 한 점을 중심으로 회전하게 된다.

그러나 이 물체의 어느 부분이 고정되어 있어 그 움직임이 억제되면, 이 지지점에서는 외부의 힘과 평형을 이루기 위한 반력이 생기는데, 이와 같은 반력들은 지지점의 상태에 따라 나타낼 수 있다.

롤러 지지점은 수평방향으로 자유롭게 움직일 수 있으나, 수직 방향으로는 구속되어 있으므로 수

직 반력만 생기고, 힌지 지지점은 수직 및 수평 방향으로 구속되어 있어 2개의 반력이 생기며, 고정 지지점은 수직 및 수평 반력과 동시에 저항 회전 모멘트 등 3개의 반력 생긴다.

[표 3-1] 지지점과 반력

지지점	표시법	반력
롤러 지지점		
힌지 지지점		
고정 지지점		

❷ 자유물체도

구조물의 반력을 구할 때에는 그 지점을 제거하고 반력으로 표시하여 그림으로 나타내면 아주 편리하다. 예를 들면, 그림 3-3 (a)처럼 보의 한쪽 끝은 힌지로, 다른 한쪽 끝은 롤러로 지지되어 있을 때, 하중 W_1, W_2가 작용하는 구조를 생각해 보자.

지점 A에서는 수평 반력 X_A, 수직 반력 Y_A, 그리고 지점 B에서는 수직 반력 Y_B가 생긴다. 이때 지지점 대신 반력으로 나타낸 그림을 자유물체도라 한다.

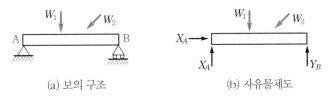

(a) 보의 구조   (b) 사유물체도

▲ 그림 3-3 보의 외력과 자유물체도

❸ 평형방정식

외력을 받는 구조물이 그 지지점에서 반력이 생겨 평형을 유지한다면, 이 계에 작용하는 모든 외력과 반력의 총합은 영이 되어야 한다.

그리고 모든 모멘트의 합도 영(0)이 되어야 한다.

평면 구조물에서 이것을 식으로 나타내면 다음과 같다.

$$\Sigma X = 0$$
$$\Sigma Y = 0$$
$$\Sigma M = 0$$

여기서, 첫 번째 식은 모든 수평 분력의 합이 영이고, 두 번째 식은 모든 수직 분력의 합이 영이며, 세 번째 식은 임의의 점에 대한 모멘트의 합이 영이 되어야 함을 나타낸다.

이 식을 평면 구조물의 평형방정식이라 한다. 이것은 외력에 대한 구조 내부에서 생기는 힘, 즉 내력을 구하는 데에 기초가 되는 식이다.

3-5 부재의 강도(Material Strength)

◼ 응력과 변형률

물체에 외력이 작용하면 내부에서는 이에 저항하려는 힘이 생기는데 이것을 내력(internal force)이라고 하며 단위면적당 내력의 크기를 응력(stress)이라고 한다.

1) 응력(Stress): 단위면적당 내력의 크기

$$\sigma = \frac{W}{A}$$

여기서, A : 단면적(cm^2), W : 인장력(kg), σ : 인장응력(kg / cm^2)

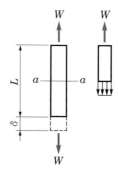

▲ 그림 3-4 인장 응력

여기서 인장응력 및 압축응력은 단면에 대하여 수직 방향으로 작용하므로 수직응력이라고도 한다. 또한 결합되어 있는 2개의 판재가 인장력을 받을 때 그 사이의 리벳 단면에서는 전단력이 작용하게 되고 단위면적당 다음과 같은 전단응력이 생긴다.

$$\tau = \frac{V}{A}$$

여기서, V : 전단력(kg)으로서 W와 같으며, τ : 전단응력(kg / cm^2)

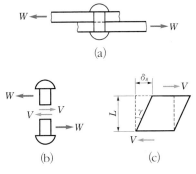

▲ 그림 3-5 전단응력

2) 변형률

재료는 하중을 받으면 변형을 일으킨다. 인장력을 받는 봉의 경우 늘어난 길이와 원래 길이의 비를 변형률(strain)이라고 한다.

(1) 변형률(Strain)

$$\varepsilon = \frac{\delta}{L}$$

여기서, ε: 변형률, δ: 늘어난 길이, L: 원래 길이

변형률 ε은 무차원이며 인장력에 의한 인장변형률, 압축력에 의한 압축변형률이 생긴다.

(2) 전단변형률

전단력이 작용하는 임의의 두 단면은 서로 미끄러지는데, 이 미끄러지는 길이를 δ_s 라 하고 두 단면 사이의 길이를 L이라 할 때 전단변형률은 $\gamma = \frac{\delta_s}{L}$이다.

이때 우변은 $\tan\gamma$와 같다. 즉, 전단변형률은 $\tan\gamma$와 같으며 γ값이 매우 작으므로 $\tan\gamma \approx \gamma$ 관계가 성립한다.

(3) 푸아송의 비(Poisson's ratio)

재료가 길이 방향으로 변형될 때 생기는 변형률을 세로 변형률, 가로 방향으로 생기는 변형률을 가로 변형률이라고 한다.

이때 세로 변형률에 대한 가로 변형률의 비(ν), 즉 가로 변형률을 세로 변형률로 나눈 비를 푸아송의 비(Poisson's ratio)라 하며 ν로 표시한다.

푸아송의 비는 금속재료와 같은 경우는 일정한 값을 가지지만 복합재료 같은 경우는 방향성을 가진다.

3) 재료의 응력-변형률 선도와 기계적 성질

규정에 따라 제작된 인장 시험편을 인장 시험기에 장착한 후 잡아당기면 그림 3-6과 같은 결과를 얻을 수 있는데 이것을 응력-변형률 곡선이라고 한다.

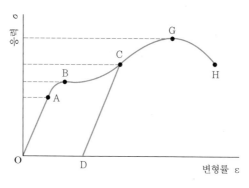

▲ 그림 3-6 응력-변형률 곡선

하중에 의한 재료의 변형은 일정한 탄성범위 내에서 대응하는 응력과 변형률이 서로 비례 관계에 있으며 다음 식과 같다.

$$\sigma = E\varepsilon$$

⊙ 후크의 법칙(Hooke's law): 비례한도라고도 하며 OA 구간에서만 성립한다. 즉, 재료에 하중이 가해지면 변형이 발생하고 그 크기는 비례 탄성 범위 내에서는 가한 하중에 비례한다.

비례한도에서는 응력이 제거되면 변형률도 제거되어 원래의 상태로 돌아오는데 재료의 이와 같은 성질을 탄성이라고 한다. 이 탄성영역을 넘으면 소성영역이 된다.

소성영역의 점 C에서 응력을 제거하면 OA에 나란한 선 CD를 따라 회복되다가 최후의 변형률 OD를 가지는 잔류변형을 남긴다.

⊙ 항복점(yield point): 응력이 비례 탄성 범위 이상 증가하지 않아도 저절로 변형되는 점으로 이 때의 응력을 항복 응력 또는 항복강도라고 한다. 즉, 점 B에서는 응력이 증가하지 않아도 변형이 저절로 증가하게 되는 것이다.

⊙ 극한강도(ultimate strength): 재료가 받을 수 있는 최대 응력으로서 인장강도라 한다.

　※ 응력 변형률 선도에서는 G point의 위치, 구조 재료 설계 시 극한강도 또는 항복강도를 넘지 않도록 주의

⊙ 후크의 법칙을 응력과 변형률을 이용하면 $\sigma = E\varepsilon$이 되는 것이다. 여기서, E는 재료의 탄성계수 또는 영률로서 재료마다 일정한 값을 가진다.

❷ 여러 가지 응력

1) 봉의 단면에 발생하는 응력

지름이 d_1과 d_2인 2개의 연결된 봉의 끝에 하중 W가 작용할 때 각 단면에서의 응력은 다음과 같다.

$$\sigma_1 = \frac{W}{A_1} = \frac{4W}{\pi d_1^2} \qquad \sigma_2 = \frac{W}{A_2} = \frac{4W}{\pi d_2^2}$$

여기서, A_1, A_2는 각 봉의 단면적

이 경우의 응력은 봉의 길이를 늘어나게 하므로 인장응력(+)이고, 하중 W가 반대로 작용하여 압축력이 되면 압축응력(−)이 된다.

2) 순수 전단(pure shear)

단면에 수직응력 없이 전단응력만 발생하는 경우를 말하며, 전단응력은 서로 직각으로 이웃하는 단면에서 쌍으로 발생하고 이것을 전단응력의 공액 관계라고 한다.

3) 열응력(thermal stress)

재료가 온도 변화에 따라 길이가 변하는 것을 구속하려는 재료 내부의 응력을 말한다. 즉 재료가 열을 받으면 그 길이가 늘어난다. 늘어난 길이를 δ라 하면 다음과 같다

$$\delta = \alpha L(\Delta T)$$

여기서, L: 원래의 길이(cm), ΔT: 온도의 변화(℃), α: 재료의 선팽창계수

※ 선팽창계수: 단위 길이당 1℃ 상승 시 늘어나는 양

※ 열변형률: 늘어난 길이와 원래 길이의 비를 말하며 재료가 열을 받아도 늘어나지 못하게 양 끝이 구속되어 있다면 재료 내부에는 응력이 발생하는데 이것을 열응력(thermal stress)이라고 한다.

열변형률은 $\varepsilon = \dfrac{\delta}{L} = \alpha(\Delta T)$ 가 되고, 여기에 후크의 법칙을 적용하면

열응력은 $\sigma = E\varepsilon = E\alpha(\Delta T)$가 된다.

강도와 안정성
Strength and Stability

4-1 재료의 기계적 성질(Mechanical Property of Material)

재료의 변형은 하중에 의하여 탄성한계 범위 내에서 응력(r)과 변형률(e)의 비례 관계가 다음과 같이 이루어진다.

$$\sigma = E\varepsilon$$

이를 후크의 법칙(Hooke's law)이라고 한다. 여기서 E는 비례상수로서 재료의 탄성계수 또는 영률(Young's modulus)이라고 하는데, 재료에 따라 각각 다른 값을 가진다.

마찬가지로, 전단응력(τ)과 전단변형률(γ)도 다음과 같은 비례 관계를 가진다.

$$\tau = G\gamma$$

여기서 G를 전단탄성계수(shear modulus)라고 한다.

이러한 응력과 변형률의 관계는 재료시험을 통하여 알 수 있는데, 재료시험 중 일반적인 것이 인장시험이다.

일정한 규격을 가진 인장시험편을 인장시험기에 장착한 후 잡아당기면 그림 4-1과 같은 결과를 얻는데, 이것을 재료의 응력(σ)–변형률(ε) 곡선이라고 한다.

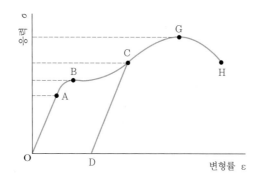

▲ 그림 4-1 응력–변형률 곡선

그림에서 점 O에서 점 A까지를 비례탄성범위라고 하는데, 후크의 법칙은 이 범위에서만 성립한다.

이 점까지 가해졌던 응력이 제거되면 변형률도 제거되어 원래의 상태(원점 O)로 돌아오는데, 재료의 이러한 성질을 탄성(elasticity)이라고 한다.

탄성영역을 넘으면 소성영역이 된다. 소성영역의 점 C에서 응력을 제거하면 변형은 OA에 나란한 선 CD를 따라 회복되다가 최후의 변형 OD를 가지는 잔류변형을 남긴다.

점 B에서는 응력이 증가하지 않아도 저절로 변형이 진행되는데, 이 점을 항복점(yield point)이라고 하며, 이때의 응력을 항복응력(yield stress) 또는 항복강도(yield strength)라고 한다.

금속이 항복된 후 하중을 제거하면 변형은 어느 정도 회복되지만 금속은 원래 치수로 돌아가지 않는다. 하중을 제거해도 회복되지 않는 변형을 소성변형(Plastic Deformation)이라 한다.

소성변형이 일어나면 그 금속이 손상(Failure)되었다고 하며 금속의 성형가공에 응용한다.

점 G는 재료가 받을 수 있는 최대응력으로, 이를 극한강도(ultimate strength) 또는 인장강도(tensile strength)라고 한다.

항복강도는 그림과 같이 분명한 재료도 있지만, 알루미늄과 같이 그렇지 않은 재료도 있다. 이때, 재료의 항복강도는 점 D의 0.2%의 잔류 변형이 남는 점의 응력으로 나타낸다.

구조 재료를 설계할 때에는 산출한 응력이 항복강도 또는 극한강도를 넘지 않도록 주의하여야 한다.

4-2 구조의 안정성(Structural Stability)

구조의 설계에서는 온도에 의한 크리프(creep), 단면 변화에 대한 응력집중, 반복 하중에 의한 피로파괴 등과 같은 현상이 발생하며, 이러한 현상들은 정하중에 의한 강도 계산으로는 설명할 수가 없다. 또, 압축하중을 받는 긴 기둥이나 판재에는 그 재료의 항복강도 이하에서 파괴되는 좌굴 현상이 일어나는데, 이와 같은 현상은 구조의 안정성에 대한 문제로 알려져 있다.

1 크리프(Creep)

구조 재료는 온도의 변화에 따라 팽창 또는 수축하여 기계적 성질이 변한다.

크리프란, 일정한 응력을 받는 재료가 일정한 온도에서 시간이 경과함에 따라 응력이 일정하게 작용하더라도 변형률이 변화하는 현상을 말한다.

이러한 현상은 크리프-파단 시험에서 얻어지는 시간-변형률 곡선을 통하여 설명할 수 있다.

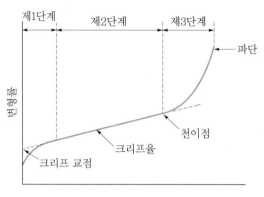

▲ 그림 4-2 크리프-파단 곡선

크리프의 제1단계 또는 초기 단계는 탄성범위 내의 변형으로서 하중을 제거하면 원래의 상태로 돌아온다. 제2단계는 변형률이 직선으로 증가한다. 그리고 제3단계에서는 변형률이 급격히 증가하여 결국 파단이 생긴다.

제2단계와 제3단계의 경계점을 천이점이라 하고 이 이전까지의 직선의 기울기를 크리프율이라고 한다.

크리프율을 알면 작은 인장응력이 작용하게 함으로써 그 구조가 무한 시간까지 안전할 수 있도록 설계할 수 있다.

❷ 응력집중

부재의 강도를 계산할 때, 응력은 단면에 균일하게 분포된다고 가정하였다. 그러나 볼트, 리벳 등을 연결하거나 동체에 창문을 내기 위해서 구멍을 뚫어야 하는 경우와 단면적의 급격한 변화가 있는 부분의 응력 분포는 균일하지 않다.

노치, 작은 구멍, 키, 홈, 필릿 등과 같이 단면의 변화가 있는 부분에서 국부적으로 매우 큰 응력이 발생하는 것을 응력집중(stress concentration)이라고 한다.

❸ 피로파괴

항공기의 동체와 같이 여압에 의하여 반복 하중을 받는 구조는 정하중에서 재료의 극한강도보다 훨씬 낮은 응력 상태에서 파괴되는데, 이것을 피로파괴라고 한다. 이와 같이 반복 하중에 의하여 재료의 저항력이 약해지는 현상을 피로(fatigue)라고 한다.

피로의 원인은 주로 재료 내부에 결함이 있을 때 이 주위에서 응력의 집중이 발생하여 점차적으로 응력이 확산, 파괴가 일어나는 것이다.

피로에 의해 파괴될 때의 강도를 피로강도라 하고 구조설계 시에는 이 피로강도를 넘지 않도록 하여야 한다.

재료의 피로 현상은 피로시험(fatigue test)으로 알 수 있는데, 이에는 여러 가지 종류가 있으며, 이 중 간단한 시험 방법 중의 하나가 회전 굽힘 시험(rotating beam test)이다.

외팔보로 된 시험편의 한쪽 끝에 수직 방향으로 하중을 작용시키면서 일정한 각속도로 회전시킨다. 그러면 보 단면의 응력의 부호는 반 회전마다 바뀌어 응력의 반복횟수가 시험기의 회전수와 같아진다.

따라서, 재료 내부의 단면에서는 최대(σ_{max}) 및 최소 응력(σ_{min})이 반복적으로 발생한다.

이때, 최대 및 최소 응력이 한 번씩 나타나는 것을 횟수(cycle)라고 하며, 최대 응력과 최소 응력의 범위를 응력 변역(range of stress)이라 하고, 그 비를 응력비(stress ratio)라고 한다.

피로시험에서 최대 응력을 세로축으로 하고, 가로축을 반복횟수로 하여 그 현상을 나타낸 곡선을 S-N 곡선이라고 한다.

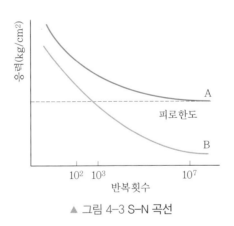

▲ 그림 4-3 S-N 곡선

그림 4-3과 같이 횟수가 증가함에 따라 곡선은 아래로 감소하다가 일정한 값이 되어 수평을 유지하게 되는데, 이것을 피로한도(fatigue limit) 또는 피로강도라고 한다.

만일, 재료의 응력이 피로한도 이하라면, 이 재료는 아무리 반복 하중을 작동시키더라도 파괴가 일어나지 않는다.

철 계통의 재료는 곡선 A와 같이 피로한도가 분명히 나타나는데, 대개 이때 반복횟수는 $10^6 \sim 10^7$ 정도이다.

그러나 알루미늄 계통의 재료는 B 곡선과 같이 접근선이 뚜렷하지 않기 때문에, 반복횟수를 기준으로 하여 보통 2×10^6 횟수에서 나타나는 강도를 이 재료의 피로강도로 한다.

4 기둥의 좌굴

축 방향으로 압축력을 받는 부재로, 단면에 비하여 길이가 비교적 긴 부재를 기둥(column)이라고 한다. 반면, 길이가 아주 짧은 부재를 막대 또는 봉(bar)이라고 한다.

기둥에서는 봉과 같이 압축강도에 의하여 파괴되는 것이 아니라 압축하중이 어느 정도 커지면 휘어지면서 꺾여 더 이상의 강도에 견디지 못하게 되는데, 이러한 현상을 좌굴(buckling)이라고 하며, 이때 단면에서 발생하는 응력을 좌굴응력이라고 한다. 그리고 이때 긴 기둥의 경우 단면에서 발생하는 응력은 재료의 압축강도보다 훨씬 작은 값을 가진다.

기둥의 좌굴은 그 길이를 단면의 회전 반지름으로 나눈 비와 관련 있는데 이것을 세장비(slenderness ratio)라 한다. 세장비가 작은 봉은 압축강도에 의하여 파괴되나 이 값이 큰 기둥은 좌굴강도에 의해 파괴된다. 즉, 다음과 같이 표시된다.

$$세장비 = \frac{L}{k}$$

여기서, L : 기둥의 길이, k : 회전반지름

일반적으로 연강의 경우 세장비가 90보다 크면 긴 기둥이라 하고, 50 이하면 짧은 기둥이라고 하며 그 사이의 것을 중간 기둥이라 한다. 이때 재료 내부에서 좌굴이 발생하는 순간의 하중을 좌굴하중 또는 임계하중(critical load)이라 한다.

기둥의 좌굴 현상은 임계하중보다 작은 하중에서는 기둥이 거의 직선상태를 유지하다가 임계하중 순간에는 약간의 하중이나 변형의 영향으로 구조의 기능을 잃어 불안정한 상태가 된다.

따라서, 임계하중이라는 것은 안정한 상태와 불안정한 상태의 분기점이 되는 중립의 상태라고 할 수 있다. 이와 같은 기둥의 좌굴 현상을 구조의 안정성에 대한 문제라고 한다.

CHAPTER 5

구조시험
Structure Test

5-1 일반사항(General)

항공기는 기체, 기관, 장비계통의 세 가지 요소로 구성되어 있다. 안전한 비행을 하려면 비행 전에 이들 요소의 기능 및 성능을 확인하기 위하여 여러 가지 시험을 거치게 된다.

예를 들면 엔진은 설계단계에서 계산된 성능을 엔진시험을 통하여 확인하고 각종 장비는 기능 및 성능시험을 하고 그것을 확인한다. 기체는 구조설계상의 요구조건을 확인하기 위하여 구조시험을 필요로 한다. 이러한 구조시험이 필요한 이유는 다음과 같다.

1) 구조시험의 필요성

가) 설계 계산 과정과 실제의 불일치

나) 항복강도, 극한강도, 값이 실사용된 재료의 값과 차이

다) 모든 조건을 모두 고려할 수 없음으로 인한 실제와의 차이

라) 새로운 재료의 출현으로 시험적인 방법 이외에는 해결이 안 됨

2) 설계 제작 과정에서의 시험

가) 풍동시험   나) 구조시험   다) 환경시험   라) 비행시험

3) 구조시험의 종류

구조시험은 일반적으로 정하중시험(static load test)에 의한 기체구조의 변형을 측정하어 응력을 조사함으로써 설계 계산에서 결정한 강도와 일치하는지를 확인하기 위한 것이다.

넓은 의미에서 구조와 관련된 시험은 다음 시험들을 포함한다.

가) 낙하시험   나) 피로시험   다) 진동시험

복잡한 설계과정과 여러 지상시험을 통하여 완전히 확인된 항공기라 하더라도 일정한 기간 동안 비행시험을 통하여 성능과 기능을 종합적으로 확인하게 된다.

이러한 시험은 비행성능확인뿐 아니라 구조강도의 안전성도 함께 확인하기 위하여 기체구조의 일정한 지점의 변형과 응력 등을 측정하는 것이다.

5-2 정하중 시험(Static Load Test)

한계하중, 비행 중 가장 심한 하중, 즉 극한하중의 조건에서 기체구조가 충분한 강도와 강성을 가지고 있는가를 시험하며 파괴시험까지도 포함한다.

1) 강성 시험 : 한계하중보다 낮은 하중 상태에서 기체 각부의 강성을 측정하여 하중-변형 곡선, 하중-휨 곡선, 하중-비틀림각 등의 관계를 얻어 휨, 비틀림 강성 및 전단 중심을 계산하며 탄성에 의한 영향을 고려하여 여러 번 반복하여 실험 후 한계하중을 시험한다.

2) 한계하중 시험 : 안전의 위험을 초래하는 잔류 변형의 발생 여부 확인

3) 극한하중 시험 : 파괴 발생 여부 확인

4) 파괴 시험: 상기 1), 2), 3)의 시험에서 충분한 자료를 얻은 후 최종적으로 실시하여 설계에 따른 실측치를 산정, 이론적으로 예측하기 어려운 많은 자료를 얻을 수 있다.

기체구조는 안전계수에 의해 설계, 제작되었기 때문에 파괴 시험하중은 대단히 높은 값을 가진다.

5-3 낙하시험(Drop Weight Test)

실제의 착륙 상태 및 그 이상의 조건에서 착륙장치의 완충 능력, 하중 전달 구조물의 강도 확인을 위해 낙하시험을 한다.

시험 내용은 하강률, 낙하 높이, 지면에서의 반력, 낙하할 때의 가속도, 타이어 변형량, 바퀴 회전수, 구조부의 응력 등을 시험한다.

낙하시험 방법은 착륙장치가 부착된 완전한 기체로 시험하는 경우와 착륙장치만 단독으로 시험하는 경우가 있다. 완전한 기체로써 착륙시험을 하는 경우는 적당한 양력장치를 부착시켜 공중에 매단 상태에서 자유투하하도록 하여 지면에 설치된 반력계로부터 접지할 때의 반력을 측정한다.

1) 자유낙하시험 : 고정익 항공기는 규정에 의한 제한 하강률로 낙하 시의 완충 능력을 시험하며 헬리콥터의 경우는 낙하 높이로 규정하는데 고정익 항공기의 자유낙하시험에서의 높이의 1.5배 되는 곳에서 시험한다.

   ※ N, U, A류 항공기의 자유낙하 높이는 23~46.8㎝ 범위

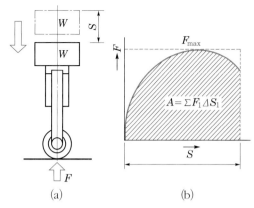

▲ 그림 5-1 낙하시험 시 지면에서의 반력

2) 여유에너지 흡수 낙하시험 : 제한 하강률의 1.2배에 해당하는 하강률로 낙하할 때 착륙장치의
에너지 흡수 능력의 여유를 확인하는 시험이다.

이 경우 구조의 일부가 항복점에 이르러도 좋으나 파괴가 일어나지 않아야 한다.

이러한 낙하시험 이외에도 착륙장치에 대한 작동시험을 하는데 착륙장치 UP, DOWN 작동 등을
확인한다.

5-4 피로시험(Fatigue Test)

피로시험은 부분 구조와 전체 구조에 대한 피로시험으로 구분된다.

부분 구조에 대한 시험은 구조부재의 모양, 결합방식, 체결요소의 선정 및 복잡한 구조부재의 설
계를 위한 피로강도를 결정하기 위한 시험이다.

기체 구조 전체의 피로시험은 기체 구조의 안전수명을 결정하기 위한 것이 주목적이며 부수적으
로 2차 구조의 손상 여부를 검토하기 위하여 시험한다. 특히 부분 구조에 대한 피로시험은 아래와
같은 사항에 대하여 주의하여야 한다.

1) 날개와 동체의 결합부, 수직 꼬리날개와 동체의 결합부

2) 엔진, 파일론, 착륙장치 등과 동체와의 결합부

3) 착륙장치의 지주, 링크 및 결합요소

4) 여압실의 구조, 절단부분, 음향효과를 받는 판재의 구조 등

부분 구조의 피로시험에서는 최소 응력과 최대 응력의 비가 거의 0이 되는 상태에서 $10^4 \sim 4 \times 10^4$
횟수의 하중을 반복 작용시키면서 시험한다.

기체 전체의 피로시험 방식은, 1960년도 전반에는 특정한 부분에 대하여 집중적으로 시험하는 분할방식이었으나, 그 후에는 수십 회의 비행횟수에서 발생할 것으로 기대되는 지상 하중–조종, 돌풍 하중–착륙 하중–지상 하중 등의 배열로 하중을 가하는 일괄방식(block by block)으로 시험하였다.

그러나 1970년대 이후로부터는 하중의 내용에 따른 100여 종류의 비행상태를 종합하여, 예상되는 하중에서 시험하는 단위 비행 방식을 채택하고 있다.

피로시험 장치는 여러 종류가 있으나 하중을 가하는 방법이 다를 뿐이며 미리 계획된 프로그램에 의하여 시험하게 된다.

5-5 지상 진동시험(Ground Vibration Test)

기체의 구조는 정하중을 받을 때의 구조 강도에 안전할 뿐만 아니라, 비행 중의 갑작스런 조작, 착륙 시의 충격, 돌풍 하중과 같은 동하중을 받게 되는 경우에도 구조 강도가 보장되어야 한다. 이러한 경우, 구조는 정하중과는 달리 심한 진동을 하게 된다.

진동할 때 변위의 폭을 진폭이라 하고, 진폭의 최댓값과 최솟값이 교대로 한 번씩 나타나는데 이 구간을 1사이클(cycle)이라 한다. 그리고 매 초당 나타나는 사이클 수를 주파수(frequency)라 한다.

일반적으로, 구조 재료와 같은 탄성 재료는 외부의 하중과는 상관 없이 고유한 진동수를 가지고 있는데, 이것을 그 구조의 고유 진동수(natural frequency)라 한다.

만일, 외부 하중의 진동수와 고유 진동수가 같아질 때에는 상당히 큰 변위가 발생하는데, 이것을 공진(resonance)이라 한다. 지상 진동시험에서는 이와 같은 공진 현상에 대하여 특히 주의하여 시험해야 한다.

지상 진동시험은 기체의 일부분 또는 기체 구조 전체에 가진기(exciter)로 인위적인 진동을 주어 구조 자체의 고유 진동수, 진폭 등을 조사한다. 가해지는 진동은 보통 사인파 모양으로 작용하는데, 기체 구조에 부착한 가속도계(accelerometer)로 측정한다.

이와 같은 동하중에 의한 진동으로 구조 내부에서는 동적 응력(dynamic stress)이 발생하는데, 이것은 정하중 시의 응력보다 크기 때문에 구조의 강도를 설계할 때 주의해야 한다.

참고문헌

1. 항공정비사 표준교재, 항공기 기체, 국토교통부 자격관리과, 2016.

2. 항공정비사 표준교재, 항공정비 일반, 국토교통부 자격관리과, 2016.

3. 한국항공대학교 외, 항공기 기체, 교육인적자원부, 1997.

4. 권진회 외 5인, 항공기 구조설계, 경문사, 2001.

5. 항공기 설계교육위원회, 항공기 개념설계, 경문사, 2010.

6. 대한항공 정비훈련원, B737 정비훈련교재, ㈜대한항공, 2008.

7. Maintenance Manual Cessna 150 series, 1972.

8. J. Roskam, Aircraft Design Pt. 3, RAEC., 1986.

9. M. C. Niu, Airframe Structural Design, Conmilit Press Ltd., 1988.

10. D. Howe, Aircraft Loading & Structural Layout, AIAA, 2004.

11. www.airforce.mil.kr(공군자료실)

AIRCRAFT AIRFRAME
항공기 기체 I

2017. 1. 17. 초 판 1쇄 발행
2018. 3. 7. 초 판 2쇄 발행
2019. 2. 20. 개정증보 1판 1쇄 발행
2023. 2. 22. 개정증보 1판 3쇄 발행

지은이 | 이형진, 한용희
펴낸이 | 이종춘
펴낸곳 | BM (주)도서출판 성안당

주소 | 04032 서울시 마포구 양화로 127 첨단빌딩 3층(출판기획 R&D 센터)
     | 10881 경기도 파주시 문발로 112 파주 출판 문화도시(제작 및 물류)

전화 | 02) 3142-0036
     | 031) 950-6300

팩스 | 031) 955-0510
등록 | 1973. 2. 1. 제406-2005-000046호
출판사 홈페이지 | www.cyber.co.kr
ISBN | 978-89-315-3743-7 (93550)
정가 | 30,000원

이 책을 만든 사람들
책임 | 최옥현
진행 | 이희영
전산편집 | 파워기획
표지 디자인 | 박원석
홍보 | 김계향, 유미나, 이준영, 정단비
국제부 | 이선민, 조혜란
마케팅 | 구본철, 차정욱, 오영일, 나진호, 강호묵
마케팅 지원 | 장상범
제작 | 김유석